Die **Kurs-Seiten** vermitteln die mathematischen Inhalte.
In der Fußzeile stehen Querverweise z. B. zur **Formelsammlung** oder **Mathematischen Werkstatt**.

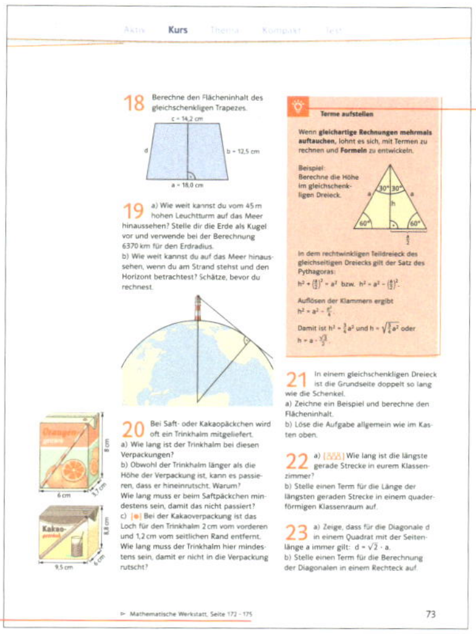

Die **roten Kästen** zeigen dir verschiedene Tipps und Methoden die du brauchst, um Aufgaben zu lösen:

- Diskutieren, argumentieren und präsentieren.
- Eigene Wege finden, Ergebnisse vergleichen, Probleme lösen.
- Mathematische Modelle entwickeln und für die Problemlösung nutzen.
- Werkzeuge wie Geodreieck, Computer, Bücher u.a. verwenden.

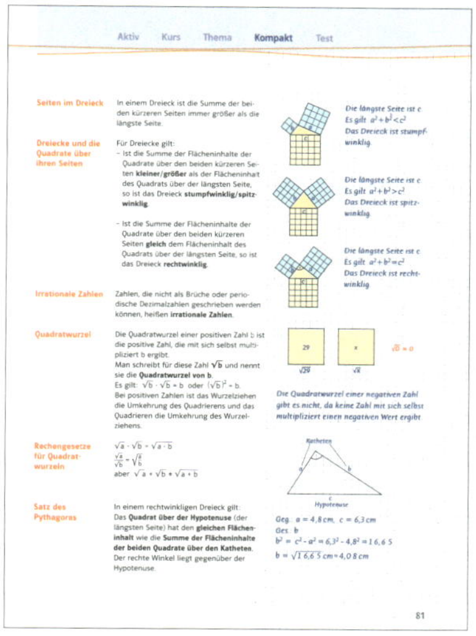

Am Ende jedes Kapitels kannst du auf der **Kompakt-Seite** noch einmal das Wichtigste im Überblick nachlesen.

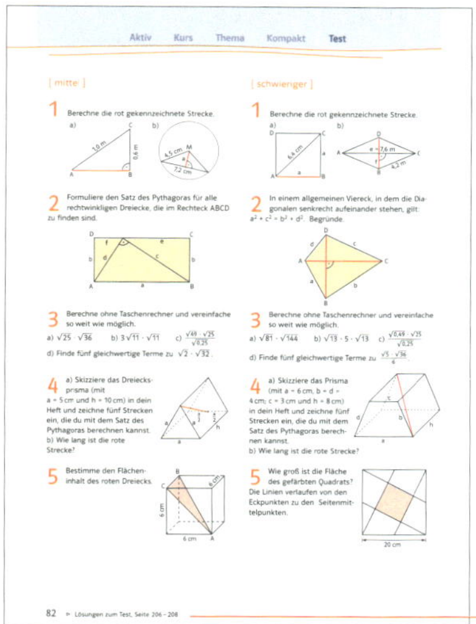

Die **Test-Seite** bietet dir Aufgaben mit unterschiedlichem Niveau. Je nachdem wie sicher du dich fühlst, kannst du auch von einer Spalte in eine andere wechseln. In den dazugehörigen **Lösungen** findest du Hilfestellungen und Tipps.

Im Kapitel **Querbeet – fit in Mathe** kannst du deine bisher erworbenen Kenntnisse und Fähigkeiten prüfen und anhand der Lösungen kontrollieren. Am Besten bearbeitest du die Aufgaben vor einer Abschlussarbeit.

Kompetenzentwicklung im Mathematikunterricht

Ein Wort an die Lehrerinnen und Lehrer und interessierte Eltern

Die Kernlehrpläne betonen, dass eine umfassende mathematische Grundbildung nur dann erreicht wird, wenn neben den inhaltlichen (fachmathematischen) Kompetenzen auch personale und soziale Kompetenzen entwickelt werden. Diese werden unter dem Stichwort „prozessbezogene Kompetenzen“ subsumiert.
Diese prozessbezogenen Kompetenzen können nicht isoliert behandelt und geübt werden, sondern entwickeln sich erst in der aktiven Auseinandersetzung mit konkreten inhaltlichen Fragen der Mathematik. Dies geschieht in hohem Maß vor allem auf den aktiv-Seiten. Umgekehrt werden sich die inhaltsbezogenen Kompetenzen nur dann entfalten, wenn übergreifende, prozessbezogene Kompetenzen aktiviert werden können.
Deswegen sind in mathe live die inhalts- und die prozessbezogenen Kompetenzen eng miteinander verwoben. So werden in den Aufgaben immer wieder Fähigkeiten der vier prozessbezogenen Kompetenzbereiche aufgegriffen und geübt. Zusätzlich wurden rot hinterlegte Kästen geschaffen, die den Schülerinnen und Schülern situationsgebunden eine Kompetenz näher erläutern. Die Zuordnung zum Kompetenzbereich erfolgte je nach Schwerpunktsetzung der angesprochenen Kompetenzen.

Daneben enthält das Unterrichtswerk zwei Kapitel, die im hohen Maße eine prozessbezogene Kompetenzentwicklung fördern: In „Mathematik aus der Zeitung“ findet durch die Arbeit mit authentischen Zeitungsartikeln eine ständige Vernetzung von inhaltsbezogenen und prozessbezogenen Kompetenzen statt. Das Kapitel „Querbeet“ am Ende des Buches prüft, ähnlich wie in den Lernstandserhebungen, kontextgebunden die bis zum Ende der 10. Jahrgangsstufe erworbenen Kompetenzen.

Die folgende Aufstellung beschreibt die den Kompetenzen untergeordneten Fähigkeiten und verweist auf die im Buch auftretenden prozessbezogenen Kästen:

Argumentieren und Kommunizieren	Problemlösen	Modellieren	Werkzeuge
Die Schülerinnen und Schüler …			
teilen mathematische Sachverhalte zutreffend und verständlich mit und nutzen sie als Begründung für Behauptungen und Schlussfolgerungen.	strukturieren und lösen inner- und außermathematische Problemsituationen, in denen ein Lösungsweg nicht unmittelbar erkennbar ist.	nutzen Mathematik als Werkzeug zum Erfassen von Phänomenen der realen Welt.	setzen klassische mathematische und elektronische Werkzeuge sowie Medien situationsangemessen ein.
Kap. Umwelt: Seite 10	**Kap. 2:** Seite 51	**Kap. 3:** Seite 71	**Kap. 2:** Seite 45
Kap. 1: Seite 30	**Kap. 3:** Seite 72, 73	**Kap. 5:** Seite 117	**Kap. 6:** Seite 134
Kap. 3: Seite 80	**Kap. 4:** Seite 88, 94, 96	**Kap. 7:** Seite 156	
	Kap. 5: Seite 114		

Inhaltsverzeichnis

5 Brücken und mehr

6 Rund um den Kreis

7 Ganz groß – ganz klein

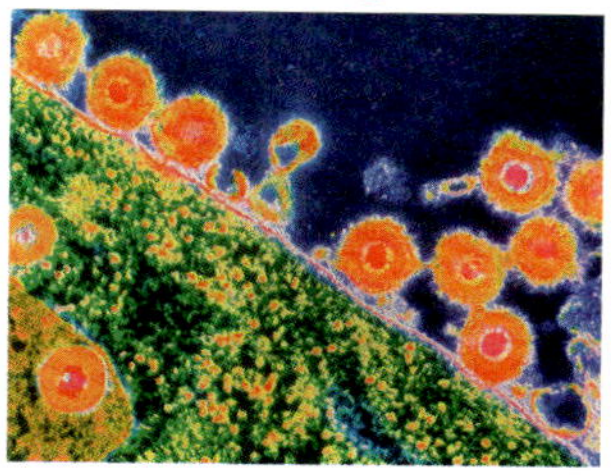

Mathematische Werkstatt

Querbeet – fit in Mathe

Mathematik und Umwelt

Globale Erderwärmung, Energiesparen, Treibhausgase, FCKW, ... diese Begriffe tauchen in der politischen Diskussion immer wieder auf. Untermauert werden Informationen zu Umweltthemen oft durch Zahlenmaterial, entweder in Diagrammen oder Tabellen, aber auch in zusammengefassten Aussagen. Mathematik ist also notwendig oder hilfreich, wenn es um solche Argumentationen geht. Aber versteht man auch alles, was an Zahlenmaterial vorgelegt wird? Und stimmt alles?

Drei Themenbereiche wurden für dieses Kapitel ausgewählt:

- **„CO_2 und seine Folgen“**, damit ihr kompetenter die Klimadebatte verfolgen könnt.
- **„Mit einfachen Mitteln umweltbewusst handeln“**. Hier zeigt Mathematik sehr eindrucksvoll, was in diesen Bereichen möglich ist.
- **„Papierrecycling“** als ein Thema, mit dem ihr als Schülerinnen und Schüler direkt zu tun habt.

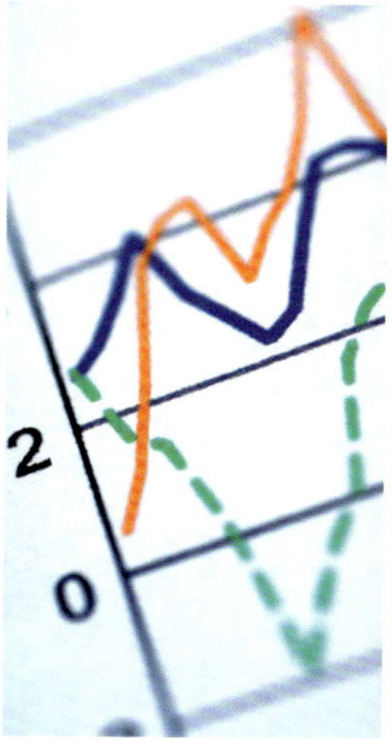

Wie liest man Diagramme? Welche Informationen kannst du entnehmen? Wie überprüfst du Angaben in Texten und Statistiken mit möglichst einfachen Mitteln? Diese Kompetenzen braucht man, wenn man Mathematik in politischen Argumentationen nutzen will.

In diesem Kapitel lernt ihr,

- ▻ wie man Daten aus komplexeren Diagrammen entnimmt.
- ▻ welche mathematischen Werkzeuge man benötigt, um Angaben in Diagrammen oder Texten zu überprüfen.
- ▻ aus Diagrammen oder Texten weitere Angaben zu erschließen.
- ▻ Prozente von Prozenten zu berechnen.
- ▻ mathematische Modelle anzuwenden.
- ▻ wie Mathematik hilft, Stellung zu Umweltfragen zu beziehen.

CO_2 und seine Folgen

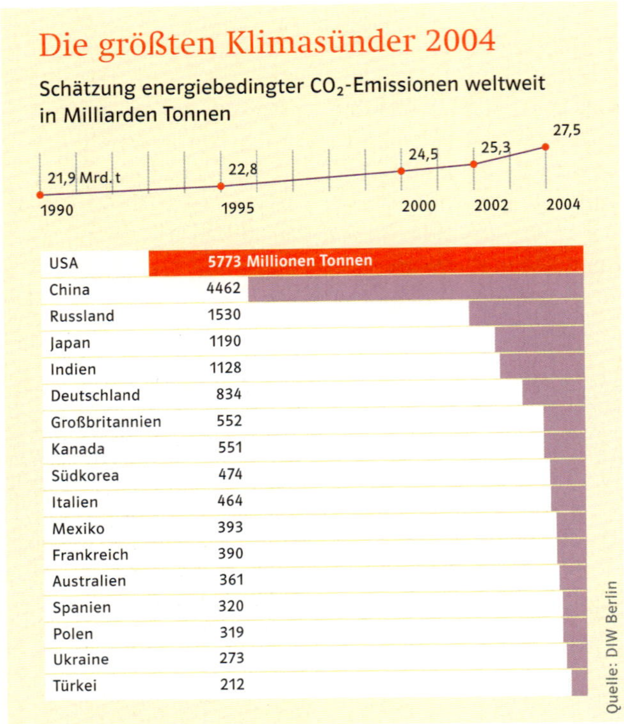

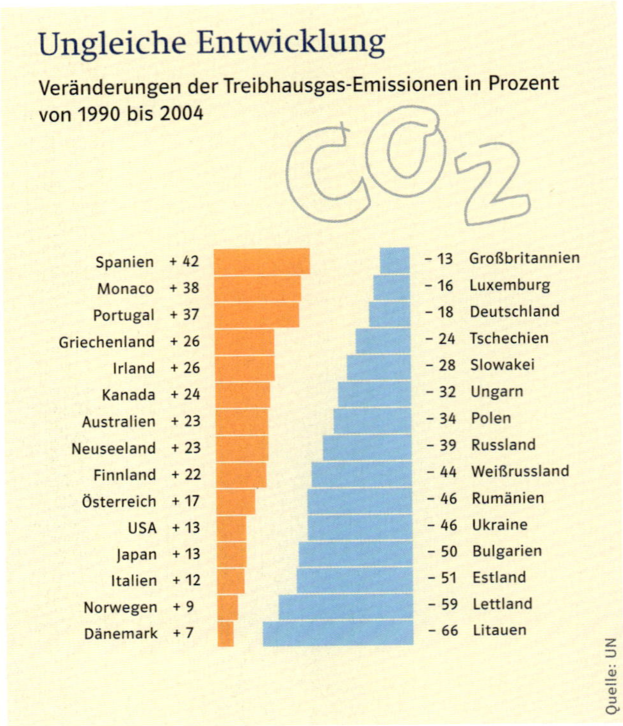

1 a) Was stellen die Grafiken dar?
b) Welchen Anteil am globalen Ausstoß hatte Deutschland 2004?
c) Wie hoch war der CO_2-Ausstoß der Bundesrepublik 1990 ungefähr? Wie hoch war er in Kanada etwa?
d) Antworte, ohne zu rechnen. Begründe. Wer hat zwischen 1990 und 2004 mehr CO_2 reduziert: Russland oder Großbritannien?, Deutschland oder Polen?
e) Veranschauliche das CO_2-Volumen für Deutschland im Jahr 2004.

2 Viele Staaten der Erde haben sich 1997 in der japanischen Stadt *Kyoto* verpflichtet, ihren CO_2-Ausstoß bis 2012 um durchschnittlich 5,2% gegenüber dem Wert von 1990 zu senken. Deutschland hat sich verpflichtet, seine CO_2-Emissionen um 21% zu verringern.
a) Wie viel Tonnen CO_2 dürfte Deutschland demnach 2012 noch ausstoßen?
b) Um wie viel Tonnen CO_2 muss sich der Ausstoß seit 1990 jährlich durchschnittlich verringern, um dieses Ziel zu erreichen?
c) Vergleicht den tatsächlichen Rückgang von 1990 bis 2004.

3 Die Bevölkerung im Jahr 2004 betrug in Deutschland rund 84 Mio., in den USA rund 300 Mio. und in China rund 1,3 Mrd. Menschen.
a) Die USA und China haben den größten CO_2-Ausstoß. Welchen Anteil an der Gesamtmenge haben diese Länder?
b) „Der CO_2-Ausstoß pro Kopf ist in China deutlich geringer als in den USA oder in Deutschland. Deshalb müssen diese Länder zuerst ihren Ausstoß deutlich verringern.“ Nimm zu dieser Aussage Stellung.

Der Treibhauseffekt

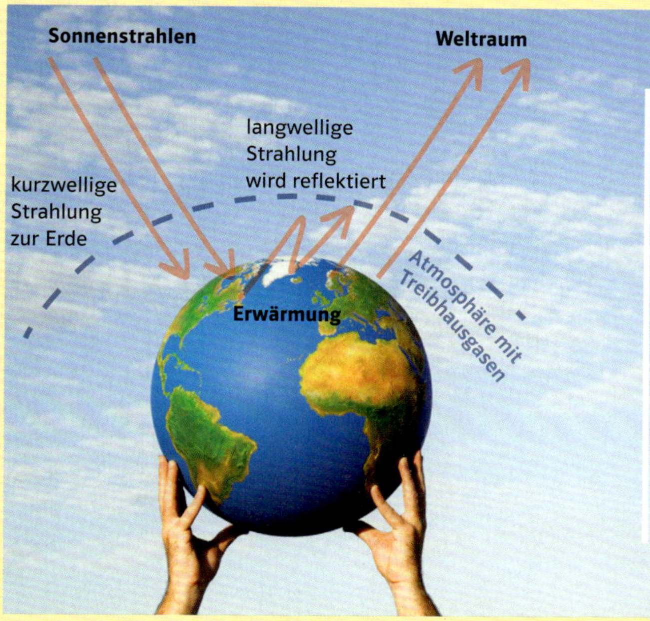

Wissenswert

CO_2 (Kohlenstoffdioxid) ist ein farbloses, nicht brennbares, geruchloses und ungiftiges Gas das mit 0,03% natürlicher Bestandteil der Erdatmosphäre ist.

1 Tonne CO_2
Wie viel ist das?
Anschaulich erklärt nimmt 1 t CO_2 etwa das Volumen eines 10 m breiten, 25 m langen und 2 m tiefen Schwimmbades ein.

Wer schon einmal in einem Treibhaus war, der kennt die warmen Temperaturen, die dort herrschen. Meist besteht ein Treibhaus vollständig aus Glas, das die kurzwelligen Lichtstrahlen hineinlässt. Im Inneren entstehen langwellige Wärmestrahlen, die nur schwer wieder nach außen dringen können. Dadurch wird das Innere aufgeheizt. Allerdings wird es nicht immer heißer, die Temperatur im Treibhaus pegelt sich ein.

Nach diesem Prinzip funktioniert auch der **natürliche Treibhauseffekt**: Die Sonne schickt kurzwellige Strahlung auf die Erde. Dort angekommen, wird sie in Wärme umgewandelt und als langwellige Strahlung reflektiert. Ein Teil dringt durch die Atmosphäre wieder ins All. Der andere Teil wird zurück auf die Erdoberfläche geworfen. Denn die Erde besitzt eine natürliche „Schutzglocke“: die Atmosphäre und einige Treibhausgase, die sich in ihr befinden. Insbesondere das Kohlenstoffdioxid (CO_2), sorgt dafür, dass die langwellige Wärmestrahlung nicht durchgelassen wird. Dadurch erwärmt sich die Erdoberfläche. Ohne diesen natürlichen Treibhauseffekt läge die Durchschnittstemperatur auf der Erde bei −18°C. Leben wäre unmöglich. Treibhausgase, die in einer bestimmten Konzentration in der Atmosphäre vorkommen, regeln also die Temperatur auf der Erdoberfläche. Das bedeutet, dass unser Klima letztendlich durch die richtige Menge an CO_2 bestimmt wird. Bereits ein geringer Anstieg der Kohlenstoffdioxid-Konzentration in der Atmosphäre bewirkt eine Temperaturveränderung.

Seit Beginn der Industrialisierung sind die Konzentrationen der Treibhausgase angestiegen. Durch diesen zusätzlichen Treibhauseffekt, der **anthropogener** (durch Menschen verursachter) **Treibhauseffekt** genannt wird, ist die Stabilität des Weltklimas gefährdet – die Atmosphäre heizt sich auf, als wären im Treibhaus die Fenster zu dick.

Tipp

Du brauchst für einige Aufgaben auch die Diagramme auf Seite 8.

Übrigens

Wenn man verschiedene Quellen zu einem Thema heranzieht, kann es vorkommen, dass die Angaben nicht exakt übereinstimmen. Das kann z. B. daran liegen, dass unterschiedliche Jahreszahlen als Grundlage dienten oder, dass Berechnungsmethoden unterschiedlich sind. Überlege dir, welche Auswirkungen das auf deine Rechenergebnisse hat.

4 Der Straßenverkehr ist mit rund 19 % am CO_2-Ausstoß in Deutschland beteiligt. Bei der Verbrennung eines Liters Benzin werden 2,37 kg CO_2 freigesetzt. Man kann diese Werte nur reduzieren, wenn weniger Auto gefahren wird und/oder der Benzinverbrauch der Autos verringert wird.

a) Wie viel Tonnen CO_2 werden durch den Autoverkehr verursacht?

b) Derzeit werden bei uns durchschnittlich 177 g CO_2 pro gefahrenem Kilometer erzeugt. Nach EU-Plänen soll dieser Ausstoß auf 130 g/km reduziert werden. Welche CO_2-Verringerung würde das für Deutschland bedeuten?

c) Wie viel Liter Benzin werden pro Tag durch den Autoverkehr verbrannt? Veranschauliche das Ergebnis.

5 [●] a) Nimm an, der CO_2-Ausstoß der Entwicklungsländer würde sich verdoppeln und gleichzeitig würde der CO_2-Ausstoß der Industrieländer auf die Hälfte zurückgehen. Wie würde sich die Gesamtmenge an CO_2 ändern? Vergleiche mit den Bevölkerungszahlen.

b) Vergleiche den CO_2-Ausstoß pro Person in den Industrieländern und in den Entwicklungsländern.

Bevölkerung
Gesamt 6,3 Mrd.

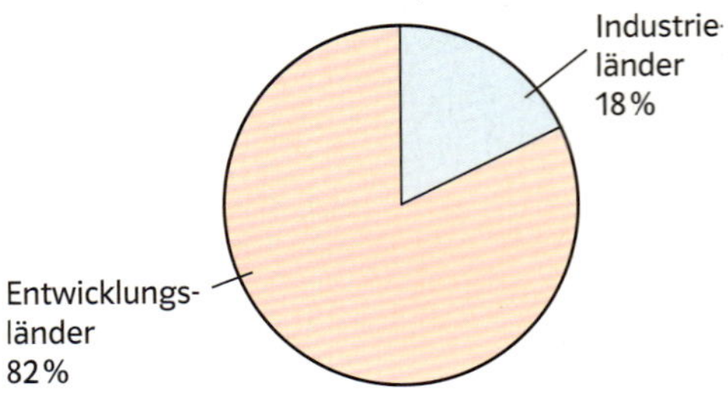

CO_2-Emission

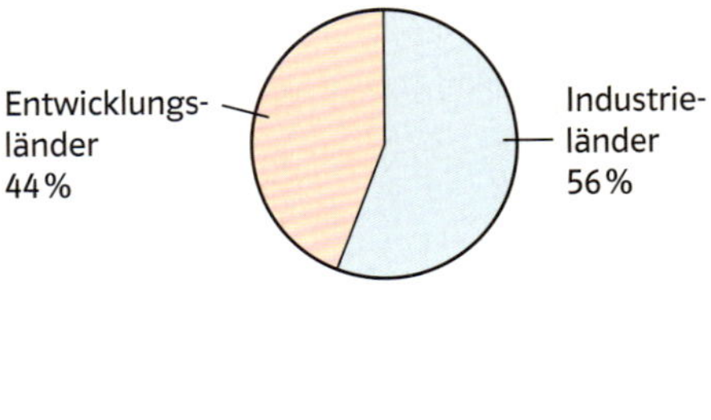

Stimmt das ? – Angaben nachprüfen

Der Ausstoß an Klimagasen ist extrem ungleich verteilt: Die USA emittieren 5,9 Milliarden Tonnen CO_2 jährlich, etwa 20 Tonnen pro Person. Dagegen stößt ganz Afrika südlich der Sahara 1 Zehntel davon aus – mit doppelt so vielen Menschen. Als größter CO_2-Emittent wird China die USA bald überholen. Aber: Pro Kopf verursacht ein Chinese noch immer sechsmal weniger CO_2 als ein US-Bürger und dreimal weniger als ein EU-Bürger.

Oft findet man Angaben wie im Artikel. Stimmen diese Zahlen? Glaube nicht immer leichtfertig den Angaben. Überlege dir, wie du schnell überprüfen und nachrechnen kannst.

Aussage 1:
„Die USA emittieren 5,9 Milliarden Tonnen CO_2 pro Jahr, etwa 20 Tonnen pro Person."

Um die Aussage zu prüfen muss man die Einwohnerzahl der USA recherchieren: ca. 300 Millionen.
Im Kopf kann man berechnen:
300 Mio. · 20 = 6000 Mio. = 6 Milliarden
Die Angabe stimmt also.

Aussage 2:
„Dagegen stößt ganz Afrika südlich der Sahara 1 Zehntel davon aus – mit doppelt so vielen Menschen."

Nach den Angaben im Artikel beträgt der CO_2-Ausstoß also rund 600 Mio. t, die Bevölkerungszahl ca. 600 Mio. und der CO_2-Ausstoß 1 t pro Person.
Diese drei Angaben müssen nachgeprüft werden (z. B. im Internet), bevor man beurteilen kann, ob die Aussage stimmt.

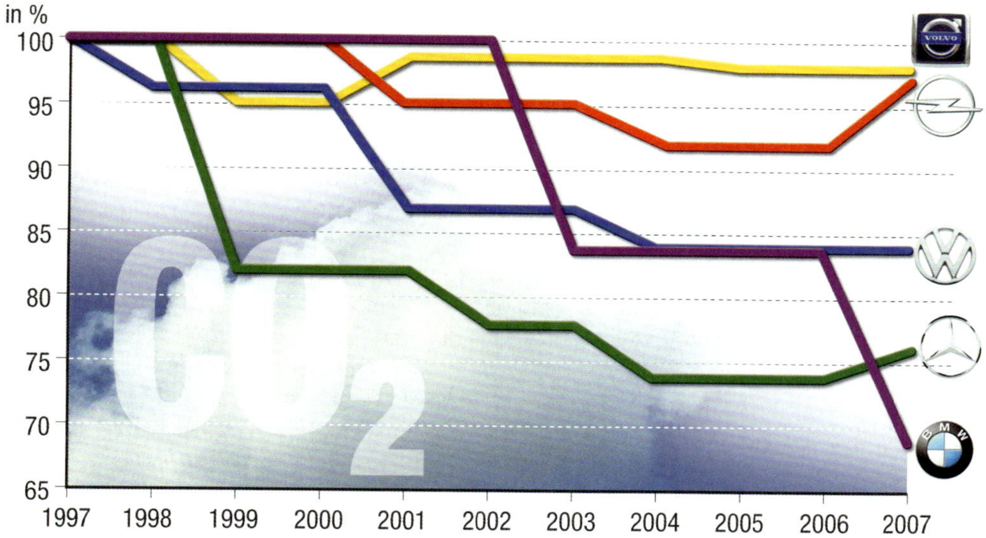

Quelle: ADAC Motorwelt 01/08

6 a) Welche Botschaft möchte der ADAC mit der Grafik oben vermitteln? Zum Hintergrund: Es gibt in der EU eine starke Auseinandersetzung darüber, ob alle Autos das gleiche Emissionsziel von 130 g CO_2 pro gefahrenen Kilometer einhalten sollen (Stand: Februar 2008).
b) [💻] Durch welchen „Trick" manipuliert dieses Grafik? Übertrage die Daten in ein Tabellenkalkulationsprogramm und zeichene eine maßstabsgerechte Grafik.
c) Vergleiche die aktuellen CO_2-Emissionsdaten vom *Mercedes S500* und vom *Opel Corsa* und beleuchte dann die Aussage der Grafik noch einmal. Mache weitere Vergleiche, z. B. über Kilometerleistung pro Jahr oder über die Autogröße.

Autotyp	CO_2-Ausstoß in g / km
Volvo V70 2,4	214
Opel Corsa 1.0 Twinport	134
VW Golf 1.6	176
Mercedes S500	283
BMW 320 i	178

7 [👥] Das Umweltbundesamt (UBA) hat in einer Studie den Energiebedarf für 2020 prognostiziert (s. Grafik unten).
a) Welche Energieträger nehmen zu, welche nehmen ab? Beschreibt die Veränderungen prozentual.
b) Wie groß sind die prozentualen Anteile an der Gesamtenergie? Berechnet das bei Kernenergie und erneuerbarer Energie für 2005 und 2020.

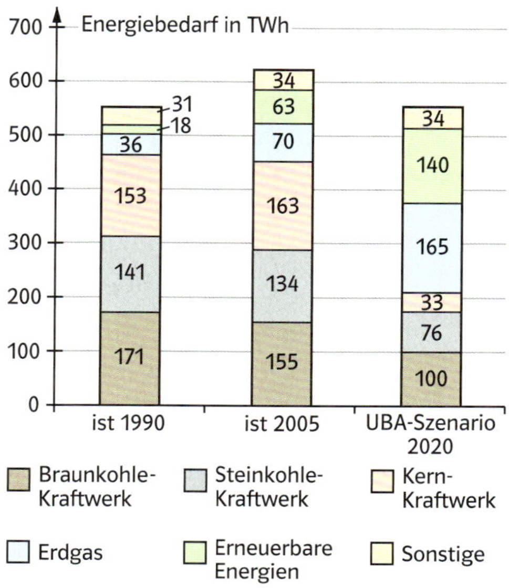

Mit einfachen Mitteln umweltbewusst handeln

Stromsparen und Klimaschutz – jeder kann etwas tun.

Wussten Sie, dass über 10 Prozent des privaten Stromverbrauchs auf die Rechnung von Fernseher, Stereoanlage, PC und Co. gehen? Tendenz steigend. Oft wird Strom durch un-nötigen Stand-by-Betrieb und andere Leerlaufformen vergeudet. Eine Verschwendung, die in einem durchschnittlichen Haushalt jährlich Stromkosten von etwa 95 € verursachen kann. Doch schon mit geringem Aufwand können Sie diese Kosten deutlich reduzieren. Das hilft Ihrer Stromrechnung genauso wie der Umwelt. .... Selbst wenn der Beitrag jedes Einzelnen sehr klein erscheinen mag, bei rund 39 Millionen Haushalten kommt einiges zusammen.

	Leistung im Leerlauf (in Watt)
TV neu	1
TV alt	6
Set-Top-Box	6
Video- oder DVD-Rekorder	6
HiFi-Anlage	10
3 Radios	5
PC mit Monitor und Drucker	20
DSL-Router (mit WLAN)	12
2 Mobiltelefone (Ladegerät)	4
Telefon schnurlos (Ladeschale)	2
Anrufbeantworter	3

Quelle: Deutsche Energieagentur (dena)

1 a) Überprüfe diese Informationen für euren Haushalt:
- Welche Geräte laufen im Stand-by-Modus?
- Überlege, wie lange sie im Stand-by-Modus laufen.
- Berechne den jährlichen Strombedarf und die Stromkosten. Gehe von einem Strompreis von 18 ct/kWh aus.

b) Nimm an, dass nur 30 % der Stand-by-Kosten eingespart werden. Wie viele kWh sind das für ganz Deutschland?

Tipp
Informationen findest du z. B. unter www.stromeffizienz.de.

2 [@ 👥] Überlegt gemeinsam, wie man mit einfachen Mitteln die Stand-by-Kosten einschränken kann.

3 Nimm zu den folgenden Aussagen Stellung. Sie beziehen sich auf die Grafiken unten.

a) „Die obere Grafik zeigt, dass man sich ein Notebook kaufen sollte, wenn man stromsparend am Computer arbeiten will."

b) „Aus der unteren Grafik lässt sich ablesen, wie viel Stromkosten für den einzelnen Rechnertyp gespart werden können."

c) „Prozessor, Grafikkarte und Mainboard zusammen machen rund 75 Prozent des Stromverbrauchs eines Computers aus."

d) [●] „Wenn die durchschnittliche Leistungsaufnahme eines PCs 100 Watt beträgt, dann gibt es viele PCs im Bereich 75 W und nur wenige High-End-PCs. Man kann die Anteile der einzelnen Computertypen berechnen."

Notebook und PC im Vergleich

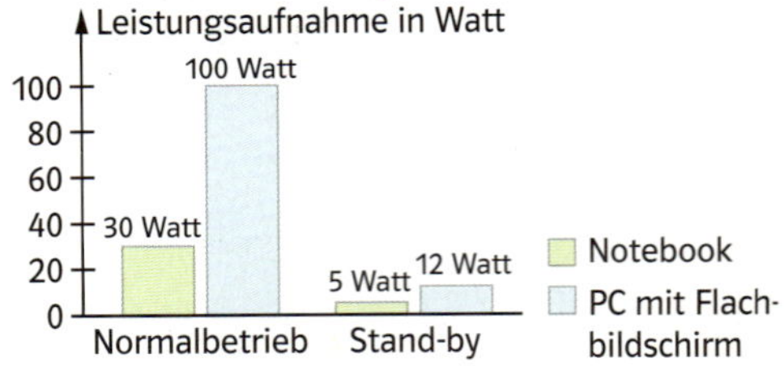

Leistungsaufnahme im Betrieb und Stromkosten pro Jahr*

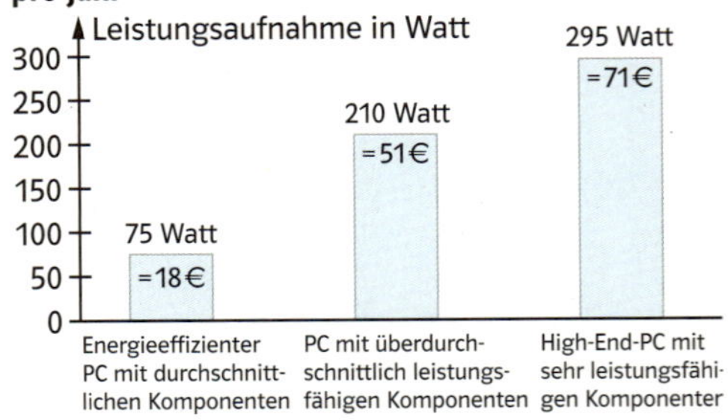

*Annahmen: Beispiele ohne Bildschirm, 4 Betriebsstunden pro Tag, 335 Tage/Jahr, Strompreis 18 Cent/kWh. Bitte beachten Sie, dass der Strompreis je nach Anbieter und Region variiert und zum Beispiel auch höher ausfallen kann.

Quelle: Deutsche Energieagentur (dena)

Übrigens

Jede Person in Deutschland benötigt durchschnittlich 1250 kWh Energie im Jahr.

4 a) Können die Aussagen im Zeitungsartikel stimmen? Rechne nach.

> „Die Leerlaufverluste kosten Privathaushalte und Büros jährlich insgesamt rund vier Milliarden Euro. Dies entspricht rund 22 Milliarden Kilowattstunden – mehr als die Städte Berlin und Hamburg zusammen verbrauchen oder zwei Großkraftwerke wie die Kernkraftwerke Brokdorf und Biblis-A pro Jahr zusammen produzieren."

b) Wie groß ist der Spareffekt in kWh und Euro bei Computern?

Leerlaufverluste privater Haushalte in Deutschland
(Anteil der Gerätegruppen in Prozent, 2004)

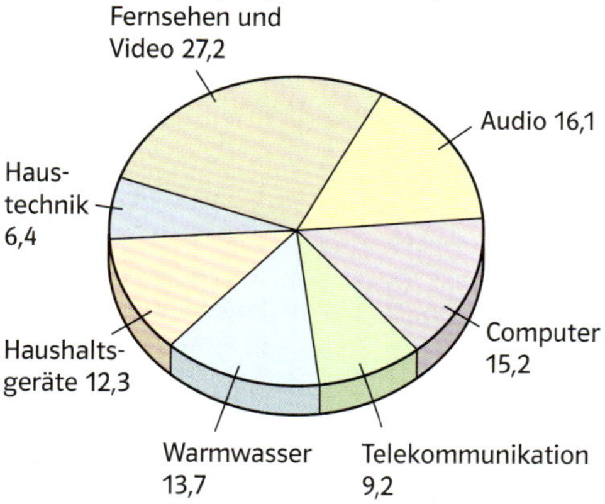

Quelle: Umweltbundesamt (UBA)

5 a) Wie viel m^3 Wasser werden in einer Großstadt wie Bremen mit 663 000 Einwohnern täglich/jährlich verbraucht?
b) Der Unisee, ein Badesee in Bremen enthält rund 2,1 Mio. m^3 Wasser. Wie schnell wäre der See leer, wenn man das Trinkwasser hier entnehmen würde?
c) [@] Berechne den Wasserverbrauch für deine Stadt oder eine Stadt in deiner Nähe. Veranschauliche die Größenordnung der Zahlen.

127 Liter Wasserverbrauch täglich pro Person

6 a) Experten haben untersucht, wo sich im Haushalt Wasser sparen lässt. Stelle den derzeitigen Verbrauch (Grafik links unten) und den „Sparverbrauch" (Tabelle unten) übersichtlich in einem Diagramm dar.
b) Wo besteht die größte Sparmöglichkeit?
c) Kommentiere die Einsparmöglichkeiten. Welche sind wohl ohne größeren Aufwand realisierbar?

Täglicher Bedarf (in Liter) bei sparsamem Wasserverbrauch

Baden/Duschen	35 l
Toilettenspülung	16 l
Kochen/Putzen/Spülen	14 l
Wäsche waschen	10 l
Autowäsche	3 l
Garten	0 l

7 In größerem Rahmen versucht eine Schwergut-Reederei umweltbewusst zu handeln. Sie verwendet für eins ihrer Schiffe einen 160 m^2 großen Gleitschirm, um damit z. B. auf der Strecke vom dänischen *Esbjerg* nach *Houston* (USA) bei günstigen Winden bis zu 30 % Treibstoff zu sparen. Normalerweise verbraucht ein solcher Frachter täglich 30 Tonnen Diesel (Kosten: 350 US-Dollar pro Tonne). Der High-tec-Schirm hat rund 500 000 € gekostet. Nach welcher Zeit könnte sich der Gleitschirm bezahlt gemacht haben?

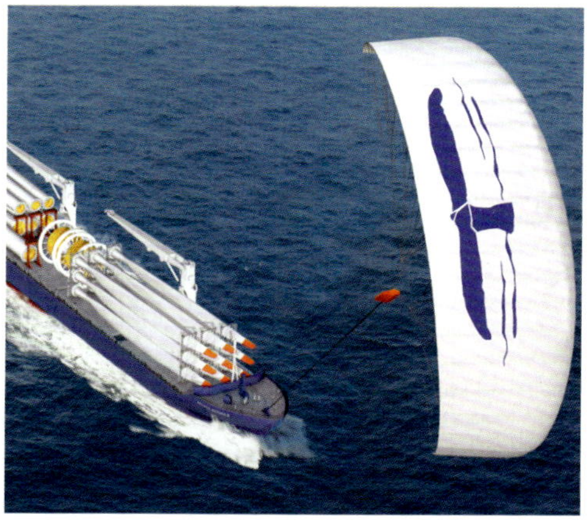

Umweltbewusstes Handeln: Papierrecycling

1 [👥 @] Benutzt ihr Recyclingpapier in der Schule?

a) Macht eine Statistik für eure Klasse und stellt die Ergebnisse anschaulich dar.

b) Wie viel Recyclingpapier wird in eurer Schule zum Kopieren, Briefe schreiben, usw. verwendet? Fragt nach und stellt die Ergebnisse grafisch dar.

2 [👥] Warum ist es umweltverträglicher, Recyclingpapier zu verwenden? Schaut euch die Tabelle genau an.

Ökobilanz der Papierherstellung
Verbrauchswerte für 1 kg Papier = 200 Blatt Papier A4

	Zellstoff	Holzschliff	Altpapier
Holz	2000 g	1100 g	nur Altpapier
Wasser	250 Liter	70 Liter	5 Liter
Energie	8 kwh	6 kwh	2 kwh
Wasserverschmutzung	hoch	mittel	gering

3 Passen die in der Sendung *Galileo* genannten Zahlen zusammen?
„Papier über Papier. Die Deutschen verbrauchen pro Jahr rund 18 Millionen Tonnen. Das sind 920 Tausend Güterwaggons von knapp 14 Tausend Kilometern Länge."

Kleines Papierlexikon

Zellstoff wird aus Holz gewonnen. Dazu wird es chemisch behandelt, um die Zellulose zu isolieren. Oft wird der Zellstoff anschließend gebleicht.
Holzschliff wird ebenfalls aus Holz gewonnen. Dazu wird es bei erhöhter Temperatur (100 °C–200 °C) mechanisch in Einzelfasern zerlegt. Meistens wird der Holzschliff auch leicht gebleicht.
Recyclingpapier ist vollständig aus Altpapier hergestellt. Zusätzlich gibt es ein Verfahren, Papier in einem weitgehend geschlossenen Wasserkreislauf herzustellen, bei dem man das Wasser mehrfach benutzt. Dadurch entsteht wenig verschmutztes Abwasser. Solches Papier wird häufig **Umweltschutzpapier** genannt.

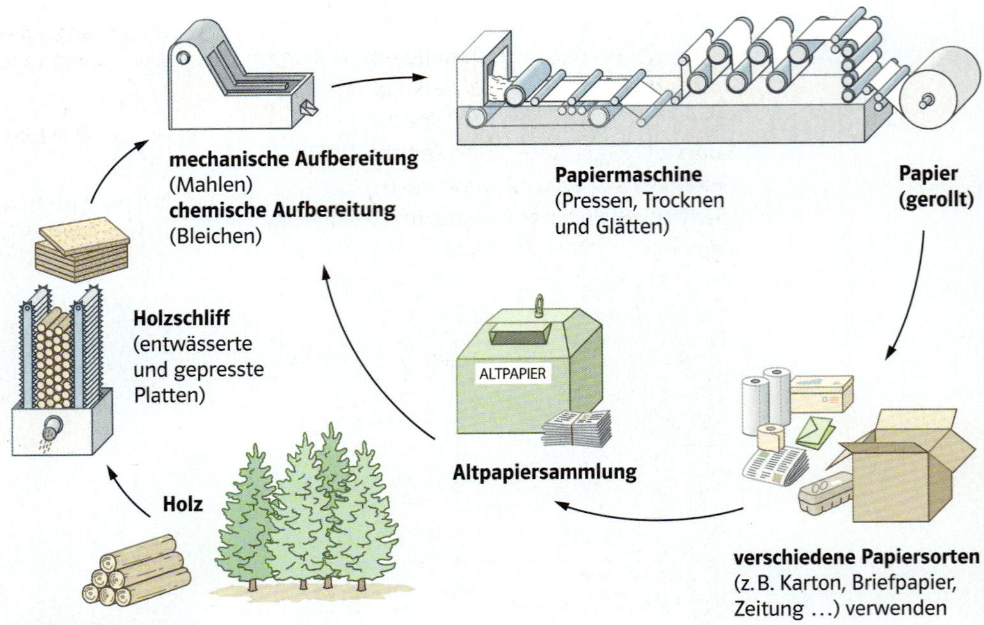

Der Papierkreislauf

4 Im Jahr 1999 wurden für die Papierproduktion in Deutschland knapp 3 500 000 m^3 Holz verbraucht. Für einen Kubikmeter Holz werden durchschnittlich drei Bäume benötigt.
a) Berechne die Zahl der für die Papierproduktion gefällten Bäume.
b) Schätze die Fläche ab, die dieser „Papier-Bäume-Wald" hätte. Veranschauliche die Fläche.

6 a) Wie groß ist eine Papierrolle auf dem Bild?
b) Wie viel m^2 Papier sind etwa auf einer Rolle? Wie viele DIN-A4-Blätter sind das?
c) Wie schwer ist eine Rolle ungefähr?

5 [Gruppenarbeit, Computer, Heft] Die Tabelle unten wurde mit einem Tabellenkalkulationsprogramm erstellt. Entwerft eine grafische Darstellung (z. B. für eine Zeitung oder einen Werbeprospekt) mit einem kurzen Text zur Grafik, der die wesentlichen Aussagen der Tabelle erläutert.

Papiersorten

Grafische Papiere sind alle Papiere, die zum Drucken, Beschreiben, Tippen usw. benutzt werden, also auch die Schulhefte und Schulbücher.

Verpackungspapiere/Pappen sind beige bzw. graue Pappen für Kartons u. Ä.

Hygienepapiere sind z. B. Toilettenpapier, Papiertaschentücher und Papierhandtücher.

Technische Papiere sind Spezialpapiere und -pappen wie z. B. Fotopapier.

E11 | fx

	A	B	C	D	E
1	**Deutsche Papierwirtschaft 2006** (Angaben in 1000 t)				
2	Papiersorte	Erzeugung	Import	Export	Verbrauch
3	grafische Papiere	10 581	6 702	7 408	9 875
4	Zeitungsdruckpapiere	2 365	1 354	1 105	2 614
5	Verpackungspapiere, Pappen	9 250	4 183	5 200	8 233
6	Hygienepapiere	1 251	173	134	1 290
7	technische Papiere	1 574	162	521	1 215
8	**Summe**	**22 656**	**11 220**	**13 263**	**20 613**
9					

▷ Mathematische Werkstatt, Seite 166/167 und 169/170

	A	B	C	D	E	F
1	**Altpapieranteile verschiedener Papiersorten 2006** (Produktion)					
2	Papiersorte	Menge in 1000 t	Anteil am gesamten Papier in %	Altpapier-Menge in 1000 t	Anteil des Altpapiers in %	angestrebter Anteil in %
3	Verpackungspapiere	9250			96,3	
4	grafische Papiere	8216			26,0	
5	Zeitungsdruckpapiere	2365			114,2	
6	technische Papiere	1574			48,2	
7	Hygienepapiere	1251			57,0	
8	**Summe**	**22656**				

7 [👥] Um den Einsatz von Altpapier entscheidend steigern zu können, muss man zunächst prüfen, welche Papiersorten in großen Mengen verbraucht werden und bei welchen Papiersorten es noch Steigerungsmöglichkeiten gibt.
a) Berechnet den Anteil der verschiedenen Papiersorten an der gesamten produzierten Papiermenge.
b) Worin besteht der Vorteil, die Angaben in Prozent statt in Tonnen anzugeben?
c) [💻] Übertragt die Tabelle in ein Tabellenkalkulationsprogramm und notiert eure Ergebnisse.
d) [💻] In der vorletzten Spalte ist der Anteil des Altpapiers in Prozent angegeben. Berechnet die entsprechenden Altpapiermengen.
e) [💻] Insgesamt liegt der Altpapier-Anteil bei ca. 67 %. Rechnet nach.

8 [👥] a) Überlegt, wo vermutlich noch Steigerungen möglich sind – in Prozent und als Mengen. Notiert in der letzten Spalte, welche Anteile euch – realistischerweise – wünschenswert erscheinen.
b) Wenn für alle Papiersorten der angestrebte Altpapieranteil notiert wurde, dann liegt natürlich auch der Anteil für die Gesamtmenge fest.
Habt ihr Ideen für seine Berechnung? Schreibt euren Lösungsweg auf.

9 Stelle die Zahlen im Artikel anschaulich dar. Berechne fehlende Zahlen.

Europa weltweit führend beim Recycling von Altpapier
Bonn, 4. Juli 2006. Europa ist weltweit an die Spitze beim Recycling von Altpapier gerückt. Mit einer Recyclingquote von fast 56 Prozent konnte nun das im Jahr 2000 selbstgesteckte Ziel zur Steigerung des Altpapierrecyclings erreicht werden. Dies gab der Europäische Altpapierrat bekannt. (…) Insgesamt wurden im Jahr 2005 46,6 Millionen Tonnen Altpapier wieder zu Papier, Karton und Pappe verarbeitet. Im Vergleich zum Referenzjahr 1998 wurden damit neun Millionen Tonnen mehr Altpapier zur Papierherstellung eingesetzt. Dies entspricht einem eindrucksvollen Plus von 24 Prozent.

(www.gesparec.de)

▷ Mathematische Werkstatt, Seite 166/167 und 169/170

Konstruieren und Projizieren

Pläne und technische Zeichnungen bilden Bauwerke und Maschinen nach bestimmten Regeln ab. Künstlerinnen und Künstler beschäftigen sich in zahllosen Bildern mit der wirklichkeitsgetreuen oder fantasievollen Wiedergabe realer Gegenstände.
Im Lauf der Jahrhunderte entwickelten sich dazu immer neue Techniken.

1:1?

In diesem Kapitel lernt ihr,

- wie man durch einfache Rechnung maßstäblich vergrößern und verkleinern kann.
- was ähnliche Figuren sind, wie man sie erkennt und erzeugt.
- wie man Vergrößerungen und Verkleinerungen zeichnerisch konstruiert.
- wie man mithilfe der Strahlensätze Längen in ähnlichen Figuren berechnen kann.
- wie man dreidimensionale Gegenstände überzeugend darstellen kann.

Check-in

Über diese Dinge solltest du Bescheid wissen, bevor du dich mit dem Thema „Konstruieren und Projizieren“ beschäftigst. Lege ein Blatt auf die Buchseite und kreuze an, wie du dich einschätzt.
Mit den Aufgaben auf der rechten Seite kannst du deine Einschätzung überprüfen.

Wenn du nach dieser Überprüfung noch Kreuzchen in der dritten oder vierten Spalte hast, arbeite deine Lücken auf: Du findest in der Mathematischen Werkstatt am Ende des Buches Zusammenfassungen und Übungsaufgaben zu vielen Themen. Du kannst aber auch Mathe-Bücher aus den vorherigen Schuljahren oder die Formelsammlung benutzen oder jemanden fragen, der sich damit auskennt.

Checkliste

	Kann ich schon	Da bin ich fast sicher	Ich bin noch unsicher	Kann ich noch nicht
1a Ich weiß, was eine maßstabsgerechte Verkleinerung/Vergrößerung ist.	☐	☐	☐	☐
1b Ich kenne Maßstabsangaben (z. B. 1 : 200) und kann damit rechnen.	☐	☐	☐	☐
2 Ich kann Brüche in Dezimalzahlen und Prozente umrechnen (und umgekehrt).	☐	☐	☐	☐
3 Ich weiß, wie groß die Winkelsumme in einem Dreieck/in einem Viereck ist.	☐	☐	☐	☐
4 Ich kann Gleichungen umstellen.	☐	☐	☐	☐
5 Ich weiß, was eine Kabinettprojektion ist.	☐	☐	☐	☐

In der Mathematischen Werkstatt findet ihr:

- Maßstab, Seite 179, 181
- Brüche und Dezimalzahlen, Seite 166 – 168
- Prozente, Seite 169 – 171
- Dreiecke und Vierecke, Seite 179 – 183
- Gleichungen, Seite 173 – 175
- Kabinettprojektion, Seite 184 – 186

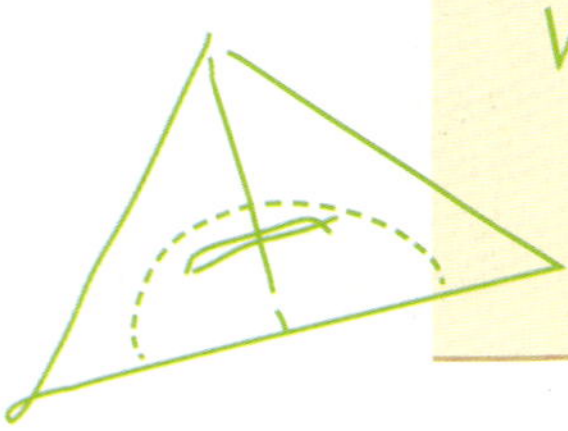

Aufgaben zur Checkliste

1 Maßstabsgerechte Verkleinerung/Vergrößerung

a) Der Grundriss wurde im Maßstab 1 : 200 gezeichnet. Übertrage die Zeichnung in dein Heft und ergänze die Maße, die die Wohnung in Wirklichkeit hat.

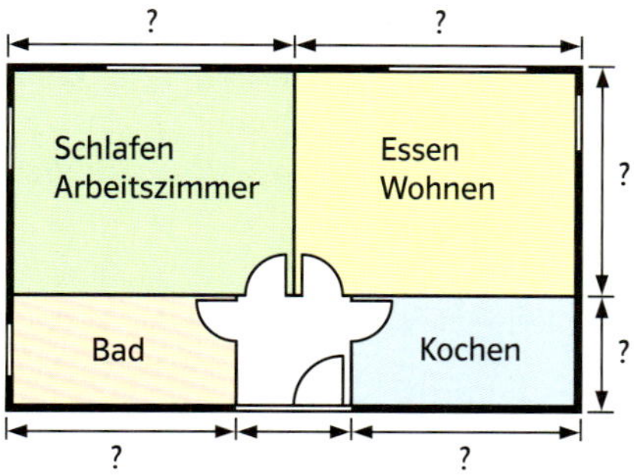

b) Richtig oder falsch? Verbessere gegebenenfalls.

- Bei einem Maßstab von 1 : 5 wird ein Gegenstand in fünffacher Vergrößerung abgebildet.
- Bei einem Maßstab von 1 : 3 ist eine Figur 1,3-mal so groß wie das Original.
- Bei einem Maßstab von 1 : 1000 ist 1 m auf der Karte 1 km in Wirklichkeit.
- Bei einem Maßstab von 1 : 100 000 wird eine 50 km lange Strecke 50 mm lang gezeichnet.

2 Brüche, Dezimalzahlen und Prozente

a) Ordne die Kärtchen wie im Beispiel zu.

$\frac{1}{2}$ = 0,5 = 50 %

0,4	2,5	0,25	1,25	0,125	0,04
$\frac{1}{4}$	$\frac{2}{5}$	$\frac{1}{8}$	$\frac{5}{2}$	$\frac{5}{4}$	$\frac{1}{25}$
4 %	250 %	40 %	25 %	12,5 %	125 %

b) Welche Werte sind falsch? Verbessere.

Bruch	$\frac{3}{4}$	$\frac{3}{5}$	$\frac{4}{3}$	$\frac{6}{5}$
Dezimalzahl	0,75	0,06	1,75	1,2
Prozent	7,5 %	60 %	175 %	12 %

3 Winkelsumme im Dreieck/im Viereck

a) Berechne die fehlenden Winkel.

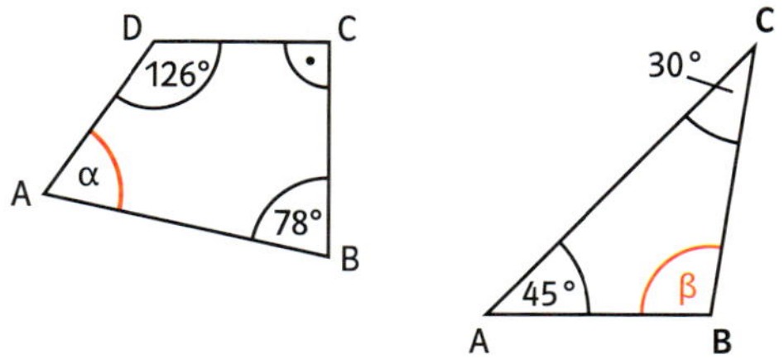

b) Nimm Stellung zu den Aussagen.

I) Es gibt Dreiecke mit drei spitzen Winkeln.
II) Es gibt Dreiecke mit drei rechten Winkeln.
III) Es gibt Vierecke, bei denen jeder der vier Winkel weniger als 90° beträgt.
IV) Es gibt Vierecke mit zwei rechten und zwei stumpfen Winkeln.

4 Gleichungen umstellen

Stelle die Formeln so um, dass jede Variable einmal alleine steht.

a) $U = 4a$ b) $A = a \cdot h_a$

c) $v = \frac{s}{t}$ d) $W = \frac{G \cdot p}{100}$

e) Die Gleichung $3x = \frac{y}{z}$ wurde nach z aufgelöst. Ist die Lösung $z = \frac{3x}{y}$ richtig?

5 Schrägbilder in Kabinettprojektion

a) Zeichne das Schrägbild eines Würfels mit 3 cm Kantenlänge in der Kabinettprojektion in dein Heft.

b) Zeichne drei verschiedene Schrägbilder eines Quaders mit den Kantenlängen 5 cm, 2 cm und 4 cm in der Kabinettprojektion in dein Heft.

c) Ein Würfel sollte in der Kabinettprojektion gezeichnet werden. Was wurde jeweils falsch gemacht?

1) 2) 3)

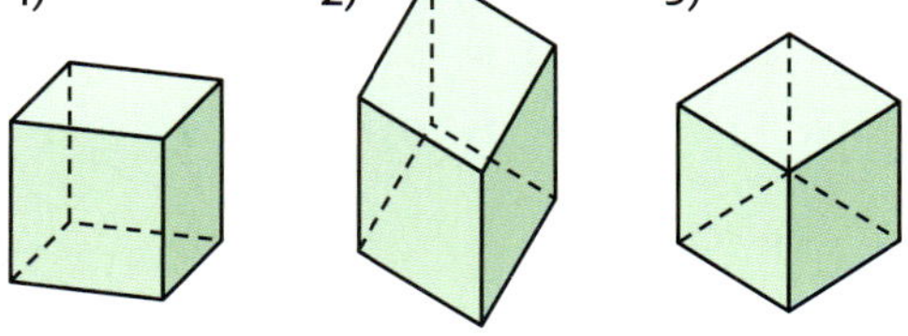

⊳ Lösungen, Seite 200

Vergrößern und Verkleinern

Wenn die Größe eines Bildes nicht passt, muss man es vergrößern oder verkleinern.

1 [👥] Überlegt gemeinsam, wie ein Bild von einer Vorlage vergrößert an die Wand gemalt werden könnte.

2 [👥] Beim Vergrößern einer Zeichnung ist mehr Genauigkeit gefordert als beim Malen eines Bildes. Erprobt, wie Zeichnungen vergrößert auf die Wand übertragen werden können. Klebt zum Schonen der Wand einen großen Bogen Papier auf.

Tipp
Überlegt euch vor dem Zeichnen genau, wie stark vergrößert werden kann. Das Bild darf nicht größer als das Heftformat werden.

3 Zeichnungen im Quadratgitter lassen sich gut vergrößern.
Zeichne ein vergrößertes Bild des Segelclubabzeichens ins Heft.

Tipp
Löst die Aufgaben 1, 2 und 4 in Form eines Gruppenpuzzles. Präsentiert eure Ergebnisse z. B. in einer Galerietour.

4 [👥] Manchmal müssen Bilder auch verkleinert werden, beispielsweise für die Herstellung einer Druckschablone.
a) Überlegt gemeinsam, welche Möglichkeiten es gibt, ein Bild zu verkleinern.
b) [@] Probiert selbst, wie eine Zeichnung verkleinert werden kann. Sucht euch dafür entsprechende Bilder aus.

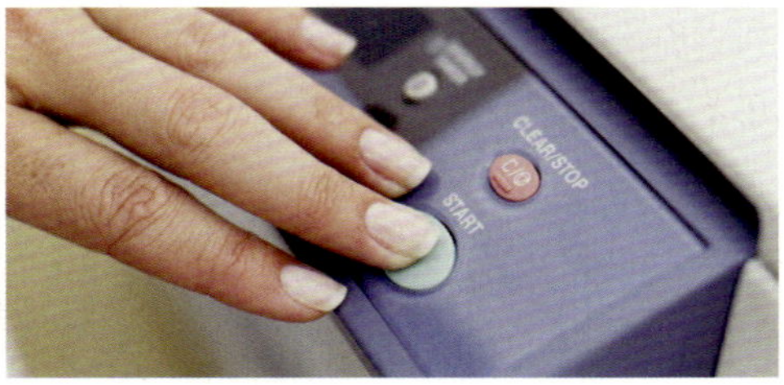

5 Zeichnungen im Quadratgitter können durch Zusammenfassen mehrerer Kästchen verkleinert werden.
Fasse beim Verkleinern im Heft je vier Kästchen zusammen.

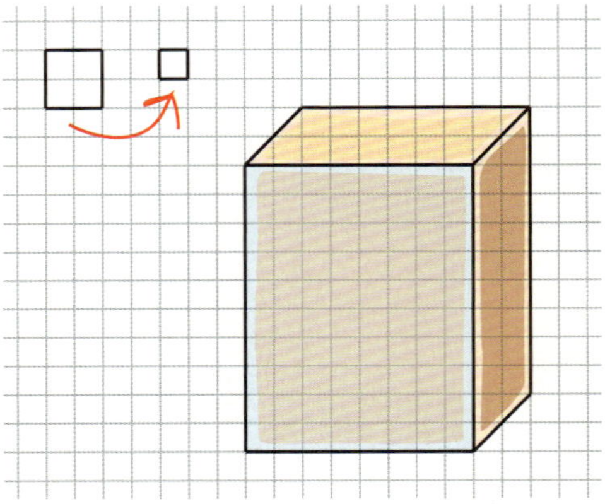

6 Der niederländische Grafiker *Maurits Cornelis Escher* (1898 – 1972) zeichnete dieses Muster aus lauter Rochen.
a) Worin stimmen die einzelnen Fische in der Grafik überein, worin nicht? Vergleiche auch die weißen mit den schwarzen Fischen.

b) Wie könnte *Escher* die Fische gezeichnet haben? Suche dir einen Bildausschnitt aus und versuche ihn nachzuzeichnen.

Ähnlichkeit

Welche Angaben im Original braucht der Zeichner um das Haus vergrößert zeichnen zu können?
Wie ändern sich die Strecken, wie ändern sich die Winkel beim Vergrößern?

Original

Bild

Übrigens

Der Maßstab k wird auch **Ähnlichkeitsfaktor** genannt. Er kann verschieden angegeben werden:
$3:4 = \frac{3}{4} = 0{,}75 = 75\,\%$

Wird eine Originalfigur maßstäblich vergrößert oder verkleinert, so sind Bildfigur und Originalfigur zueinander **ähnlich**. Das Längenverhältnis zwischen den Strecken der Bild- und der Originalfigur wird durch den **Maßstab k** festgelegt.

$$k = \frac{\text{Länge der Bildstrecke}}{\text{Länge der Originalstrecke}}$$

Jeder Winkel der Bildfigur ist genauso groß wie der entsprechende Winkel der Originalfigur.

Beispiele

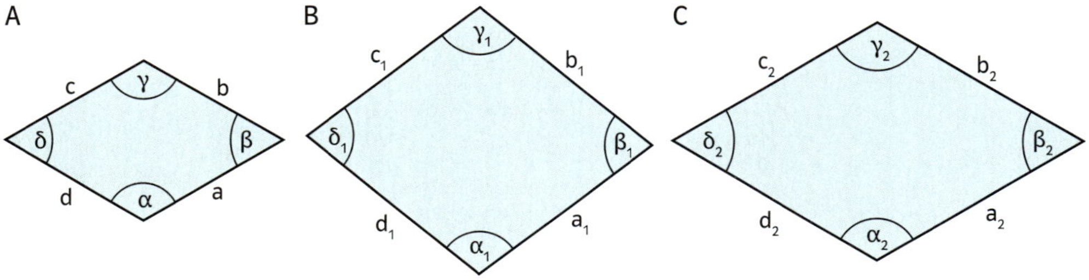

Vergleich der Figuren A und B
1) Vergleich der Seitenlängen:
$a = b = c = d = 2\,cm$
$a_1 = b_1 = c_1 = d_1 = 3\,cm$
Die Seiten von Figur B sind $\frac{3}{2}$-mal so groß wie die Seiten von Figur A.
2) Vergleich der Winkel:
$\alpha = 120°$ ist größer als $\alpha_1 = 115°$.

Die Figuren A und B sind nicht zueinander ähnlich, denn mindestens ein Winkel der Figur A ist ungleich dem entsprechenden Winkel der Figur B.

Vergleich der Figuren A und C
1) Vergleich der Seitenlängen:
$a = b = c = d = 2\,cm$
$a_2 = b_2 = c_2 = d_2 = 3\,cm$
Die Seiten von Figur C sind $\frac{3}{2}$-mal so groß wie die Seiten von Figur A.
2) Vergleich der Winkel:
$\alpha = \alpha_2 = 120°$; $\beta = \beta_2 = 60°$; $\gamma = \gamma_2 = 120°$; $\delta = \delta_2 = 60°$

Die Winkel stimmen überein. Die Figuren A und C sind **zueinander ähnlich**.
Man schreibt: **A ~ C**.

▷ Formelsammlung, Seite 220

1 Welche Sterne sind zueinander ähnlich?

2 [👥] Eineiige Zwillinge sehen sich oft zum Verwechseln ähnlich. Vergleicht diese Aussage mit dem Ähnlichkeitsbegriff in der Mathematik.

3 Welche Figuren sind zueinander ähnlich? Schreibe in der Form A ~ …

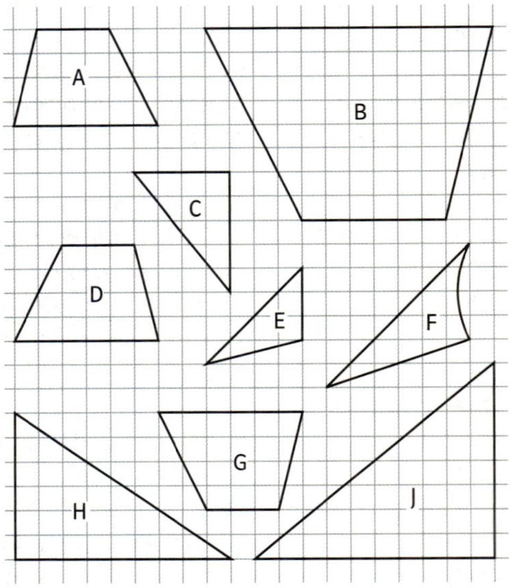

4 Richtig oder falsch?
a) Zwei Dreiecke …
b) Zwei gleichschenklige Dreiecke …
c) Zwei rechtwinklige Dreiecke …
d) Zwei gleichseitige Dreiecke …
e) Zwei Vierecke …
f) Zwei Quadrate …
g) Zwei Rechtecke …
sind immer zueinander ähnlich.

5 a) Lea behauptet: „Am Maßstab kannst du erkennen, ob es sich um eine Vergrößerung oder um eine Verkleinerung handelt." Hat sie Recht? Begründe.
b) Bei welcher maßstäblichen Konstruktion handelt es sich um eine Vergrößerung, bei welcher um eine Verkleinerung?
1) k = 1 : 5 2) k = 6 : 1 3) k = 0,7 4) k = 4
5) $k = \frac{1}{3}$ 6) $k = \frac{5}{2}$ 7) $k = \frac{2}{3}$ 8) k = 1

6 Ermittle das Längenverhältnis k der Bildstrecke a zur Originalstrecke b.
a) a = 15 m; b = 10 m b) a = 3 cm; b = 9 cm
c) a = 12 m; b = 8 m d) a = 8 dm; b = 6 dm
e) a = 15 dm; b = 5 m f) a = 14 cm; b = 35 m

7 Übertrage die Tabelle in dein Heft und berechne die fehlenden Werte.

	a)	b)	c)	d)
Maßstab k	3 : 7	$\frac{2}{5}$	6 : 5	$\frac{9}{4}$
Länge der Bildstrecke	4,5 m		0,12 dm	
Länge der Originalstrecke		250 mm		10 cm

8 Übertrage die Tabelle in dein Heft und ergänze.

	a)	b)	c)	d)
Bildlänge	12 cm		18 dm	
Originallänge	8 cm	66 m		240 mm
Ähnlichkeitsfaktor k		2,5	0,6	1 : 8

9 Eine Kleinbildkamera macht Negativabzüge der Größe 24 mm × 36 mm. Abzüge sind in den Größen 9 cm × 13 cm, 10 cm × 15 cm und 13 cm × 18 cm üblich. Passt das Bild links auf dem Rand ganz auf einen Abzug?
Auch wenn es nicht ganz passt, wird es vergrößert. Berechne jeweils den Vergrößerungsfaktor.

10 Übertrage die Figur in dein Heft. Ermittle den Ähnlichkeitsfaktor und ergänze jeweils die Bildfigur.

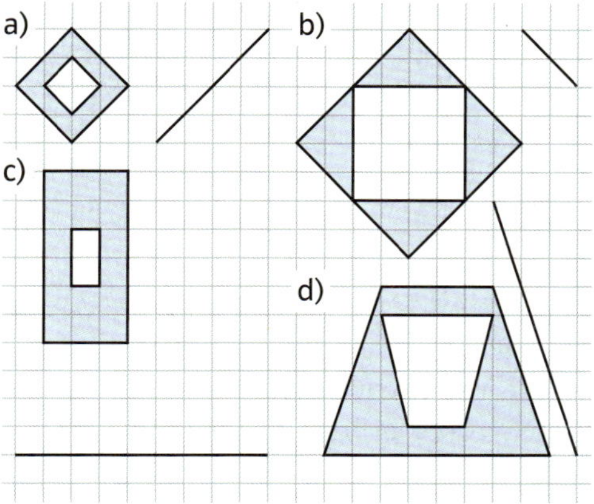

11 a) Zwei Dreiecke sind zueinander ähnlich, wenn sie in den Winkelgrößen übereinstimmen! Stimmt die Aussage? Begründe.
b) Zwei Vierecke sind zueinander ähnlich, wenn sie in den Winkelgrößen übereinstimmen. Stimmt diese Aussage?

12 Ist ein Dreieck mit den Winkeln 51° und 90° zu einem Dreieck mit den Winkeln 90° und 39° ähnlich?

13 Welche der rechtwinkligen Dreiecke sind jeweils zueinander ähnlich, welche nicht?

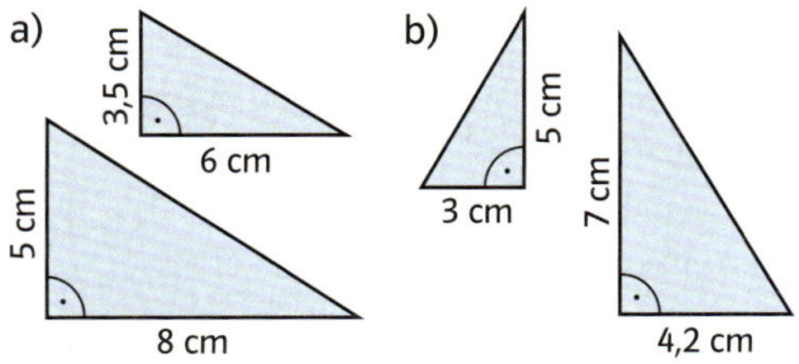

14 [●] Das Dreieck ABC mit dem Flächeninhalt 20 cm² ist dem Dreieck A'B'C' ähnlich. Der Seitenlänge a = 4 cm im Dreieck ABC entspricht a' = 6 cm im Dreieck A'B'C'.
Berechne den Flächeninhalt des Dreiecks A'B'C'.

Der Fotokopierer

15 Mit einem Fotokopierer kannst du Zeichnungen vergrößern und verkleinern. Mit der Zoomtaste kann der Maßstab in % eingestellt werden.

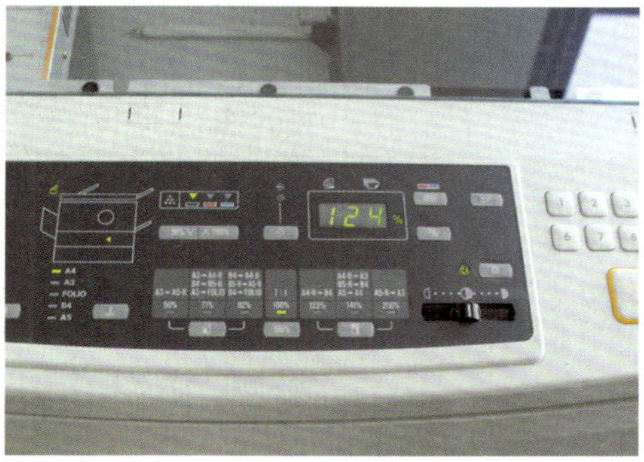

a) Wie musst du den Kopierer einstellen, um eine Verkleinerung auf $\frac{3}{4}$, $\frac{2}{3}$, $\frac{1}{4}$ bzw. eine Vergrößerung im Maßstab 3 : 2, 5 : 4, 7 : 5 zu erreichen?
b) [●●] Die Vergrößerung ist auf 160 % begrenzt. Wie bekommst du eine Vergrößerung auf 200 %, 225 %, 250 %?

16 Ein Brief wurde in einer Schrift mit einer Buchstabenhöhe von 1,88 mm geschrieben. Er wird auf 120 % vergrößert.
a) In welchem Maßstab wurde vergrößert?
b) Welche Höhe hat die Schrift in der Kopie?

17 Ein Foto der Größe 6 cm × 9 cm wird auf 75 % verkleinert.
a) Bestimme den Maßstab.
b) Wie groß ist das Foto in der Kopie?
c) Wie viel Prozent der Originalfläche hat die Bildfläche?

18 Ein Bild hat die Maße 18 cm × 12 cm. Eine Verkleinerung soll vollständig in einen Rahmen von 7 cm × 9 cm passen. Wie muss der Kopierer eingestellt werden?

19 **Zu guter Letzt**
Ein Bild wird um 50 % verkleinert und anschließend wieder um 50 % vergrößert.

Zeichnen wie die großen Künstler

Der belgische Maler *René Magritte* (1898 – 1967) verblüfft uns mit Gemälden, auf denen Gegenstände und Ereignisse aus ihrem üblichen Zusammenhang gerissen und in einen neuen, ungewöhnlichen Bezug zueinander gebracht werden.

1 a) 1935 malte *Magritte* das Bild mit dem seltsamen Titel „Die Beschaffenheit des Menschen II“. Beschreibe das Besondere an diesem Bild.
b) Was würde passieren, wenn du näher an die Leinwand herangehen würdest?
c) [@] Informiere dich über den Maler und finde heraus, ob er noch andere ähnliche Bilder gemalt hat.

2 [👥 ✂] Bezieht einen alten Bilderrahmen straff mit Transparentpapier. Bittet den Tischnachbarn, den Rahmen vor sich zu halten, und zeichnet die Gesichtszüge auf dem Transparentpapier nach.

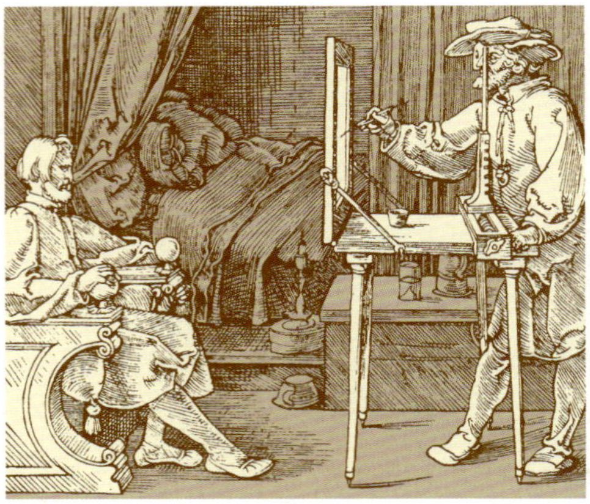

3 Der deutsche Maler *Albrecht Dürer* (1471 – 1528) veranschaulicht das Verfahren aus Aufgabe 2 in seinem Holzschnitt „Der Zeichner des sitzenden Mannes“. Die darauf abgebildete **Glastafelmethode** half zu Dürers Zeiten, das langwierige Modellsitzen zu verkürzen. Die Künstler fertigten mithilfe der perspektivisch richtigen Skizze später eine Zeichnung oder ein Ölbild.
a) [@] Dürer schaute beim Zeichnen mit einem Auge durch ein am Tisch befestigtes Visiergerät. Erkläre, wie die einzelnen Bildpunkte auf der Glasscheibe entstehen.
b) [@] Sammle Informationen über *Dürer* und finde heraus, ob er noch andere ähnliche Bilder gemalt hat.

4 [● 👥👥] Die beiden Zeichnungen des Tisches sehen sehr realistisch aus.

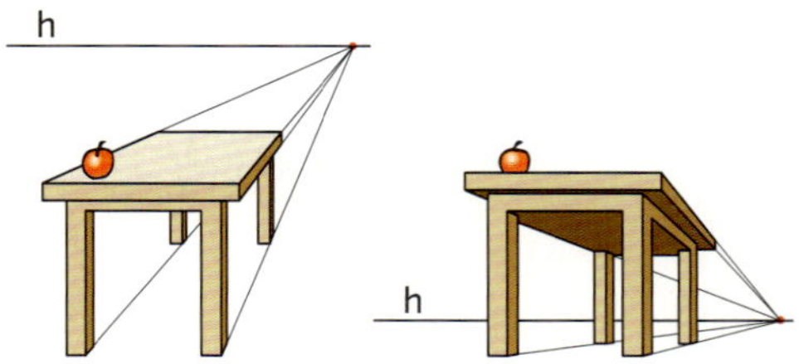

Auf welcher Höhe befinden sich jeweils die Augen des Betrachters? Wieso wirkt diese Darstellung noch realistischer als Zeichnungen in der Schrägbilddarstellung?
Erklärt, wie der Zeichner vorgegangen ist.

Zentrische Streckung

Die Zeichnung eines Hauses wird vergrößert. Dabei hilft ein gut dehnbares Gummiband.

a) Beschreibe das Verfahren.

b) Probiere die Konstruktion im Heft aus. Wähle selbst eine geeignete Figur. Auch die Lage des Punktes Z kannst du beliebig wählen.

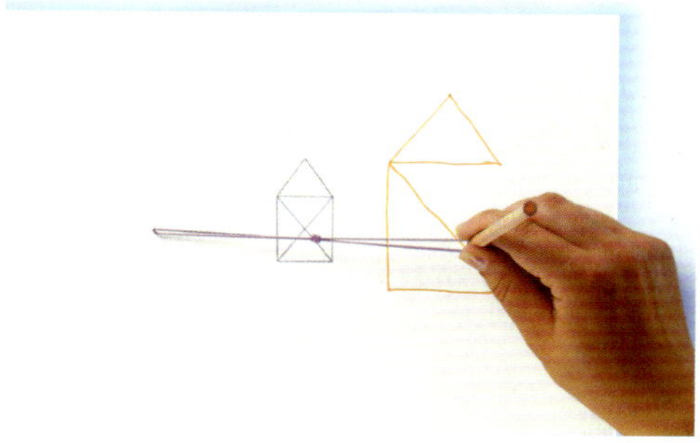

Die **zentrische Streckung** ist ein Verfahren, mit dem Figuren **maßstäblich vergrößert** oder **verkleinert** werden können.
Um eine zentrische Streckung durchführen zu können, müssen das **Streckzentrum Z** und der **Streckfaktor k** gegeben sein.
Originalfigur und Bildfigur sind zueinander ähnlich. Der **Ähnlichkeitsfaktor** ist durch den **Streckfaktor** gegeben.

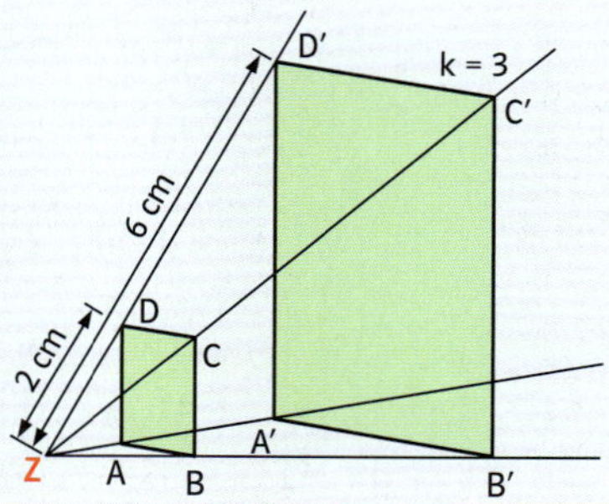

Beispiele

a) Vergrößerung des △ ABC vom Streckzentrum Z aus mit dem Streckfaktor $k = 2$.

1) Zeichne einen Strahl von Z durch A.

2) Miss die Strecke $\overline{ZA}$ und multipliziere ihre Länge mit k. Trage diese Länge von Z aus auf dem Strahl ab und erhalte A'.

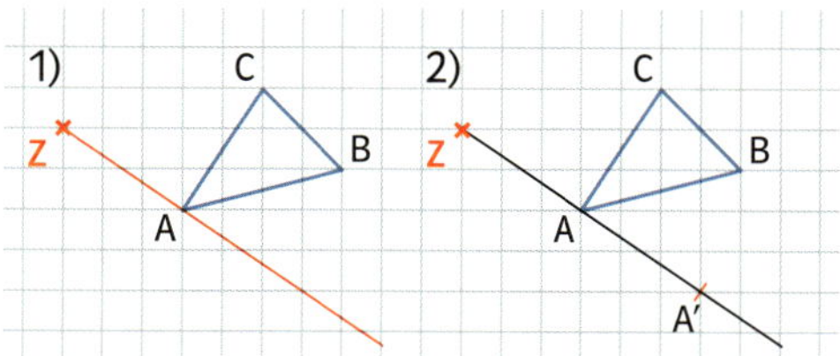

3) Führe entsprechende Konstruktionen für die Bildpunkte B' und C' durch. Verbinde zum △ A'B'C'.

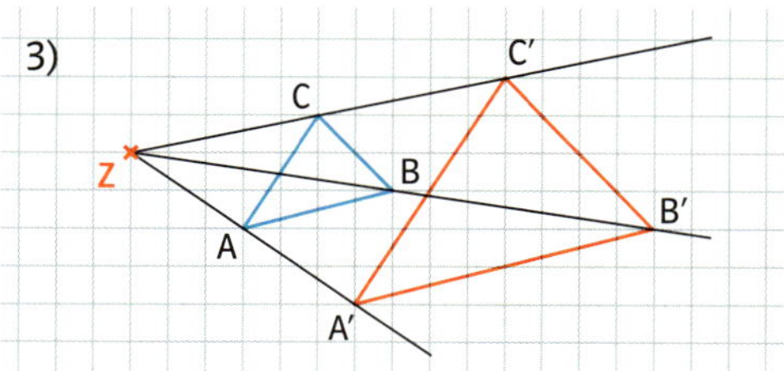

b) Verkleinerung des △ ABC vom Streckzentrum Z aus mit dem Streckfaktor $k = \frac{1}{3}$.

Da der Streckfaktor k hier zwischen 0 und 1 liegt, ist die Bildfigur kleiner als die Originalfigur.

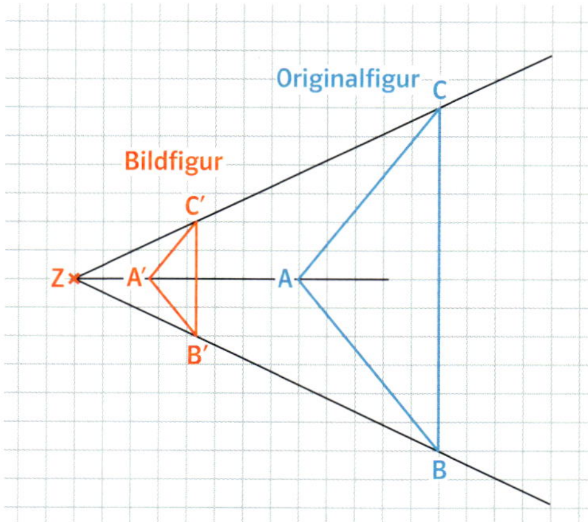

Um die Längen der Strecken $\overline{ZA'}$, $\overline{ZB'}$ und $\overline{ZC'}$ zu erhalten, werden die Längen der Strecken $\overline{ZA}$, $\overline{ZB}$ und $\overline{ZC}$ mit dem Streckfaktor $k = \frac{1}{3}$ multipliziert.

▻ Formelsammlung, Seite 220; Merksatz, Seite 21

Tipp
Überlege vor dem Zeichnen, wie viel Platz die gestreckte Figur benötigt.

1 Strecke das Dreieck vom Streckzentrum Z aus mit dem Streckfaktor k = 2.

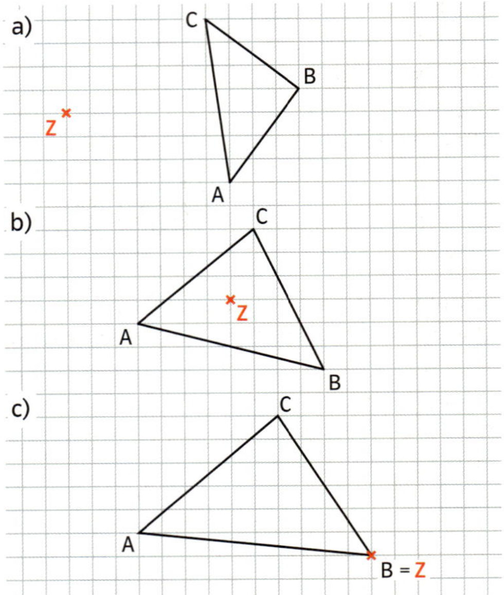

2 Strecke das Dreieck ABC von Z aus mit dem Streckfaktor k.

	Z	k	A	B	C
a)	(2 | 3)	3	(4 | 2)	(5 | 3)	(3 | 4)
b)	(1 | 8)	2,5	(2 | 6)	(5 | 6)	(4 | 7)
c)	(3 | 3)	$\frac{1}{2}$	(11 | 6)	(11 | 10)	(4 | 11)
d)	(3 | 3)	2	(4 | 4)	(7 | 4)	(4 | 7)

3 Ist das äußere Rechteck das Streckbild des inneren? Begründe. In welchen Fällen sind die Rechtecke zueinander ähnlich, in welchen Fällen nicht?

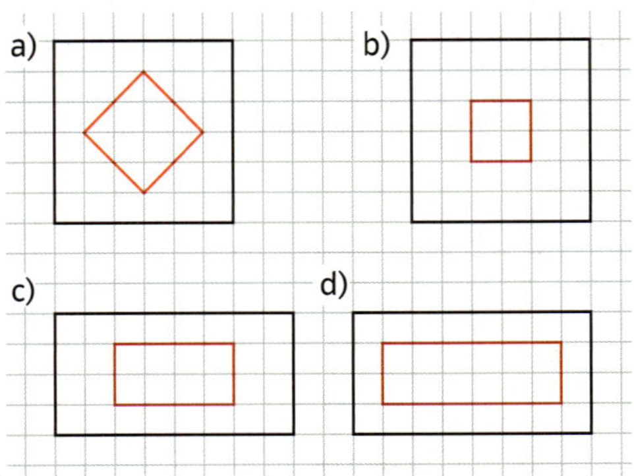

4 Kann das blaue Dreieck ein Streckbild des roten Dreiecks sein? Wenn ja, zeichne die Figuren mit Streckzentrum ins Heft und gib den Streckfaktor an.

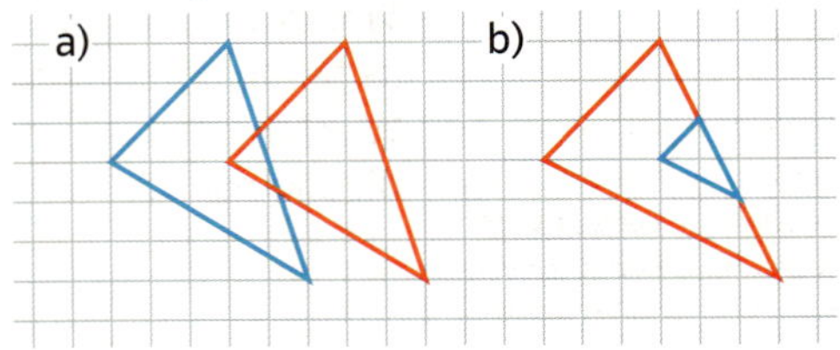

5 Strecke den Stern vom Mittelpunkt aus mit den Faktoren $\frac{1}{2}$ und 2.

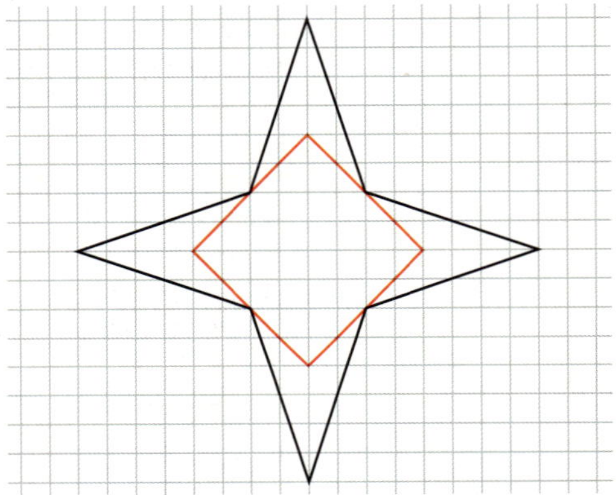

6 [●] Die Punkte A′ und B′ sind durch eine zentrische Streckung aus den Eckpunkten A und B des Dreiecks ABC entstanden.
Konstruiere das fehlende Zentrum und das Bild des Dreiecks. Wie gehst du vor?

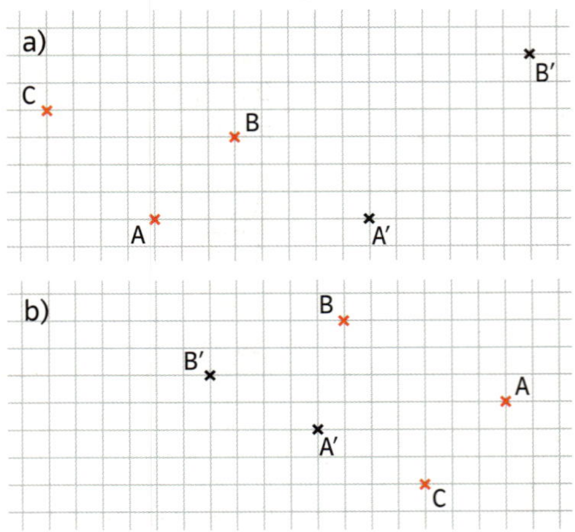

Strahlensätze

Übrigens
Die **Lochkamera**, auch *camera obscura* genannt (lat.: dunkle Kammer), war die erste Form einer Kamera. Es handelt sich um einen dunklen Kasten mit transparenter Rückwand. Darauf wird durch eine Lochblende oder Sammellinse, die sich an der Vorderseite befindet, ein Bild erzeugt, das seitenverkehrt ist und auf dem Kopf steht.

Mithilfe einer so genannten Lochkamera wurden im 16. Jahrhundert Landschaftsbilder maßstäblich gezeichnet.
Erläutere, wie die Kamera funktioniert.
Was passiert, wenn man mit der Kamera näher an ein Objekt herangeht?
Welche Strecken stehen im selben Verhältnis zueinander?

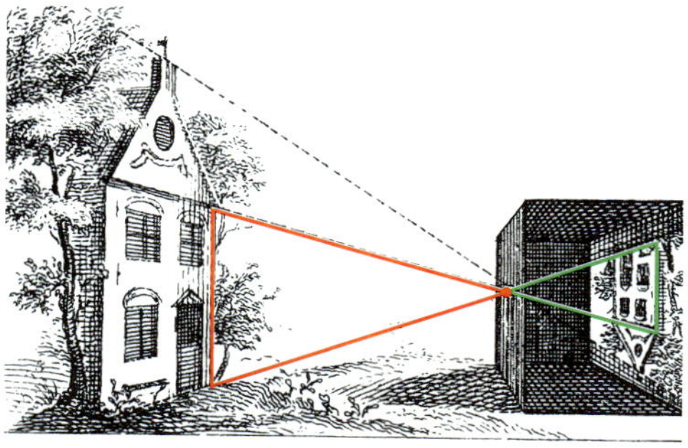

Wie die Lochkamera funktioniert, lässt sich mathematisch erklären:
Werden zwei sich schneidende Geraden von zwei Parallelen geschnitten, so entstehen zwei **ähnliche Dreiecke**.
Das rote und das grüne Dreieck sind ähnlich, da sie in zwei Winkeln übereinstimmen.
Aus der Ähnlichkeit der Dreiecke ergeben sich folgende Längenverhältnisse, die in den **Strahlensätzen** formuliert werden.

Werden zwei Geraden, die sich im Punkt S schneiden, von zwei Parallelen geschnitten, so gilt:

1. Strahlensatz
Die Abschnitte auf der einen Geraden verhalten sich wie die entsprechenden Abschnitte auf der anderen Gerade.

$\frac{a_1}{a_2} = \frac{b_1}{b_2}$

2. Strahlensatz
Die Abschnitte auf den Parallelen verhalten sich zueinander wie die von S aus gemessenen entsprechenden Abschnitte auf einer Geraden.

$\frac{c_1}{c_2} = \frac{a_1}{a_2}$ und $\frac{c_1}{c_2} = \frac{b_1}{b_2}$.

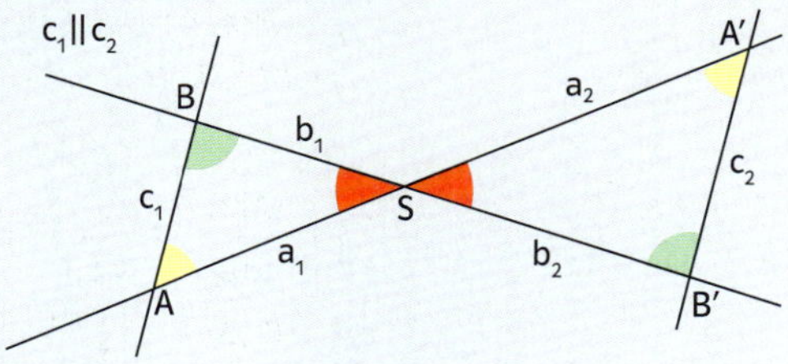

Beispiel
Das Schulgebäude ist 15,45 m hoch, das Bild in der Lochkamera 7 cm. In welcher Entfernung zum Schulgebäude befindet sich die Linse der Lochkamera?

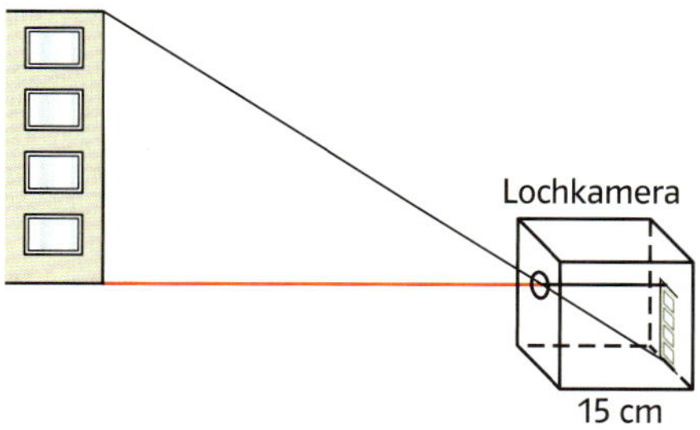

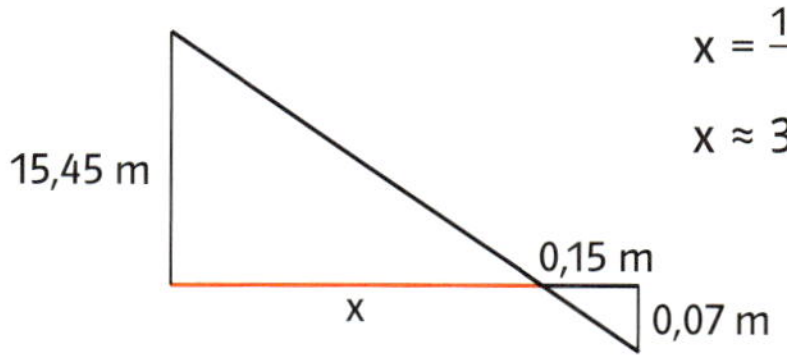

$\frac{x}{0{,}15} = \frac{15{,}45}{0{,}07}$

$x = \frac{15{,}45 \cdot 0{,}15}{0{,}07}$

$x \approx 33{,}11$

Die Entfernung von der Linse bis zum Schulgebäude beträgt etwa 33,11 m.

▻ Formelsammlung, Seite 220

Verschiebt man eine parallele Gerade wie abgebildet entstehen wiederum zwei ähnliche Dreiecke mit einem gemeinsamen Winkel.

1)

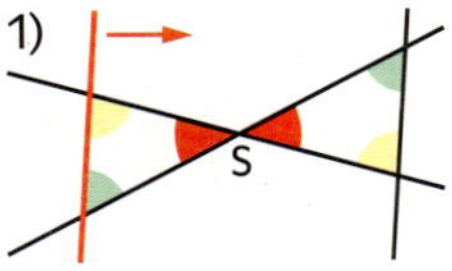

2)

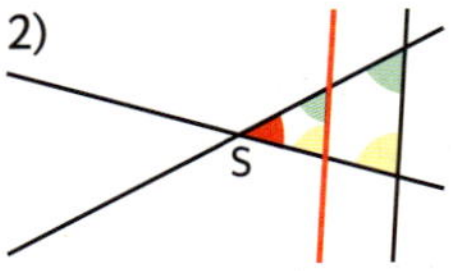

Werden zwei von einem Punkt S ausgehende **Strahlen** von zwei Parallelen geschnitten, dann gilt:

1. Strahlensatz
(entsprechende Abschnitte auf den Strahlen)

$\frac{a_1}{a_2} = \frac{b_1}{b_2}$

2. Strahlensatz
(entsprechende Abschnitte auf den Parallelen und einem Strahl von S aus gemessen)

$\frac{c_1}{c_2} = \frac{a_1}{a_2}$ und $\frac{c_1}{c_2} = \frac{b_1}{b_2}$.

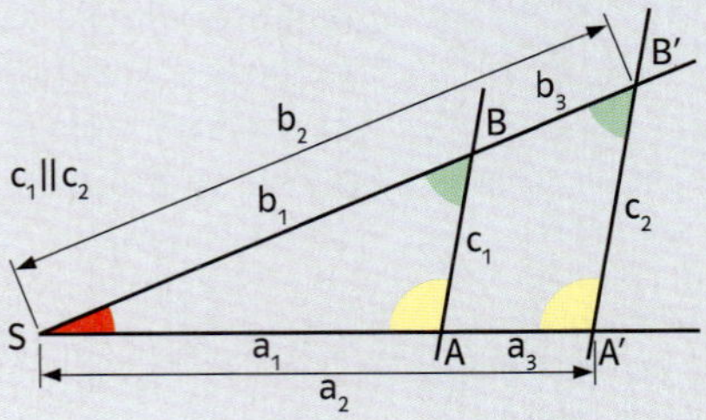

1 Schreibe Gleichungen zwischen Streckenverhältnissen auf, die nach dem 1. und 2. Strahlensatz gelten.

a)

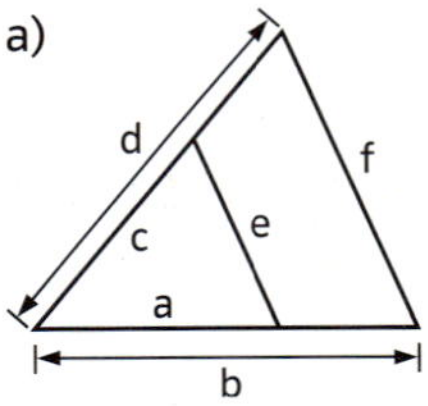

b)

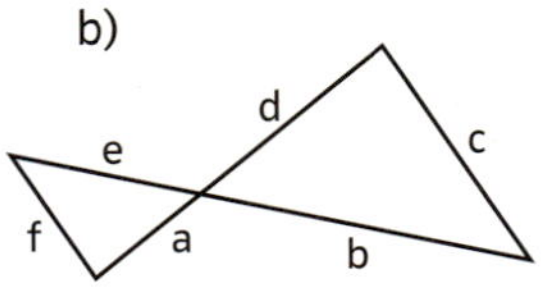

c)

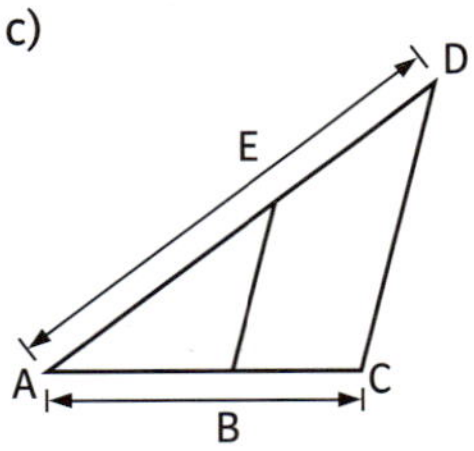

d)

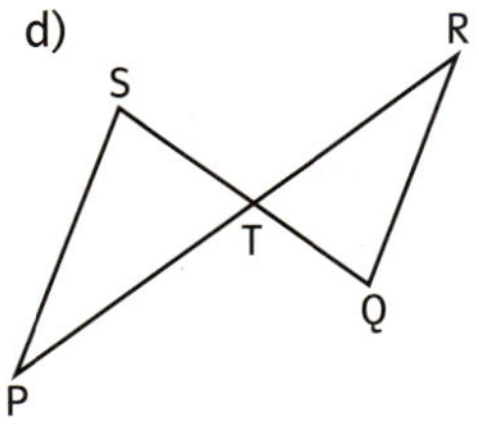

3 Vervollständige die Tabelle in deinem Heft. (Maße in cm)

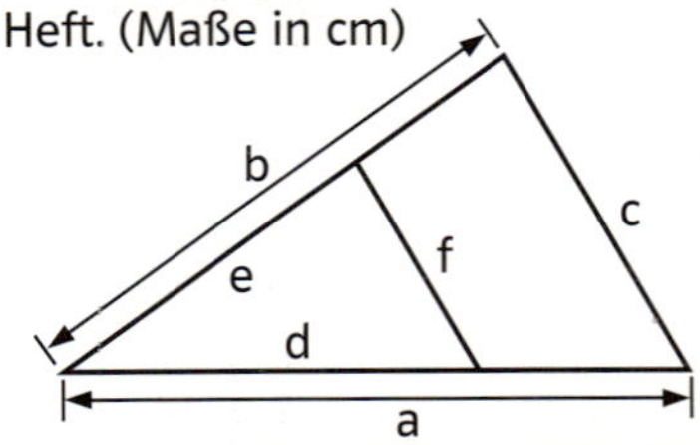

	a	b	c	d	e	f
a)	5	8		4		6
b)	7			6	8	8
c)	6,5		8,2		5,1	4,8
d)		5,2	5,2	2,5		2,5

4 Übertrage die Tabelle in dein Heft und ergänze. (Maße in cm)

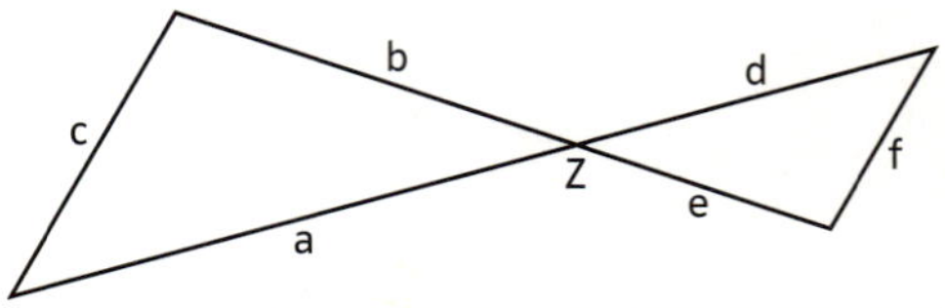

	a	b	c	d	e	f
a)	8	4		6		5
b)	6		11	4,8	6,4	
c)	6,3		6,3		4,1	4,1

Tipp
Stelle die Bruchgleichung so auf, dass die unbekannte Größe links oben steht. Dann kannst du die Gleichung leicht auflösen.

2 Berechne die Strecke x (Maße in cm). Runde – wenn nötig.

a)

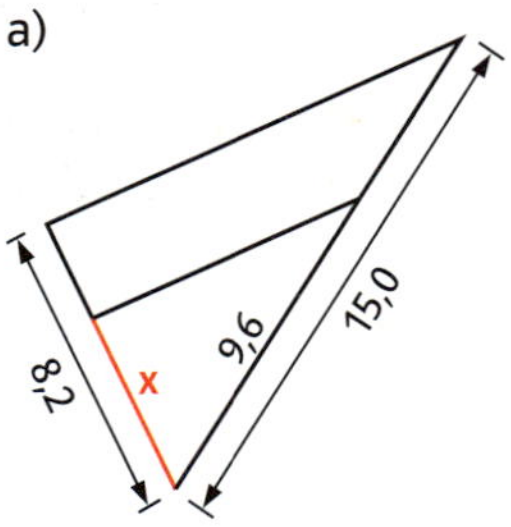

b)

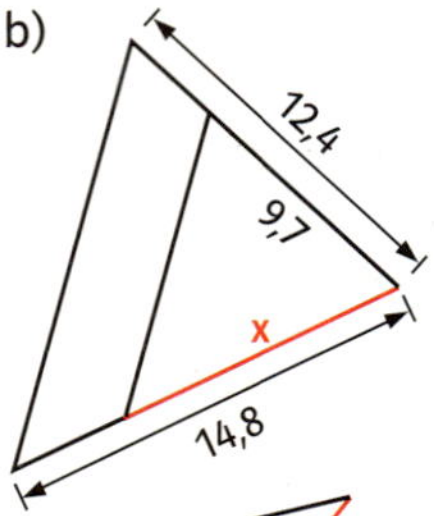

c)

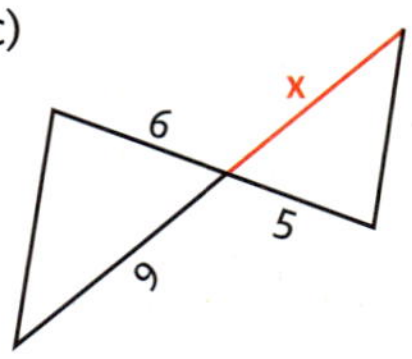

d)

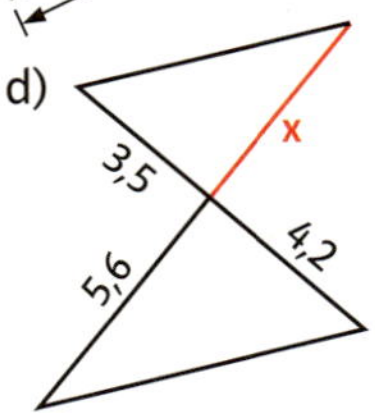

5 a) Den ersten Strahlensatz kann man auch anders formulieren: $\frac{a_1}{a_3} = \frac{b_1}{b_3}$. Erkläre warum.
b) Stelle weitere Beziehungen auf.

▻ Formelsammlung, Seite 220

6 Mithilfe des 1. Strahlensatzes kann eine gegebene Strecke $\overline{AB}$ in eine bestimmte Anzahl gleich großer Teile geteilt werden.

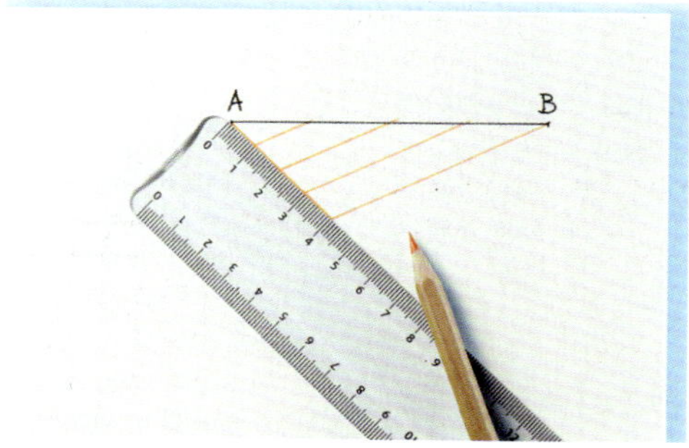

Erkläre das Verfahren und seine Vorteile. Teile die folgenden Strecken nach dem gleichen Verfahren.

	a)	b)	c)	d)	e)	f)
$\overline{AB}$ in cm	7	9	8,7	10	10	3,1
Anzahl der Teile	3	5	4	9	11	8

7 Die Punkte A und B liegen am Rande einer Schlucht. Im ebenen Gelände wurden Messungen durchgeführt. Berechne den Abstand zwischen den Felspunkten.

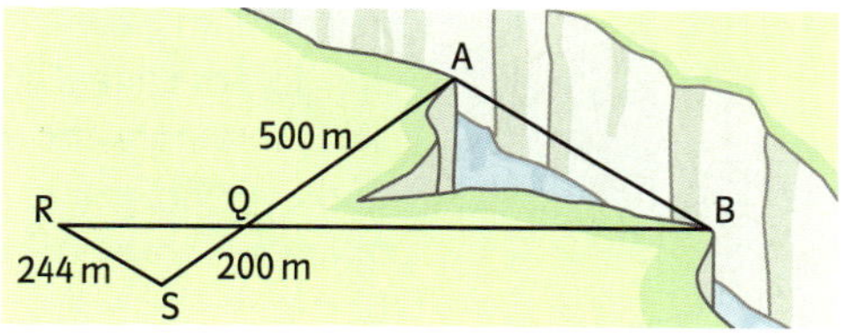

8 Bestimme die Breite des Flusses mit $\overline{SA} = 100\,m$, $\overline{SB'} = 25\,m$, $\overline{A'B'} = 20\,m$. Beschreibe das Messverfahren.

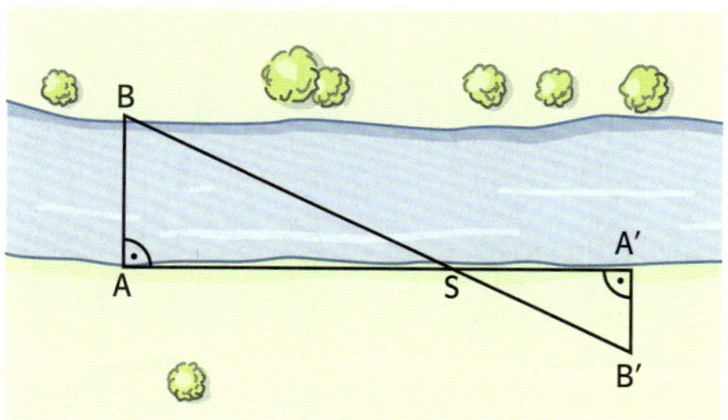

9 [●] Die Lochkamera entwirft von einem Gegenstand mit der Größe G ein Bild mit der Größe B.

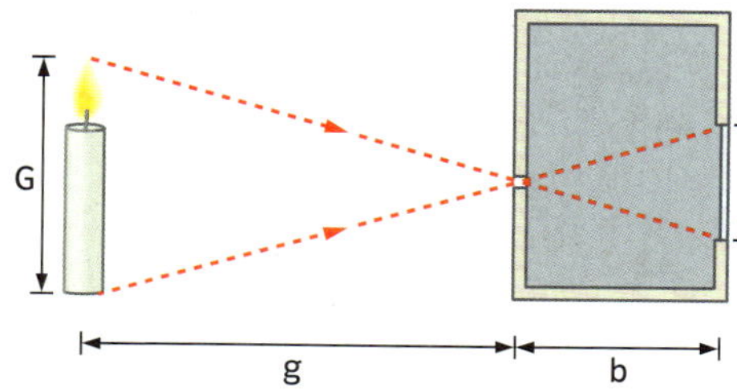

a) Wie groß wird ein 114 m hoher Turm in 180 m Entfernung abgebildet, wenn die Bildweite b 45 cm beträgt?
b) Wie weit steht man von einem 12 m hohen Baum entfernt, wenn er bei einer Bildweite von 40 cm ein 6,5 cm großes Bild hat?

10 [●] Berechne x. Beschreibe, wie du vorgehst. (Maße in cm)

a)

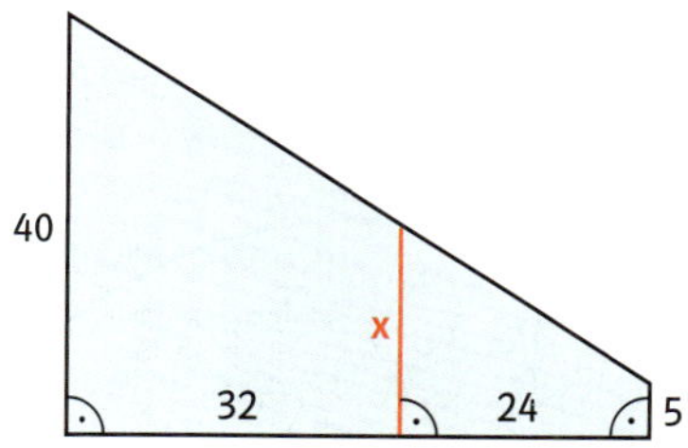

b)

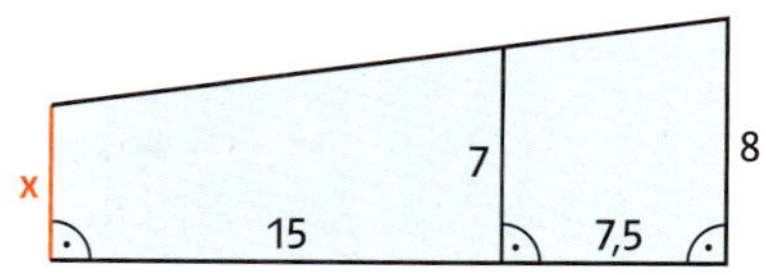

11 [●] Berechne jeweils die Seitenlänge x des Quadrats. (Maße in cm)

a)

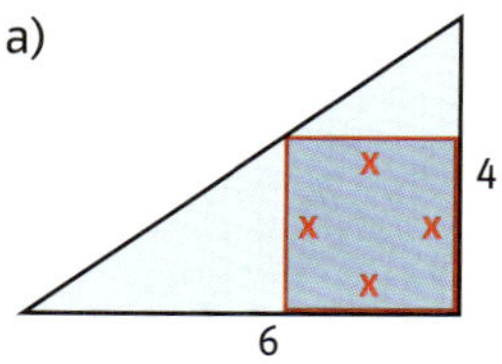

b)

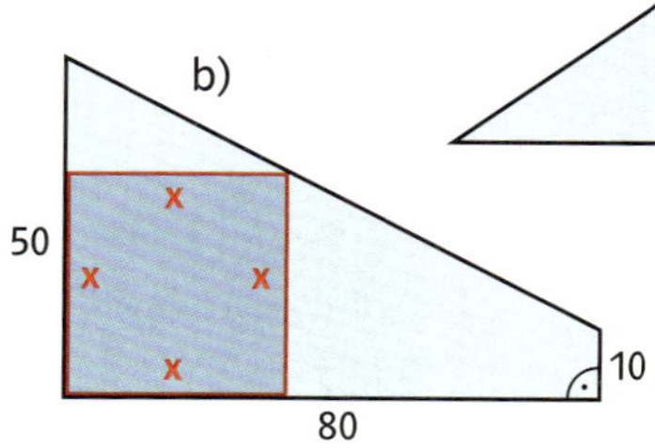

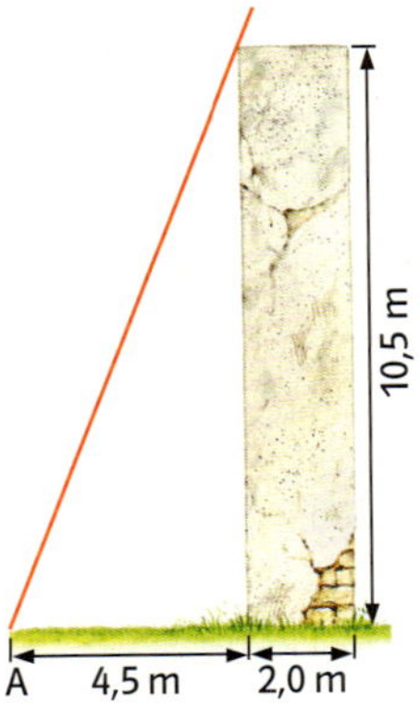

12 Wie hoch muss eine unmittelbar hinter der Mauer (Abbildung links) stehende Antenne mindestens sein, wenn ihr oberes Ende von Punkt A aus gerade noch sichtbar sein soll?

13 Eine Mauer wird aus einer Augenhöhe von 1,70 m über eine Messlatte anvisiert.

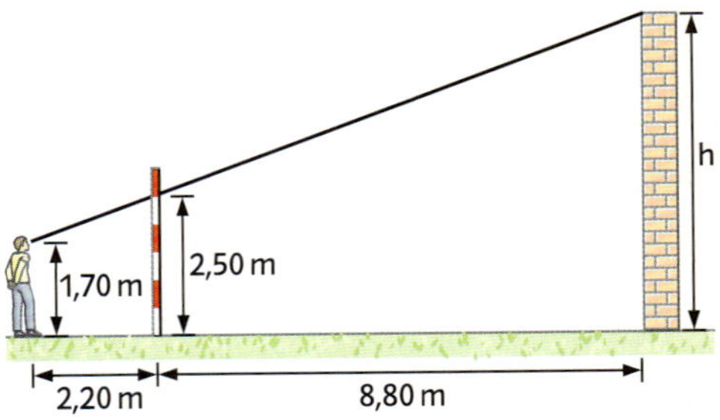

Wie hoch ist die Mauer?
Tipp: Lege eine Horizontale in Augenhöhe.

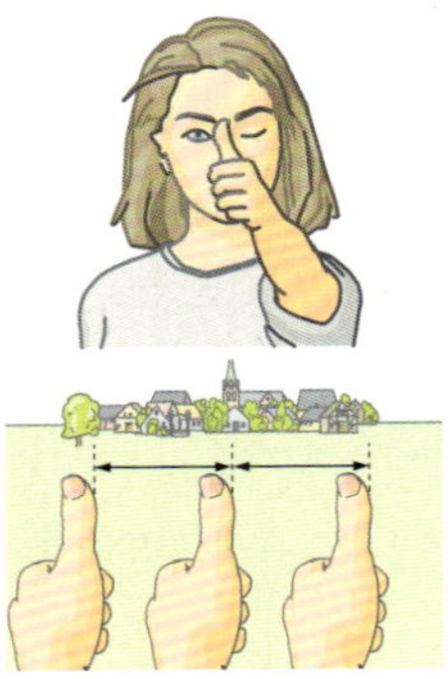

14 [●] Entfernungen im Gelände lassen sich mit dem so genannten Daumensprung abschätzen. Dabei peilt man einen Gegenstand hintereinander mit dem linken und dem rechten Auge an (Abbildung links).
Ist eine Geländegröße bekannt, lässt sich die zweite mittels Augenabstand und Armlänge abschätzen.

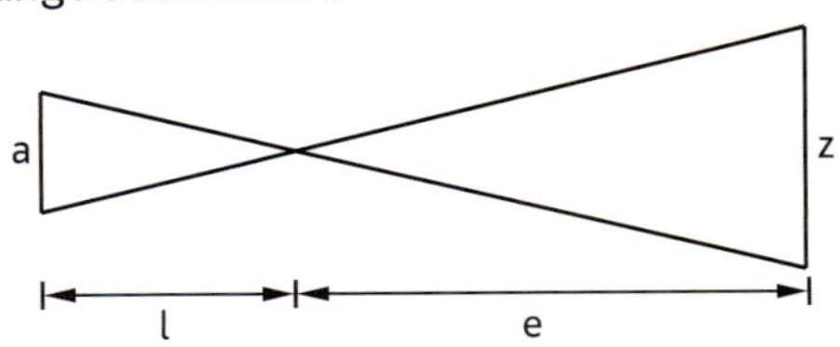

a) [Partnerarbeit] Erklärt euch das Verfahren mit eigenen Worten.
b) Wie weit steht Anke vom Dorf entfernt, wenn sie es mit zwei Daumensprüngen abdeckt?
Augenabstand a = 6 cm,
Armlänge l = 58 cm,
Dorfbreite z = 1,4 km
c) Miss deine Armlänge und deinen Augenabstand und schätze Entfernungen im Gelände.

Textaufgaben zu Strahlensätzen

Textaufgaben zu Strahlensätzen können leicht bearbeitet werden, wenn man mit System an solche Aufgaben herangeht:

1. Lies den Text und notiere die **wichtigsten Angaben** dazu im Heft.
2. **Welche Frage** ergibt sich aus dem Text?
3. Zeichne eine **Skizze** mit den bekannten Größen. Markiere die gesuchte Größe farbig.
4. Überlege, welche **Strahlensatzfigur** und welcher **Strahlensatz** hier helfen.
5. Führe die Rechnung durch und **überprüfe sie**.
6. Formuliere einen **Antwortsatz**.

15 Eine Erbse von 6 mm Durchmesser verdeckt gerade den Vollmond, wenn sie 66 cm vom Auge entfernt gehalten wird. Berechne den Durchmesser des 384 000 km entfernten Mondes.

16 a) Ein Baum wirft einen Schatten von 4,80 m Länge. Ein Mann, der neben dem Baum steht, hat einen Schatten von 1,50 m Länge. Wie groß ist der Baum?
b) [Partnerarbeit] Vergleicht eure Lösungswege. Stellt verschiedene Möglichkeiten, mithilfe der Strahlensätze die Baumgröße zu bestimmen, anhand von Skizzen dar.

17 [●●] Ein Mast steht in 90 m Entfernung von einer 8 m hohen Mauer. Steht man 15 m weit hinter der Mauer, so sieht man einen kleinen Teil des Mastes über die Mauer ragen. Steht man 45 m weit hinter der Mauer, so sieht man doppelt so viel vom Mast.
a) Welche Höhe ergibt sich für den Mast, wenn man die Augenhöhe nicht berücksichtigt?
b) Die Augenhöhe beträgt 1,70 m. Wie hoch ist der Mast?

Zentralperspektive

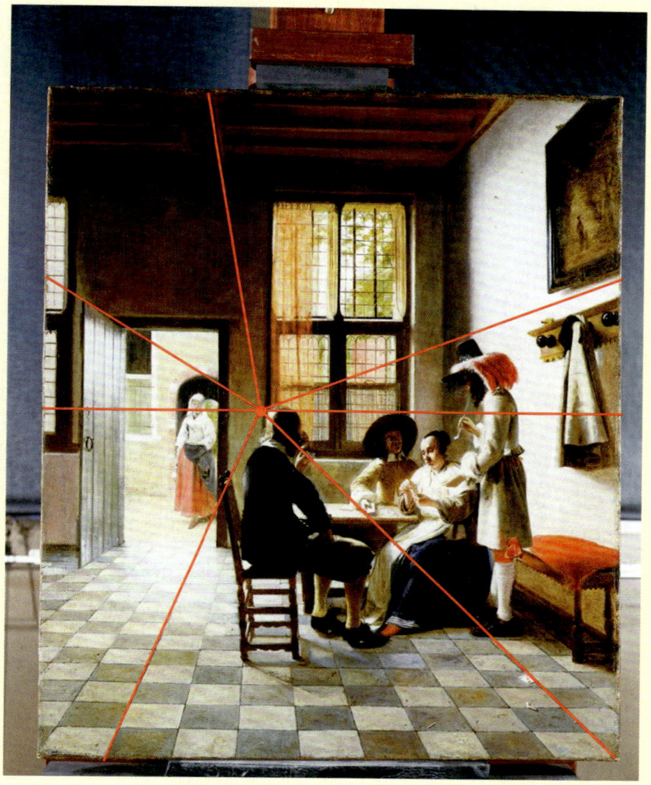

1 [ ] *Pieter de Hooch* (1629 – 1684) malte das Bild „Kartenspieler in einem sonnendurchfluteten Raum".
Es wirkt fast wie eine Fotografie. Überlegt, warum das Bild so natürlich wirkt. Benutzt die eingezeichneten Hilfslinien für eure Erklärung.

Diese häufig verwendete Darstellungsweise, die uns fast natürlich und optisch richtig erscheint, wird auch **Zentralperspektive** genannt.

Die **Zentralperspektive** wird bestimmt durch die Augenhöhe, den Horizont und die Fluchtpunkte zur Festlegung der Sehstrahlen.
Die Zentralperspektive wird auch als **Zentralprojektion** bezeichnet.

1) Beim Blick auf eine Seitenfläche des Gebäudes laufen die Kanten, die in Wirklichkeit zum Horizont parallel sind, in Richtung Horizont scheinbar zusammen.
Ihre gedachten Verlängerungen schneiden sich im Fluchtpunkt F am Horizont h.

2) Betrachtet man das Gebäude mit Blick auf eine vertikale Kante, so entsteht am Horizont links und rechts je ein Fluchtpunkt (F_1 und F_2). Diese so genannte **Übereckperspektive** wurde in der Malerei des 15. Jahrhunderts erstmals verwendet.

3) Die Lage des Horizonts verändert sich mit der Augenhöhe des Betrachters. Liegt dieser relativ weit unten, spricht man von der **Froschperspektive**, liegt er relativ hoch, von der **Vogelperspektive**.

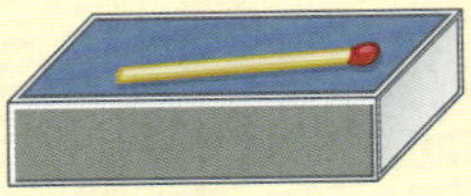

2 Das Bild der Streichholzschachtel wurde in der Kabinettprojektion gezeichnet.
a) Zeichne das Bild einer Streichholzschachtel in der Zentralperspektive mit einem Fluchtpunkt.
b) Zeichne das Bild einer Streichholzschachtel aus der Übereckperspektive mithilfe von zwei Fluchtpunkten.

3 Vergleiche die Kabinettprojektion und die Zentralperspektive. Welche Unterschiede und welche Gemeinsamkeiten stellst du fest?

4 Zeichne ein Haus aus der Vogelperspektive. Lege zuerst den Horizont und die Fluchtpunkte fest.

5 [ ] Zeichnet einen Würfel auf verschiedene Arten in der Zentralperspektive. Verändert jeweils die Lage des Horizonts und die Anzahl der Fluchtpunkte.

6 [@] Welche der Würfel wurden in der Zentralperspektive gezeichnet, welche nicht? Bestimmt auch die anderen Darstellungsarten. Präsentiert eure Ergebnisse in einer Ausstellung.

1)
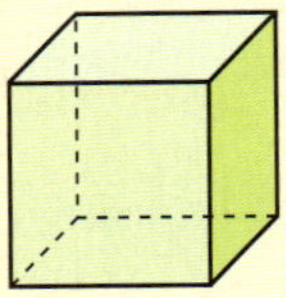

2)
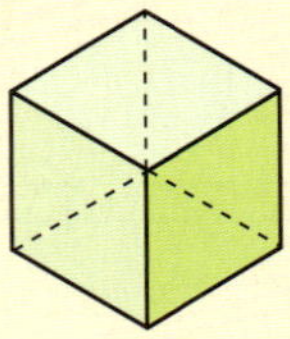

3)
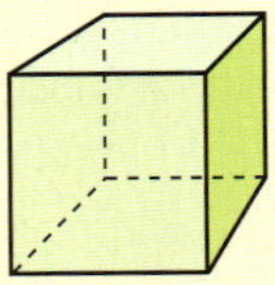

4)
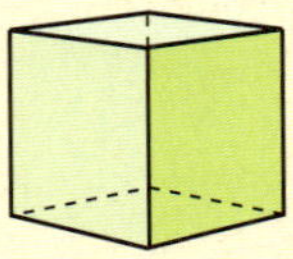

5)
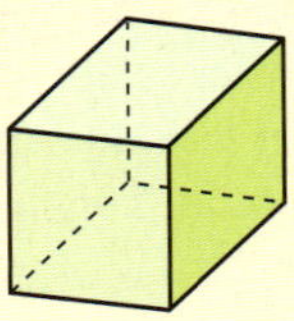

6)
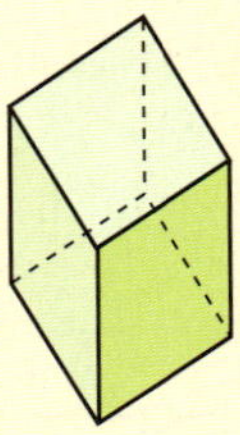

Tipp
Bei deiner Suche im Internet können dir z. B. folgende Suchbegriffe helfen:
- Perspektivische Darstellungsarten
- Projektionsarten
- …

Perspektivisches Zeichnen à la Dürer – fast wie Fotografieren

Albrecht Dürer stellte bereits im 16. Jahrhundert verschiedene Verfahren vor, die neben der Zentralperspektive Möglichkeiten zu anschaulichen Darstellungen mit einem fotografischen Eindruck bieten.

Albrecht Dürer,
Der Zeichner des liegenden Weibes, 1538

Dieses Verfahren funktioniert ähnlich wie die euch bekannte **Rastertechnik**. Ein Rahmen mit einem gleichmäßigen Fadengitter wird vor das zu zeichnende Objekt gestellt. Kästchen für Kästchen wird das Original aus einem bestimmten Blickpunkt auf gerastertes Papier übertragen.

Albrecht Dürer, Der Zeichner der Laute, 1525

Auf seinem Kupferstich „Der Zeichner der Laute" wird die Laute Punkt für Punkt auf den Klappschirm übertragen, indem der Durchgang des Fadens auf den zugeklappten Schirm gezeichnet wird.

▻ Wie unterscheidet sich dieses Verfahren von dem Verfahren, bei dem auf einen durchscheinenden Bildschirm (Seite 24) gezeichnet wird?

Ähnlichkeit

Wird eine Originalfigur maßstäblich vergrößert oder verkleinert, so sind Bildfigur und Originalfigur zueinander **ähnlich**. Das Längenverhältnis zwischen den Strecken der Bild- und der Originalfigur wird durch den **Maßstab k** festgelegt, der auch Ähnlichkeitsfaktor genannt wird.

$$\mathbf{k} = \frac{\textbf{Länge der Bildstrecke}}{\textbf{Länge der Originalstrecke}}$$

Die Winkel der Bildfigur sind genauso groß wie die Winkel der Originalfigur.

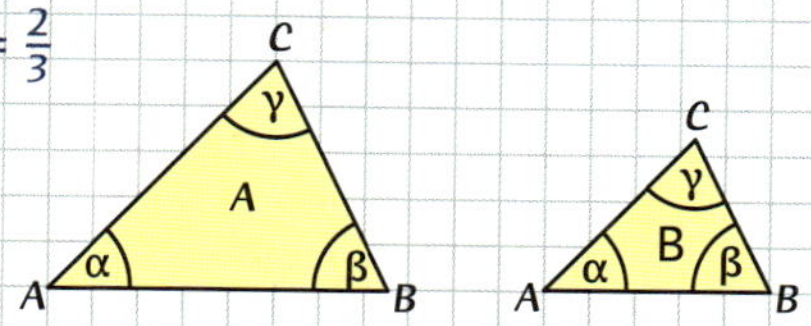

Alle Seiten wurden auf $\frac{2}{3}$ verkleinert.
Entsprechende Winkel stimmen in ihren Größen überein. Also gilt:
Figur A ist zu Figur B ähnlich.
kurz: A ~ B.

Zentrische Streckung

Die **zentrische Streckung** ist ein Verfahren, mit dem Figuren maßstäblich vergrößert oder verkleinert werden können.

– Zeichne einen Strahl vom Streckzentrum Z durch A.
– Miss die Strecke $\overline{ZA}$ und multipliziere ihre Länge mit dem Streckfaktor k. Trage diese Länge von Z aus auf dem Strahl ab und zeichne A'.
– Führe entsprechende Konstruktionen für die Bildpunkte B' und C' durch.
– Verbinde die Bildpunkte A', B' und C'. Das Dreieck A'B'C' ist das vergrößerte Bild des Dreiecks ABC.

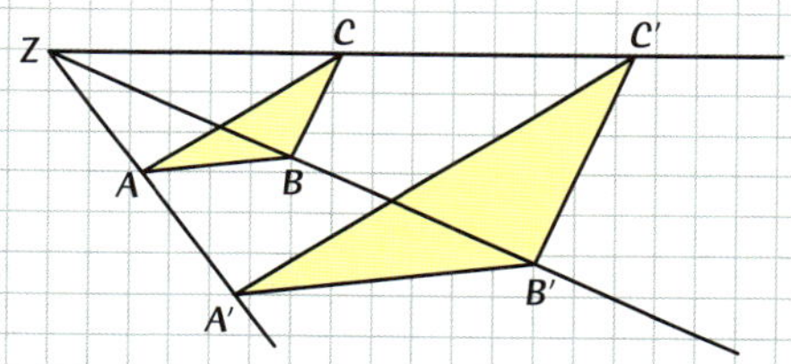

Strahlensätze

Werden zwei Strahlen oder zwei Geraden von zwei Parallelen geschnitten, so gilt:

1. Strahlensatz (entsprechende Abschnitte auf den Strahlen oder Geraden)

$\frac{a_1}{a_2} = \frac{b_1}{b_2}$ und $\frac{a_1}{a_3} = \frac{b_1}{b_3}$ und …

2. Strahlensatz (entsprechende Abschnitte auf den Parallelen und einem Strahl oder einer Geraden von S aus gemessen)

$\frac{c_1}{c_2} = \frac{a_1}{a_2}$ und $\frac{c_1}{c_2} = \frac{b_1}{b_2}$.

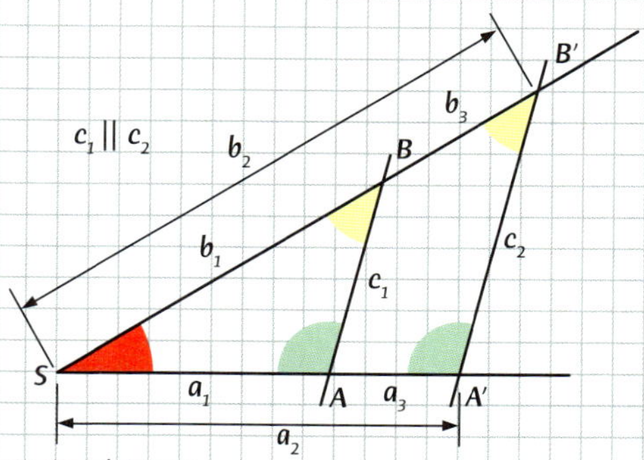

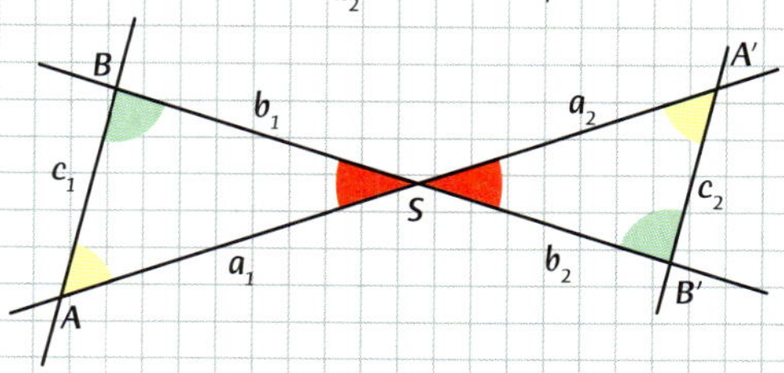

[mittel]

1 Ein Foto der Größe 9 cm × 13 cm wird auf 60 % verkleinert. Berechne den Maßstab. Wie groß ist die Kopie?

2 Übertrage die Figuren in dein Heft. Ermittle den Vergrößerungsfaktor und ergänze die Bildfigur.

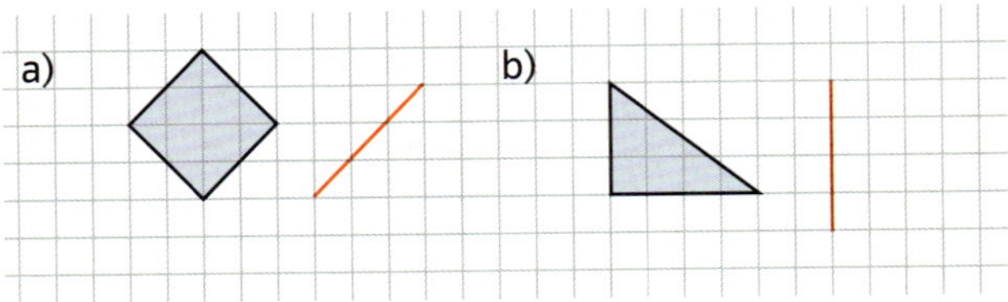

3 Welche Dreiecke sind zueinander ähnlich, welche nicht? Begründe.

a)

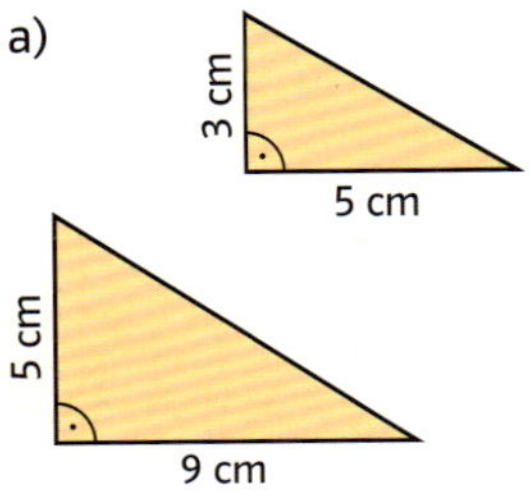

b)

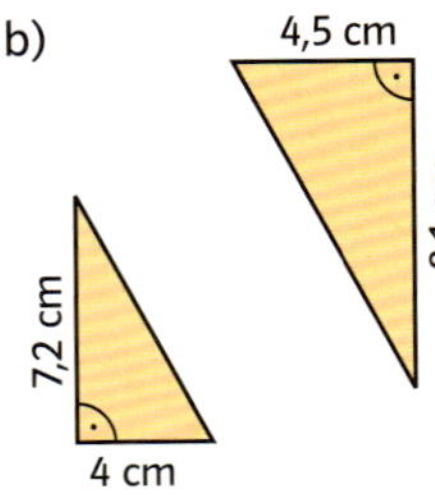

4 Das Fernsehbild ist im Normalformat im Verhältnis 4 : 3 zu sehen. Neuere Fernseher können auch Filme im Breitbildformat wiedergeben.
Erkläre mithilfe deiner mathematischen Kenntnisse, wieso ein im Normalformat gesendetes Bild im Breitbildformat verzerrt wird.

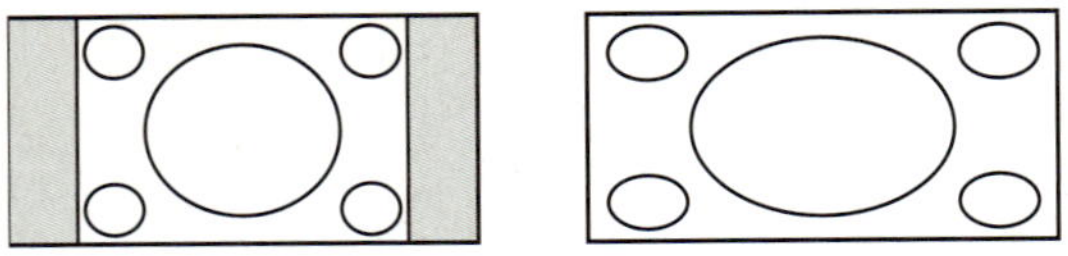

4 : 3 Breitbild

5 Im Gelände können mithilfe bekannter Größen wie der Daumenbreite d, der Armlänge g sowie der Zielentfernung e z. B. Geländebreiten oder Gebäudehöhen h abgeschätzt werden. Wie hoch ist der Fernsehturm?

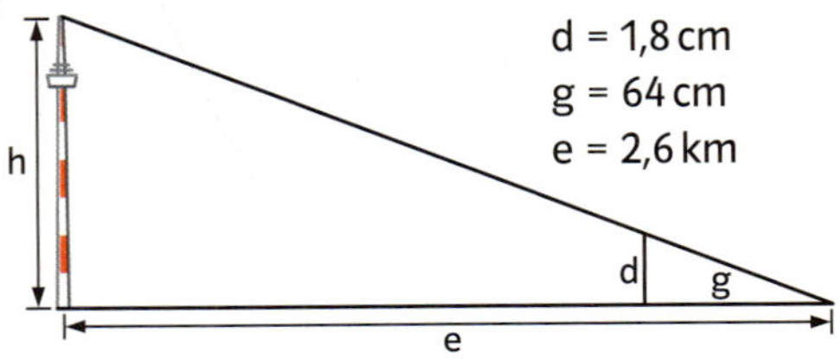

d = 1,8 cm
g = 64 cm
e = 2,6 km

[schwieriger]

1 Die Seiten eines Rechtecks wurden beim Kopieren im Verhältnis 3 : 5 verändert.
Auf wie viel Prozent hat sich die Fläche verkleinert?

2 Zeichne die Figuren in dein Heft und vergrößere bzw. verkleinere sie mit dem angegebenen Faktor.

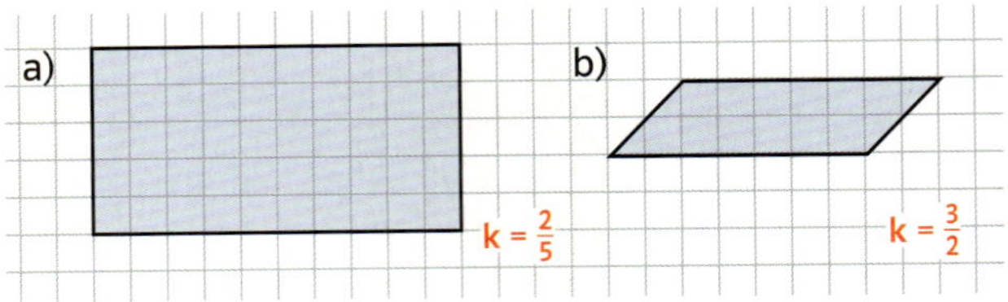

3 Berechne die fehlenden Seitenlängen der ähnlichen Figuren.

a)

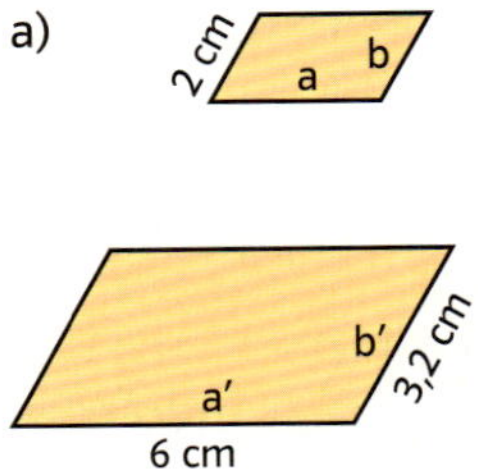

b)

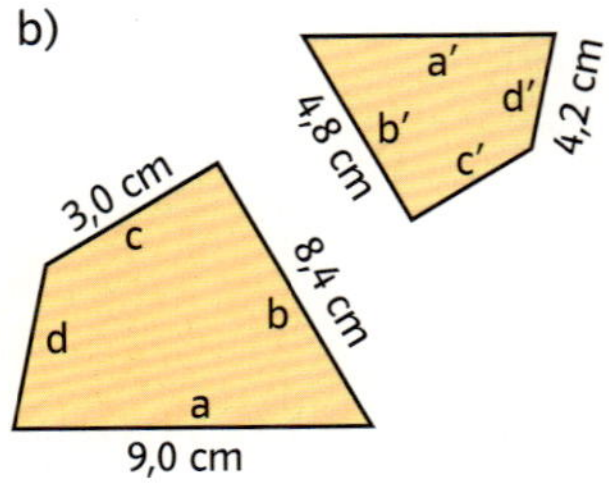

4 Das Fernsehbild ist im Normalformat im Verhältnis 4 : 3 zu sehen. Neuere Fernseher können auch Filme in anderen Formaten wiedergeben.
Erkläre mithilfe deiner mathematischen Kenntnisse, wieso ein im Normalformat gesendetes Bild manchmal unvollständig und manchmal verzerrt dargestellt wird.

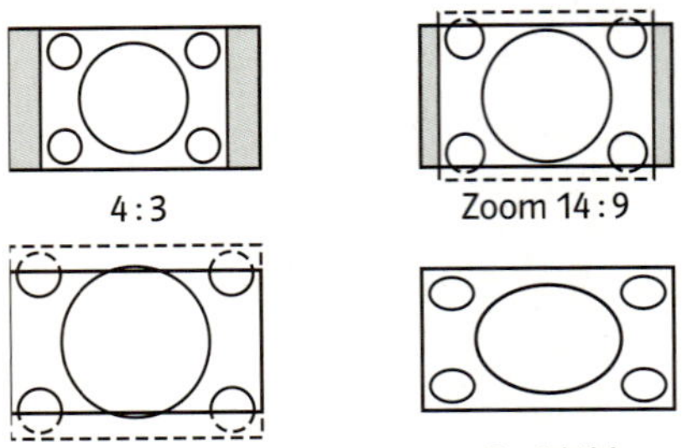

4 : 3 Zoom 14 : 9 Zoom 16 : 9 Breitbild

5 Ein 75 m hoher Turm soll bei einer Entfernung von 360 m durch eine Lochkamera 1,4 cm groß abgebildet werden.
Wie lang muss das Gehäuse der Lochkamera sein?
Fertige eine Skizze zu deiner Berechnung an.

 ▻ Lösungen zum Test, Seite 204/205

Tarife und Kosten im Vergleich

Ständig ist in unserem Alltag von Kosten, Tarifen und Gebühren die Rede.
Nicht immer wissen wir genau was sich dahinter verbirgt, wie sie aufgebaut sind, wie sie sich berechnen, überprüfen und vergleichen lassen.

Jeder Bundesbürger verbraucht täglich durchschnittlich 127 l Trinkwasser und jährlich 1250 kWh elektrischen Strom.

In diesem Kapitel lernt ihr,

- woraus sich Tarife und Gebühren zusammensetzen.
- wie man mithilfe von Tabellen, Graphen und Funktionsgleichungen Tarife und Gebühren darstellen, berechnen und vergleichen kann.
- was eine Funktionsgleichung ist.
- wie man lineare Funktionsgleichungen aus zwei Punkten bestimmen und mit ihnen Berechnungen durchführen kann.
- welche unterschiedlichen Formen von linearen Funktionen es gibt.
- wie man den Schnittpunkt zweier Geraden zeichnerisch und rechnerisch bestimmt.
- was ein lineares Gleichungssystem ist.
- wie man lineare Gleichungssysteme löst.

Check-in

Über diese Dinge solltest du Bescheid wissen, bevor du dich mit dem Thema „Tarife und Kosten im Vergleich" beschäftigst. Lege ein Blatt auf die Buchseite und kreuze an, wie du dich einschätzt.
Mit den Aufgaben auf der rechten Seite kannst du deine Einschätzung überprüfen.

Wenn du nach dieser Überprüfung noch Kreuzchen in der dritten oder vierten Spalte hast, arbeite deine Lücken auf: Du findest in der Mathematischen Werkstatt am Ende des Buches Zusammenfassungen und Übungsaufgaben zu vielen Themen. Du kannst aber auch Mathe-Bücher aus den vorherigen Schuljahren oder die Formelsammlung benutzen oder jemanden fragen, der sich damit auskennt.

Checkliste	*Kann ich schon*	*Da bin ich fast sicher*	*Ich bin noch unsicher*	*Kann ich noch nicht*
1 *Ich kann zu Sachsituationen Terme aufstellen und sie unterschiedlich darstellen.*	☐	☐	☐	☐
2 *Ich kann Gleichungen mithilfe von schrittweisen Umformungen lösen.*	☐	☐	☐	☐
3 *Ich kann Gleichungen zu Sachproblemen aufstellen.*	☐	☐	☐	☐
4 *Ich weiß, wie man proportionale Zuordnungen von linearen Zuordnungen unterscheidet.*	☐	☐	☐	☐
5 *Ich kann Schaubilder lesen und interpretieren.*	☐	☐	☐	☐
6 *Ich kann aus Wertetabellen Schaubilder erstellen.*	☐	☐	☐	☐
7 *Ich kann die Steigung von Graphen linearer Zuordnungen bestimmen.*	☐	☐	☐	☐

In der Mathematischen Werkstatt findet ihr:

▻ Terme und Gleichungen, Seite 172 – 175
▻ Zuordnungen, Seite 176 – 178

Aufgaben zur Checkliste

1 Terme aufstellen

In einem Wasserbecken steht das Wasser 30 cm hoch. Es steigt in 2 Stunden um 15 cm.

a) Bilde einen Term, mit dem du die Wasserstände zu unterschiedlichen Zeiten berechnen kannst.

b) Wie hoch ist der Wasserstand nach 9 Stunden?

2 Gleichungen lösen

Löse die Gleichungen. Welchen Wert hat x?

a) $26 + x = 33$ b) $x - 59 = 12$

c) $9 + 3x = -20 + 8$ d) $30 - 3x = x - 2$

3 Zu Sachproblemen Gleichungen aufstellen

a) Bei einer 38 km langen Wanderung war die Strecke am ersten Tag um 6 km länger als am zweiten Tag. Wie lang waren die beiden Strecken?

b) Die Gesamtlänge der Kanten eines Prismas beträgt 144 cm. Stelle eine Formel zur Berechnung der Kantenlänge auf und berechne mit ihr die gesuchte Höhe x.

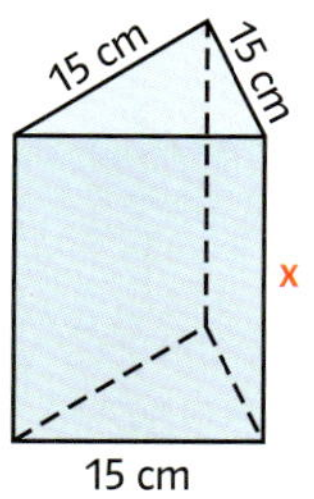

4 Zuordnungen unterscheiden

a) Welche dieser Schaubilder gehören zu proportionalen Zuordnungen? Woran erkennst du das?

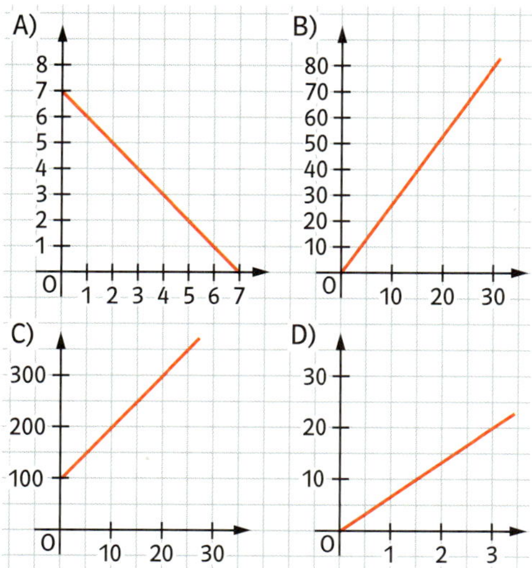

b) Welche dieser Wertetabellen gehört zu einer proportionalen Zuordnung? Woran erkennst du das?

1)

x	0	10	20	30
y	5	10	15	20

2)

x	25	50	75	100
y	30	60	90	120

3)

x	0	20	40	60
y	0	5	10	15

4)

x	5	10	15	20
y	10	15	20	25

5 Schaubilder lesen und interpretieren

Beschreibe den im Schaubild dargestellten Höhenverlauf bei einer Wanderung mit Worten.

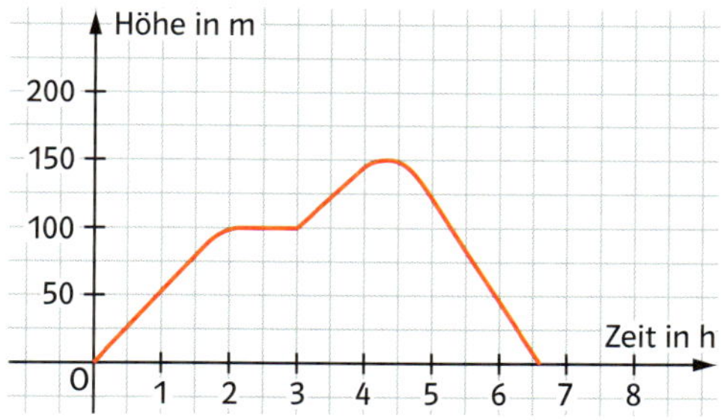

6 Aus Wertetabellen Graphen erstellen

In der Tabelle wird dargestellt, wie der Wert eines Autos im Laufe der Zeit abnimmt.

Zeit in Jahren	Wert in €
0	20 000
1	16 000
2	13 000
3	10 000
4	8 000

Zeichne ein passendes Schaubild.

7 Steigung von Graphen bestimmen

Teile den Graphen aus Aufgabe 5 in sinnvolle Abschnitte ein und bestimme deren Steigung.

▻ Lösungen, Seite 201

Strom- und Wasserverbrauch

Elektrischer Strom, Erdgas sowie Trinkwasser werden den Haushalten meist von großen Versorgungsunternehmen oder von öffentlichen Stadtwerken nach bestimmten Tarifen angeboten.

Durchschnittlicher Stromverbrauch kWh / Jahr

Elektrogerät	Anzahl Personen / Haushalt 1 Pers.	2 Pers.	3 Pers.	4 Pers.	Ihr Verbrauch
Warmwasser Küche	245	295	345	415	
Warmwasser Bad	470	780	1080	1390	
Kühlschrank	280	310	330	355	
Gefriergerät	305	350	415	420	
Waschmaschine	70	125	200	265	
Wäschetrockner	125	225	325	465	
Elektroherd	195	390	445	575	
Geschirrspüler	120	200	245	325	
Fernseher	120	150	190	205	
PC	35	50	60	70	
Beleuchtung	195	285	330	380	
Kleingeräte	130	160	240	300	
Jahresstromverbrauch	2290	3320	4205	5165	

Übrigens

Strom und **Gas** werden in Kilowatt mal Stunde abgerechnet:
1000 W = 1 kW
1 kW × 1 h = 1 kWh

Wasserverbrauch wird in Kubikmetern abgerechnet:
1 m³ = 1000 l

1 [@] Ermittle den voraussichtlichen jährlichen Strombedarf deiner Familie mithilfe der Tabelle und vergleiche ihn mit der letzten Jahresstromabrechnung?

2 [👥 @] Besorgt euch von Versorgungsunternehmen in eurer Region Informationen über den *Standardenergieverbrauch* eines 4-Personen-Haushalts.
a) Wie hoch ist der durchschnittliche Jahresstromverbrauch pro Haushaltsmitglied?
b) Vergleiche mit dem Verbrauch eines Single-Haushalts.

Wasserrechnung

Abrechnungszeitraum vom / bis	Tage	Zählerstand alt / neu	Verbrauch in m³
11.04.07 / 15.01.08	**280**	**515 / 705**	**190**

Preisermittlung für den Wasserverbrauch

	Tage	Verbrauch	Preis	Betrag
Arbeitspreis	–	190 m³	1,72 €/m³	326,80 €
Grundpreis	280	–	0,35 €/Tag	98,00 €
Summe				424,80 €
7% USt.				29,74 €
Rechnungsbetrag				**454,54 €**

Stromrechnung

Zählernummer 0444 3564 861
Zählerstand 11.04.07 **12 877,0 kWh**
Zählerstand 15.01.08 **15 267,0 kWh**

Preisermittlung für den Stromverbrauch

Leistung	Tage	Preis	Betrag
2 390 kWh Verbrauch		0,16 €/kWh	382,40 €
1 Stromzähler	280	0,09 €/Tag	25,20 €
Summe			407,60 €
19 % USt.			77,44 €
Rechnungsbetrag			**485,04 €**

3 [👥] Untersucht die oben dargestellten Jahresabrechnungen in einzelnen Gruppen.
a) Welche Unterschiede und welche Gemeinsamkeiten gibt es bei der Abrechnung von Wasser und Strom?
b) Welche Größen bzw. Preise sind verbrauchsabhängig und welche sind unabhängig vom Verbrauch?
c) Versucht für die beiden Abrechnungen Terme für die Kostenberechnung in Abhängigkeit von den verbrauchten Einheiten aufzustellen. Überprüft mit Ihnen die vorliegenden Jahresabrechnungen.
d) Eine Familie hat in einem Jahr bei gleichen Tarifen 184 m³ Wasser verbraucht und 2725 kWh elektrischen Strom genutzt. Wie hoch ist ihre gesamte Jahresabrechnung? Benutzt eure selbst aufgestellten Berechnungsformeln.

4 a) Im Jahr 2008 hatte eine Familie einen Wasserverbrauch von 106 m³. Im Schaubild sind die Kosten dargestellt.

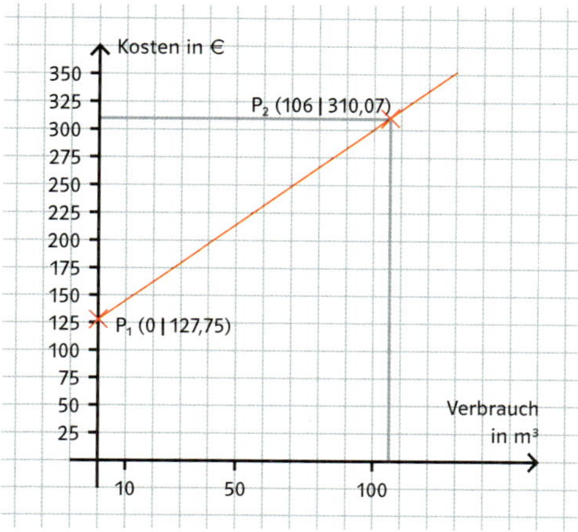

Wieso lassen sich die Wasserkosten durch eine Gerade darstellen?
Was sagen die Punkte P_1 und P_2 aus?
Wovon hängt die Steigung der Geraden ab?
Wie viel Euro kostet 1 m³ Wasser?
b) Lest die Kosten für verschiedene Verbrauchsmengen aus dem Schaubild ab und überprüft sie rechnerisch.
c) [@ ●] Für Schmutzwasser, das in das Abwassersystem geleitet wird, muss jeder Haushalt ebenfalls Gebühren bezahlen. Erkundigt euch, wie das Abwasser in eurer Gemeinde abgerechnet wird. Eine Großstadt rechnet auf folgende Weise ab:

> ***Gebühren für Schmutzwasser***
>
> *Kosten für 1 m³ Abwasser: 2,25 €*
>
> *Berechnung der jährlichen Menge: 90% des bezogenen Frischwassers*

Wie kann man mit diesen Angaben die gesamten Wasserkosten (Frisch- und Schmutzwasser) berechnen?

5 Für eine Gasheizung muss eine Grundgebühr von jährlich 165 € gezahlt werden. Jeder verbrauchte m³ Erdgas kostet 0,62 €.
a) Berechne in einer Tabelle die jährlichen Kosten bei 1 000 m³, 2 000 m³, 2 800 m³ und 3 500 m³ verbrauchtem Erdgas.
b) Erstelle einen Term zur Berechnung der jährlichen Heizkosten in Abhängigkeit von der Anzahl x der benötigten m³ Erdgas. Wozu ist der Term nützlich?
c) Stelle die Werte in einem Graphen dar.
d) Ein Hausbesitzer erhält am Jahresende eine Rechnung in Höhe von 1157 €. Lies aus dem Graph ab, wie viel m³ Erdgas er in diesem Jahr verheizt hat.

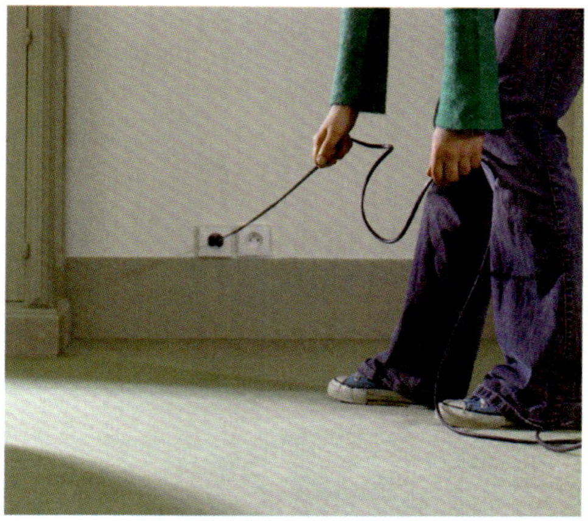

6 [●] Die Stromabrechnungen setzen sich meistens aus einem festen Grundpreis und dem Preis für die verbrauchte Strommenge in kWh zusammen.
a) In einem Kleinbetrieb betrug die Stromrechnung im letzten Monat 1522,50 € bei einem Stromverbrauch von 9 650 kWh. Diesen Monat waren 1755 € zu zahlen bei einem Stromverbrauch von 11 200 kWh. Trage die beiden Werte in ein geeignetes Koordinatensystem ein.
b) Welche Aussagen kannst du über den Stromgrundpreis und die Kosten für 1 kWh machen?

▷ Mathematische Werkstatt, Seite 176 – 178

Lineare Funktionen

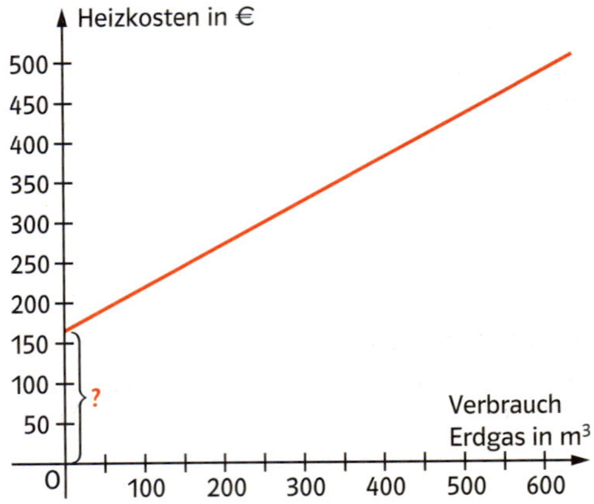

Für eine Gasheizung muss eine Grundgebühr von jährlich 165 € und für jeden verbrauchten m^3 Erdgas 0,62 € gezahlt werden.
Der nebenstehende Graph zeigt die Höhe der Heizkosten in Abhängigkeit von der Anzahl der verbrauchten m^3 Erdgas.
a) Wieso schneidet der Graph die y-Achse so weit oben? Was stellt der Abstand zum Nullpunkt dar?
b) Wieso lässt sich diese Zuordung durch eine Gerade darstellen? Wovon hängt die Steigung der Geraden ab?

In der Einführungsaufgabe kann jeder verbrauchten Gasmenge genau ein bestimmter Preis zugeordnet werden.

Übrigens

Den Funktionswert kann man auch mit g (x), h (x), k (x) u. ä. bezeichnen.

Unter einer **Funktion** versteht man eine **eindeutige Zuordnung**, bei der zu jeder Größe aus dem ersten Bereich genau eine Größe aus dem zweiten Bereich gehört.
Eine Funktion lässt sich in einer **Tabelle**, einem **Schaubild** oder mit einer **Funktionsgleichung** (= Rechenvorschrift) beschreiben. Wird die erste Größe mit x bezeichnet, so heißt die zweite Größe **Funktionswert von x**. Man schreibt **f (x)** und spricht „f von x".

Beispiel

Für eine Taxifahrt bezahlt man einen Grundpreis von 2,50 € und 1,50 € für jeden gefahrenen Kilometer.

gefahrene Kilometer x	1	2	3	4	5
Fahrpreis f (x) in €	4	5,50	7	8,50	10

Funktionsgleichung für den Fahrpreis f(x):
$f(x) = 1{,}50 \cdot x + 2{,}50$

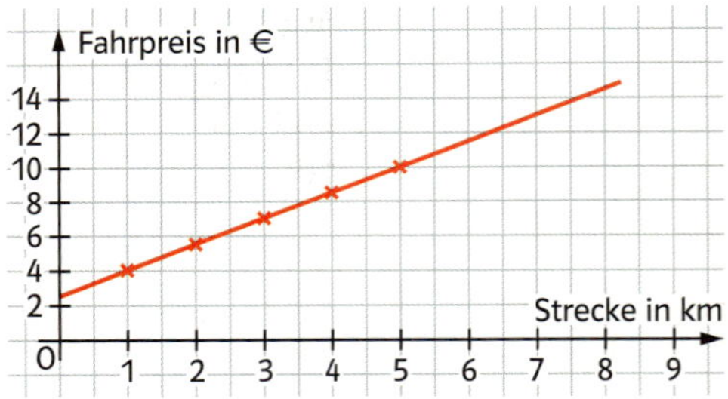

1 Welcher Graph gehört zu einer Funktion, welcher nicht? Begründe.

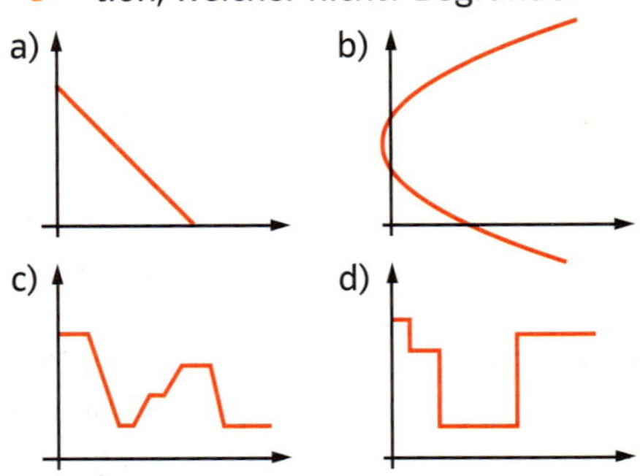

2 Sind diese Zuordnungen Funktionen? Stelle als Tabelle, als Gleichung und als Schaubild dar.
a) Seitenlänge → Umfang des Quadrats
b) Umfang → Seitenlänge des Quadrats

3 Erstelle zu den Funktionsgleichungen Wertetabellen für den Wertebereich für x = 1 bis x = 5 und zeichne die passenden Graphen.
a) $f(x) = 2x$
b) $g(x) = -3x$
c) $h(x) = 1{,}5x + 2$
d) $k(x) = -2x + 3$

▻ Mathematische Werkstatt, Seite 176 – 178; Formelsammlung, Seite 219

Übrigens

Die Steigung wird auch oft mit m bezeichnet.

Eine Funktion mit der Gleichung $f(x) = a \cdot x + b$ heißt **lineare Funktion**. Ihr **Graph** ist eine **Gerade** mit der **Steigung a**. Die Gerade ist durch zwei Punkte eindeutig festgelegt.

Die Steigung $a = \frac{y_2 - y_1}{x_2 - x_1}$ wird mithilfe eines **Steigungsdreiecks** ermittelt. Schneidet die Gerade die x Achse im Punkt (0 | b), dann bezeichnet man **b** als **y-Achsenabschnitt** der Geraden. Zur Berechnung des Achsenabschnitts b werden die Koordinaten des 1. oder 2. Punktes in die Gleichung eingesetzt.

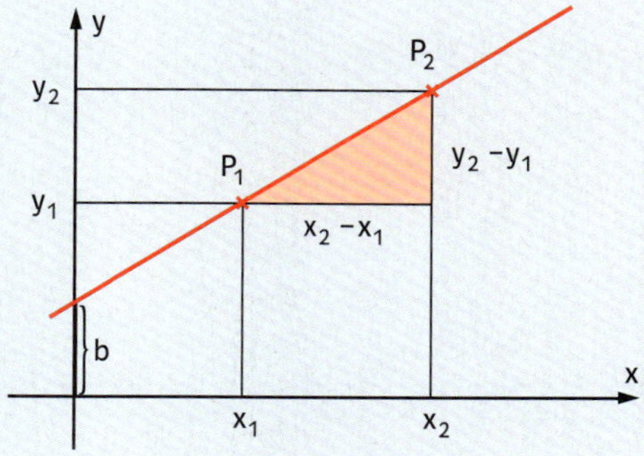

Beispiel

Die Inhaberin eines Kleinbetriebes möchte die Kosten für die elektrische Energie zukünftig selbst berechnen können. Sie weiß bei zwei Zählerständen, welche Kosten dafür angefallen sind.

Kosten 1: 114,00 € für 400 kWh
Kosten 2: 181,50 € für 850 kWh

Mit den Wertepaaren $P_1(400 | 114)$ und $P_2(850 | 181{,}5)$ kann man die Werte a und b der linearen Funktionsgleichung $f(x) = ax + b$ bestimmen.

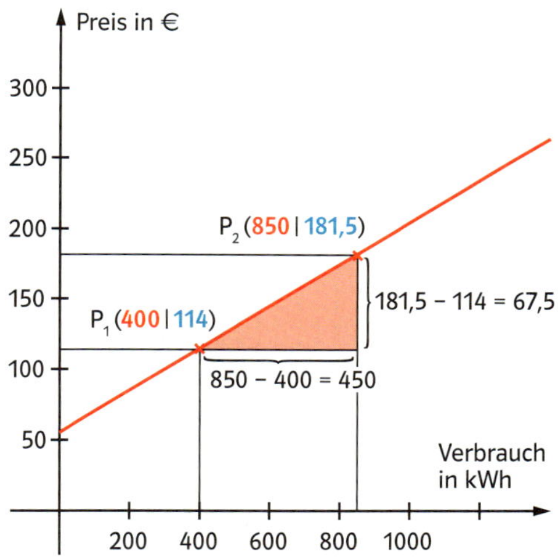

1. Schritt: Steigung a berechnen	$a = \frac{181{,}5 - 114}{850 - 400} = \frac{67{,}5}{450} = 0{,}15$ Daraus folgt $f(x) = 0{,}15x + b$.
2. Schritt: Achsenabschnitt b berechnen z. B. mit $P_1(400 \| 114)$	$114 = 0{,}15 \cdot 400 + b$ $b = 114 - 0{,}15 \cdot 400 = 54$
3. Schritt: Funktionsgleichung aufstellen	Die Funktionsgleichung lautet: $f(x) = 0{,}15x + 54$.
4. Schritt: Grafischen Verlauf interpretieren	Der Preis für 1 kWh beträgt 0,15 €. Der jährliche Grundpreis für die elektrische Energie beträgt 54 €.

▷ Mathematische Werkstatt, Seite 173, 175 und 176 – 178; Formelsammlung, Seite 219

4 Welcher Graph gehört zu welcher Funktionsgleichung?

$f(x) = -0{,}5x + 2{,}5$

$g(x) = 0{,}8x - 1{,}4$

$h(x) = -\frac{1}{3}x - 1\frac{1}{3}$

$k(x) = 0{,}2x + 1{,}6$

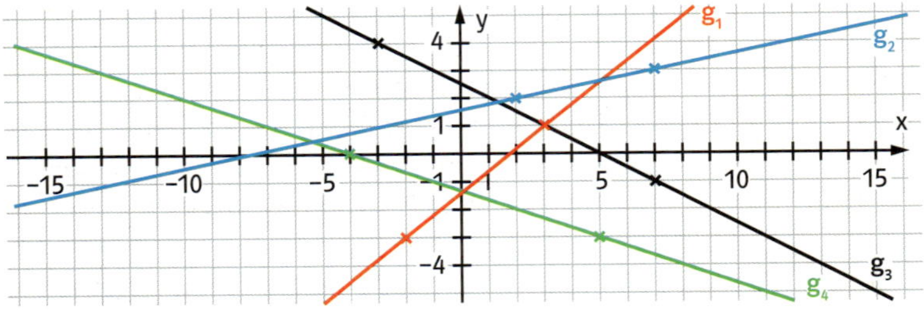

5 Bestimme die Funktionsgleichung mithilfe des Steigungsdreiecks. Beschreibe deine Arbeitsschritte.

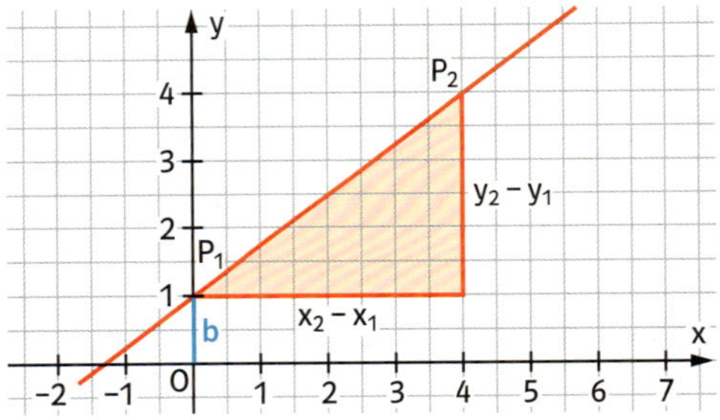

6 Bestimme die lineare Funktionsgleichung, deren Graph durch die Punkte P_1 und P_2 geht.

a) $P_1(1|4)$; $P_2(3|14)$ b) $P_1(2|7)$; $P_2(4|3)$
c) $P_1(-4|2)$; $P_2(2|0)$ d) $P_1(0|-2)$; $P_2(3|2)$

7 a) Patrick meint: „Ich kann die Bezeichnungen für P_1 und P_2 vertauschen. Es kommt dasselbe heraus." Stimmt das? Überprüfe es anhand der Aufgabe 6 a).
b) Janette sagt: „Den Wert für b kann ich mit Punkt 1 oder Punkt 2 ermitteln." Teste das anhand der Aufgabe 6 b).

8 Bestimme die Funktionsgleichung, deren Graph durch den Punkt P geht und die Steigung a hat.

a) P(2|5); a = 3 b) P(1|0); a = −2
c) P(2|2); a = 0,5 d) P(3|1); a = −1,5

9 Aus einer monatlichen Telefonrechnung kannst du folgende Angaben entnehmen:

42107 Wuppertal
Kd.Nr.: 12300456987

Monatlicher Grundpreis:	17,24 €
Verbindungen:	
478 Tarifminuten	
Verbindungspreis:	76,48 €
Rechnungsbetrag:	93,72 €

a) Was kostet eine Tarifminute?
b) Gib eine lineare Funktionsgleichung an, mit der die Telefonkosten berechnet werden können.
c) Im nächsten Monat waren es doppelt so viele Tarifminuten. War die Rechnung jetzt doppelt so hoch?

10 Deine Handyrechnung belief sich in einem Monat bei 114 Tarifminuten auf 41,16 €. Du bist geschockt von diesem Preis und telefonierst im nächsten Monat weniger: 50 Tarifminuten für 29,00 €.
a) Zeichne zu der beschriebenen Situation einen Graphen.
b) Bestimme die Grundgebühr und den Preis für eine Tarifminute.
c) [💻] Erstelle mithilfe eines Tabellenkalkulationsprogramms eine Tabelle für die Kosten bei 50; 60; 70; … ; 150 Tarifminuten und erzeuge den dazugehörigen Graphen.
d) Wie viele Tarifminuten hast du bei einer Rechnung von 37,36 € telefoniert?

Online Link
Zu Aufgabe 10:
720350-0421

▻ Mathematische Werkstatt, Seite 173, 175 und 176 – 178

er leasen?

KAUFANGEBOT 1

M2010 Kaufpreis: 33 250 €
zusätzliche Wartungs- und Pflegekosten:
750 Euro fix pro Jahr / 0,8 Cent pro Kopie

KAUFANGEBOT 2

CX500 Kaufpreis: 30 000 €
zusätzliche Wartungs- und Pflegekosten:
650 Euro fix pro Jahr / 1 Cent pro Kopie

Übrigens

to lease (engl.) heißt im Deutschen **(ver)mieten, (ver)pachten.**

Beim Leasen kann eine Ware gegen Zahlung einer vereinbarten Rate genutzt werden.

1 [ ] a) Überlegt, auf welche Weise die beiden Angebote miteinander verglichen werden können.
b) Stellt die Kostenentwicklung bei steigender Anzahl der Kopien für beide Angebote in einer Grafik dar. Pro Jahr hat die Firma in den letzten Jahren zwischen 300 000 und 500 000 Kopien verbraucht.
c) Wovon sollte die Firma ihre Kaufentscheidung abhängig machen?
d) In der Regel ist bei starker Nutzung nach fünf Jahren ein neuer Kopierer anzuschaffen. Entwickelt für alle Angebote eine Formel, mit der ihr die Kosten nach fünf Jahren bei jeder beliebigen Kopiermenge berechnen könnt.
e) Welches Angebot sollte die Firma bei jährlich 300 000 Kopien bzw. bei 500 000 Kopien nutzen?

@] Da der Anschaffungspreis
ıen solchen Kopierer doch recht
ɛrlegt die Firma, ob es nicht
äre, den Kopierer nur zu leasen.
n sich die Kopierkosten gleich-
die Jahre verteilen.
lie Kosten für die beiden
ɔte für das erste und dann
'ahre miteinander – wieder
…000 Kopien bzw. bei
500 000 Kopien.
b) Erkundigt euch, welche Vor- und Nachteile Leasingangebote generell gegenüber einem Kauf haben.
c) Vergleicht auch die Gesamtkosten, die der Firma nach fünf Jahren und jährlich 500 000 Kopien bei einem Kauf bzw. beim Leasen eines Kopierers entstehen.

M2010 LEASINGANGEBOT
einmalige Sonderzahlung 5000 Euro,
monatliche Leasinggebühr 700 Euro,
+ 0,8 Cent pro Kopie

CX500 LEASINGANGEBOT
einmalige Sonderzahlung 3000 Euro,
monatliche Leasinggebühr 650 Euro,
+ 1 Cent pro Kopie

Wartungsvertrag

Da Kopierer bei hoher Leistung auch fehleranfällige Geräte sind, schließt man beim Kauf eines Geräts oft einen Wartungsvertrag ab. Der Händler verpflichtet sich dann zur kostenlosen Reparatur.
Für diesen Service zahlt man natürlich auch Geld. Dies ist meist ein fester Betrag (Fixkosten) und ein Betrag, der sich nach dem tatsächlichen Kopieraufkommen richtet (variable Kosten).

Schnittpunkte grafisch bestimmen

Eine Firma will einen Drucker anschaffen. Die Druckerpatronen reichen bei beiden Modellen für ca. 1000 Ausdrucke. Wovon macht die Firma ihre Kaufentscheidung wohl abhängig?

Zwei lineare Funktionen können miteinander verglichen werden, indem man ihre Graphen in ein Koordinatensystem zeichnet.
Schneiden sich die Graphen in **einem Punkt**, so haben die Funktionen an dieser Stelle **denselben Funktionswert**.

Tipp

Die Kosten für einen Ausdruck ergeben sich aus dem Patronenpreis dividiert durch 1000. Statt f (x) wird hier K (Sam) bzw. K (Casi) verwendet.

Beispiel

Die Kosten, die bei den Druckern abhängig von der Anzahl der Ausdrucke entstehen, werden durch die folgenden Funktionsgleichungen beschrieben:

$K(\text{Sam}) = 100 + 0{,}03 \cdot x$

$K(\text{Casi}) = 150 + 0{,}025 \cdot x$

An den Graphen kannst du ablesen, dass bei weniger als 10 000 Ausdrucken der Drucker Sam günstiger ist, bei mehr als 10 000 Ausdrucken Drucker Casi. Bei genau 10 000 Ausdrucken sind beide Drucker gleich günstig.

Durch Einsetzen kannst du dies bestätigen:

$K(\text{Sam}) = 100 + 0{,}03 \cdot 10\,000 = 400$

$K(\text{Casi}) = 150 + 0{,}025 \cdot 10\,000 = 400$

Bei 10 000 Ausdrucken betragen die Kosten in beiden Fällen 400 Euro.

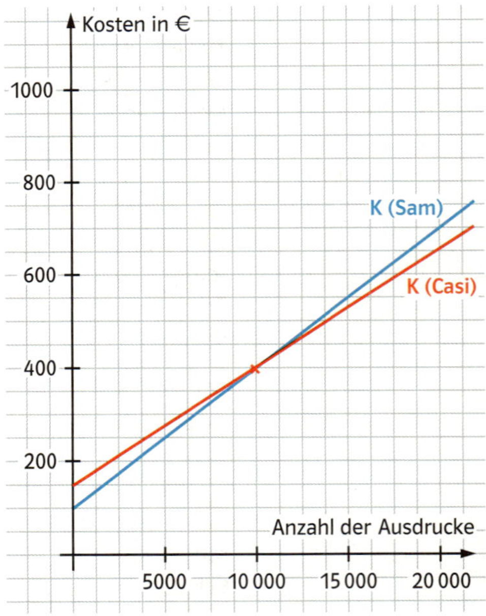

1 Der Casi kostet im Sonderangebot nur noch 110,– Euro. Die Hersteller des Sam haben den Preis für eine Druckerpatrone auf 29,– Euro gesenkt.
Vergleiche die beiden veränderten Angebote wie im Beispiel.

2 [●] Die Hersteller des Sam wollen bis 15 000 Ausdrucke günstiger sein als ihre Konkurrenz mit dem Casi. Auf welche Weise könnten sie ihr Angebot ändern? Gehe von den Preisen des Standardangebotes oben auf dieser Seite aus.

▻ Mathematische Werkstatt, Seite 172 – 175

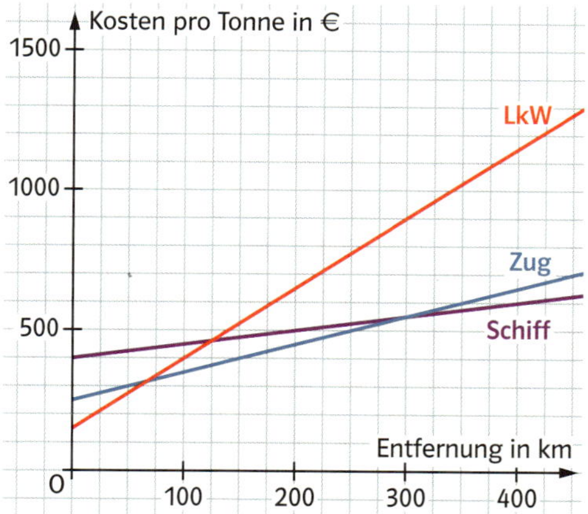

3 a) Beschreibe, was in der Grafik oben dargestellt wird.
b) Gib eine Empfehlung: Auf welche Weise würdest du die Güter transportieren? Welche Bedeutung haben hierbei die Schnittpunkte der Graphen?
c) Stelle den in der Grafik beschriebenen Zusammenhang durch Funktionsgleichungen dar. Welche Kosten entstehen für die einzelnen Transportarten bei einer Entfernung von 1000 km?

4 Zeichne jeweils die Graphen der Funktionen f und g in ein Koordinatensystem und lies die Koordinaten des Schnittpunktes ab.
Kannst du den Schnittpunkt überprüfen?

a) $f(x) = \frac{1}{2}x + 2$
$g(x) = -\frac{3}{2}x - 2$

b) $f(x) = 1{,}5x - 1$
$g(x) = -x + 4$

5 Zeichne jeweils die Graphen der Funktionen f und g in ein Koordinatensystem und lies die Koordinaten des Schnittpunktes ab. Überlege dir vorher die Achseneinteilung.
Überprüfe die Koordinaten des Schnittpunktes durch Einsetzen in beide Gleichungen.

a) $f(x) = 20x - 300$
$g(x) = -30x + 700$

b) $f(x) = -0{,}02x + 1$
$g(x) = 0{,}02x + 5$

6 Kannst du ohne Zeichnung sagen, wo der Schnittpunkt der beiden Geraden etwa liegt?

x	0	+2,5	+5	+7,5	+10
f(x)	+2	+1,5	+1	+0,5	0
g(x)	−4	−2	0	+2	+4

Einen Funktionsplotter nutzen

Ein **Funktionsplotter** ist ein Computerprogramm, das Graphen mathematischer Funktionen berechnet und zeichnet.
Um einen Graphen zeichnen zu können, benötigt das Programm die Eingabe
- einer Funktionsgleichung oder
- von Wertepaaren in eine Wertetabelle.

Bei der Eingabe des Funktionsterms muss man die computerübliche Schreibweise beachten.
Wenn man mehrere Funktionsgleichungen eingibt, werden die jeweiligen Graphen in **ein** Koordinatensystem gezeichnet. Klickt man den Schnittpunkt zweier Graphen an, so werden die Koordinaten des Schnittpunktes angezeigt.

7 [ ] Erzeuge die Graphen der Geradenpaare mithilfe eines Funktionsplotters und vergleiche ihre Steigungen. Was fällt dir auf?

a) $f(x) = x$
$g(x) = -x + 3$

b) $f(x) = x$
$g(x) = -x - 3$

c) $f(x) = -x$
$g(x) = x + 3$

d) $f(x) = -x$
$g(x) = x - 3$

8 [ ] Erzeuge die Geradenpaare mit einem Funktionsplotter und vergleiche ihre Lage im Koordinatensystem zueinander.

a) $f(x) = 5x - 2$
$g(x) = 2x - 2$

b) $f(x) = 3x - 5$
$g(x) = 3x + 5$

c) $f(x) = -\frac{1}{2}x + 0{,}25$
$g(x) = -0{,}5x + \frac{1}{4}$

d) $f(x) = x$
$g(x) = 3$

Schnittpunkte berechnen

Erkläre am folgenden Beispiel, wie man die Schnittpunktkoordinaten berechnen kann, indem man die Terme der beiden Funktionsgleichungen gleichsetzt:

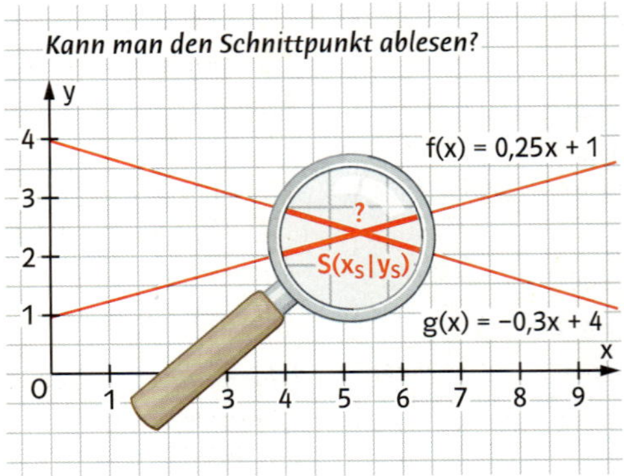

$f(x) = 0{,}25x_s + 1$ $g(x) = -0{,}3x_s + 4$

Im Schnittpunkt gilt: $f(x) = g(x)$

also ist auch $0{,}25x_s + 1 = -0{,}3x_s + 4$

$0{,}55x_s = 3$

$x_s \approx 5{,}45$

einsetzen in f(x):

$f(x) = 0{,}25 \cdot 5{,}45 + 1 \approx 2{,}36$

Schnittpunkt S(5,45 | 2,36)

Um den **Schnittpunkt der Graphen** zweier **linearer Funktionen** zu berechnen, setzt man die **Funktionsterme gleich**.
Durch Umformung dieser Gleichung erhält man den x-Wert des Schnittpunktes S. Durch Einsetzen des x-Wertes in einen der Funktionsterme erhält man den zugehörigen Funktionswert y.
Haben die Graphen zweier linearer Funktionen die **gleiche Steigung**, so sind sie **parallel** oder **identisch**. Die Geraden haben keinen oder unendlich viele Schnittpunkte.

Beispiel

Bestimme die Schnittpunktkoordinaten der beiden Funktionsgraphen $f(x) = 6x + 4$ und $g(x) = -2x + 20$.

1. Schritt: Funktionsterme gleichsetzen	$6x + 4 = -2x + 20$
2. Schritt: Gleichung nach x auflösen	$8x = 16$
	$x = 2$
3. Schritt: x-Wert in eine Gleichung einsetzen	$f(x) = 6 \cdot 2 + 4$
4. Schritt: Funktionswert f(x) bestimmen	$f(x) = 16$
	Schnittpunktkoordinaten (2 | 16)
5. Schritt: Habe ich richtig gerechnet? Schnittpunkt in g(x) einsetzen.	Probe: $16 = -2 \cdot 2 + 20$
	$16 = 16$

1 In einem Werbeprospekt findest du zwei Druckerangebote.

a) Untersuche die Angebote. Wie kannst du die Angebote vergleichbar machen?

b) Bei welcher Anzahl von Ausdrucken sind die Kosten gleich?

Tintenstrahldrucker	100,00 €
Druckerpatrone (reicht für ca. 500 Ausdrucke)	30,00 €
Laserdrucker	270,00 €
Druckerkartusche (reicht für ca. 3000 Ausdrucke)	60,00 €

2 Bestimme die Koordinaten des Schnittpunktes wie im Beispiel.

a) $f(x) = 3x - 4$ und $g(x) = 2x + 1$

b) $f(x) = x + 9$ und $g(x) = 3x - 5$

c) $f(x) = -\frac{5}{3}x + 10$ und $g(x) = \frac{4}{3}x + 1$

3 Gib an, wie viele Schnittpunkte die Geraden haben. Wie erkennst du das?

a) $f(x) = 4x - 3$ und $g(x) = -\frac{1}{2}x - 3$

b) $f(x) = 2x + 5$ und $g(x) = 3x + 7$

▻ Mathematische Werkstatt, Seite 172 – 175

Holiday
Traumhaus
Zwei Wochen
pauschal 1400,– Euro

Sonne & Haus TOUR
pro Tag 85 €
zusätzlich 10 € pro Tag für Wasser und Strom plus Endreinigung 120 €

4 Familie Schultze sucht ein Ferienhaus. Welches der am Rand abgebildeten Angebote ist das günstigere?

5 Frau Ax übernimmt eine Imbissstube. Die Stadtwerke bieten ihr zwei Stromtarife an.

Tarif A (Kleinverbraucher)
Grundpreis: 65,00 € pro Jahr
Verbrauchspreis: 0,19 €/kWh

Tarif B (Großverbraucher)
Grundpreis: 140,00 € pro Jahr
Verbrauchspreis: 0,14 €/kWh

a) [💻] Erstelle mithilfe eines Tabellenkalkulationsprogramms jeweils eine Tabelle für einen Verbrauch von 500, 600, …, 2000 kWh.
b) Ab welchem Stromverbrauch lohnt sich für Frau Ax der Großverbrauchertarif?

6 Familie Schmidt zieht in eine 45 km entfernte Stadt um. Welches Angebot ist bei drei Umzugstagen preiswerter?

Angebot A
Leihwagen für Umzüge
pro Tag pauschal 75,– € incl. 100 km
über 100 km 0,18 €/km

Angebot B
Umzugswagen günstig
pro Tag 70,– €
plus 20 Cent pro gefahrenen Kilometer

7 Ein Großbüro kann jährlich 3000 € für die Wartung ihrer Computer ausgeben. Es kann zwischen zwei Wartungsangeboten wählen. Firma A verlangt 70 €/h plus eine jährliche Fahrtkostenpauschale von 350 €. Die Firma B verlangt 50 €/h plus Materialkosten in Höhe von 680 € im Jahr. Welche der Firmen kann bei diesem Angebot mehr Wartungsstunden anbieten?

8 Ein Berufspendler fährt 5-mal wöchentlich mit seinem Pkw zu seiner 38 km entfernten Arbeitsstelle. Dabei entstehen ihm Kosten von 35 ct/km. Als durch die steigenden Benzinpreise diese Kosten auf 38 ct/km ansteigen, überlegt er, ob er auf die Bahn umsteigen soll oder sich einen Kleinstwagen anschaffen soll. Für die Bahnfahrt kostet eine Monatskarte 118,00 €.

a) Vergleiche die monatlichen Fahrtkosten miteinander (rechne mit 22 Arbeitstagen pro Monat).
b) Wie hoch dürften die Kosten pro km bei einem Umstieg auf einen Kleinstwagen höchstens sein, damit es für den Mann günstiger als mit der Bahn bleibt?

9 [💻] Finde heraus, ob sich die Funktionsgraphen schneiden, parallel verlaufen oder sogar identisch sind.
Tipp: Zeichne die Graphen mithilfe eines Funktionsplotters und vergleiche sie.
a) $f(x) = 2x + 11$ und $g(x) = 3x - 21$
b) $f(x) = -0{,}5x + 4$ und $g(x) = -0{,}5x$
c) $f(x) = 0{,}2x - \frac{1}{2}$ und $g(x) = \frac{1}{5}x - 0{,}5$

10 Wie viele Schnittpunkte können drei verschiedene Geraden haben?
a) Zeige deine Lösungen zeichnerisch. Warum gibt es nicht mehr Möglichkeiten?
b) Stelle zu deinen Geradenbeispielen Funktionsgleichungen auf und berechne die Lage einzelner Schnittpunkte.

Zwei Unbekannte

1 Inga muss in einem kleinen Büro die Telefonzentrale bedienen und Tee und Kaffee in der Kantine verkaufen. Wenn sie nicht in der Kantine ist, bedienen sich die Kollegen selbst und legen das Geld auf die Theke.

Tasse Kaffee		Tasse Tee	
Anzahl	Preis €	Anzahl	Preis €
1	0,50	1	0,30
2	1,00	2	0,60
3	1,50	3	0,90
4	2,00	4	1,20
5	2,50	5	1,50
6	3,00	6	1,80

Kombi-Preisliste in Cent

T								
6								
5								
4								
3								
2	60							
1	30	80						
0	0	50	100					
	0	1	2	3	4	5	6	K

a) Eines morgens lagen 2,20 € auf der Theke. Was wurde getrunken?
b) Am Nachmittag lagen 3,00 € dort. Wieso konnte Inga nicht genau herausfinden, was getrunken wurde?
c) Um sich zukünftige Berechnungen einfacher zu machen, legt Inga sich Preislisten an. Welche Getränke bekommt man für 2,40 € bzw. 3,80 €?
d) Inga ist mit ihren Listen noch nicht zufrieden. Sie legt sich deshalb eine Kombiliste für alle möglichen Kombinationen von verkauftem Tee und Kaffee an:
- Vervollständige die Liste in deinem Heft.
- Was kosten zwei Kaffee und drei Tee?
- Stelle weitere Kombinationen auf.
- Kann Inga mit ihrer Liste zufrieden sein?

2 Zu welcher Sachsituation könnte die folgende Gleichung passen?

$$0{,}50\,€ \cdot x + 0{,}80\,€ \cdot y = 9{,}00\,€$$

Beschreibe die Situation so genau wie möglich.
- Was ordnest du den Variablen zu?
- Wie viele Lösungen gibt es?

3 Eine Gruppe kommt an eine Kinokasse und bestellt Eintrittskarten.
a) Was kosten die Karten für drei Erwachsene und fünf Kinder?
b) Was kostet eine Eintrittskarte für einen Erwachsenen/für ein Kind?
c) [Partnerarbeit] Erkläre deinem Partner/deiner Partnerin, wie du deine Lösung gefunden hast.

Lineare Gleichungen mit zwei Variablen

Zwei Erwachsene und vier Kinder zahlen an der Kinokasse 38 Euro.
Stelle zu dieser Situation eine Gleichung mit den Variablen
K (= Preis für eine Kinderkarte) und
E (= Preis für eine Erwachsenenkarte) auf.
Finde Preiskombinationen heraus, für die die Gleichung richtig ist.
Zeichne die Zahlenpaare in ein *Koordinatensystem*.

Gleichungen wie x + y = 120; 2a + 3b = 300; … heißen **lineare Gleichungen mit zwei Variablen**.
Lösungen dieser Gleichungen sind alle Zahlenpaare, für die die Gleichung richtig ist.

Beispiel

Welche Seitenlängen kann ein Rechteck haben, das aus einem 48 cm langen Draht gebogen wird?

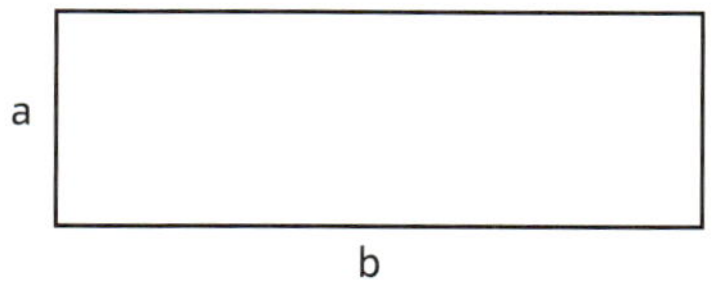

1. Schritt: Variablen festlegen — a = Breite; b = Länge

2. Schritt: Gleichung mit 2 Variablen bilden — $2 \cdot a + 2 \cdot b = 48\,\text{cm}$

3. Schritt: Lösungen finden — z. B. in einer Tabelle

a	1	2	3	…	…	23
b	23	22	21	…	…	1

1 Lars kauft Schulhefte zu 0,80 €/Stück und Notizblöcke zu 1,20 €/Stück. Er bezahlt an der Kasse dafür 10,00 €.
a) Stelle zu dieser Situation eine passende Gleichung auf.
b) Wie viele Schulhefte und Notizblöcke hat er gekauft? Gibt es mehrere Lösungen?

2 Bilde zur folgenden Aussage eine Gleichung und schreibe mögliche Lösungspaare in einer Tabelle auf.
„Zwei verschiedene Zeitschriften kosten zusammen 8,00 €."
Überprüfe alle Zahlenpaare durch Einsetzen in die Gleichung.

3 Aus einem Draht von 1 m Länge soll das Kantenmodell einer quadratischen Säule hergestellt werden. Stelle eine Gleichung für die Kantenlängen auf und gib drei verschiedene Lösungsmöglichkeiten an.

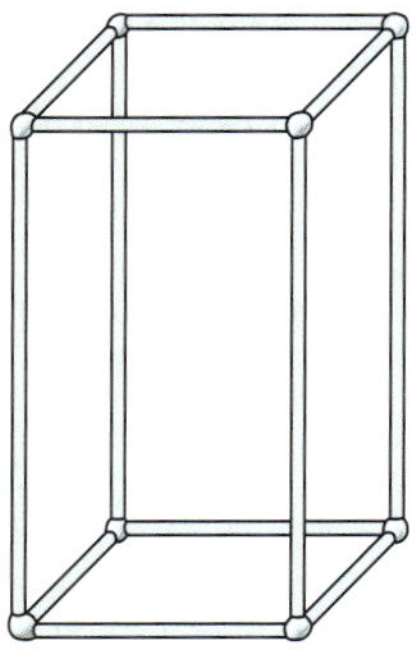

4 Beschreibe zu jeder Gleichung eine passende Sachsituationen und gib mindestens ein Lösungspaar an.
a) $2n + m = 9$ b) $0{,}50 \cdot x + 0{,}20 \cdot y = 7$

▻ Mathematische Werkstatt, Seite 172 – 175

Gleichungssysteme lösen – Additionsverfahren

Ein Ehepaar mit vier Kindern zahlt 28,00 € Eintritt an der Kasse im Zoo. Das nächste Elternpaar mit zwei Kindern muss 20,00 € Eintritt zahlen.
Wie viel Euro kostet eine Eintrittskarte für Kinder und für Erwachsene?
Stelle dazu Gleichungen auf und beschreibe, wie du eine Lösung findest.

Kann man in einer Situation aus Aussagen zwei Gleichungen mit zwei Variablen aufstellen, erhält man ein Gleichungssystem.

Gibt es eine lineare Gleichung mit zwei Variablen, die mit einer weiteren linearen Gleichung in Verbindung steht, spricht man von einem **linearen Gleichungssystem mit zwei Variablen**.
Dessen **Lösung** ist das **Zahlenpaar, das beide Gleichungen erfüllt**.
Man kann die Lösung mit **verschiedenen Verfahren** bestimmen.
Beim **Additionsverfahren** fällt beim **Addieren bzw. Subtrahieren** der beiden Gleichungen eine Variable weg. So entsteht eine Gleichung mit einer Variablen.

Beispiel

1. Schritt: Variablen festlegen

E = Preis für eine Erwachsenenkarte
K = Preis für eine Kinderkarte

2. Schritt: Gleichungen bilden

I) $4K + 2E = 28\,€$
II) $2K + 2E = 20\,€$

3. Schritt: Zweite Gleichung von erster Gleichung subtrahieren

I) $4K + 2E = 28\,€$
II) $-(2K + 2E = 20\,€)$
$2K = 8\,€ \quad |:2$

4. Schritt: Gleichung auflösen

$1K = 4\,€$

5. Schritt: Wert für K in eine Gleichung einsetzen und E bestimmen.

II) $2 \cdot 4\,€ + 2E = 20\,€ \quad |-8\,€$
$2E = 12\,€ \quad |:2$
$1E = 6\,€$

6. Schritt: Lösung angeben

Eintritt: Kinder 4 € und Erwachsene 6 €

1 Ein Kunde bestellt beim Bäcker 5 Brötchen und 3 Hörnchen für 3 €. Der nächste Kunde bestellt 10 Brötchen und 3 Hörnchen und muss dafür 4,50 € bezahlen.
Wie viel kosten jeweils ein Brötchen und ein Hörnchen?

2 Lisa kauft für den Kunstunterricht 6 Pinsel und 2 Tuben Farbe für 13,00 €. Ihre Freundin kauft 4 Pinsel und gibt 2 Tuben Farbe zurück, die sie gestern zuviel gekauft hatte. Sie bekommt den Preis erstattet und bezahlt nur 2 €. Wie viel kostet ein Pinsel und eine Tube Farbe?

▻ Formelsammlung, Seite 219

3 Löse die linearen Gleichungssysteme jeweils mit dem Additions- bzw. Subtraktionsverfahren.

a) I) $3x + y = 36$
II) $2x - y = 14$

b) I) $a + b = 15$
II) $4a - b = 5$

c) I) $6x + 7y = 53$
II) $4x + 7y = 47$

d) I) $5x + 3y = 13$
II) $5x - 2y = 8$

e) I) $4n + 3m = 2$
II) $5n - 3m = 16$

f) I) $12p - 5q = 6$
II) $2p + 5q = 36$

g) I) $12x + 15 = 7y$
II) $-24 + 12x = 6y$

h) I) $8a + 3b = 4$
II) $36 + 8a = 7b$

Erweiterungen des Additionsverfahrens

Manchmal muss man eine oder beide Gleichungen erst umformen, damit beim Addieren oder Subtrahieren eine Variable wegfällt.

1. Beispiel
Eine Gleichung durch eine Zahl dividieren:

I) $4a + 5b = 32$
II) $8a + 6b = 48$ | : 2
I') $4a + 5b = 32$
II') $4a + 3b = 24$ } −
$2b = 8$ | : 2
$b = 4$ in I) einsetzen
$a = 3$

2. Beispiel
Beide Gleichungen mit verschiedenen Zahlen multiplizieren:

I) $2x + 3y = 9$ | · 3
II) $-3x + 4y = -5$ | · 2
I') $6x + 9y = 27$
II') $-6x + 8y = -10$ } +
$17y = 17$ | : 17
$y = 1$ in I) einsetzen
$x = 3$

4 Hier genügt es, eine der beiden Gleichungen geschickt umzuformen, um das Gleichungssystem zu lösen.

a) I) $3x + y = 5$
II) $2x - 2y = 6$

b) I) $5a - 3b = 16$
II) $6a + b = 33$

c) I) $4r + 3s = 35$
II) $-2r - 5s = -21$

d) I) $3x + y = 12$
II) $7x - 5y = 6$

5 Beschreibe, wie hier umgeformt wurde.

a) I) $11x + 3y = 16$
II) $2x - 4y = 12$
I') $44x + 12y = 64$
II') $6x - 12y = 36$

b) I) $3y - 10x = 22$
II) $15x - 4y = -31$
I') $9y - 30x = 66$
II') $30x - 8y = -62$

6 Vervielfache beide Gleichungen geschickt und löse dann das Gleichungssystem.

a) I) $5a + 2c = 16$
II) $8a - 3c = 7$

b) I) $5x + 4y = 29$
II) $-2x + 15y = 5$

c) I) $4x + 3y = 23$
II) $5y - 6x = 13$

d) I) $11q + 3p = 21$
II) $2q - 4p = 22$

e) I) $6x + 7y = 27$
II) $78 + 2y = 9x$

f) I) $15y - 6x = 36$
II) $3x - 52 = 25y$

7 Bilde selbst verschiedene lineare Gleichungssysteme, die man vorteilhaft mit dem Additions- bzw. Subtraktionsverfahren lösen kann.

8 Begründe, warum du ein bestimmtes Verfahren zur Lösung gewählt hast.

a) I) $8x + 3y - 47 = 0$
II) $4x - 2y - 6 = 0$

b) I) $14x - 5y + 3 = 2$
II) $4x + 15y - 26 = 23$

c) I) $5x - 2y + 36 = 4y$
II) $3y - 63 + 15x = 10x$

d) I) $45 - 4x + 6y = 5y$
II) $4x - 3y + 8 = 3x$

9 a) An einer Kinokasse zahlen zwei Erwachsene mit ihren beiden Kindern zusammen 30,00 €. Ein Vater mit seinen drei Kindern muss nur 25,00 € bezahlen. Als nächstes stehen drei Erwachsene mit vier Kindern in der Reihe. Wie viel Eintritt müssen sie insgesamt bezahlen?
b) [👥] Stellt euch gegenseitig ähnliche Kinokassenaufgaben.

10 Ein Hotel hat Zimmer für 30 Gäste. Es gibt insgesamt 21 Zimmer. Wie viele Einzelzimmer und wie viele Doppelzimmer hat das Hotel?

Gleichsetzungsverfahren

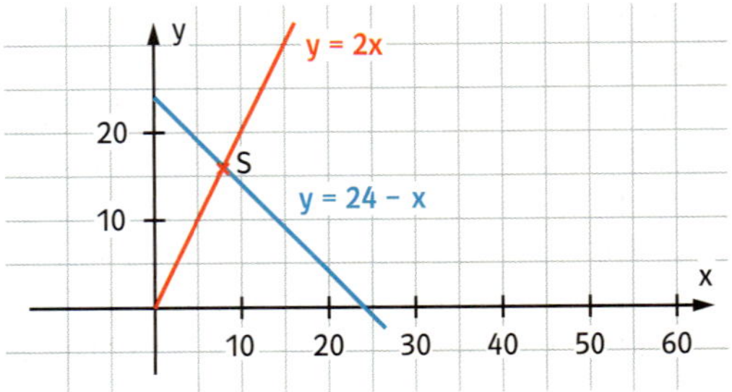

Wir wissen, dass sich aus einem 48 cm langen Draht verschiedene Rechtecke biegen lassen. Wenn aber dieses Rechteck doppelt so breit wie lang sein soll, gibt es nur noch eine Lösung – wie die Abbildung zeigt. Welchen Zusammenhang beschreiben die beiden Graphen?
Wie lässt sich der Schnittpunkt berechnen?

Tipp
Man kann die Funktionsgleichungen auch als Gleichungen mit zwei Variablen auffassen.

Ein **lineares Gleichungssystem** hat **genau eine Lösung**, wenn sich die zugehörigen Graphen **in einem Punkt schneiden**. Die Koordinaten des Schnittpunktes erfüllen sowohl die erste als auch die zweite Gleichung. Man kann zur Berechnung des Schnittpunktes das Additionsverfahren anwenden oder die **Funktionsterme gleichsetzen**.

Tipp
Zwei Gleichungen mit **zwei Variablen** werden in **eine Gleichung** mit **einer Variablen** überführt.

1. Beispiel

I) $y = 2x$
II) $y = 24 - x$

rechte Terme gleichsetzen
$2x = 24 - x \quad | + x$
$3x = 24 \quad | : 3$
$x = 8$ in I) einsetzen
I') $y = 2 \cdot 8$
$y = 16$

Das lineare Gleichungssystem hat die Lösung $x = 8$ und $y = 16$.

2. Beispiel

I) $2y = 18x + 12$
II) $y = 5x - 3$

Hier bietet es sich an, die erste Gleichung durch 2 zu dividieren.
I) $2y = 18x + 12 \quad | : 2$
II) $y = 5x - 3$

I') $y = 9x + 6$
II) $y = 5x - 3$

rechte Terme gleichsetzen:
$9x + 6 = 5x - 3$

Gleichung lösen

3. Beispiel

I) $3x + 4y = 32$
II) $3x + 7y = 47$

Hier ist es geschickt, nach dem Vielfachen einer Variablen aufzulösen.
I) $3x + 4y = 32 \quad | - 4y$
II) $3x + 7y = 47 \quad | - 7y$

I') $3x = 32 - 4y$
II') $3x = 47 - 7y$

Gleichsetzen von I') und II')
$32 - 4y = 47 - 7y$

Gleichung lösen

1 [👥] Löse die Gleichungssysteme. Nun musst du selbst entscheiden, welches Lösungsverfahren du wählst. Vergleicht dann gegenseitig, ob ihr den gleichen Lösungsweg gewählt habt.

a) I) $2y - 3x = 9$
II) $3x + y = 18$

b) I) $5a + 2b = 5$
II) $3a - 2b = 11$

c) I) $7n + m = 37$
II) $3n + 2m = 30$

d) I) $4r - 3s = 5$
II) $4r + 6s = 50$

e) I) $2x - 3y = 13$
II) $9y + 4x = 11$

f) I) $3p - 10q = 22$
II) $15q - 4p = -31$

2 Welche der Lösungen passt zu keinem der Gleichungssysteme?

$y = \frac{1}{3};\ x = \frac{11}{3}$ | $y = 3{,}6;\ x = -2$ | $y = -2\frac{1}{4};\ x = -2$ | $y = 2;\ x = 2$ | $y = 4{,}5;\ x = -1$

a) I) $3x - 9y = -12$
II) $3x - 12y = -18$

b) I) $5x = 10y + 15$
II) $20 - 5y = 5x$

c) I) $4x + 5y = 10$
II) $5y = 3{,}5x + 25$

d) I) $4y + 3 = 3x$
II) $5x = 4y - 1$

▷ Formelsammlung, Seite 219

3 Löse die Gleichungssysteme. Führe dann eine Probe durch.

a) I) $3y = 5x + 1$
II) $2y = 4x - 22$

b) I) $4y = 3x + 10$
II) $5y - 5x = 5$

c) I) $5y = 3x - 44$
II) $2y = 2x + 8$

d) I) $2y - 1 = 3x$
II) $2y - 17 = 2x$

4 Wo stecken Fehler in den Lösungswegen? Korrigiere sie.

a) I) $2x = 4 + 10y$
II) $x = -2 + 3y$
$4 + 10y = -2 + 3$
$y = -0{,}3$

b) I) $3y = 6x - 6$
II) $2y = 2x + 4$
$1 = 4x - 2$
$x = \frac{3}{4}$

5 Ist eine der beiden Gleichungen bereits nach einer Variablen aufgelöst, so kann man diese zur Lösung in die andere Gleichung einsetzen.

I) $5x + y = 16$
II) $y = 3x$ in I) einsetzen
I′) $5x + 3x = 16$
$8x = 16$
$x = 2$

a) I) $7x - y = -15$
II) $y = 2x$

b) I) $a + 2b = 49$
II) $a = 5b$

c) I) $t - 2s = 7$
II) $t = 5s + 4$

d) I) $2x + 3y = 9$
II) $2x = y + 1$

6 Zwei Brüder wollen sich zusammen einen Computer, Monitor und Drucker kaufen. Alles zusammen soll 990,00 € kosten. Der jüngere Bruder hat aber nicht so viel Geld. Deshalb zahlt der ältere Bruder 20 % mehr als der jüngere.
Wie viel Euro zahlt jeder?

Tipp
20 % mehr bedeutet 120 % ,wenn der andere 100 % zahlt.

7 Die Karten für eine Theateraufführung in der Schule kosten für Erwachsene 4 € und für Schüler 1,50 €. Insgesamt wurden alle 400 Karten verkauft, die 1037,50 € erbrachten.
a) Wie viele Karten wurden von jeder Sorte verkauft?
b) In einer nächsten Aufführung möchte die Schule 1500 € einnehmen. Dafür müssten die Eintrittspreise erhöht werden. Mache einen Vorschlag.

8 Ein Warenhaus macht zum Sommerschlussverkauf diese beiden Kombi-Angebote.

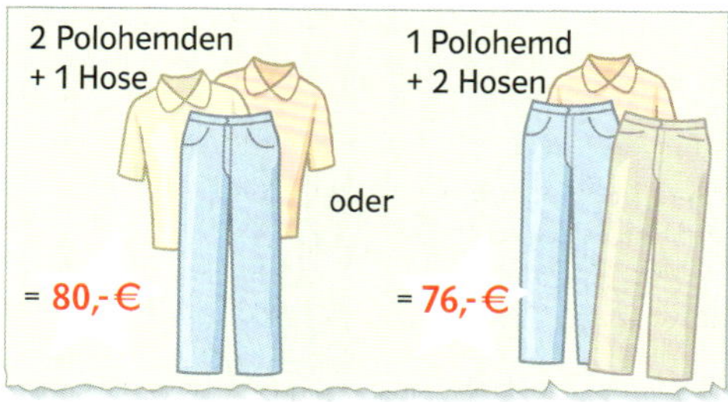

Wie viel kostet jeweils ein Polohemd und eine Hose?

9 In den Vereinigten Staaten wird die Temperatur in Fahrenheit gemessen. Bei der Umrechnung von Celsius in Fahrenheit wird zu einem bestimmten Betrag jeweils ein Vielfaches der Celsius-Zahl addiert.
Wie lautet die Umrechnungsformel, wenn 212 °F = 100 °C und 98,6 °F = 37 °C ist?

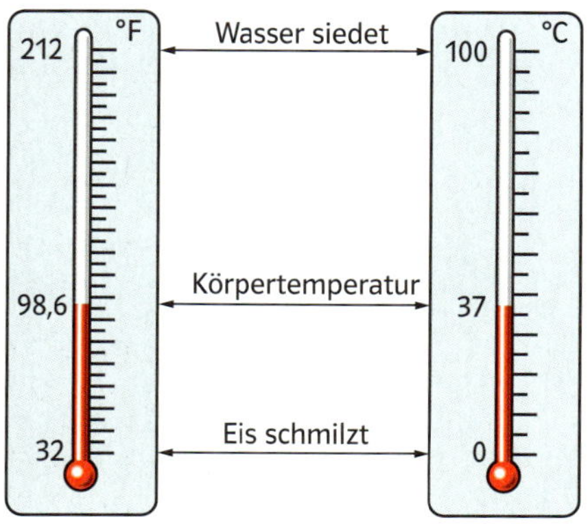

10 In einem beliebten mexikanischen Restaurant geht es sehr geschäftig zu. Mittags gelten für alle Tacos, Salate und Getränke jeweils Einheitspreise.
Der Kellner geht von Tisch zu Tisch und schreibt alle Bestellungen auf einen Notizblock.

Mexikanisches Restaurant
TACO-BAR

Tisch	Taco	Salat	Getränke	€
1	2	4	–	10
2	3	–	3	9
3	-	2	2	8
4	1	–	1	
5	2	2	1	
6	4	2	4	
7				
8				
9				
10				

a) Finde die Preise der restlichen Bestellungen heraus.
b) Gib selbst neue Bestellungen auf. Was für Preise müssen gezahlt werden?

11 [●] Ricardo sitzt mit seinen Eltern am Geburtstagstisch. Lachend sagt er: „Mir fällt soeben auf, dass ihr jetzt zusammen 100 Jahre alt seid."
Der Vater antwortet schmunzelnd nach kurzer Überlegung: „Ja, das stimmt. Aber du und ich sind jetzt zusammen 64 Jahre alt."
Darauf entgegnet Ricardo: „Und Mutter und ich sind zusammen 58 Jahre alt."
Wie alt ist jeder von den dreien?

12 [●] In einer Tüte gemischter Fruchtbonbons befinden sich 71 Bonbons von vier verschiedenen Sorten. Es sind doppelt so viele Zitronenbonbons wie Orangenbonbons, 1 Kirschbonbon weniger als Orangenbonbons und 6 Johannisbeerbonbons weniger als Zitronenbonbons in der Tüte. Wie viele Bonbons sind von jeder Sorte in der Tüte?

i Sonderfälle beim Lösen von linearen Gleichungssystemen

1. Fall:
Ein lineares Gleichungssystem hat **keine Lösung**, wenn sich die zugehörigen Geraden nicht schneiden, also **parallel verlaufen**.

2. Fall:
Ein lineares Gleichungssystem hat **unendlich viele Lösungen**, wenn die zugehörigen Geraden **identisch sind**.

1. Fall	**2. Fall**
I) $x - 3y = -6$	I) $x - 3y = -6$
II) $x - 3y = -9$	II) $2x - 6y = -12$

Umformen führt zu:

I') $y = \frac{1}{3}x + 2$	I') $y = \frac{1}{3}x + 2$
II') $y = \frac{1}{3}x + 3$	II') $y = \frac{1}{3}x + 2$

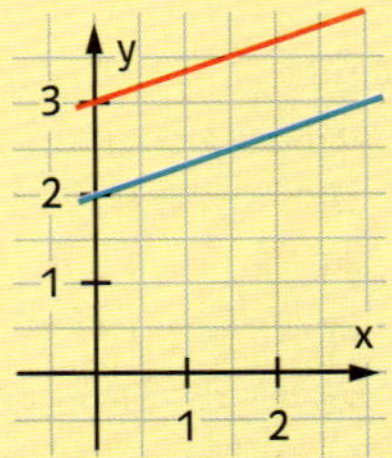

keine Lösung

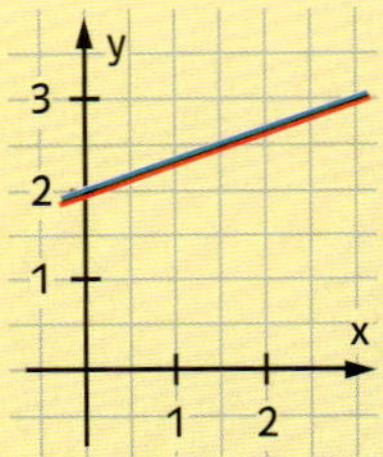

unendlich viele Lösungen

13 Wie viele Lösungen hat das Gleichungssystem? Nenne einige.

a) I) $6x - 3y = 27$
II) $6x + 2y = 62$

b) I) $3x + y = -2$
II) $6x + 2y = 4$

c) I) $x + y = 5$
II) $2x + 2y = 10$

d) I) $4x - 2y = 14$
II) $-4x + 7y = 1$

14 Bilde aus diesen Gleichungen jeweils ein System aus zwei Gleichungen mit einer, keiner und unendlich vielen Lösungen.

$4x - 2y - 10 = 0$

$y = \frac{1}{2}x + 5$ | $y = \frac{1}{5}x + 3$ | $2x - y = 0$

$2y = x + 10$ | $2x + 4y - 20 = 0$

$y = -2x - 5$ | $x - y - 5 = 0$ | $y = -\frac{1}{2}x + 5$

$5x - 2 = y$ | $5y - 2 = x$ | $y = -5x + 2$

▻ Formelsammlung, Seite 219

Lineare Funktion

Eine lineare Funktion wird durch eine Gleichung der Form **f(x) = a x + b** dargestellt. Ihr Graph ist eine Gerade.

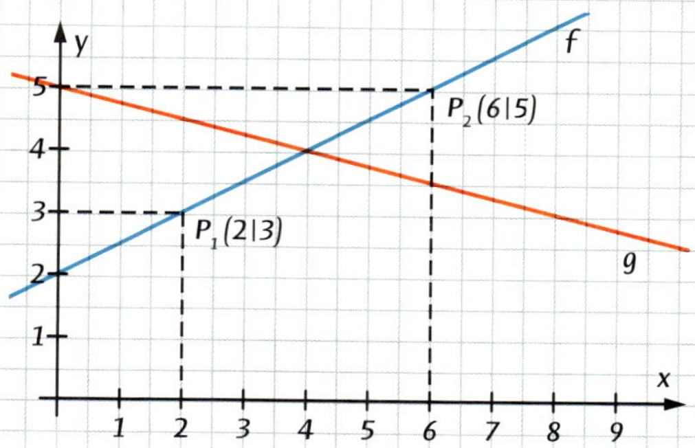

Bestimmung der Funktionsgleichung

Eine Gerade ist durch zwei Punkte festgelegt. Daher lässt sich aus den beiden Punkten $P_1(x_1|y_1)$ und $P_2(x_2|y_2)$ die entsprechende Funktionsgleichung bestimmen.

Steigung: $a = \frac{y_2 - y_1}{x_2 - x_1}$

Achsenabschnitt: $b = y_1 - a x_1$

Für die Funktion f ergibt sich:

$a = \frac{5-3}{6-2} = \frac{1}{2}$

$b = 5 - \frac{1}{2} \cdot 6 = 2$

also: $f(x) = \frac{1}{2}x + 2$

Schnittpunkt

Schneiden sich die Graphen zweier Funktionen in einem Punkt, so haben sie an dieser Stelle denselben Funktionswert.

Schnittpunkt berechnen

Zur Berechnung des Schnittpunktes setzt man die **Funktionsterme gleich**. Durch Umformen dieser Gleichung erhält man den x-Wert des Schnittpunktes, das Einsetzen des x-Wertes in den Funktionsterm ergibt den zugehörigen Funktionswert.

$f(x) = \frac{1}{2}x + 2, \quad g(x) = -\frac{1}{4}x + 5$

$\frac{1}{2}x + 2 = -\frac{1}{4}x + 5$

$x = 4$

$f(4) = \frac{1}{2} \cdot 4 + 2 = 4 \qquad S(4|4)$

Gleichungen mit zwei Variablen

Gleichungen wie 2a + 3b = 400 mit zwei Variablen haben mehrere Lösungen.

Lösen von linearen Gleichungssystemen

Lineare Gleichungssysteme lassen sich auf unterschiedliche Weise lösen.

Zeichnerische Lösung:

Man zeichnet die zugehörigen Geraden in ein Koordinatensystem. Die **Koordinaten** des **Schnittpunkts** der beiden Geraden stellen die Lösung dar.

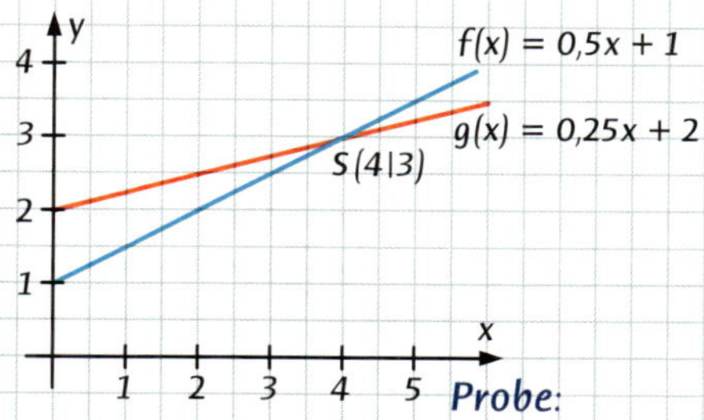

Probe:

$3 = 0{,}5 \cdot 4 + 1$

$3 = 0{,}25 \cdot 4 + 2$

Rechnerische Lösung:

Es gibt verschiedene Verfahren.

Additions- bzw. Subtraktionsverfahren

Beim **Additionsverfahren** werden die Gleichungen so umgeformt, dass durch Addition oder Subtraktion der beiden Gleichungen eine Variable wegfällt.

$$\begin{array}{lrl} \text{I)} & 4x + 2y = & 8 \\ \text{II)} & 2x - 2y = & 4 \\ \hline & 6x = & 12 \\ & x = & 2 \end{array} \quad (+)$$

Gleichsetzungsverfahren

Beim **Gleichsetzungsverfahren** werden beide Gleichungen nach einer Variablen aufgelöst und dann gleichgesetzt.

I) $y = 3x - 2$

II) $y = 2x + 8$

Rechte Terme gleichsetzen:

$3x - 2 = 2x + 8$

$x = 10$

[mittel]

1 Gegeben ist eine Gerade g mit Punkt P(0 | 3) und der Steigung a = 2.
a) Zeichne die Gerade in ein Koordinatensystem.
b) Gib die dazugehörige Funktionsgleichung an.

2 Bestimme rechnerisch die Funktionsgleichung der linearen Funktion, deren Graph durch die Punkte $P_1(2|1)$ und $P_2(6|7)$ verläuft.

3 Überprüfe: Können das die Koordinaten des Schnittpunktes der Geraden sein?

a) $f(x) = 4x - 5$
$g(x) = 8x + 2$
$S(-1{,}75|-12)$

b) $f(x) = -\frac{1}{2}x - \frac{1}{2}$
$g(x) = \frac{1}{3}x - \frac{1}{3}$
$S(-2|-4)$

4 Welche Zahlenpaare sind Lösungen dieser Gleichungssysteme?

a) I) $5x - 19 = y$
II) $3x - 11 = y$

b) I) $3x + 2y = 10$
II) $2x - 2y = 20$

$x = 3;\ y = 5$ | $x = 6;\ y = -4$ | $x = 4;\ y = 1$ | $x = 2;\ y = 8$

5 Frau Herbst muss sich entscheiden, ob sie ihr neues Auto als Benziner oder als Diesel kaufen soll. Beim Benziner betragen die jährlichen Festkosten 180,95 € plus 0,12 € Kraftstoffkosten/km.
Beim Diesel sind es 220,90 € plus 0,08 €/km.
Ab wie viel km/Jahr ist der Diesel billiger als der Benziner?
Löse durch Probieren.

6 Die Kosten für eine Fahrt mit einem Funktaxi setzen sich aus der Grundgebühr und den Kosten pro gefahrenem Kilometer zusammen. Für eine 16 km lange Fahrt muss man 16,90 €, für eine 24 km lange Fahrt 24,10 € bezahlen.
a) Wie hoch sind die Grundgebühr und die Kosten pro gefahrenem Kilometer?
b) Ein Konkurrenzunternehmen verlangt für eine Fahrt 3,50 € Grundgebühr und pro gefahrenem Kilometer 80 ct. Welches Unternehmen ist günstiger?

[schwieriger]

1 Gegeben ist eine Gerade g mit dem Punkt P(2 | −2) und der Steigung $a = \frac{1}{2}$.
a) Zeichne die Gerade in ein Koordinatensystem.
b) Gib die dazugehörige Funktionsgleichung an.

2 Bestimme rechnerisch die Funktionsgleichung der linearen Funktion, deren Graph durch die Punkte $P_1(2|0)$ und $P_2(6|-6)$ verläuft.

3 Überprüfe: Können das die Koordinaten des Schnittpunktes der Geraden sein?

a) $f(x) = 0{,}4x - 1$
$g(x) = 0{,}8x + 2$
$S(-8{,}5|+4)$

b) $f(x) = \frac{1}{2}x - \frac{1}{3}$
$g(x) = \frac{1}{3}x - \frac{1}{5}$
$S(0{,}8|\frac{1}{15})$

4 Gib die Lösungen dieser Gleichungssysteme an.

a) I) $3x + y = 32$
II) $y = x - 4$

b) I) $7y + 3x = 67$
II) $5y + 3x = 47$

5 Frau Herbst muss sich entscheiden, ob sie ihr neues Auto als Benziner oder als Diesel kaufen soll. Beim Benziner betragen die jährlichen Festkosten 180,95 € plus 0,12 € Kraftstoffkosten/km.
Beim Diesel sind es 220,90 € plus 0,08 €/km.
Ab wie viel km/Jahr ist der Diesel billiger als der Benziner?
Löse rechnerisch.

6 An einer Theaterkasse bezahlen Herr und Frau Meyer und ihre drei Kinder zusammen 57 € Eintritt. Familie Grünler bezahlt mit drei Erwachsenen und einem Kind noch 44 €, nachdem sie einen Theatergutschein für 10 € eingelöst haben.
a) Wie viel kostet eine Theaterkarte für einen Erwachsenen, wie viel für ein Kind?
b) Familie Heinen bezahlt 75 €. Wie viele Erwachsene und wie viele Kinder gehören zur Familie?
Es gibt mehrere Lösungen.

 ▻ Lösungen zum Test, Seite 205/206

Der Satz des Pythagoras

Der Satz des Pythagoras ist der vielleicht bekannteste Satz der Schulmathematik. Fragt einmal bei euren Eltern, Verwandten und Bekannten nach. Viele werden sich sicherlich noch an ihn erinnern.
Es ranken sich Legenden um die Frage, wie der Satz entdeckt wurde und wer ihn letztendlich bewiesen hat. Offensichtlich war er den Chinesen und Babyloniern schon 1000 Jahre vor *Pythagoras* bekannt. *Pythagoras* war aber der Erste, der ihn mathematisch formulierte.

$$a^2 + b^2 = c^2$$

Pythagoras ist eine interessante und geheimnisumwitterte Gestalt in der Geschichte der Mathematik. Er lebte im sechsten Jahrhundert vor Christus, wuchs in *Samos* in Griechenland auf und sammelte seine mathematischen Kenntnisse auf Reisen durch die gesamte antike Welt. In Süditalien gründete er um 530 v. Chr. eine Schule in der Stadt *Kroton*.
Eines der zentralen Anliegen der *Pythagoreer* war das Bemühen, anhand von Beweisen unumstößliche Wahrheiten zu finden.
Pythagoras starb in der Gewissheit, dass sein Satz bis in alle Ewigkeit wahr bleiben würde.

In diesem Kapitel lernt ihr,

- wie man mit einem Seil einen rechten Winkel konstruieren kann.
- wie rechtwinklige Dreiecke und Quadrate zusammenhängen.
- was Wurzeln in der Mathematik bedeuten und wie man mit ihnen rechnen kann.
- was ein mathematischer Beweis ist.
- was irrationale Zahlen sind.

Check-in

Über diese Dinge solltest du Bescheid wissen, bevor du dich mit dem Thema „Der Satz des Pythagoras" beschäftigst. Lege ein Blatt auf die Buchseite und kreuze an, wie du dich einschätzt.
Mit den Aufgaben auf der rechten Seite kannst du deine Einschätzung überprüfen.

Wenn du nach dieser Überprüfung noch Kreuzchen in der dritten oder vierten Spalte hast, arbeite deine Lücken auf: Du findest in der Mathematischen Werkstatt am Ende des Buches Zusammenfassungen und Übungsaufgaben zu vielen Themen. Du kannst aber auch Mathe-Bücher aus den vorherigen Schuljahren oder die Formelsammlung benutzen oder jemanden fragen, der sich damit auskennt.

Checkliste	Kann ich schon	Da bin ich fast sicher	Ich bin noch unsicher	Kann ich noch nicht
1a *Ich kenne unterschiedliche Dreiecksformen und kann diese benennen.*				
1b *Ich weiß, was kongruente Dreiecke sind.*				
1c *Ich kenne die Winkelsumme in einem Dreieck.*				
2 *Ich kenne die Quadratzahlen zu den Zahlen 0 bis 15.*				
3 *Ich kann Brüche und Dezimalzahlen multiplizieren und kenne die Regeln bei der Kommasetzung.*				
4 *Ich kann einfache Gleichungen lösen.*				
5 *Ich kann Terme aufstellen.*				
6 *Ich kann aus Beispielen Vermutungen entwickeln*				

In der Mathematischen Werkstatt findet ihr:

- Dreiecke, Seite 179, 181
- Rechnen mit Dezimalzahlen und Brüchen, Seite 166 – 168
- Terme und Gleichungen, Seite 172 – 175

Aufgaben zur Checkliste

1 Dreiecke

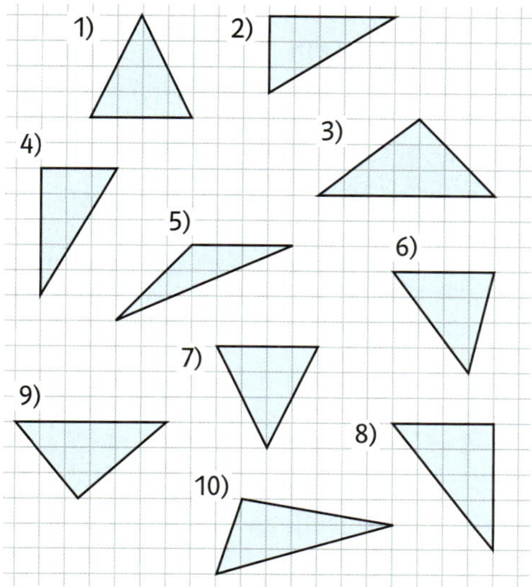

a) Ordne die oben abgebildeten Dreiecke in einer Tabelle.

stumpfwinklige Dreiecke	spitzwinklige Dreiecke	rechtwinklige Dreiecke

b) Suche aus den oben abgebildeten Dreiecken kongruente Dreiecke heraus.

c) Gib bei den Dreiecken die fehlenden Winkel an bzw. korrigiere eine Angabe so, dass sie stimmt.

1)

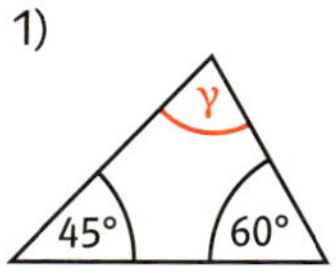

2)

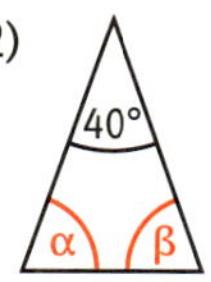

3)

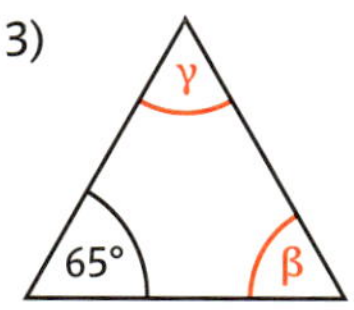

2 Quadratzahlen

a) Schreibe 10 Quadratzahlen auf.

b) Zu welchen Zahlen sind 144, 196 und 625 die Quadratzahlen?

c) Begründe, warum es zwischen 50 und 60 keine Quadratzahlen gibt.

3 Dezimalzahlen und Brüche multiplizieren

a) Setze das Komma im Ergebnis und füge, wo nötig, Nullen ein.

1) 8,21 · 8,21 = 6 7 4 0 4 1
2) 2,2 · 2,2 = 4 8 4
3) 0,5 · 0,5 = 2 5
4) 0,2 · 0,2 = 4

b) Multipliziere die Brüche.

1) $\frac{1}{4} \cdot \frac{1}{4}$ 2) $\frac{2}{3} \cdot \frac{3}{5}$ 3) $\frac{4}{7} \cdot \frac{4}{7}$

4 Gleichungen lösen

Löse folgende Gleichungen.

a) $x + 8 = 16{,}3$
b) $14{,}6 - x = 9{,}4$
c) $2a + 9 = 56$
d) $\frac{z}{4} + 3 = 15{,}8$

5 Terme aufstellen

Stelle einen Term für den Flächeninhalt der schraffierten Flächen auf.

a)

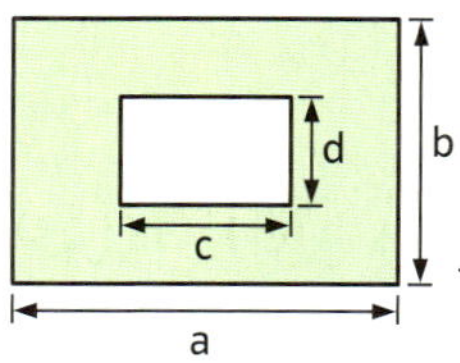

b)

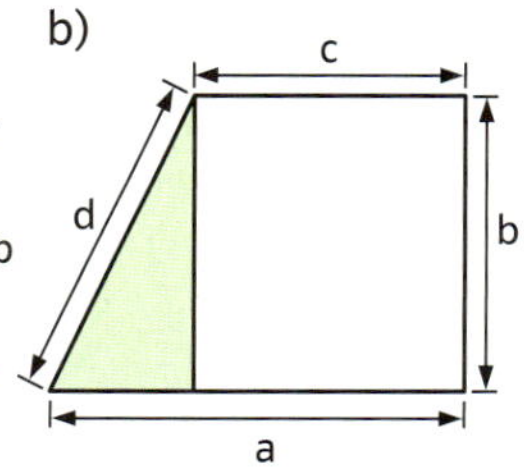

6 Aus Beispielen Vermutungen entwickeln

a) Setze die Reihe fort: 1; 3; 5; 7; …

b) Setze die Reihe fort: 1; 3; 6; 10; 15; …

c) Suche weitere Rechtecke, die zu den folgenden Rechtecken passen.

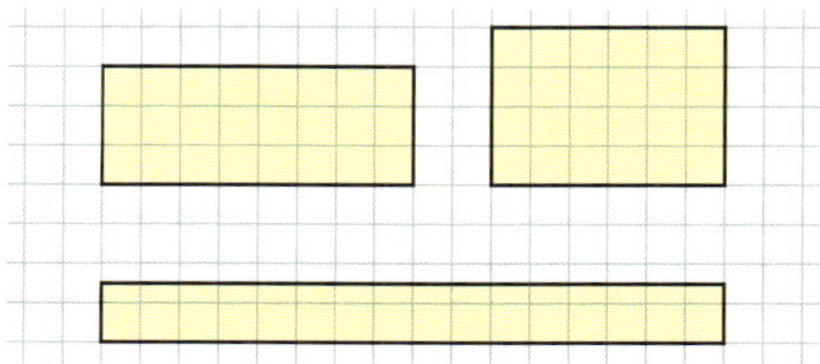

⊳ Lösungen, Seite 201

Seile spannen und Quadrate legen

Es ist überliefert, dass im alten Ägypten sogenannte Seilspanner die Aufgabe hatten, mit Knoten-Seilen rechte Winkel zu bilden, um die Felder nach der jährlichen Überschwemmung des Nils neu zu vermessen. Wie sie dies genau bewerkstelligten, ist unklar. Möglicherweise so:

Übrigens
Statt Knoten werden hier Striche gesetzt.

1 [✂] Stellt selbst ein „Knoten-Seil" her.
- Nehmt eine 80 cm lange Schnur.
- Setzt nach 10 cm einen Filzstiftstrich.
- Setzt 5 cm dahinter den nächsten Strich.
- Setzt auf diese Weise hintereinander 13 Striche.
- Verknotet nun den ersten und den letzten Strich zu einer Markierung und schneidet die überstehenden Teile ab.

Tipp
Beim 3-4-5-Dreieck beschreiben die Ziffern für jede Dreiecksseite die Zwischenräume zwischen den Knoten.

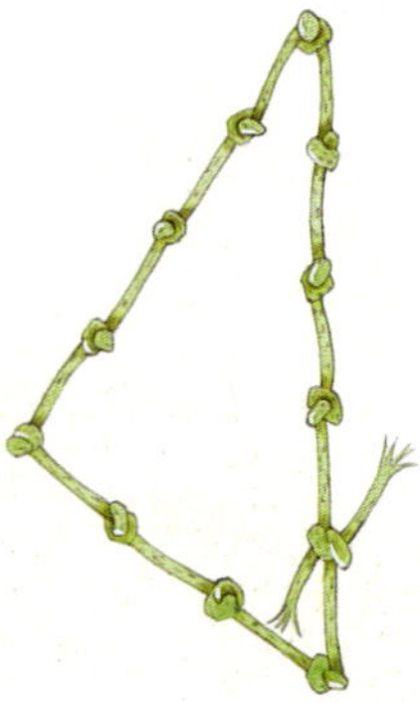

3-4-5-Dreieck

2 [✂] a) Nehmt das 12-Knoten-Seil und spannt Dreiecke auf, deren drei Eckpunkte jeweils genau bei einem Knoten liegen. Wie viele verschiedene 12-Knoten-Dreiecke könnt ihr bilden?
b) Habt ihr auch ein 2-4-6-Dreieck gefunden? Handelt es sich wirklich um ein Dreieck? Begründet.
c) Konstruiert die verschiedenen 12-Knoten-Dreiecke (Knotenabstand 1 cm). Welches der Dreiecke ist wohl von den ägyptischen Seilspannern benutzt worden?
d) Bei welchem der 12-Knoten-Dreiecke könnt ihr, ohne zu messen, genau sagen, wie groß die Winkel sind?

3 [✂] a) Lassen sich mit jedem Knoten-Seil Dreiecke legen? Stellt ein 3-, ein 4-, ein 5- und ein 6-Knoten-Seil her. Wie viele nicht kongruente Dreiecke lassen sich mit diesen Knoten-Seilen jeweils legen? Findet ihr rechtwinklige Dreiecke? Zeichnet oder argumentiert.
b) Patrick überlegt beim 7-Knoten-Seil systematisch: 1-1-5; 1-2-4; 1-3-3; …
Was hat er nicht beachtet?

4 [ ] Knoten-Seile, mit denen man rechtwinklige Dreiecke legen kann, scheinen eine Besonderheit zu sein.
Es gibt 15 nicht kongruente Knoten-Dreiecke mit weniger als 12 Knoten. Findet ihr sie alle? Gibt es rechtwinklige Dreiecke unter ihnen?

5 Die abgebildete Tabelle nennt Beispiele für Knoten-Seile, die zu rechten Winkeln führen.

Anzahl der Knoten	Dreieckstyp
12	3 – 4 – 5
24	6 – 8 – 10
30	5 – 12 – 13
36	9 – 12 – 15
40	8 – 15 – 17

a) Zeichne Dreiecke aus der Tabelle.
b) [●] Suche Lösungen mit anderen Knoten-Zahlen, die zu rechtwinkligen Dreiecken führen.

Warum sind nur bestimmte Knoten-Seile geeignet, um rechte Winkel zu bilden? Für eine Erklärung werden wir Dreiecke auf eine ungewöhnliche Weise erzeugen. Wir legen sie mittels Quadraten.

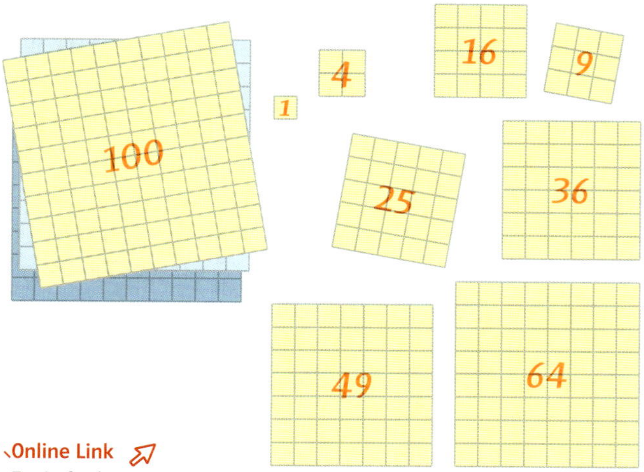

Online Link
Zu Aufgabe 8:
720350-0611

6 a) Schneidet aus gelbem kariertem Papier Quadrate unterschiedlicher Größe. Schreibt auf jedes Quadrat die Anzahl der Kästchen, aus denen es besteht.
Erstellt aus blauem kariertem Papier zwei weitere Sätze solcher Quadrate.
b) Nehmt je ein gelbes und zwei blaue Quadrate und legt daraus Dreiecke wie im Beispiel. Das größte Quadrat hat stets die Farbe gelb. Notiert die Anzahl der gelben und blauen Kärtchen und prüft, welche Winkel ihr erhaltet.

Beachte
Das gelbe Quadrat soll stets das größte sein. Es ist aber auch möglich, dass ein blaues Quadrat genauso groß ist wie das gelbe.

7 Mit euren Quadraten lassen sich unterschiedliche Dreiecksarten legen.
a) Mit welchem gelben Quadrat könnt ihr die beiden blauen zu einem spitzwinkligen Dreieck ergänzen, mit welchem zu einem stumpfwinkligen Dreieck?
Könnt ihr die blauen Quadrate auch zu einem rechtwinkligen Dreieck ergänzen?

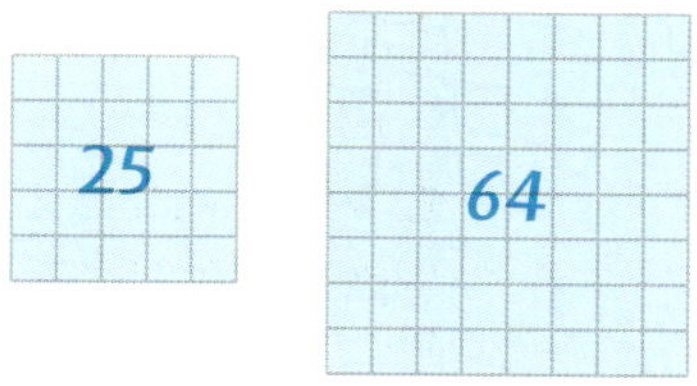

b) Wann ergeben sich spitzwinklige, stumpfwinklige oder rechtwinklige Dreiecke? Formuliert eure Ergebnisse in Merksätzen.

8 Benutze das elektronische Arbeitsblatt „Dreiecke und Quadrate“. Du kannst das Dreieck verändern, indem du dessen Eckpunkte bewegst.
Achte darauf, dass das gelbe Quadrat immer das größte ist.
Erforsche: Wie hängen die Quadrate und spitzwinklige, stumpfwinklige oder rechtwinklige Dreiecke zusammen?
Schreibe Beispiele auf und formuliere allgemeine Zusammenhänge.

9 Du hast Dreiecke mithilfe von Quadraten gelegt und auch durch Knoten-Seile erzeugt. Welchen Zusammenhang erkennst du?

Dreiecke und die Quadrate über ihren Seiten

Blaue Quadrate			Gelbes Quadrat	Art des Dreiecks
1. blaues Quadrat	2. blaues Quadrat	Gesamt		
16	25	41	36	spitzwinklig
36	49	85	100	stumpfwinklig
9	16	25	25	rechtwinklig

Lege mit deinen Quadraten eine Serie von Dreiecken und stelle jeweils fest,
- wie viele Kästchen die blauen Quadrate insgesamt beinhalten.
- wie viele Kästchen das gelbe Quadrat besitzt.
- ob das zugehörige Dreieck spitzwinklig, stumpfwinklig oder rechtwinklig ist.

Zeichne die Dreiecke ins Heft und halte die Ergebnisse in einer Tabelle fest.

In einem Dreieck ist die Summe der beiden kürzeren Seiten immer größer als die längste Seite (hier: Seite c). Für Dreiecke gilt:

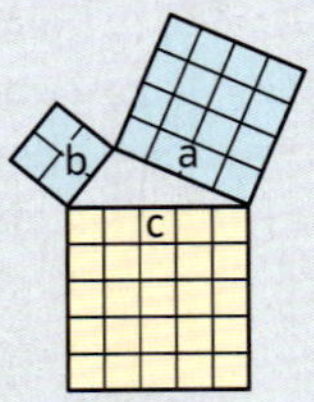

$a^2 + b^2 < c^2$
Das Dreieck ist stumpfwinklig.

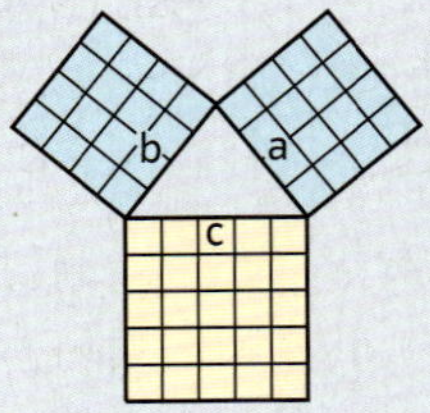

$a^2 + b^2 > c^2$
Das Dreieck ist spitzwinklig.

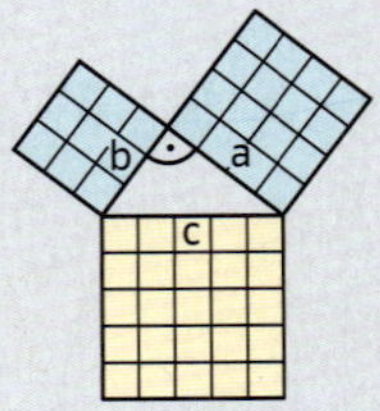

$a^2 + b^2 = c^2$
Das Dreieck ist rechtwinklig.

Beispiel

Gegeben: a = 30 cm; b = 16 cm; c = 34 cm.
Lässt sich daraus ein Dreieck legen? Ist es stumpfwinklig, spitzwinklig oder rechtwinklig?
Die Seite c ist die längste Seite, aber kürzer als die Summe der beiden anderen Seiten. Aus den Quadraten lässt sich also ein Dreieck legen. Es ist $a^2 = 30^2 = 900$, $b^2 = 16^2 = 256$ und $c^2 = 34^2 = 1156$. Da $a^2 + b^2 = c^2$ gilt, ist das Dreieck rechtwinklig.

1 Löse im Kopf. Lässt sich mit Quadraten der folgenden Seitenlängen ein Dreieck legen? Begründe.
a) 4; 4; 4
b) 1; 10; 1
c) 15; 9; 8
d) 2; 4; 2
e) 4; 5; 8
f) 101; 4; 100

2 Ist das Dreieck rechtwinklig, spitzwinklig oder stumpfwinklig? Löse rechnerisch und prüfe zeichnerisch nach.
a) a = 2 cm, b = 4 cm, c = 4 cm
b) x = 9 cm, y = 6 cm, z = 7 cm
c) a = 7 cm, b = 11 cm, c = 8 cm

3 Ein Dreieck mit den Seitenlängen 2; 3; 4 kann man konstruieren, ein Dreieck mit den Seitenlängen 2; 3; 5 dagegen nicht. Überlege dir je zwei ähnliche Beispiele. Zeichne die Dreiecke.

4 [💻] Ein Dreieck hat die Seitenlängen 3 cm und 5 cm. Finde durch Überlegen oder Probieren mit dem elektronischen Arbeitsblatt „Dreiecke und Quadrate" je drei passende dritte Seiten, sodass das Dreieck spitzwinklig oder stumpfwinklig wird. Wann ist das Dreieck rechtwinklig?

Übrigens
Nicht immer heißt die längste Seite c.

5 Finde eine passende dritte Seite.

	a)	b)	c)	d) [●]
1. Seite	4 cm	18 cm	7 cm	112 cm
2. Seite	8 cm	24 cm	18 cm	87 cm
3. Seite	?	?	?	?
	spitzw.	rechtw.	stumpfw.	spitzw.

6 Prüfe, ob Dreiecke mit diesen Seitenlängen möglich sind. Handelt es sich um spitzwinklige, stumpfwinklige oder rechtwinklige Dreiecke?

	a)	b)	c)	d)
1. Seite	8,1 cm	24,0 cm	3,9 cm	18,5 m
2. Seite	15,3 cm	26,5 cm	8,9 cm	70,0 m
3. Seite	17,8 cm	9,2 cm	8,0 cm	68,2 m

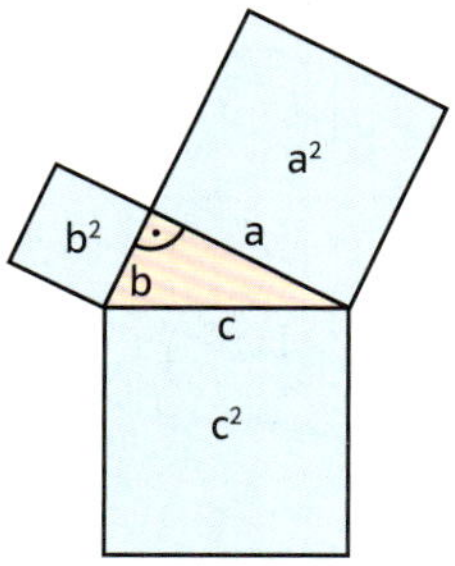

7 a) Finde Dreiecke, bei denen alle Seitenlängen nicht ganzzahlig sind, für die aber dennoch die Gleichung $a^2 + b^2 = c^2$ gilt. Sind die gefundenen Dreiecke alle rechtwinklig?
b) [💻] Überprüfe deine Erkenntnisse am elektronischen Arbeitsblatt „Dreiecke und Quadrate" (siehe Seite 61, Nr. 8).

8 **Rechte Winkel auf der Baustelle**
Der Handwerker benutzt einen Anschlagswinkel. Die Seiten des Dreiecks haben die Längen 60 cm, 80 cm und 100 cm. Welcher Winkel ergibt sich daher in der rechten oberen Ecke?
Wie kannst du nur mit einem Maßband überprüfen, ob die Ecke eures Klassenzimmers wirklich rechtwinklig ist?

9 **Rechtwinklige Dreiecke in Mustern**
Wenn du mehrere Quadrate in zwei verschiedenen Größen und Farben herstellst, kannst du ein Parkettmuster legen.

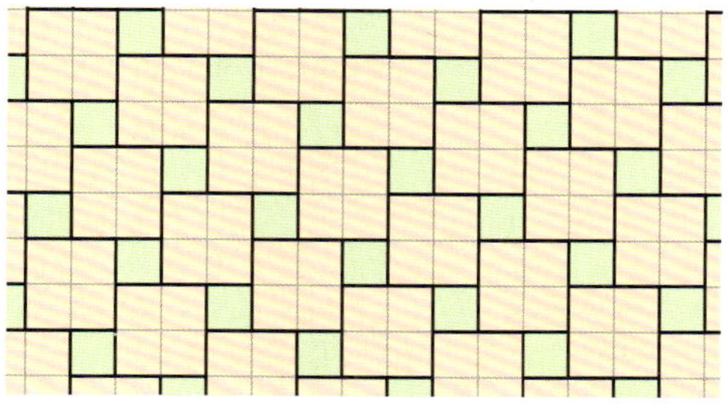

a) Klebe so ein ähnliches Muster auf oder zeichne es auf Karopapier. Verbindest du jeweils entsprechende Ecken der Quadrate miteinander, so erhältst du ein Gitter aus größeren Quadraten. Suche darin ein Dreieck, das durch die drei verschieden langen Quadratseiten gebildet wird.

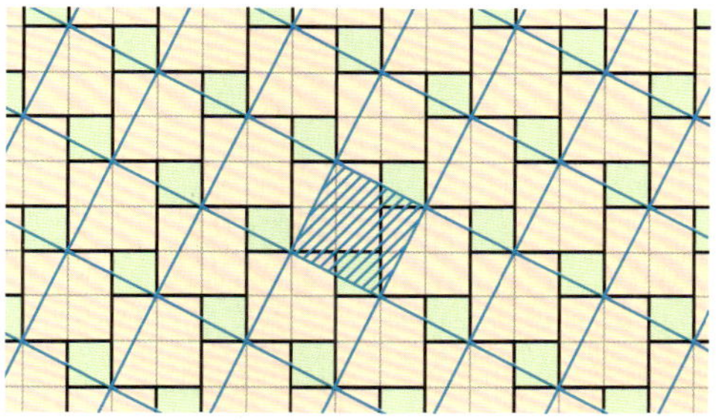

b) Überprüfe: Ist die Summe der Flächeninhalte der beiden kleineren Quadrate kleiner, größer oder genauso groß wie der Flächeninhalt des größeren Quadrats? Passt dein Ergebnis zum Dreieck?
c) [●] Erkläre anhand deiner Zeichnung, warum die beiden kleineren Quadratflächen zusammen die große Quadratfläche ergeben. Färbe entsprechende Teile.

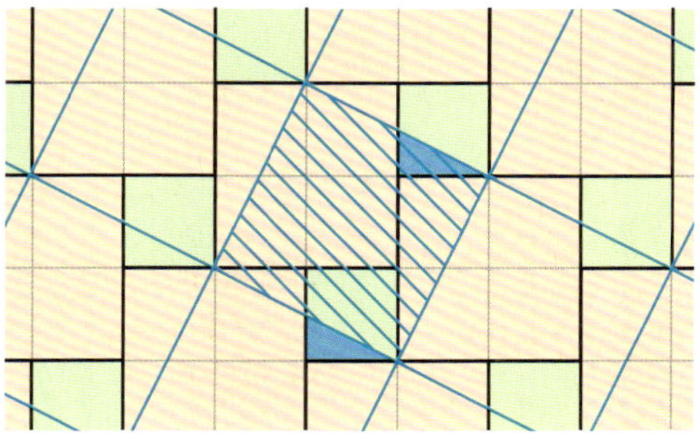

Wir beweisen den Satz des Pythagoras

Ich habe zwei blaue Quadrate mit 64 und 16 Kästchen und ein gelbes Quadrat mit 81 Kästchen zu einem Dreick zusammengelegt. Es war rechtwinklig! Aber 64 + 16 = 80. Also stimmt es nicht immer, dass $a^2 + b^2 = c^2$, wenn das Dreieck rechtwinklig ist.

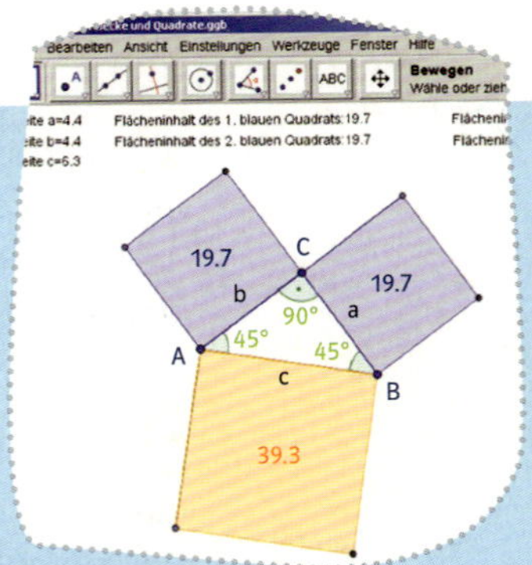

Das hat mein Computer gezeigt. Also kann im rechtwinkligen Dreieck nicht immer $a^2 + b^2 = c^2$ sein.

Schaut euch die beiden Gegenbeispiele oben an. Handelt es sich hierbei um Mess- oder Rundungsfehler? Oder stimmt die Aussage „Im rechtwinkligen Dreieck gilt $a^2 + b^2 = c^2$" nicht immer? Um sicher zu sein, muss man die Behauptung **beweisen**.

Beim Beweisen geht man von Aussagen aus, die zweifelsfrei richtig sind. Nun wird Schritt für Schritt ein logischer Gedankengang entwickelt. Am Ende gelangt man zu Schlussfolgerungen (Sätzen), die unbestreitbar sind.

Die Seite des rechtwinkligen Dreiecks, die dem rechten Winkel gegenüberliegt (dies ist immer auch die längste Seite), heißt **Hypotenuse**, die anderen beiden Seiten heißen **Katheten**.

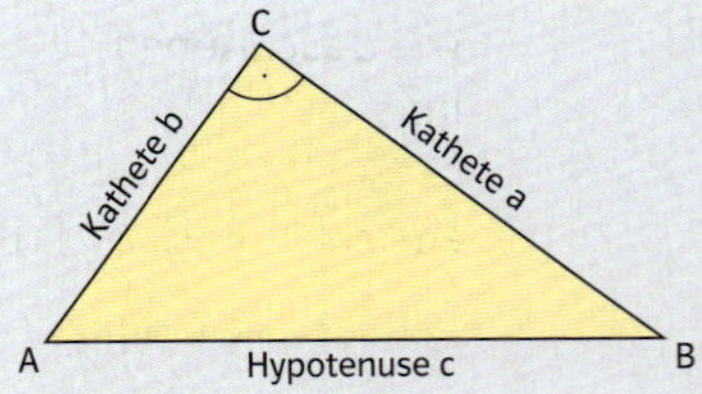

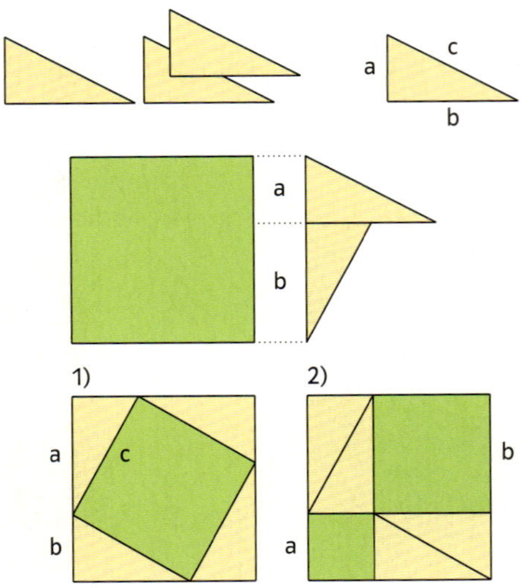

1 a) [👥 ✂] Schneidet aus Kartonpapier je vier beliebige kongruente rechtwinklige Dreiecke. Beschriftet die Katheten mit a und b, die Hypotenuse mit c.
Stellt ebenso ein Quadrat her, dessen Seitenlänge so groß ist wie die Länge der Katheten der Dreiecke zusammen.
Legt die Dreiecke auf die beiden links gezeigten Arten 1) und 2).
b) Warum sind die grünen Flächen wirklich Quadrate?
c) Drücke den Flächeninhalt der grünen Flächen durch Terme aus. Erkläre, weshalb sich aus den Bildern ergibt: $a^2 + b^2 = c^2$.

▷ Formelsammlung, Seite 221

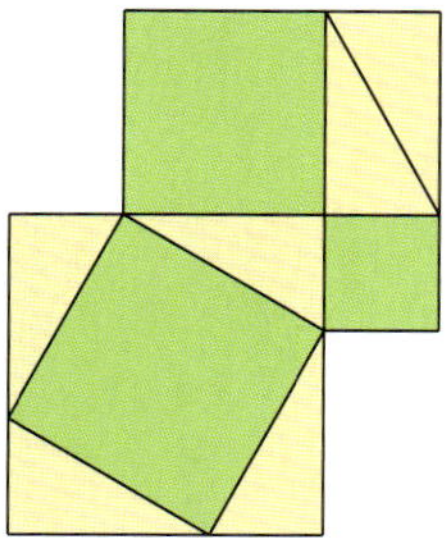

2 Die beiden Figuren aus Aufgabe 1 könnt ihr wie links abgebildet zusammenlegen. Zeichnet die Figur in euer Heft und beschriftet sie mit allen Seitenlängen und Flächeninhalten.

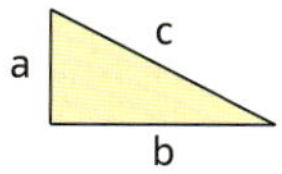

3 a) Schneidet aus Papier ein Quadrat, das die gleiche Seitenlänge wie die Hypotenuse eurer bereits ausgeschnittenen rechtwinkligen Dreiecke hat.
b) Legt die vier Dreiecke so auf das Quadrat, dass sie sich nicht überlappen. Bezeichnet die Seiten des Dreiecks.
Welchen Flächeninhalt hat das entstandene kleine Quadrat in der Mitte?

4 Benutze das Quadrat und die Dreiecke aus Aufgabe 3.
a) Lege zwei Dreiecke auf das ursprüngliche Quadrat und schneide die abgedeckten Teile des Quadrats aus.
b) Drehe die abgeschnittenen Dreiecke nun wie beschrieben. Vergleiche die Flächeninhalte.
c) Weise nach, dass die neue Figur wirklich aus zwei Quadraten besteht.

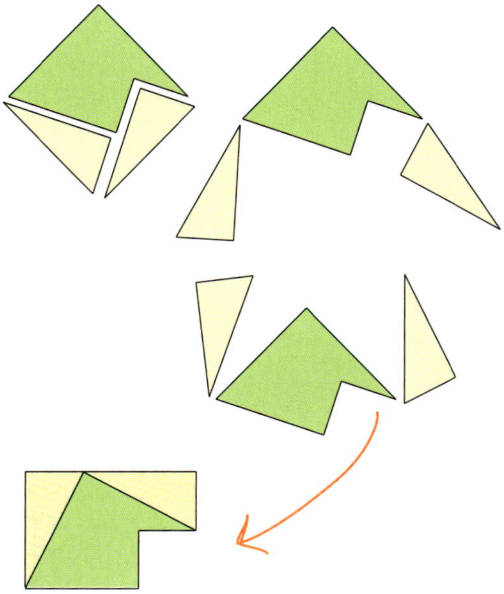

5 Zum Satz des Pythagoras gibt es ca. 400 verschiedene Beweise. Im Internet kannst du unter dem Stichwort „Pythagoras + Beweise“ viele davon finden. Suche dir mit einem Partner oder einer Partnerin einen Beweis aus. Gestaltet dazu ein Plakat mit dem Beweis und einem Objekt, das den Beweis „begreifbar“ macht oder etwas Interessantes zu seiner Geschichte erzählt (ein Legespiel, ein Daumenkino, ein Leporello, eine PowerPoint-Präsentation, eine Darstellung mit dynamischer Geometriesoftware, …).

Beachte, dass bei einem Beweis jeder Argumentationsschritt gründlich überlegt werden muss.
Sind entsprechende Dreiecke wirklich kongruent? Liegt wirklich ein Quadrat vor? Die Anschauung kann täuschen!

Die Ergebnisse eurer Klasse könnt ihr zu einer Ausstellung für die Schule zusammenstellen.

Die Anschauung kann täuschen

Die vier farbigen Teile sind in beiden Figuren identisch. Folglich müsste doch auch die Gesamtfigur in beiden Fällen den gleichen Flächeninhalt haben.

▻ Wo liegt der Fehler?
Wie lässt sich die Lücke erklären?

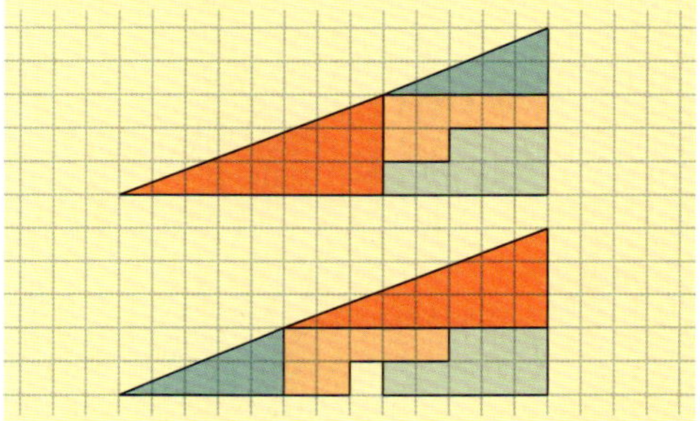

Der Satz des Pythagoras

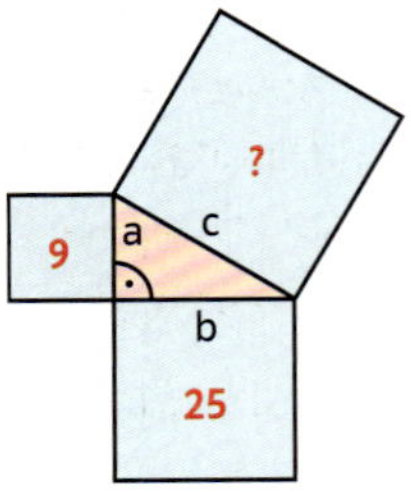

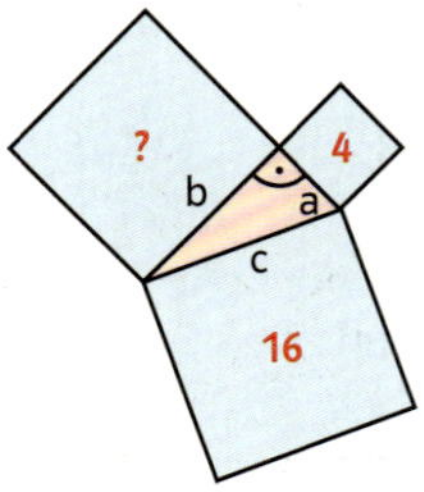

Links sind rechtwinklige Dreiecke mit ihren Quadraten über den Seiten abgebildet. Berechne jeweils den fehlenden Flächeninhalt des Quadrats.
Beschreibe wie du vorgehst.

Hinweis

Die Seiten a, b und c müssen nicht immer so gewählt werden, dass c die Hypotenuse ist.

In einem rechtwinkligen Dreieck gilt:
Das **Quadrat über der Hypotenuse** hat den **gleichen Flächeninhalt** wie die **Summe der Flächeninhalte** der **beiden Quadrate über den Katheten**.

Sind in einem **rechtwinkligen Dreieck** die Hypotenuse mit c und die Katheten mit a und b bezeichnet, so gilt die Gleichung: $\mathbf{a^2 + b^2 = c^2}$.

Beispiele

a) Formuliere den Satz des Pythagoras für das Dreieck.

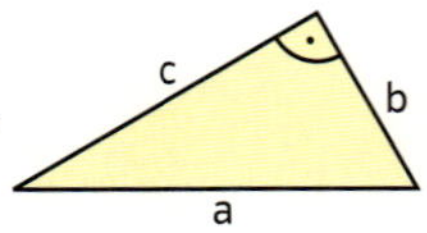

Die Hypotenuse ist mit a bezeichnet, die beiden Katheten mit b und c.
In diesem Fall gilt: $a^2 = b^2 + c^2$
oder $c^2 = a^2 - b^2$ oder $b^2 = a^2 - c^2$.

b) Berechne jeweils den Flächeninhalt des Quadrats über der roten Seite des Dreiecks.

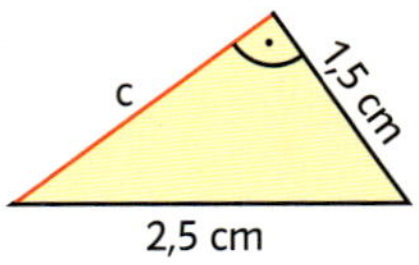

Alle Einheiten sind in cm angegeben.
$c^2 = 2{,}5^2 - 1{,}5^2$
$c^2 = 6{,}25 - 2{,}25$
$c^2 = 4$
Das Quadrat über der Kathete c hat einen Flächeninhalt von $4\,\text{cm}^2$.

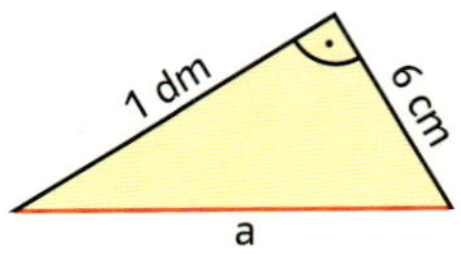

Wir rechnen in cm.
$a^2 = 6^2 + 10^2$
$a^2 = 36 + 100$
$a^2 = 136$.
Das Quadrat über der Hypotenuse a hat einen Flächeninhalt von $136\,\text{cm}^2$.

Hinweis

In den Rechnungen können die Einheiten weggelassen werden. Dazu muss vorher genau überlegt werden, in welchen Einheiten die Größen angegeben sind und welche Einheit das Ergebnis bekommt.

1 Formuliere den Satz des Pythagoras für die Figuren.

a)

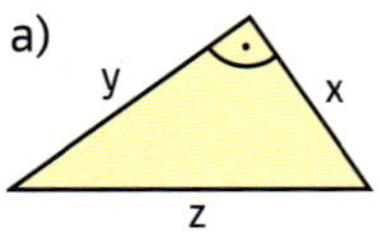

b)

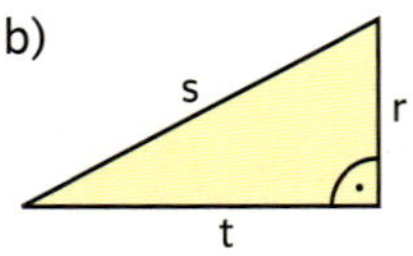

c)

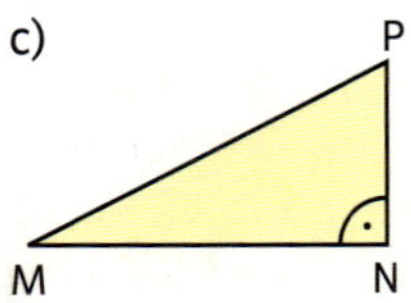

d)

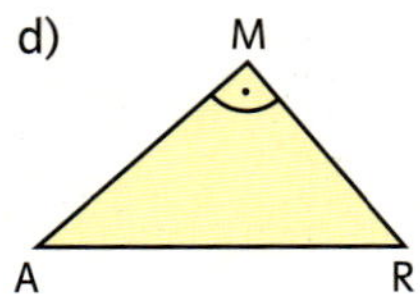

2 Zeichne die Figur ins Heft und berechne den Flächeninhalt aller Quadrate.

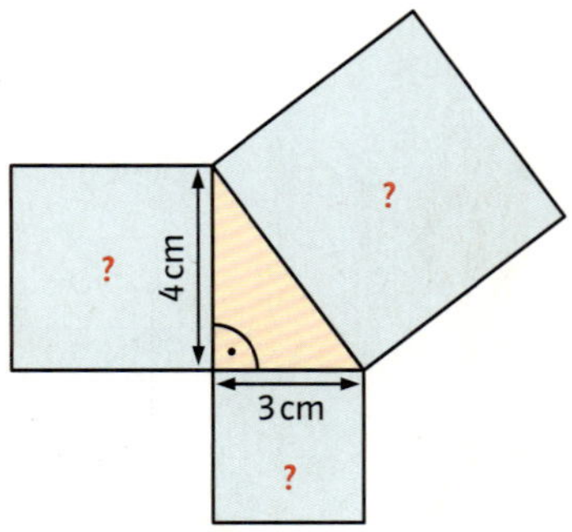

▻ Formelsammlung, Seite 221

3 Berechne jeweils den Flächeninhalt des roten Quadrats.

a)

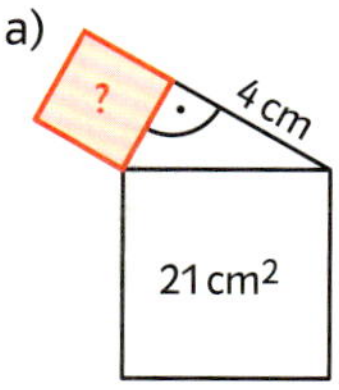

b)

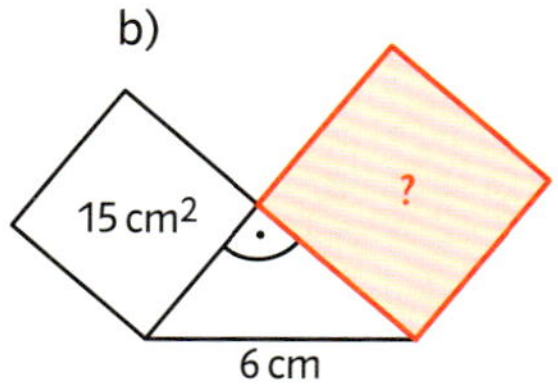

4 Für manche Quadrate ist der Flächeninhalt angegeben. Bestimme die Flächeninhalte der gelben Quadrate.

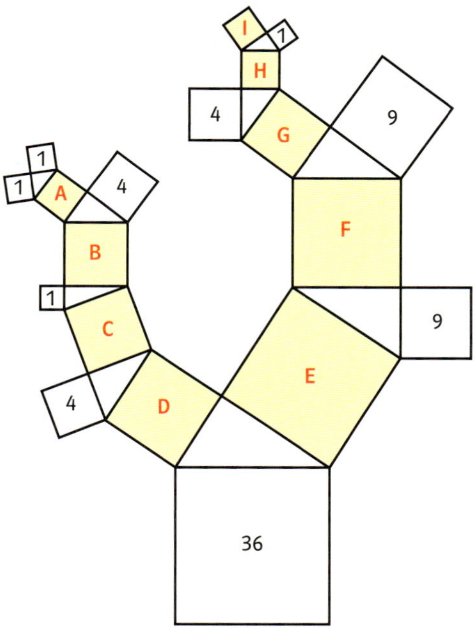

5 Berechne jeweils die Länge x.

a)

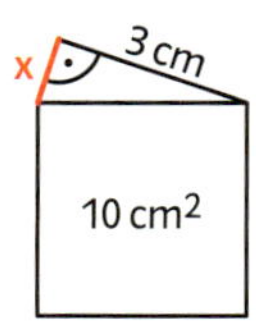

b)

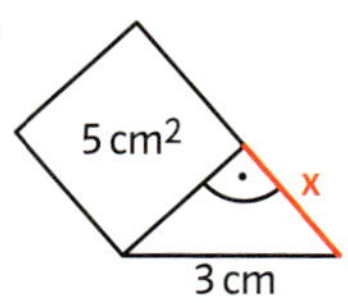

c)

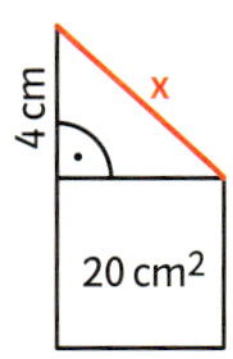

d)

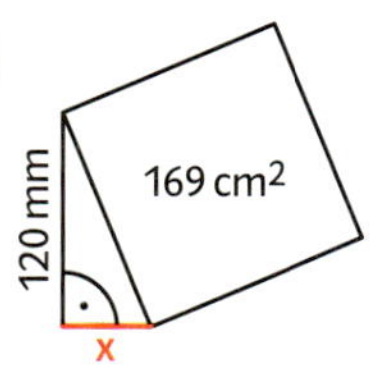

6 Suche rechtwinklige Dreiecke und formuliere mit den entsprechenden Bezeichnungen den Satz des Pythagoras.

a)

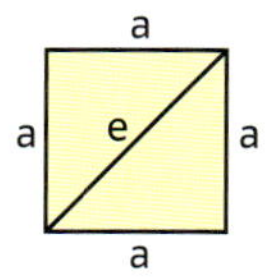

b)

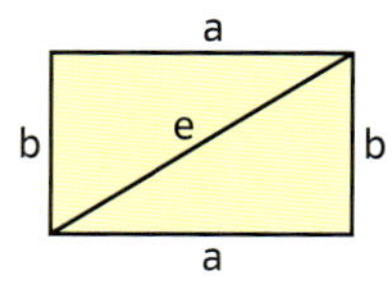

c)

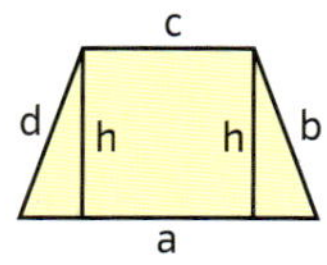

d)

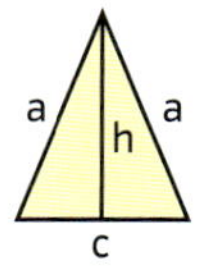

e)

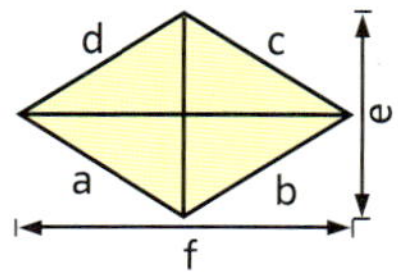

f)

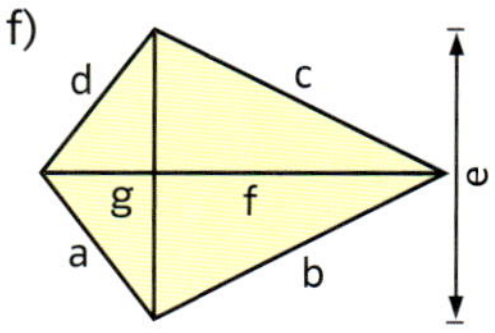

7 [👥 @ ✎] Auf der Einführungsseite steht ein wenig zum Leben des *Pythagoras* und den *Pythagoreern*. Finde noch mehr darüber heraus. Tragt eure Ergebnisse, die Teil einer Ausstellung sein können, zusammen und erstellt eine Wandzeitung.

8 a) Dieses Bild des Künstlers *Max Bill* hat den Titel *Konstruktionen um das Thema 3; 4; 5*. Warum wohl?

b) Mit welchen drei anderen Zahlen könnte man ähnliche Kunstwerke erstellen? Nenne mehrere Möglichkeiten.

9 a) [●] Berechne den Flächeninhalt der Figur, wenn die längste Quadratseite 10 cm misst.

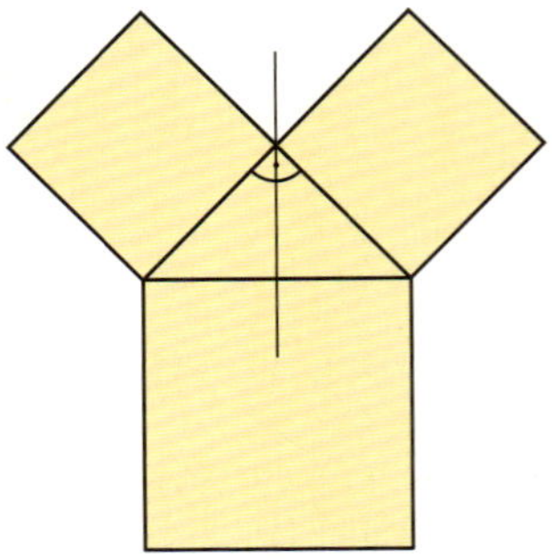

b) [●] Und wenn die kürzere Quadratseite 10 cm misst? Oder die längere 20 cm? Wie verändert sich der Flächeninhalt, wenn man die Seiten verdoppelt?

c) [●●] Formuliere einen allgemeinen Zusammenhang zwischen dem Flächeninhalt der Figur und der Seitenlänge des kleinen Quadrats.

James Abram Garfield (1831 – 1881) war Mathematiklehrer und später der 20. Präsident der Vereinigten Staaten von Amerika. Während seiner Zeit als Kongressabgeordneter entdeckte er seinen Beweis.

10 [●●] Ein Beweis des Satzes des Pythagoras ist der *Garfield*-Beweis. Zwei kongruente Dreiecke werden so aneinandergelegt, dass zwei unterschiedliche Katheten auf einer Geraden liegen.

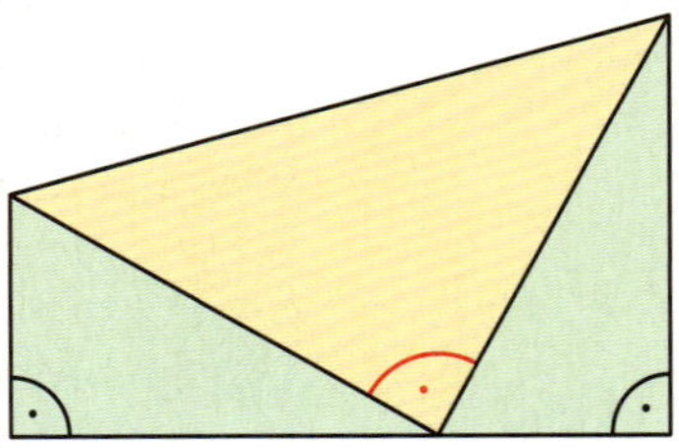

a) Erkläre, warum der rot eingezeichnete Winkel immer ein rechter Winkel ist.

b) Die Gesamtfigur ist ein Trapez. Stelle auf zwei verschiedene Arten einen Term für den Flächeninhalt des Trapezes auf:

1) Mithilfe der Formel für den Flächeninhalt des Trapezes.
2) Als Summe der Flächeninhalte der drei rechtwinkligen Dreiecke, aus denen sich das Trapez zusammensetzt.

Aus der Gleichheit der Terme lässt sich nun die bekannte Gleichung herleiten. Probiere.

11 Die Länge der Seite s in der Figur soll bestimmt werden.

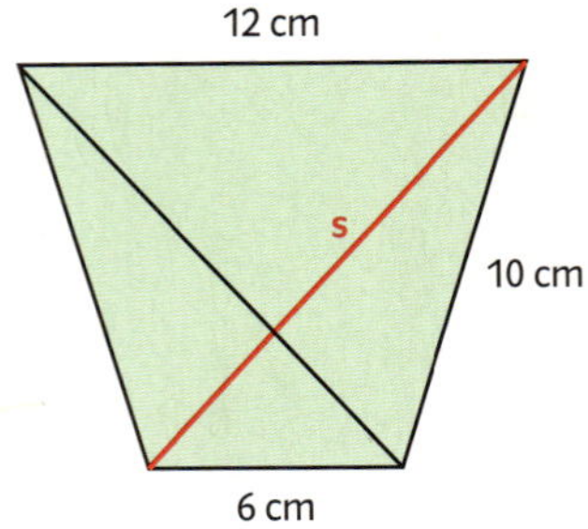

a) [●] Kim behauptet: $6^2 + 10^2 = 136$, also liegt die Länge von s zwischen 11 cm und 12 cm, denn $11^2 = 121$ und $12^2 = 144$.
Was ist an dieser Argumentation falsch?

b) [●●] Bestimme die Länge von s auf eine Nachkommastelle genau.

Pythagoreische Tripel

Pythagoreische Tripel (a, b, c) beschreiben ganzzahlige Seitenlängen von Dreiecken, die so beschaffen sind, dass gilt $a^2 + b^2 = c^2$. Einige solcher Tripel kennst du schon.
Ein Weg, um zumindest die ersten beiden Zahlen solcher pythagoreischer Tripel zu finden, ist der folgende.
Betrachte die Folge von Zahlen, die sich daraus ergibt, dass immer die beiden vorhergehenden Zahlen der Folge addiert werden:
1, 1, 2, 3, 5, 8, 13, 21, 34, 55, 89, …

Wähle nun vier beliebige, aber aufeinanderfolgende Zahlen der Folge aus.
1, 1, 2, 3, 5, 8, 13, 21, 34, 55, 89, …

Das Produkt der beiden äußeren Zahlen $1 \cdot 5 = 5$ und das doppelte Produkt der beiden inneren Zahlen $2 \cdot 2 \cdot 3 = 12$ liefern die beiden ersten Zahlen eines pythagoreischen Tripels. Die dritte Zahl ergibt sich aus der Gleichung $a^2 + b^2 = c^2$.

▻ Bei diesem Vorgehen wird klar, dass es unendlich viele Tripel geben muss. Kannst du erklären, warum?

Die Wurzel des Quadrats

Tipp

Quadrate, die schräg liegen, überträgst du am besten in dein Heft und zeichnest Hilfslinien ein.

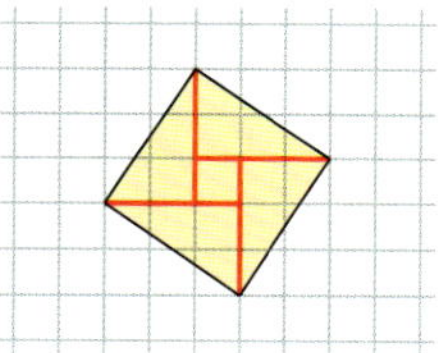

Übrigens

Das „Quadratwurzelziehen" hat nichts mit Wurzeln im Garten zu tun. Diese „Grundseite" des Quadrats wird im Lateinischen mit *radix* bezeichnet. Unglücklicherweise bedeutet *radix* auch Wurzel und so hielt dieser Begriff Einzug in die Mathematik.

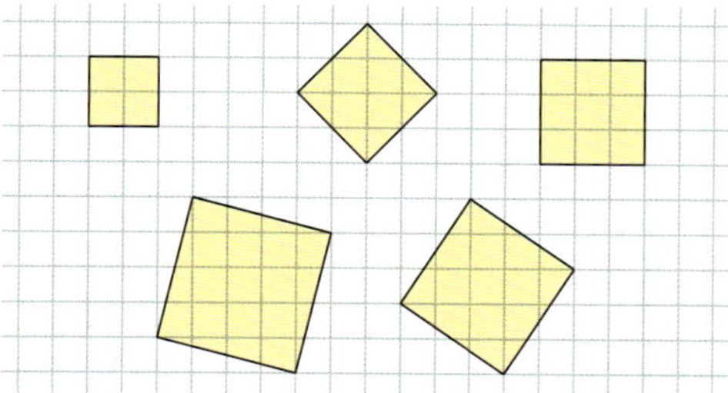

1 Im Gitter sind Quadrate eingezeichnet. Gib den Flächeninhalt der Quadrate an, indem du die Anzahl der Kästchen zählst, die jedes Quadrat abdeckt.

2 a) Zeichne weitere Quadrate im Gitter und bestimme deren Flächeninhalt.
b) Gelingt es dir, ein Quadrat mit dem Flächeninhalt 2 Kästchen (3 Kästchen) einzuzeichnen?
c) Zeichne Quadrate mit zunehmender Größe – beginnend mit einem Flächeninhalt von 1 Kästchen bis 20 Kästchen.

3 [●●] Wie du gemerkt hast, gelingt es nicht, für jede Anzahl von Kästchen ein zugehöriges Quadrat zu finden. Kannst du Regeln finden, wann es gelingt und wann nicht?

> Berechnet man aus dem Flächeninhalt eines Quadrats die Länge der Grundseite, so sagt man auch dazu **„Quadratwurzel ziehen"**. Man schreibt: $\sqrt{\ }$.

4 a) Wie lang ist die Grundseite (die Quadratwurzel) eines Quadrats mit dem Flächeninhalt 4 bzw. 9?

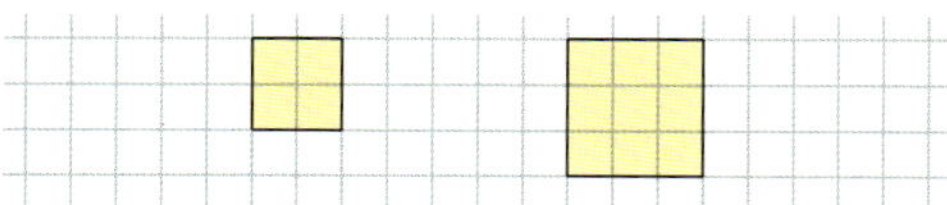

b) Gib Flächeninhalte an, bei denen man die Quadratseite noch leicht ermitteln kann.

5 Wie lang sind die Grundseiten der Quadrate im Foto?
a) Zeichne dazu die Quadrate in dein Heft und wähle als Maßstab 4 Kästchen ≙ 1 cm². Miss die Länge der Grundseite der Quadrate aus.
b) Quadriere die Länge der Grundseite. Welches Ergebnis erwartest du? Welches Ergebnis erhältst du? Kannst du den Unterschied erklären?

6 [▦] a) Berechne mit deinem Taschenrechner $\sqrt{5}$. Notiere das Ergebnis und quadriere es.
b) Warum kann das Ergebnis des Taschenrechners nicht exakt stimmen? Betrachte im Ergebnis die letzte Stelle hinter dem Komma. Rechnet der Taschenrechner nun richtig oder falsch?
c) Warum kann kein Ergebnis mit noch so vielen Stellen hinter dem Komma exakt stimmen?

Pythagoras und Quadratwurzeln

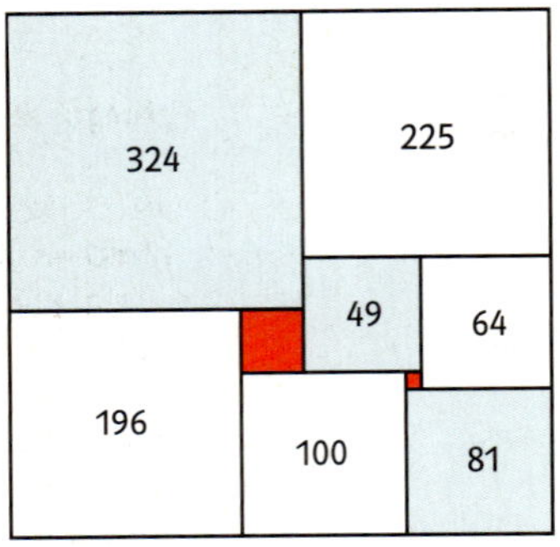

Das abgebildete Rechteck besteht aus einzelnen Quadraten, für die der Flächeninhalt in mm^2 angegeben ist. Wie groß sind die Seitenlängen der Quadrate?
Bestimme auch die Seitenlängen der roten Quadrate.

Übrigens

Die Zahl, die unter dem Wurzelzeichen steht, heißt **Radikand**.
Für den Radikanden 0 gilt:
$\sqrt{0} = 0$, da $0 \cdot 0 = 0$.

Die Quadratwurzel einer positiven Zahl b ist die positive Zahl, die mit sich selbst multipliziert b ergibt.
Man schreibt für diese Zahl $\sqrt{b}$ und nennt sie die **Quadratwurzel von b**.
Es gilt: $\sqrt{b} \cdot \sqrt{b} = b$ oder $(\sqrt{b})^2 = b$.
Bei positiven Zahlen ist das Wurzelziehen die **Umkehrung des Quadrierens** und das Quadrieren die Umkehrung des Wurzelziehens.

Beispiele

a) Ist die Zahl, aus der die Quadratwurzel gezogen wird, eine Quadratzahl, so ist auch die Wurzel eine positive ganze Zahl.

$\sqrt{25} \cdot \sqrt{25} = 25$ also ist $\sqrt{25} = 5$

b) Aus manchen Dezimalzahlen oder Brüchen erhält man beim Wurzelziehen wieder eine Dezimalzahl oder einen Bruch.

$\sqrt{0{,}16} = 0{,}4$ denn $0{,}4^2 = 0{,}16$

$\sqrt{\frac{1}{4}} = \frac{1}{2}$ denn $\left(\frac{1}{2}\right)^2 = \frac{1}{4}$

c) Es gibt auch Zahlen, bei denen die Quadratwurzel keinen Bruch oder keine Dezimalzahl ergibt.

$\sqrt{2}$ ist die Zahl, für die gilt: $\sqrt{2} \cdot \sqrt{2} = 2$.

Ein Taschenrechner mit 10 Stellen zeigt folgenden Wert an: $\sqrt{2} = 1{,}414\,213\,562$.

Zum Rechnen rundet man diesen Wert sinnvoll oder lässt den Ausdruck $\sqrt{2}$ einfach stehen.

1 Bestimme die Quadratwurzel im Kopf.

a) $\sqrt{16}$ b) $\sqrt{36}$ c) $\sqrt{81}$
d) $\sqrt{100}$ e) $\sqrt{169}$ f) $\sqrt{196}$
g) $\sqrt{225}$ h) $\sqrt{400}$ i) $\sqrt{1600}$
j) Gib fünf weitere Zahlen an, deren Quadratwurzeln leicht zu bestimmen sind.

2 Berechne im Kopf

a) $0{,}2 \cdot 0{,}2$ b) $0{,}6 \cdot 0{,}6$ c) $1{,}1 \cdot 1{,}1$

3 Bestimme die Quadratwurzel im Kopf.

a) $\sqrt{0{,}04}$ b) $\sqrt{0{,}64}$ c) $\sqrt{1{,}21}$
d) $\sqrt{0{,}01}$ e) $\sqrt{0{,}49}$ f) $\sqrt{1{,}44}$
g) $\sqrt{\frac{1}{9}}$ h) $\sqrt{\frac{4}{25}}$ i) $\sqrt{\frac{9}{16}}$
j) Gib fünf weitere Dezimalzahlen oder Brüche an, bei denen sich die Quadratwurzeln leicht im Kopf ziehen lassen.
k) Jan hat gerechnet: $\sqrt{0{,}1444} = 0{,}379$.
Warum kann das nicht stimmen?

▻ Mathematische Werkstatt, Seite 166 – 168; Formelsammlung, Seite 218

4 [Taschenrechner] Für viele Anwendungen reicht es, die Quadratwurzel einer Zahl zu schätzen, manchmal sogar nur auf ganze Zahlen genau.
Zwischen welchen aufeinanderfolgenden ganzen Zahlen liegen folgende Quadratzahlen? Überprüfe anschließend mit dem Taschenrechner.

a) $\sqrt{50}$ b) $\sqrt{10}$ c) $\sqrt{1000}$
d) $\sqrt{8}$ e) $\sqrt{80}$ f) $\sqrt{800}$

5 Begründe, warum man keine Quadratwurzel aus einer negativen Zahl ziehen kann.

6 [Taschenrechner] Welche Quadratwurzel lässt sich genau, welche nur näherungsweise bestimmen? Gib die Wurzeln bzw. Näherungswerte an.

a) $\sqrt{90}$ b) $\sqrt{121}$ c) $\sqrt{111}$ d) $\sqrt{0{,}16}$
e) $\sqrt{0{,}04}$; $\sqrt{0{,}4}$; $\sqrt{4}$; $\sqrt{40}$; $\sqrt{400}$
f) $\sqrt{1}$; $\sqrt{10}$; $\sqrt{100}$; $\sqrt{1000}$; $\sqrt{10\,000}$
g) $\sqrt{9}$; $\sqrt{0{,}9}$; $\sqrt{0{,}09}$; $\sqrt{0{,}009}$; $\sqrt{0{,}0009}$
h) Formuliere zu den letzten drei Teilaufgaben eine Regel.

7 Es gibt Quadratwurzeln, die kleiner als der Radikand sind und solche, die größer sind. Nenne jeweils zwei Beispiele.

8 Begründe mithilfe der letzten Ziffer, der Anzahl der Stellen oder mit Überschlag, wo ein Fehler ist.

a) $25{,}63^2 = 656{,}8969$
b) $20{,}563^2 = 422{,}836\,963$
c) $560^2 = 3\,136\,000$
d) $\sqrt{148{,}84} = 12{,}2$
e) $\sqrt{3147{,}21} = 560{,}1$

9 Mit ein wenig Übung kannst du mit Wurzeln rechnen wie mit anderen Zahlen auch. Berechne ohne Dezimalzahlen zu verwenden.

a) $\sqrt{5} \cdot \sqrt{5}$ b) $\sqrt{4{,}4} \cdot \sqrt{4{,}4}$
c) $\frac{\sqrt{21}}{\sqrt{21}}$ d) $\frac{2 \cdot \sqrt{7}}{\sqrt{7}}$
e) $(\sqrt{8})^2$ f) $(\sqrt{11{,}23})^2$

Pythagoras zur Längenberechnung

Oft müssen in Figuren oder Körpern **Längen berechnet** werden. Hier kann der **Satz des Pythagoras** hilfreich sein, wenn rechtwinklige Dreiecke vorliegen.
Wenn man in einem rechtwinkligen Dreieck zwei Seitenlängen kennt, kann man mit dem Satz des Pythagoras die dritte Seite berechnen, indem man die Quadratwurzel benutzt.

Beispiel:
Eine 8,60 m lange Leiter wird an eine Hauswand gelehnt. Der Sicherheitsabstand am Boden beträgt 2,95 m. Wie hoch reicht die Leiter?

Lösung (Angaben in m):
$a^2 + 2{,}95^2 = 8{,}60^2$
$a^2 = 8{,}60^2 - 2{,}95^2$
$a^2 = 65{,}2575$
$a = \sqrt{65{,}2575} \approx 8{,}08$
Die Leiter reicht aufgestellt ca. 8,10 m hoch.

Skizze:

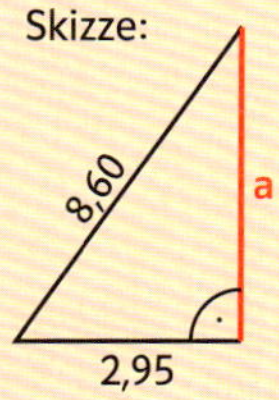

10 Berechne die Länge der Diagonale eines Rechtecks mit den Seiten a und b. Runde das Ergebnis sinnvoll.

a) a = 8,0 cm und b = 5,0 cm
b) a = 28,0 m und b = 15,4 m
c) [●] a = 2 b = 18,0 cm

11 a) Berechne die Seite a und den Umfang eines gleichschenkligen Dreiecks aus c = 12,6 cm und h_c = 9,2 cm. (Die Seiten a und b sind gleich lang.)
b) Berechne die Höhe h_c eines Dreiecks aus a = b = 15,8 cm und c = 7,4 cm.

Tipp

Berechne wieder ohne Einheiten und formuliere die Antwort mit der passenden Einheit.

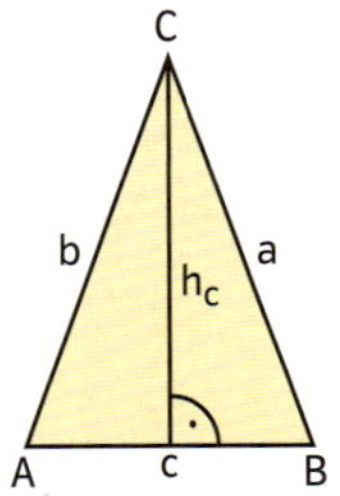

12 Berechne die Höhe h_c und den Flächeninhalt des gleichschenkligen Dreiecks ABC.

a) a = b = 6,0 cm und c = 8,0 cm
b) a = b = 19,5 cm und c = 32,4 cm
c) a = b = 25,4 cm und c = 42,2 cm
d) a = b = 0,72 m und c = 1,08 m

13 a) Berechne den Flächeninhalt eines gleichseitigen Dreiecks mit der Seitenlänge 12 cm.
b) Wie lang ist die Seite eines gleichseitigen Dreiecks mit der Höhe 10 cm?

14 Dieser kreisförmige Tisch hat einen Durchmesser von 1,20 m. Wie groß ist er, wenn er zu einem quadratischen Tisch eingeklappt wird?

15 [●] Der Inhalt einer achteckigen Pralinenverpackung wird mit einer achteckigen Folie abgedeckt. Eine Achteckseite ist 7 cm lang. Berechne den Materialverbrauch für die Folie.

16 Eine Eingangshalle ist eine Glaspyramide mit quadratischer Grundfläche. Wie viel Quadratmeter Glas wurden beim Bau benötigt? Wie hoch ist das Dach?

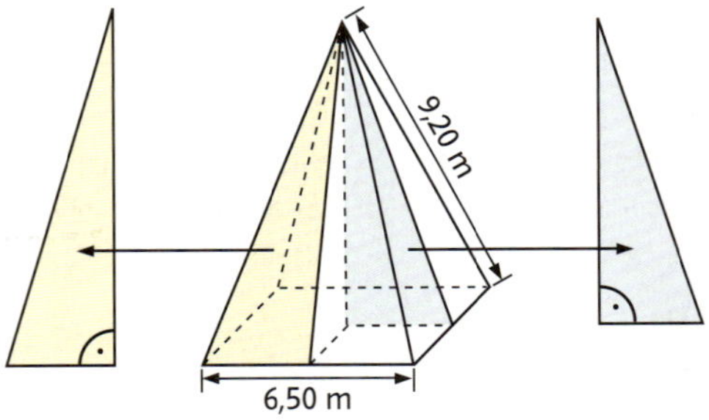

Eine informative Figur zeichnen

Wenn man bei geometrischen Aufgaben Längen berechnen will, hilft es, sich zuerst eine **Skizze der Situation** mit allen wichtigen Angaben zu machen. Bei solch einer **informativen Figur** sollte man Ausschau nach rechtwinkligen Dreiecken halten und Hilfslinien einzeichnen.
Beispiel:
Fünf Röhren von 1 m Durchmesser werden auf einen Anhänger geladen – drei Röhren in der unteren Reihe, zwei versetzt darüber. Wie hoch ist die Ladung?

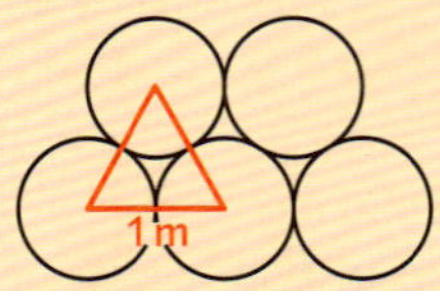

▻ Löse die Aufgabe mithilfe der Figur.

17 In einem Karton sollen zylinderförmige Chips-Packungen mit einem Durchmesser von 8 cm eingepackt werden. Passen vier Lagen von je 7 Chips-Packungen in einen Karton mit der Grundfläche 60 cm x 30 cm?

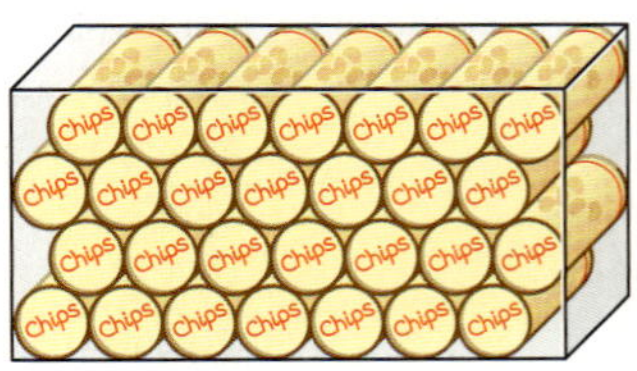

▻ Mathematische Werkstatt, Seite 175

18 Berechne den Flächeninhalt des gleichschenkligen Trapezes.

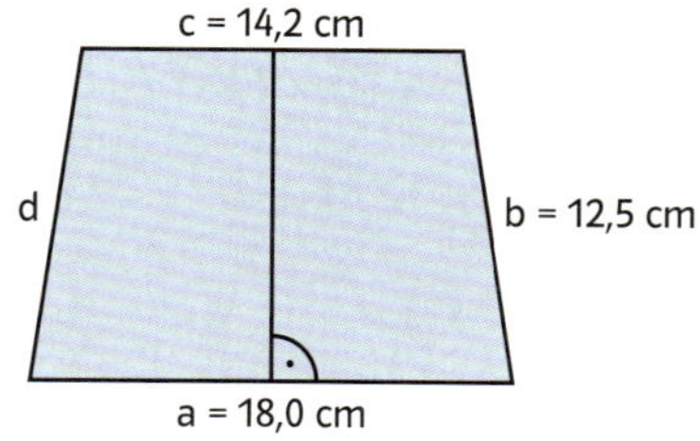

19 a) Wie weit kannst du vom 45 m hohen Leuchtturm auf das Meer hinaussehen? Stelle dir die Erde als Kugel vor und verwende bei der Berechnung 6370 km für den Erdradius.
b) Wie weit kannst du auf das Meer hinaussehen, wenn du am Strand stehst und den Horizont betrachtest? Schätze, bevor du rechnest.

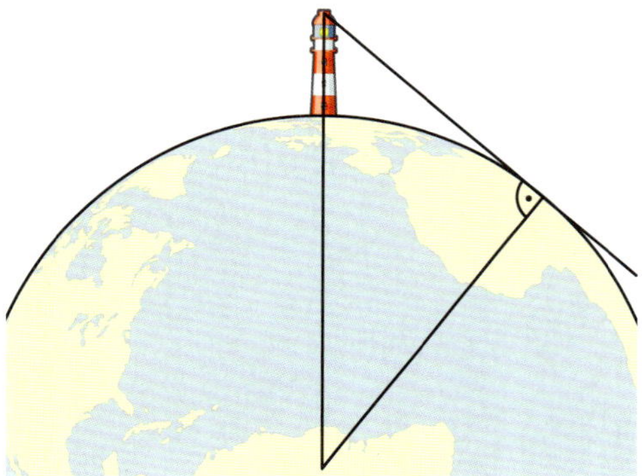

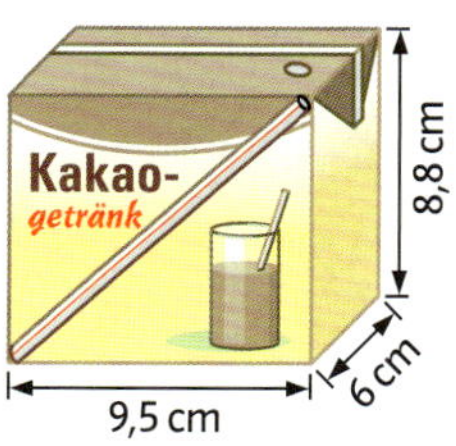

20 Bei Saft- oder Kakaopäckchen wird oft ein Trinkhalm mitgeliefert.
a) Wie lang ist der Trinkhalm bei diesen Verpackungen?
b) Obwohl der Trinkhalm länger als die Höhe der Verpackung ist, kann es passieren, dass er hineinrutscht. Warum?
Wie lang muss er beim Saftpäckchen mindestens sein, damit das nicht passiert?
c) [●] Bei der Kakaoverpackung ist das Loch für den Trinkhalm 2 cm vom vorderen und 1,2 cm vom seitlichen Rand entfernt. Wie lang muss der Trinkhalm hier mindestens sein, damit er nicht in die Verpackung rutscht?

Terme aufstellen

Wenn **gleichartige Rechnungen mehrmals auftauchen,** lohnt es sich, mit Termen zu rechnen und **Formeln** zu entwickeln.

Beispiel:
Berechne die Höhe im gleichschenkligen Dreieck.

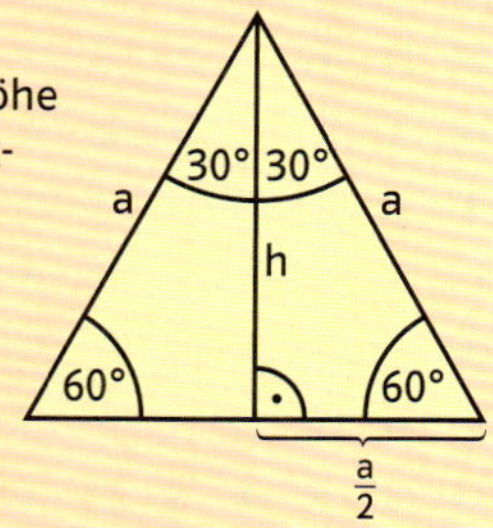

In dem rechtwinkligen Teildreieck des gleichseitigen Dreiecks gilt der Satz des Pythagoras:
$h^2 + \left(\frac{a}{2}\right)^2 = a^2$ bzw. $h^2 = a^2 - \left(\frac{a}{2}\right)^2$.

Auflösen der Klammern ergibt
$h^2 = a^2 - \frac{a^2}{4}$.

Damit ist $h^2 = \frac{3}{4}a^2$ und $h = \sqrt{\frac{3}{4}a^2}$ oder
$h = a \cdot \frac{\sqrt{3}}{2}$.

21 In einem gleichschenkligen Dreieck sind die Schenkel doppelt so lang wie die Grundseite.
a) Zeichne ein Beispiel und berechne den Flächeninhalt.
b) Löse die Aufgabe allgemein wie im Kasten oben.

22 a) [Gruppenarbeit] Wie lang ist die längste gerade Strecke in eurem Klassenzimmer?
b) Stelle einen Term für die Länge der längsten geraden Strecke in einem quaderförmigen Klassenraum auf.

23 a) Zeige, dass für die Diagonale d in einem Quadrat mit der Seitenlänge a immer gilt: $d = \sqrt{2} \cdot a$.
b) Stelle einen Term für die Berechnung der Diagonalen in einem Rechteck auf.

⊳ Mathematische Werkstatt, Seite 172 – 175

Mit Wurzeln rechnen

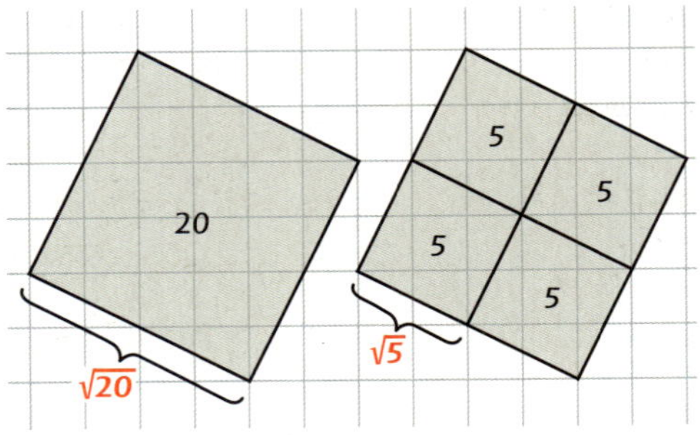

Begründe aus der Grafik heraus, dass $2 \cdot \sqrt{5} = \sqrt{20}$ ist.

Berechne und vergleiche:
$\sqrt{4} \cdot \sqrt{9}$ und $\sqrt{4 \cdot 9}$
$\frac{\sqrt{81}}{\sqrt{9}}$ und $\sqrt{\left(\frac{81}{9}\right)}$.

Denke dir ähnliche Beispiele aus und rechne sie. Welche Vermutung zu Rechenregeln mit Wurzeln hast du?
Warum passt das Beipiel in der Abbildung links zu den anderen Beispielen?

Für das **Rechnen mit Wurzeln** gelten folgende Rechenregeln:

$\sqrt{a} \cdot \sqrt{b} = \sqrt{a \cdot b}$; $a, b \geqq 0$

$\frac{\sqrt{a}}{\sqrt{b}} = \sqrt{\frac{a}{b}}$; $a \geqq 0$, $b > 0$

Beispiele

a) $\sqrt{2} \cdot \sqrt{32} = \sqrt{64} = 8$

b) $\frac{\sqrt{20}}{\sqrt{5}} = \sqrt{\left(\frac{20}{5}\right)} = \sqrt{4} = 2$

1 Berechne im Kopf.

a) $\sqrt{2} \cdot \sqrt{8}$ b) $\sqrt{3} \cdot \sqrt{12}$ c) $\sqrt{(16 \cdot 36)}$
d) $\frac{\sqrt{54}}{\sqrt{6}}$ e) $\frac{\sqrt{28}}{\sqrt{7}}$ f) $\sqrt{\frac{49}{16}}$
g) $\sqrt{\frac{1}{4}} \cdot \sqrt{\frac{4}{9}}$ h) $\sqrt{\frac{8}{100} \cdot \frac{4}{2}}$ i) $\sqrt{\frac{144}{16}}$

2 a) Begründe mithilfe der Grafik, dass $3 \cdot \sqrt{2} = \sqrt{18}$ ist.

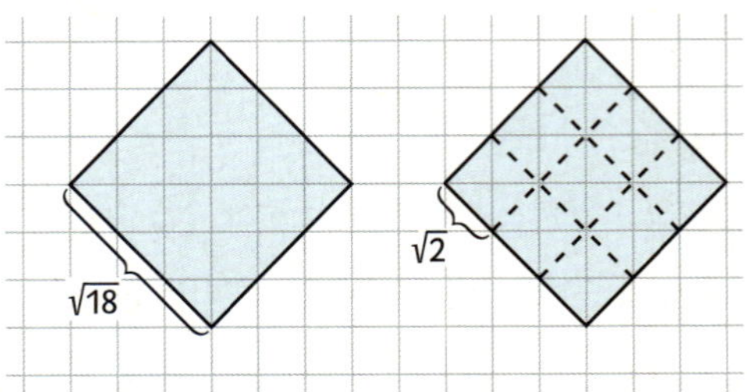

Zeige mithilfe der Regeln zum Rechnen mit Wurzeln, dass $3 \cdot \sqrt{2} = \sqrt{18}$ ist.
b) Zeige mit Quadraten im Gitter, dass $2 \cdot \sqrt{3} = \sqrt{12}$ ist.
c) Untersuche noch andere Quadrate im Gitter. Welche weiteren Gleichungen dieser Art findest du?

3 Berechne.

a) $\sqrt{2} \cdot \sqrt{32}$ b) $\sqrt{5} \cdot \sqrt{11}$
c) $\sqrt{a^2 \cdot b^2}$ d) $\frac{\sqrt{32}}{\sqrt{2}}$
e) $\sqrt{\frac{49}{4}}$ f) $\frac{\sqrt{a^2}}{\sqrt{a}}$

4 Vergleiche.

a) $\frac{8}{\sqrt{8}}$ und $\sqrt{8}$ b) $\frac{\frac{1}{4}}{\sqrt{\frac{1}{4}}}$ und $\sqrt{\frac{1}{4}}$

c) Denke dir zwei weitere entsprechende Beispiele aus.
d) [●] Erkläre deine Beobachtung.

5 Richtig oder falsch?

a) $\frac{\sqrt{10}}{\sqrt{2}} = \sqrt{5}$ b) $\sqrt{\frac{10}{2}} = \sqrt{5}$
c) $\sqrt{\frac{10}{2}} = \sqrt{0{,}5}$ d) $\frac{\sqrt{2}}{\sqrt{10}} = \sqrt{0{,}2}$
e) $\frac{\sqrt{2}}{\sqrt{10}} = 2 \cdot \sqrt{20}$ f) $\sqrt{\frac{2}{10}} = 0{,}1 \cdot \sqrt{2}$

▻ Formelsammlung, Seite 218

6 Die Behauptung $\sqrt{a} + \sqrt{b} = \sqrt{a+b}$ ist falsch. (Ausnahme: a = 0 oder b = 0). Wie kannst du das beweisen?

7 [●] Berechne wie im Beispiel.
$3 \cdot \sqrt{7} = \sqrt{9} \cdot \sqrt{7} = \sqrt{63}$

a) $5 \cdot \sqrt{2}$; $4 \cdot \sqrt{3}$; $2 \cdot \sqrt{b}$; $a \cdot \sqrt{c}$

$\frac{\sqrt{5}}{3} = \frac{\sqrt{5}}{\sqrt{9}} = \sqrt{\frac{5}{9}}$

b) $\frac{\sqrt{2}}{2}$; $\frac{\sqrt{8}}{4}$; $\frac{\sqrt{a}}{3}$; $\frac{\sqrt{c}}{b}$

8 Alle diese Terme sind gleichwertig.
$2 = (\sqrt{2})^2 = \frac{\sqrt{8}}{\sqrt{2}}$

Finde jeweils mindestens fünf verschiedene Terme für 3 und für $\sqrt{y}$.

9 Mindestens ein Term passt jeweils nicht in die Reihe. Finde ihn.

a) $\frac{\sqrt{3}}{5}$; $\frac{\sqrt{3}}{\sqrt{25}}$; $\sqrt{\frac{9}{25}}$; $\frac{\sqrt{3}}{\sqrt{5}}$; $\sqrt{\frac{3}{25}}$

b) $2\sqrt{18}$; $\sqrt{4 \cdot 18}$; $\sqrt{2 \cdot 18}$; $6\sqrt{2}$; $\sqrt{8} \cdot \sqrt{9}$

c) $\frac{8}{\sqrt{2}}$; $\sqrt{4}$; $\sqrt{32}$; $2\sqrt{8}$; $4\sqrt{2}$

d) [●] $\sqrt{a}$; $\sqrt{0{,}5\,a} + \sqrt{0{,}5\,a}$; $\frac{a}{\sqrt{a}}$; $a\sqrt{\frac{1}{a}}$; $\frac{2(\sqrt{a})^2}{\sqrt{4a}}$

10 a) Berechne und setze die Reihe fort.
$\sqrt{1 \cdot 3 + 1}$; $\sqrt{2 \cdot 4 + 1}$; $\sqrt{3 \cdot 5 + 1}$; $\sqrt{4 \cdot 6 + 1}$; ...

b) [●] Formuliere eine allgemeine Regel.

c) [●●] Beweise, dass die Regel richtig ist.

Kunst und Mathematik

Der Künstler *Max Bill* (1908-1994) hat viele seiner Bilder nach mathematisch-geometrischen Grundsätzen konstruiert. Bei dem Bild *Transcoloration aus Gelb* sind rote, hellblaue, dunkelblaue und rosa Flächen gleich groß.

Max Bill, *Transcoloration aus Gelb*

Max Bill, *Rotes Quadrat*

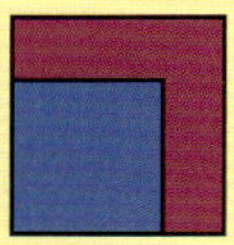

- ▻ Zeichne zuerst ein zweifarbiges Bild mit einem kleinen Quadrat in einem großen Quadrat. Die beiden Farbflächen sollen gleich groß sein.
- ▻ Zeichne das Bild *Transcoloration aus Gelb* nach. Für die Entscheidung, wo du die Trennlinie zwischen Dreieck und Trapez ziehen musst, kannst du die Überlegungen aus der ersten Aufgabe nutzen.
- ▻ Zeichne drei beliebig ineinander geschachtelte Quadrate mit gleich großen Farbflächen. Und wie zeichnet man vier solcher Quadrate?
- ▻ Das Bild *Rotes Quadrat* ist ebenfalls nach einem mathematischen Prinzip konstruiert. Nach welchem? Wie sind die schwarzen und weißen Flächen hier verteilt?

Irrationale Zahlen

Ein Taschenrechner mit 10 Stellen hinter dem Komma gibt für $\sqrt{3}$ die abgebildete Zahl an.
Woran kannst du ganz schnell erkennen, dass das Produkt der angezeigten Zahl nicht genau 3 ist?
Wie viele Stellen braucht man für eine exakte Angabe?

Übrigens

Es wird vermutet, dass schon die Pythagoreer irrationale Zahlen entdeckt haben. Diese waren Pythagoras jedoch so zuwider, dass er ihre Existenz bis an sein Lebensende bestritt.

Zahlen wie $\sqrt{2}$, $\sqrt{3}$ oder andere Zahlen, die als Dezimalzahlen unendlich viele Stellen hinter dem Komma haben und nicht periodisch sind, also nicht als Brüche geschrieben werden können, heißen **irrationale Zahlen**.
Die Menge der rationalen Zahlen $\mathbb{Q}$ und die Menge der irrationalen Zahlen $\mathbb{J}$ bilden die Menge der **reellen Zahlen** $\mathbb{R}$.

Beispiele

a) $\frac{3}{4} = 0{,}75$ und $\frac{9}{20} = 0{,}45$ sind Brüche, die als **abbrechende Dezimalzahlen** geschrieben werden können. Sie gehören zur Menge der rationalen Zahlen.

b) $\frac{10}{11} = 0{,}909\,090\,90\ldots = 0{,}\overline{90}$ ist ein Bruch, der als **periodische Dezimalzahl** geschrieben werden kann. $\frac{10}{11}$ ist eine rationale Zahl.

c) $\sqrt{5} = 2{,}236\,067\,978\ldots$ ist eine **nicht abbrechende**, **nicht periodische Dezimalzahl**. Sie kann nicht als Bruch geschrieben werden und gehört zu der Menge der irrationalen Zahlen.

1 a) Zeichne so eine Schnecke, bis sich die Dreiecke überschneiden.

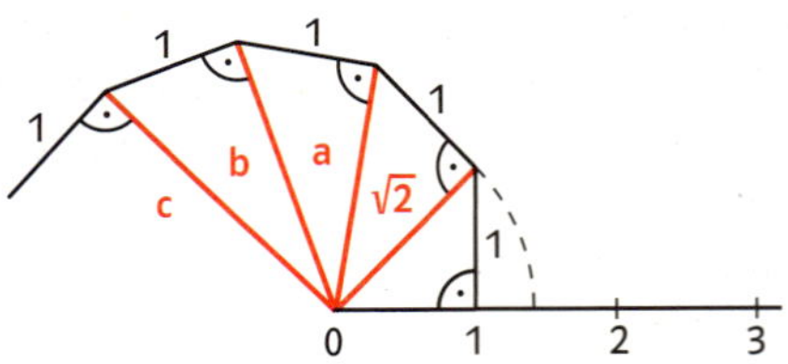

b) Gib die Längen a, b, c, … als Wurzel an.
c) Du kannst zwar die Länge als Dezimalzahl nicht genau angeben, aber den Ort der entsprechenden Zahl auf dem Zahlenstrahl bestimmen. Markiere die Zahlen mit dem Zirkel auf dem Zahlenstrahl. Wie verändern sich ihre Abstände? Notiere und begründe deine Vermutung.
d) [●] Wie viele Dreiecke brauchst du von der Länge 1 auf dem Zahlenstrahl bis zur Länge 2, von der Länge 2 bis zur Länge 3 usw. Findest du eine Regelmäßigkeit?

2 a) Stimmen die Beispiele? Begründe.

Ich kann eine Zahl angeben, die sich nicht als Bruch schreiben lässt, also irrational ist:
0,1010010001000010…

Ich auch:
0,12345678987654321234567898765432 12…

b) Gib selbst Zahlen an, die unendlich viele Stellen haben und nicht periodisch sind.

3 Suche zwei rationale und zwei irrationale Zahlen zwischen

a) 0,9 und 1
b) $\frac{1}{2}$ und $\frac{1}{3}$
c) 2 und 2,01
d) 0,0001 und 0,001.
e) [●] Wie viele Lösungen gibt es bei diesen Aufgaben? Begründe.

▻ Mathematische Werkstatt, Seite 166 – 168; Formelsammlung, Seite 216

Intervallhalbierungsverfahren

Irrationale Quadratwurzeln kann man als Dezimalzahlen nur **näherungsweise** angeben. Wenn man den Wert einer irrationalen Quadratwurzel als Dezimalzahl näherungsweise bestimmen möchte, kann man das Verfahren der **Intervallhalbierung** anwenden. Es ist zwar ein langwieriges Verfahren, doch prinzipiell kann man mit ihm Wurzeln beliebig genau bestimmen. Schritt für Schritt tastet man sich an einen immer genaueren Wert heran.

Beispiel: $\sqrt{200} = ?$

1. Erste Überlegung: $\sqrt{200}$ liegt im Bereich (Intervall) zwischen 10 und 20, denn $10^2 < 200 < 20^2$.

2. – Suche die Mitte des Intervalls: $\frac{10 + 20}{2} = 15$

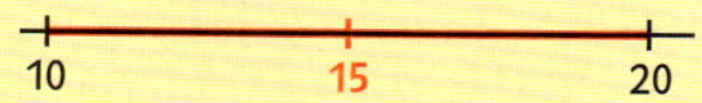

   – Quadrat der Intervallmitte: $15^2 = 225$ – zu groß! Also liegt $\sqrt{200}$ zwischen 10 und 15.

   – Neues Intervall: $10^2 < 200 < 15^2$

3. – Halbierung des neuen Intervalls: $\frac{10 + 15}{2} = 12{,}5$

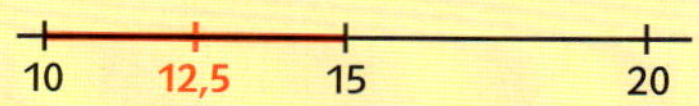

   – Quadrat der Intervallmitte: $12{,}5^2 = 156{,}25$ – zu klein! Also liegt $\sqrt{200}$ zwischen 12,5 und 15

   – Neues Intervall: $12{,}5^2 < 200 < 15^2$

4. – Halbierung des neuen Intervalls: …

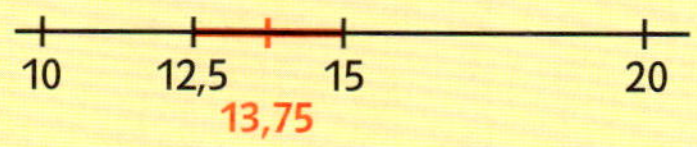

4 a) Setze das Verfahren aus dem Kasten fort, bis du $\sqrt{200}$ auf eine Stelle hinter dem Komma genau angeben kannst.
b) Schreibe ein „Rezept" für das Verfahren.
c) [● 💻] Immer wieder dieselben Schritte – also eine Sache für den Computer! Schreibe ein Tabellenkalkulationsprogramm, um $\sqrt{300}$ mit dem Intervallhalbierungsverfahren auf vier Stellen genau zu bestimmen.
Du benötigst dazu die Funktion „WENN".

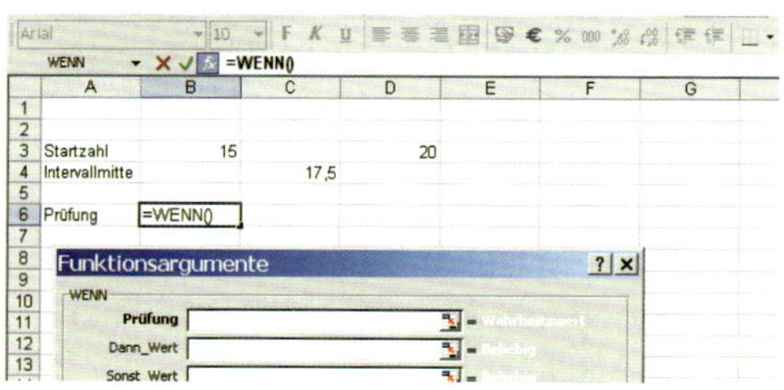

Online Link
Intervallhalbierungsverfahren
720350-0771

5 [@ ✎] In der Grundschule kanntest du nur natürliche Zahlen. Die reichen aber nicht aus, wenn man negative Zahlen oder Brüche darstellen will.

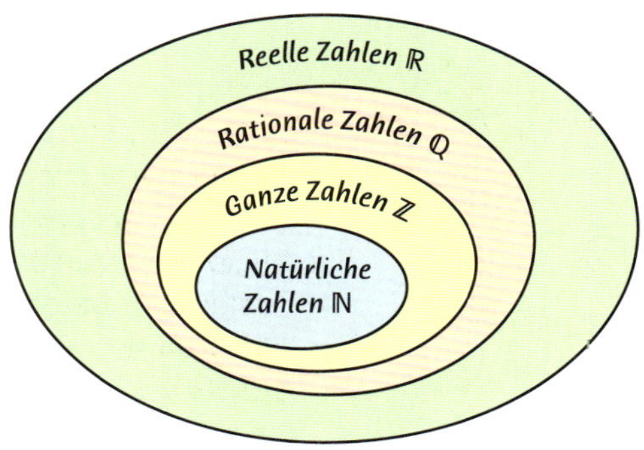

Schreibe zu diesem Bild einen kleinen Aufsatz. Gib Beispiele für entsprechende Zahlen an und erkläre, warum man die erweiterten Zahlenmengen braucht.

Beweisen

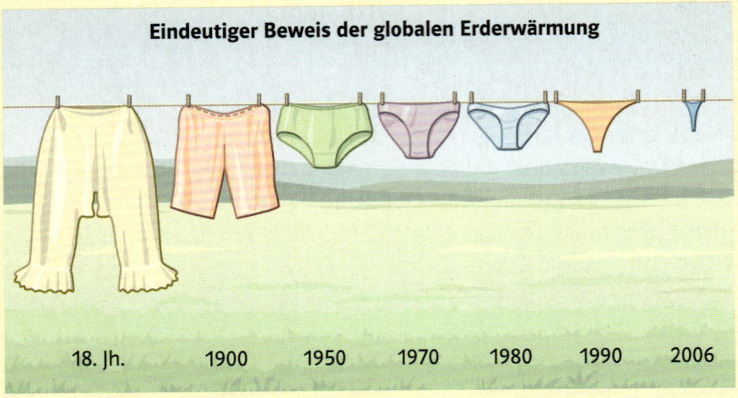

Beweise gibt es in vielen Bereichen. Die Polizei braucht Beweise, wenn sie einen Verbrecher überführen will, Waschmittelfirmen wollen uns mit „reiner" Wäsche in Werbespots die Wirksamkeit ihres Mittels beweisen, usw.

In der Mathematik geht es beim Beweisen darum, mit logischen und folgerichtigen Schritten aus Tatsachen, die man sicher weiß, zu begründen, warum eine bestimmte Aussage wahr ist. Dazu gibt es verschiedene Methoden. Hier werden der direkte und der indirekte Beweis vorgestellt und ihr könnt herausfinden, ob und wann Beispiele zum Beweisen taugen.

Direkter Beweis
Aus bereits bewiesenen Aussagen wird die Behauptung durch logische Schlussfolgerungen direkt bewiesen – in der Algebra oft durch Termumformungen.

Beispiel

Behauptung: Das Quadrat einer ungeraden Zahl ist eine ungerade Zahl.

Beweis: Wenn a eine ungerade Zahl ist, gilt: $a = 2n + 1$ $(n = 0; 1; 2; \ldots)$
$\Rightarrow a^2 = (2n + 1)^2 = 4n^2 + 4n + 1$
$4n^2 + 4n$ ist durch 2 teilbar, da $4n^2 + 4n = 2(2n^2 + 2n)$ ist,
also ist $a^2 = 4n^2 + 4n + 1$ nicht durch 2 teilbar und damit ungerade.

Übrigens
Das Zeichen „=>" bedeutet „daraus folgt".

1 Beweise wie im Beispiel zum direkten Beweis: „Wenn a eine gerade Zahl ist, dann ist a^2 gerade."

2 Beweise die folgenden Aussagen zu geraden und ungeraden Zahlen.
a) Die Differenz zweier ungerader Zahlen ist eine gerade Zahl.
b) Die Summe zweier gerader Zahlen ist eine gerade Zahl.
c) Das Produkt von einer geraden und einer ungeraden Zahl ist eine gerade Zahl.
d) Formuliere selbst mehrere Aussagen zu Rechenoperationen mit geraden oder ungeraden Zahlen und beweise sie.

3 Benutze den folgenden Beweis als Muster, um die Umkehrung der Behauptung aus Aufgabe 1 zu zeigen: „Wenn a^2 eine gerade Zahl ist, dann ist a gerade."

Behauptung: Wenn eine Quadratzahl a^2 durch 3 teilbar ist, ist es auch a.
Beweis: $a^2 = a \cdot a$
Da a^2 durch 3 teilbar ist, gilt $a \cdot a = 3ba$,
wobei $3b = a$.
Also ist a durch 3 teilbar.

4 Zeige: „Das Produkt zweier rationaler Zahlen ist eine rationale Zahl."

Indirekter Beweis oder Widerspruchsbeweis

Ein Widerspruchsbeweis ist etwas verzwickter. Hier läuft die Überlegung so:

1. Man hat eine Behauptung, die man beweisen möchte.
2. Annahme: Man nimmt zunächt das Gegenteil der Behauptung an.
3. Durch schrittweise richtige logische Schlüsse kommt man auf ein Ergebnis.
4. Dieses Ergebnis steht im Widerspruch zur Behauptung am Anfang des Beweises.
5. Da unterwegs alle Schritte richtig waren, muss diese Behauptung falsch gewesen sein.
6. Gibt es nur zwei Möglichkeiten, muss das Gegenteil, nämlich unsere ursprüngliche Behauptung, die wir beweisen wollten, wahr sein.

Beispiel

Ein berühmter Widerspruchsbeweis ist der Beweis dafür, dass $\sqrt{2}$ irrational ist.

1. Behauptung: $\sqrt{2}$ ist eine irrationale Zahl.
2. Annahme: $\sqrt{2}$ ist eine rationale Zahl, also kann man $\sqrt{2}$ als (gekürzten) Bruch darstellen: $\sqrt{2} = \frac{p}{q}$, wobei p und q natürliche Zahlen sind und keine gemeinsamen Teiler haben sollen.
3. Logische Schlüsse aus dieser Annahme:
   Quadriere beide Seiten der Gleichung: $2 = \frac{p^2}{q^2}$ => $2q^2 = p^2$.
   Das bedeutet, dass p^2 und damit auch p eine gerade Zahl ist.
   Aus $2q^2 = p^2$ (s.o.) folgt auch: $q^2 = \frac{p^2}{2}$.
   Das bedeutet, dass q^2 und damit auch q durch 2 teilbar, also eine gerade Zahl ist.
4. Wir haben also herausgefunden, dass sowohl p als auch q durch 2 teilbar sind. Das ist ein Widerspruch zur Annahme, dass p und q keine gemeinsamen Teiler haben.
5. Also ist unsere Annahme, dass $\sqrt{2}$ eine rationale Zahl ist, falsch.
6. $\sqrt{2}$ ist also eine irrationale Zahl.

5 Zeige, dass $\sqrt{3}$ eine irrationale Zahl ist. Bringe dazu die Aussagen auf den Kärtchen in deinem Heft in die richtige Reihenfolge und ergänze sie, wo nötig.

Widerspruch zu …

$3b^2 = a^2$

b^2 ist durch 3 teilbar, also auch b.

a^2 ist durch 3 teilbar, also auch a.

$b^2 = \frac{a^3}{3}$

$3 = \frac{a^2}{b^2}$

Die Annahme, $\sqrt{3}$ ist eine rationale Zahl, ist falsch.

$\sqrt{3}$ ist eine rationale Zahl, also lässt sich $\sqrt{3}$ als gekürzter Bruch darstellen.

a und b haben keine gemeinsamen Teiler.

$\sqrt{3} = \frac{a}{b}$

6 Beweise, dass $\sqrt{5}$ eine irrationale Zahl ist. Schaue dir dazu den Beweis der Irrationalität von $\sqrt{2}$ im Beispiel oben nochmal an.
Übertrage diese Beweisidee.

7 Beweise mit einem indirekten Beweis, dass folgende Aussage immer wahr ist:
„Wenn für drei positive ganze Zahlen a, b, c gilt: $a^2 + b^2 = c^2$, dann ist mindestens eine der Zahlen eine gerade Zahl."

8 In dem Beweis zur Irrationalität von $\sqrt{2}$ wurden folgende Behauptungen benutzt: „Wenn p^2 eine gerade Zahl ist, ist es auch p."
Beweise diese Behauptung mit einem indirekten Beweis.

9 [●] Beweise: Wenn eine natürliche Quadratzahl durch 5 teilbar ist, ist sie auch durch 25 teilbar.

10 [@ 👥] Ein anderer berühmter Widerspruchsbeweis ist der Beweis, dass es unendlich viele Primzahlen gibt. Sucht den Beweis im Internet und schreibt die einzelnen Schritte des Beweises getrennt auf kleine Kärtchen auf. Mischt die Kärtchen und bringt sie in eine richtige Reihenfolge. Erklärt euch abwechselnd jeden Schritt.

Mit Beispielen beweisen?

Normalerweise beweisen ein oder mehrere Beispiele keine allgemeine Aussage. Wenn man aber wahre Behauptungen hat, die mit „Es gibt …" beginnen, kann man sie oft durch die Angabe eines Beispiels beweisen.

Beispiel:
Behauptung: Es gibt natürliche Zahlen mit genau 3 Teilern.
Beweis: Die Zahl 4 ist durch 1, 2 und 4 teilbar.

Wenn man falsche Behauptungen hat, die mit „Alle …" beginnen, kann man sie oft durch die Angabe eines Gegenbeispiels widerlegen.

Beispiel
Behauptung: Alle Wurzeln sind kleiner als die Ausgangszahl.
Gegenbeispiel: $\sqrt{0{,}25} = 0{,}5$.
Da $0{,}5 > 0{,}25$, ist die Behauptung falsch.

11 Beweise, dass folgendes Rechengesetz richtig ist:
$\sqrt{a} + \sqrt{a} = \sqrt{(4a)}$.

12 Zeige, dass gilt: „Alle Zahlen, aus denen man eine Quadratwurzel ziehen möchte, müssen positiv oder Null sein, wenn man ein Ergebnis aus den reellen Zahlen erhalten möchte."

13 Entscheide, ob die Aussagen richtig oder falsch sind und beweise oder widerlege sie.

a) Alle Wurzeln aus natürlichen Zahlen sind irrational.
b) Es gibt gerade Primzahlen.
c) Das Quadrat einer irrationalen Zahl ist immer irrational.
d) Es gibt mehrere Zahlen, deren Wurzel gleich der Zahl selbst ist.
e) Alle Differenzen aus natürlichen Zahlen sind natürliche Zahlen.
f) [●] Es gibt unendlich viele Zahlen, deren Wurzel größer als die Zahl selbst ist.
g) [●] Alle Wurzeln aus natürlichen ungeraden Quadratzahlen sind ungerade.

14 a) Was ist am Beweis falsch?
Behauptung: $(\sqrt{a} + \sqrt{b})^2 = 2(a + b)$

Beweis:
Es gilt: $(\sqrt{1} + \sqrt{1})^2 = 2 \cdot (1 + 1)$
$(\sqrt{4} + \sqrt{4})^2 = 2 \cdot (4 + 4)$
$(\sqrt{9} + \sqrt{9})^2 = 2 \cdot (9 + 9)$
und auch $(\sqrt{2} + \sqrt{2})^2 = 2(2 + 2)$
Also ist $(\sqrt{a} + \sqrt{b})^2 = 2(a + b)$.

b) [●] Entwickle aus den Beispielen eine richtige Behauptung und beweise sie.

15 Zu welchem Beweistyp passt dieses Bild?
Behauptung: Alle Schwäne sind weiß!

Seiten im Dreieck

In einem Dreieck ist die Summe der beiden kürzeren Seiten immer größer als die längste Seite.

Dreiecke und die Quadrate über ihren Seiten

Für Dreiecke gilt:

- Ist die Summe der Flächeninhalte der Quadrate über den beiden kürzeren Seiten **kleiner/größer** als der Flächeninhalt des Quadrats über der längsten Seite, so ist das Dreieck **stumpfwinklig/spitzwinklig**.

- Ist die Summe der Flächeninhalte der Quadrate über den beiden kürzeren Seiten **gleich** dem Flächeninhalt des Quadrats über der längsten Seite, so ist das Dreieck **rechtwinklig**.

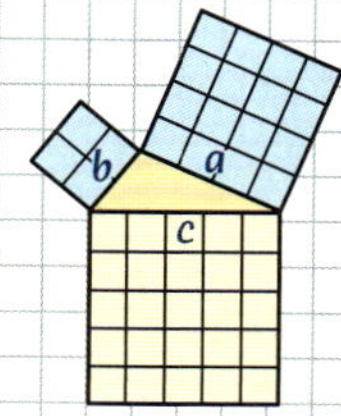

Die längste Seite ist c.
Es gilt $a^2+b^2<c^2$
Das Dreieck ist stumpfwinklig.

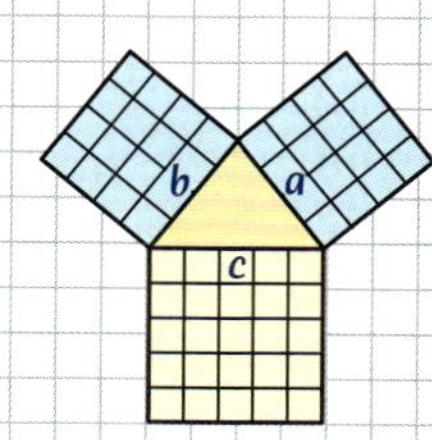

Die längste Seite ist c.
Es gilt $a^2+b^2>c^2$
Das Dreieck ist spitzwinklig.

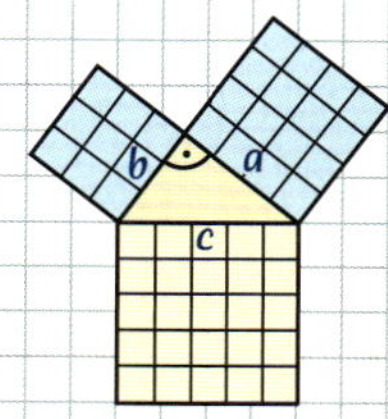

Die längste Seite ist c.
Es gilt $a^2+b^2=c^2$
Das Dreieck ist rechtwinklig.

Irrationale Zahlen

Zahlen, die nicht als Brüche oder periodische Dezimalzahlen geschrieben werden können, heißen **irrationale Zahlen**.

Quadratwurzel

Die Quadratwurzel einer positiven Zahl b ist die positive Zahl, die mit sich selbst multipliziert b ergibt.
Man schreibt für diese Zahl $\sqrt{\mathbf{b}}$ und nennt sie die **Quadratwurzel von b**.
Es gilt: $\sqrt{b}\cdot\sqrt{b}=b$ oder $(\sqrt{b})^2=b$.
Bei positiven Zahlen ist das Wurzelziehen die Umkehrung des Quadrierens und das Quadrieren die Umkehrung des Wurzelziehens.

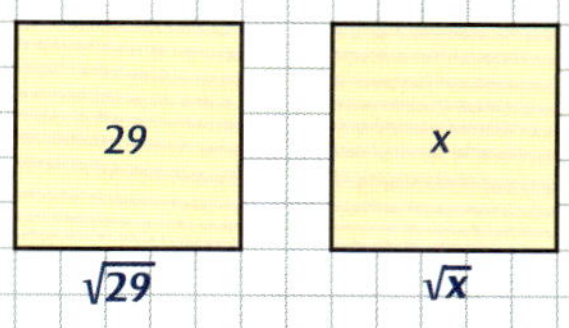

$\sqrt{0}=0$

Die Quadratwurzel einer negativen Zahl gibt es nicht, da keine Zahl mit sich selbst multipliziert einen negativen Wert ergibt.

Rechengesetze für Quadratwurzeln

$\sqrt{a}\cdot\sqrt{b}=\sqrt{a\cdot b}$

$\frac{\sqrt{a}}{\sqrt{b}}=\sqrt{\frac{a}{b}}$

aber $\sqrt{a}+\sqrt{b}\neq\sqrt{a+b}$

Satz des Pythagoras

In einem rechtwinkligen Dreieck gilt:
Das **Quadrat über der Hypotenuse** (der längsten Seite) hat den **gleichen Flächeninhalt** wie die **Summe der Flächeninhalte der beiden Quadrate über den Katheten**.
Der rechte Winkel liegt gegenüber der Hypotenuse.

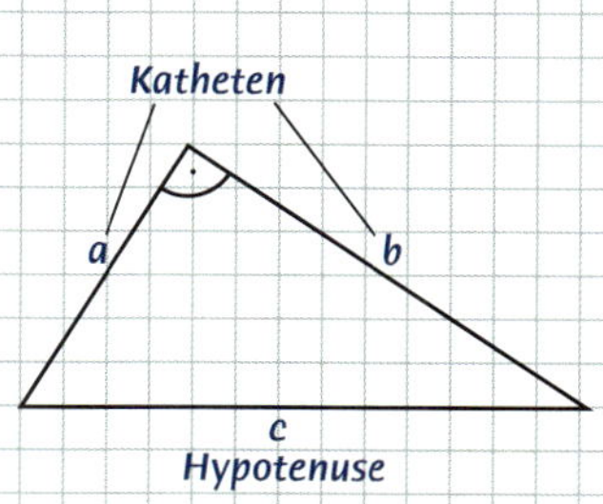

Geg.: $a=4{,}8\,cm$, $c=6{,}3\,cm$
Ges.: b
$b^2=c^2-a^2=6{,}3^2-4{,}8^2=16{,}65$
$b=\sqrt{16{,}65}\,cm\approx4{,}08\,cm$

[mittel]

1 Berechne die rot gekennzeichnete Strecke.

a)

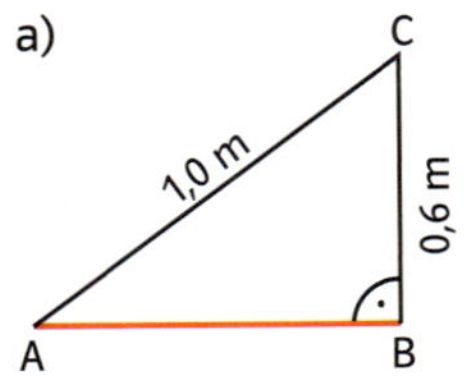

b)

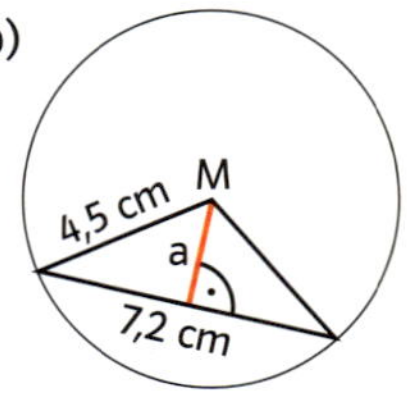

2 Formuliere den Satz des Pythagoras für alle rechtwinkligen Dreiecke, die im Rechteck ABCD zu finden sind.

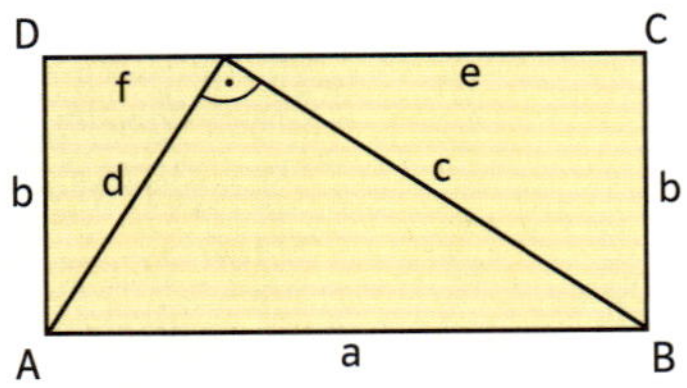

3 Berechne ohne Taschenrechner und vereinfache so weit wie möglich.

a) $\sqrt{25} \cdot \sqrt{36}$ b) $3\sqrt{11} \cdot \sqrt{11}$ c) $\frac{\sqrt{49} \cdot \sqrt{25}}{\sqrt{0{,}25}}$

d) Finde fünf gleichwertige Terme zu $\sqrt{2} \cdot \sqrt{32}$.

4 a) Skizziere das Dreiecksprisma (mit a = 5 cm und h = 10 cm) in dein Heft und zeichne fünf Strecken ein, die du mit dem Satz des Pythagoras berechnen kannst.
b) Wie lang ist die rote Strecke?

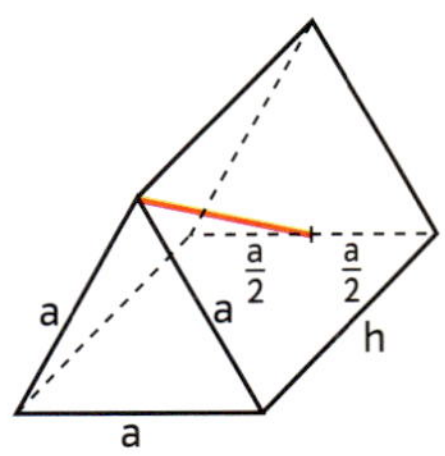

5 Bestimme den Flächeninhalt des roten Dreiecks.

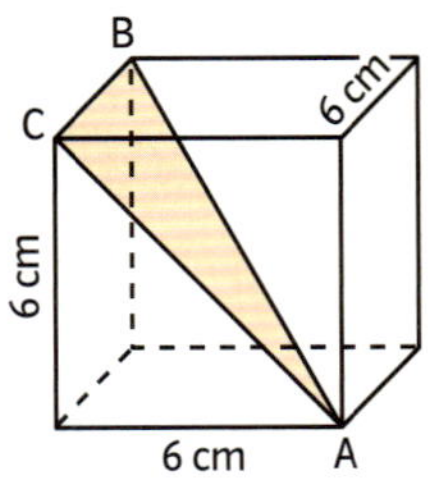

[schwieriger]

1 Berechne die rot gekennzeichnete Strecke.

a)

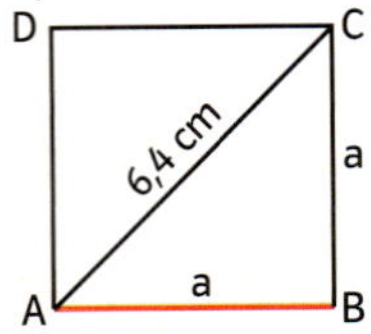

b)

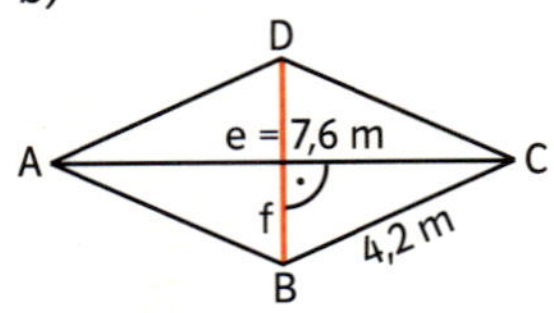

2 In einem allgemeinen Viereck, in dem die Diagonalen senkrecht aufeinander stehen, gilt: $a^2 + c^2 = b^2 + d^2$. Begründe.

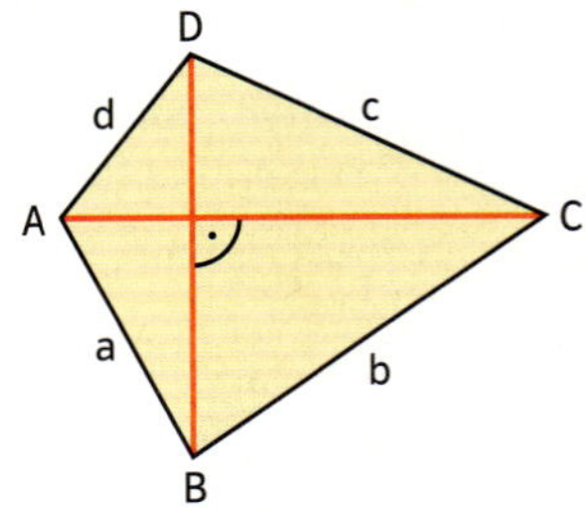

3 Berechne ohne Taschenrechner und vereinfache so weit wie möglich.

a) $\sqrt{81} \cdot \sqrt{144}$ b) $\sqrt{13} \cdot 5 \cdot \sqrt{13}$ c) $\frac{\sqrt{0{,}49} \cdot \sqrt{25}}{\sqrt{0{,}25}}$

d) Finde fünf gleichwertige Terme zu $\frac{\sqrt{5} \cdot \sqrt{36}}{6}$.

4 a) Skizziere das Prisma (mit a = 6 cm, b = d = 4 cm; c = 3 cm und h = 8 cm) in dein Heft und zeichne fünf Strecken ein, die du mit dem Satz des Pythagoras berechnen kannst.
b) Wie lang ist die rote Strecke?

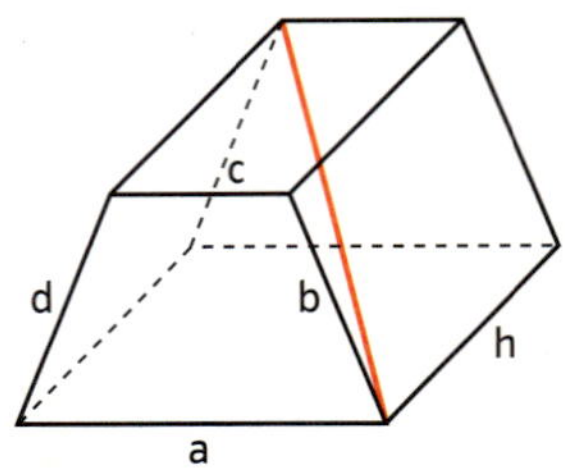

5 Wie groß ist die Fläche des gefärbten Quadrats? Die Linien verlaufen von den Eckpunkten zu den Seitenmittelpunkten.

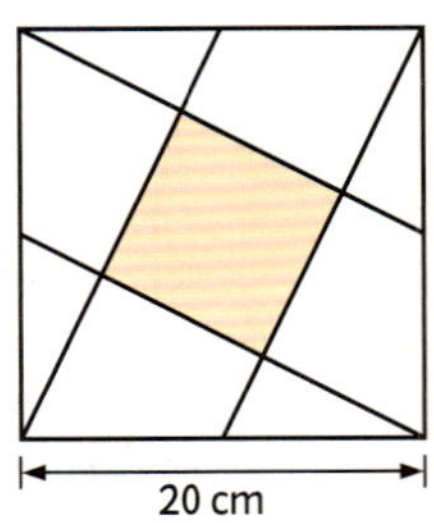

 ▻ Lösungen zum Test, Seite 206 – 208

Unter Dach und Fach

Wir tauchen in diesem Kapitel in die Arbeitswelt der Zimmerleute, Dachdecker und Dachdeckerinnen, Architekten und Architektinnen ein. In diesen Berufsfeldern wird eine gehörige Menge Mathematik benötigt.
Ihr werdet im Folgenden typische Aufgaben kennen lernen, die Zimmerleute, Dachdecker und Dachdeckerinnen, Architekten und Architektinnen lösen müssen.

$V = G \cdot h$

Um Wohnflächen zu berechnen, den umbauten Raum zu bestimmen, um die Längen von Kanthölzern auszurechnen oder um eine Bestellung von Dachziegeln oder Holz vorzubereiten braucht man einige „mathematische Werkzeuge“: Formeln, Rechenverfahren, Lehrsätze, Detailskizzen …

In diesem Kapitel lernt ihr,

- was Fachleute an Dachstühlen und Dächern zu berechnen haben.
- wie man Holzmengen und Preise kalkuliert.
- wie man Dachflächen berechnet.
- wo im Berufsleben der Satz des Pythagoras angewendet werden muss.
- dass es nützlich ist, etwas über ähnliche Dreiecke und den Strahlensatz zu wissen.
- wie man die Mantelfläche und die Oberfläche von Pyramiden berechnet.

Check-in

Über diese Dinge solltest du Bescheid wissen, bevor du dich mit dem Thema „Unter Dach und Fach“ beschäftigst. Lege ein Blatt auf die Buchseite und kreuze an, wie du dich einschätzt.
Mit den Aufgaben auf der rechten Seite kannst du deine Einschätzung überprüfen.

Wenn du nach dieser Überprüfung noch Kreuzchen in der dritten oder vierten Spalte hast, arbeite deine Lücken auf: Du findest in der Mathematischen Werkstatt am Ende des Buches Zusammenfassungen und Übungsaufgaben zu vielen Themen. Du kannst aber auch Mathe-Bücher aus den vorherigen Schuljahren oder die Formelsammlung benutzen oder jemanden fragen, der sich damit auskennt.

Checkliste	*Kann ich schon*	*Da bin ich fast sicher*	*Ich bin noch unsicher*	*Kann ich noch nicht*
1 *Ich kann Größenangaben umrechnen (z. B. cm^2 in m^2).*	☐	☐	☐	☐
2 *Ich kann mit Formeln umgehen.*	☐	☐	☐	☐
3 *Ich kann mit dem Satz des Pythagoras umgehen.*	☐	☐	☐	☐
4 *Ich kann den Strahlensatz anwenden.*	☐	☐	☐	☐
5 *Ich kann Flächeninhalte von Dreiecken und Vierecken berechnen.*	☐	☐	☐	☐
6 *Ich kann das Volumen eines Prisma berechnen.*	☐	☐	☐	☐
7 *Ich kann aus Zeichnungen notwendige Daten entnehmen.*	☐	☐	☐	☐

In der Mathematischen Werkstatt findet Ihr:

▻ Gleichungen, Seite 173 – 175
▻ Flächeninhalte, Seite 180 – 183
▻ Volumen, Seite 184 – 186

Aufgaben zur Checkliste

1 Größen umrechnen

a) 8,3 cm = □ mm b) $8{,}3\,\text{cm}^2$ = □ mm^2
c) $8{,}3\,\text{cm}^3$ = □ mm^3 d) 0,8 m = □ cm
e) $0{,}8\,\text{m}^2$ = □ cm^2 f) $0{,}8\,\text{m}^3$ = □ cm^3

2 Mit Formeln umgehen

Setze die gegebenen Größen jeweils in die Formeln ein und berechne.

a) $u = 2a + 2b$ mit a = 4 cm; b = 2,5 cm
b) $V = a \cdot b \cdot c$ mit a = 3,5 cm; b = 7 cm; c = 9,3 cm
c) Was wird in den Teilaufgaben a) und b) berechnet?

3 Satz des Pythagoras

Berechne die markierten Seiten mithilfe des Satzes des Pythagoras.
Maße in cm.

a)
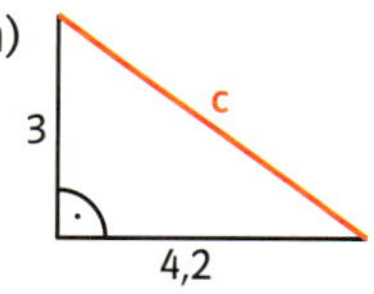

b)
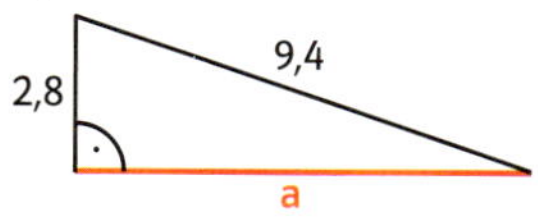

c)
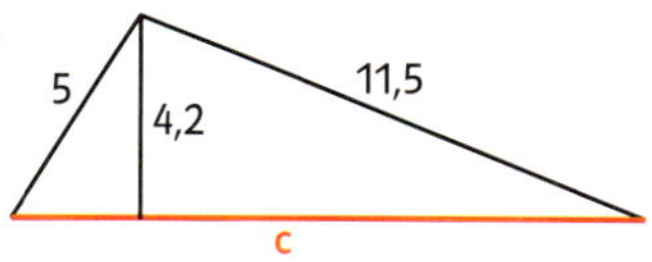

d)
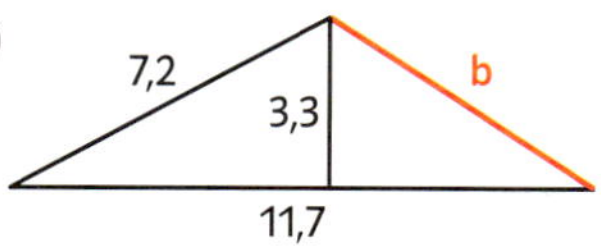

4 Strahlensatz

Berechne jeweils die fehlende Länge in der Strahlensatzfigur.

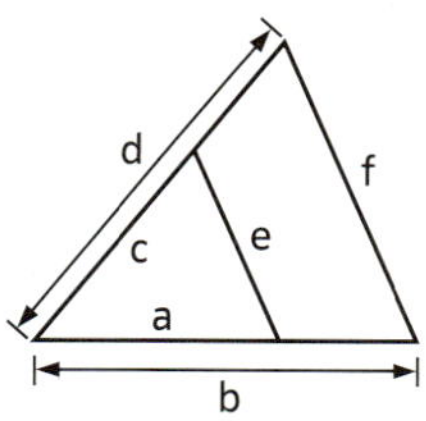

a) a = 8 cm; b = 12 cm; e = 11 cm; f = ?
b) a = 5 dm; f = 11 dm; e = 8,3 dm; b = ?
c) a = 5 m; b = 7 m; c = 11 m; d = ?

5 Flächeninhalte berechnen

Berechne den Flächeninhalt.

a) Dreieck mit c = 7,3 cm; h = 5,1 cm
b)
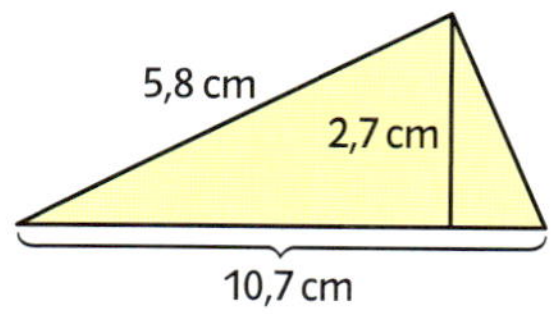

c) Rechteck mit a = 17,1 cm; b = 7,9 cm
d)
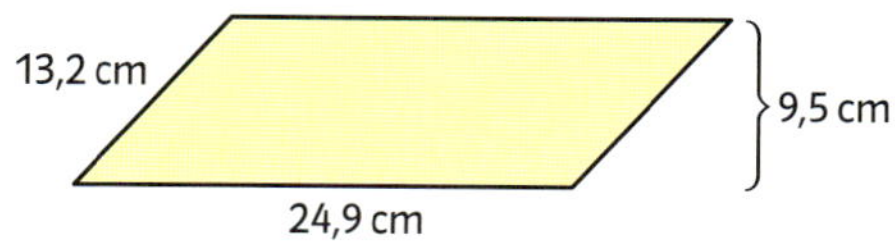

e)
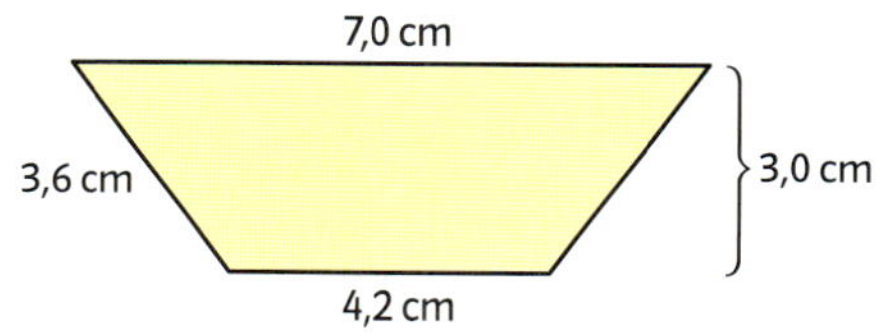

f) Wie viele Angaben brauchst du für die Berechnung der Fläche eines Dreiecks (Parallelogramms) mindestens?

6 Volumen vom Prisma

Kannst du mit diesen Angaben das Volumen des Quaders berechnen? Wenn ja, berechne das Volumen. Wenn nein, welche Angabe fehlt?

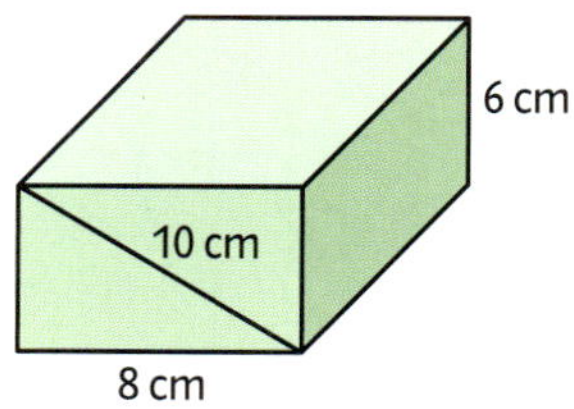

7 Daten aus Zeichnungen entnehmen

Welche Angaben werden zur Flächenberechnung benötigt?

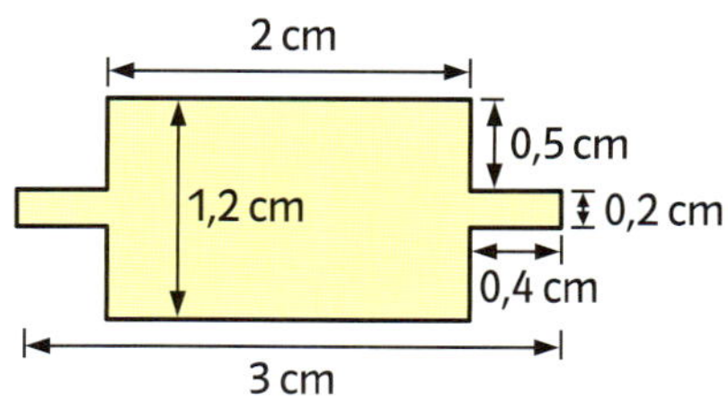

▻ Lösungen, Seite 202

Fachwerke und Dachstühle

Eine kleine Fachkunde

Die Dachkonstruktion nennt man auch **Dachstuhl**. Viele Teile im Dachstuhl tragen zur Stabilität der gesamten Konstruktion bei. Bestimmte Kanthölzer haben bei den Zimmerleuten spezielle Namen.

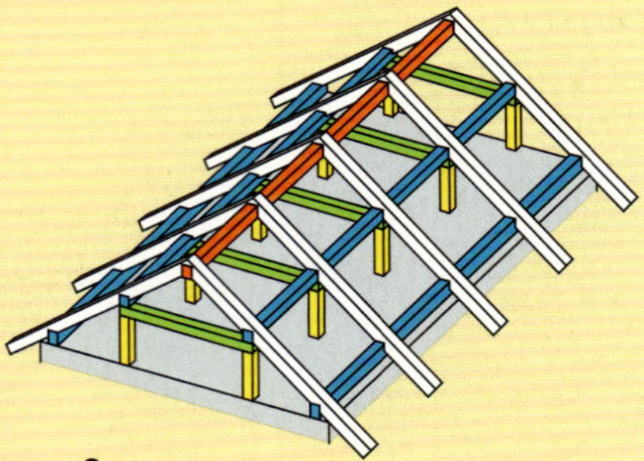

Sparren
Teil der Unterkonstruktion für die Dachziegel

Pfette
trägt die Sparren und sammelt die senkrecht auf das Dach wirkenden Lasten

First
Oberkante des Daches

Pfosten
stützt die Pfetten ab

Kehlbalken
zusätzliche Aussteifung der Sparren

1 [Gruppenarbeit, Basteln] Baut die Fachwerkecken mit gelochten Leisten oder anderem Material nach. Testet die Stabilität der beiden Konstruktionen. Solche Verstrebungen findet man bei vielen Konstruktionen. Nennt einige.

2 [Gruppenarbeit, Basteln] Überprüft bei einem Regal schrittweise die Stabilität.
Statt Regalbretter und Regalleitern zu verwenden könnt ihr die Konstruktion mit Leisten nachbauen.

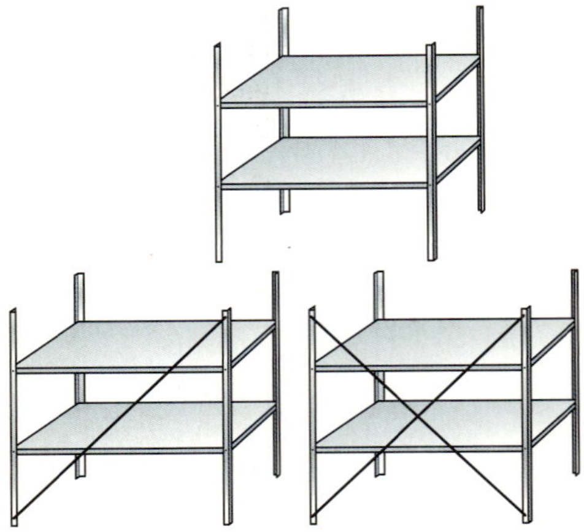

3 In der Holzliste schreiben Zimmerleute den Holzbedarf für eine Konstruktion übersichtlich auf. Man kann den Holzbedarf auch mithilfe eines Tabellenkalkulationsprogramms auflisten.
a) [💻] Gib die Holzliste in ein Tabellenkalkulationsprogramm ein und berechne die letzte Zeile.
b) [💻] Erstelle mit dem Programm eine „Zusammenfassung" wie rechts, mit der die Holzmenge in m³ berechnet werden kann.

Zusammenfassung

Querschnitt	*ges. Länge*	*Volumen*
6 cm x 18 cm	*33,60 m*	*0,3629 m³*
10 cm x 10 cm	*11,20 m*	*0,1120 m³*
10 cm x 16 cm	*20,80 m*	*0,3328 m³*
10cm x 24 cm	*5,20 m*	*0,1248 m³*
Summe	***70,80 m***	***0,9325 m³***

Holzliste

	Artikel	**Stück**	**Länge (Maße in m)**		**Holzquerschnitt (Maße in cm)**			
			einzeln	gesamt	6 × 18	10 × 10	10 × 16	10 × 24
1	Sparren	8	4,20	33,60	33,60			
2	Firstpfette	1	5,20	5,20				5,20
3	Pfetten	4	5,20	20,80			20,80	
4	Kehlbalken	2	2,40	4,80		4,80		
5	Pfosten	4	1,60	6,40		6,40		
	Gesamt							

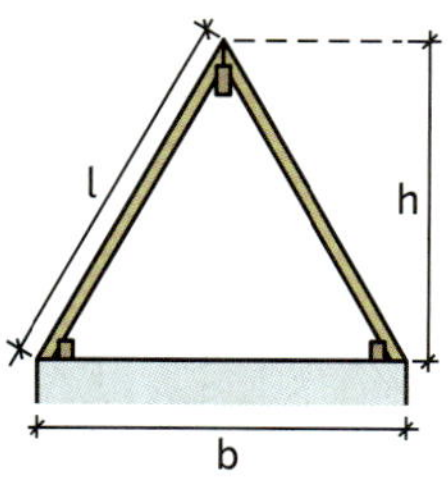

4 a) Wenn b, h und l gegeben sind, ist der Giebel nach Form und Größe festgelegt. Genügen dafür auch weniger Angaben?
b) Die Größen l und b werden verdoppelt. Wie verändert sich h?
c) Jetzt wird l verdoppelt und b verdreifacht. Wie ändert sich die Form des Giebels?

5 Aus welchen Angaben lässt sich die Höhe h berechnen?
Nenne verschiedene Möglichkeiten.

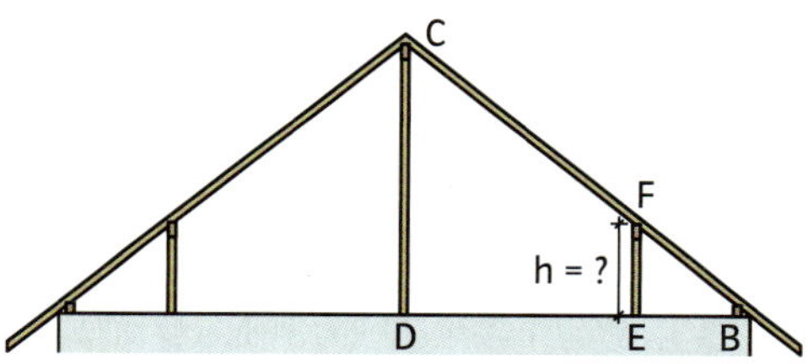

6 [👥] Für das Fachwerk soll Holz mit dem Querschnitt 12 cm × 12 cm geliefert werden. Es kostet 280 € pro m³.
a) Erstellt ein Angebot für die Kundin. Beachtet, dass beim Zuschneiden der Hölzer Abfall bleibt. Berücksichtige für diesen Verschnitt zusätzlich 10 %.
b) Stellt euch eure Lösungswege gegenseitig vor.
Diskutiert eure Vorschläge.

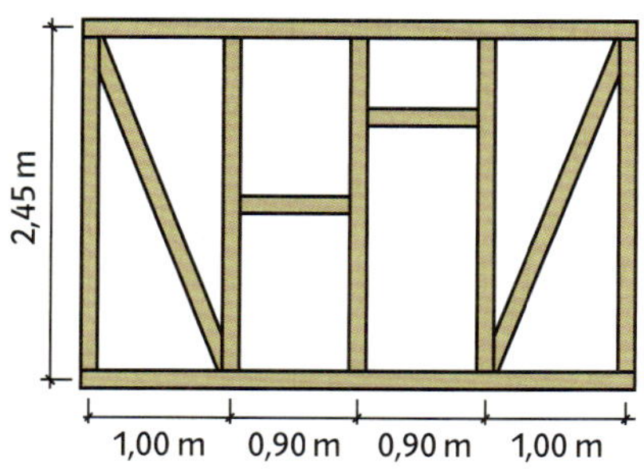

Komplexe Aufgaben bearbeiten

Info

Die Abkürzung **lfm** bedeutet **laufende Meter**. In dieser Einheit gibt man an, wie viel Meter Holz verarbeitet wurden, unabhängig von der Anzahl der Teile.

Komplexe Aufgaben bearbeiten (1)

Aufgaben mit vielen Daten und Rechenschritten kann man nur dann zuverlässig lösen, wenn man sich einen **Plan** macht und den **Rechenweg gegliedert aufschreibt**.
Dafür kann eine Checkliste hilfreich sein.
- Die Rechnungen Schritt für Schritt **planen**.
- Jeden Abschnitt mit einer **kurzen Überschrift** versehen und eine **Skizze** oder **Zeichnung** machen.
- Anschließend alle Rechenschritte **übersichtlich** aufschreiben.

Fragen für den Plan:
Welche **„mathematischen Werkzeuge"** brauche ich?
- Welche **Teilstücke** muss ich berechnen? Notwendige Teile in der Zeichnung farbig markieren.
- Welche Stücke kenne ich schon?
- Welche **Formeln** brauche ich?
- Gibt es rechtwinklige Dreiecke, sodass ich den Satz des Pythagoras anwenden kann? Wenn ja, wird die Kathete oder die Hypotenuse gesucht?
- Komme ich mit ähnlichen Dreiecken oder dem Strahlensatz weiter? Wenn ja, entsprechende Seiten in einer Skizze kennzeichnen.

Beim Aufschreiben:
- **Einheiten** nicht vergessen.
- Teilergebnisse **zusammenfassen**. Kurze **Erläuterungen** sind hilfreich.
- Die **Endergebnisse** kenntlich machen.

Beispiel:
Wie viele lfm Kantholz werden für diesen Dachstuhl benötigt?

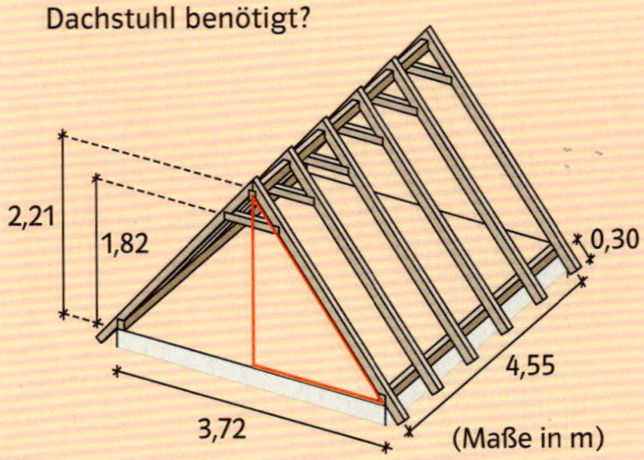

1. Sparren:

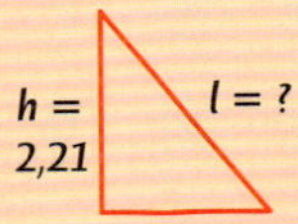

$b = \frac{3{,}72}{2} = 1{,}86$

$l^2 = h^2 + b^2$
$l^2 = 2{,}21^2 + 1{,}86^2 = 8{,}3437$
$l = \sqrt{8{,}3437} \approx 2{,}89$
Jeder Sparren steht 30 cm über.
Gesamtlänge: 2,89 m + 0,30 m = 3,19 m
Holzmenge für alle Sparren:
12 Sparren je 3,19 m
$12 \cdot 3{,}19\,\text{m} = 38{,}28\,\text{lfm}$

2. Kehlbalken:

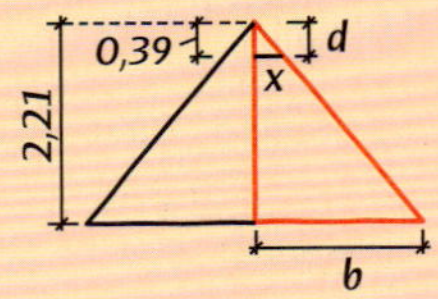

$\frac{x}{b} = \frac{d}{h} \quad | \cdot b$

$\frac{x}{1{,}86} = \frac{0{,}39}{2{,}21} \quad | \cdot 1{,}86$

$x = 1{,}86 \cdot \frac{0{,}39}{2{,}21} \approx 0{,}33$

Gesamtlänge: 2 x 0,33 m = 0,66 m
Holzmenge für alle Kehlbalken:
6 Stück je 0,66 m
$6 \cdot 0{,}66\,\text{m} = 3{,}96\,\text{lfm}$

3. Pfetten:
3 Stück je 4,55 m
$3 \cdot 4{,}55\,\text{m} = 13{,}65\,\text{lfm}$

4. Zusammenstellung der Ergebnisse:

Sparren	38,28 lfm
Kehlbalken	3,96 lfm
Pfetten	13,65 lfm

▹ Kapitel 3, Kästen Seite 71 – 73

Alle Maße sind stets in Meter angegeben.

1 Berechne die markierten Längen. Überlege dir, welche der Berechnungen bei Zimmerleuten am häufigsten vorkommen. Warum?

a)

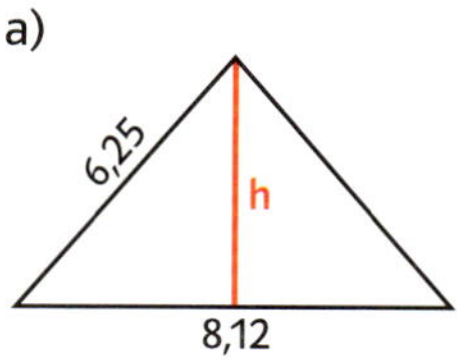

b)

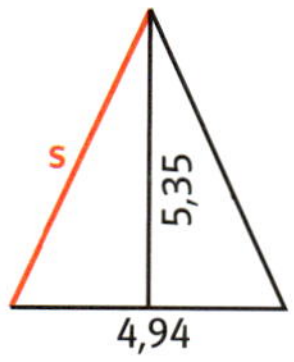

c)

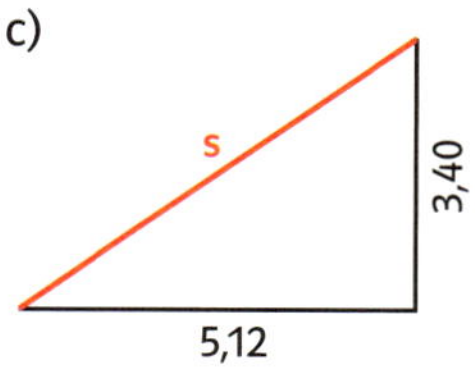

d)

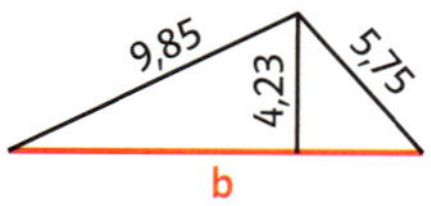

e)

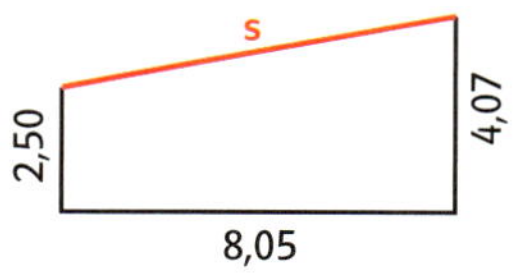

f)

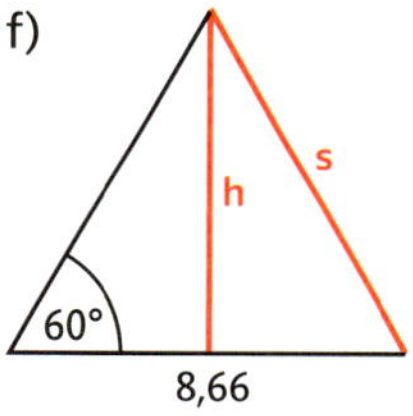

Übrigens

Um einfacher rechnen zu können, vereinbaren wir für die Zeichnungen in diesem Kapitel, dass sich alle Maßangaben auf eine gedachte Linie in der Mitte des jeweiligen Bauelements beziehen.

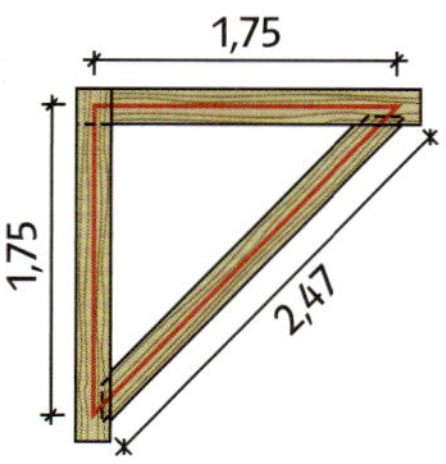

2 a) Berechne die Breite b.
b) Wie groß ist die Fläche der Giebelwand?

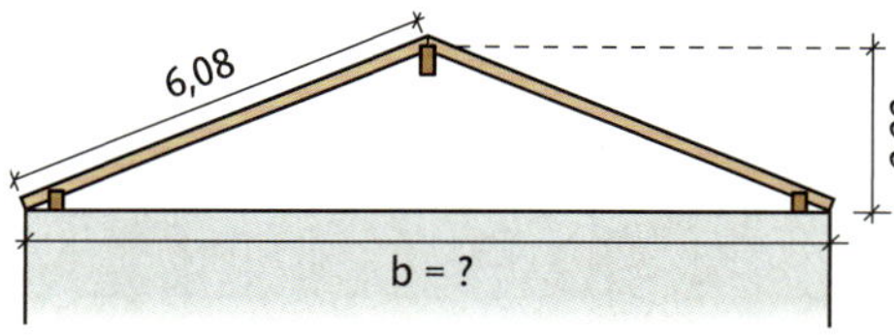

3 a) Berechne die Sparrenlänge.
b) Wie groß ist der Neigungswinkel α? Begründe deine Antwort.
c) Berechne die Fläche der Giebelwand auf zwei verschiedene Arten.

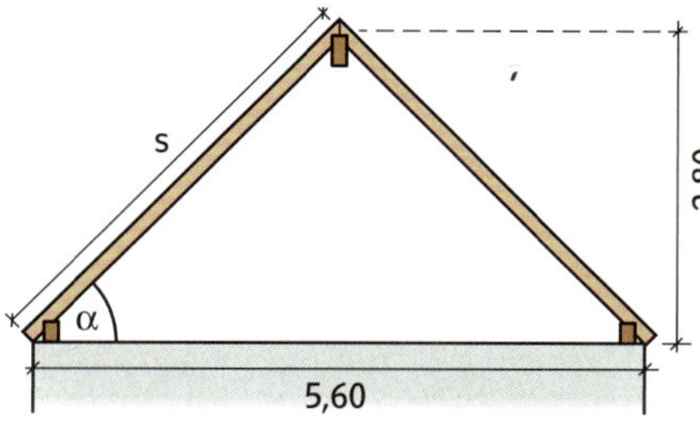

4 Berechne die fehlenden Längen.

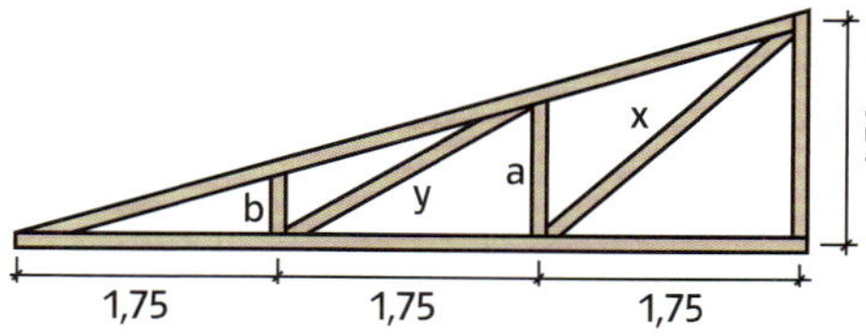

5 Wie lang ist der Kehlbalken?

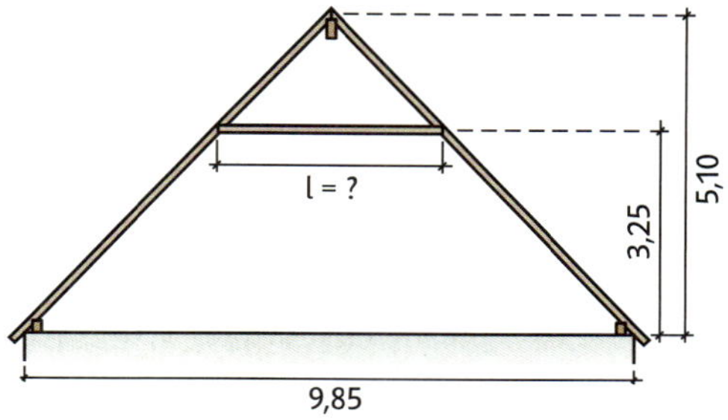

6 Wie hoch ist der Stützbalken?

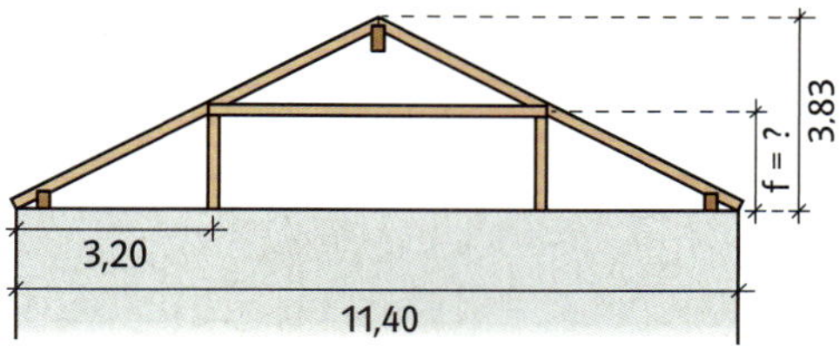

7 a) Berechne die Länge l_1.
b) Berechne die Sparrenlänge ($l_1 + l_2$).
c) Wie lang ist der Kehlbalken (l_3)?

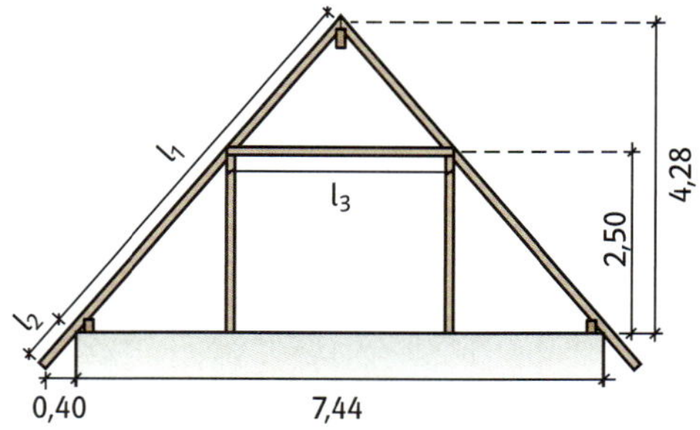

8 [👥] Entwerft selbst solche Aufgaben. Notiert die Lösungen. Überprüft eure Rechnungen gegenseitig.

▷ Mathematische Werkstatt, Seite 180 – 183; Formelsammlung, Seite 221 und 223

Übrigens
Das Verbinden zweier Holzteile nennt man **Verzapfen**.

9 Stelle eine Holzliste auf. Alle Kanthölzer haben einen Querschnitt von 12 cm x 12 cm. Berechne für den Verschnitt und das Verzapfen einen Zuschlag von 12 %.

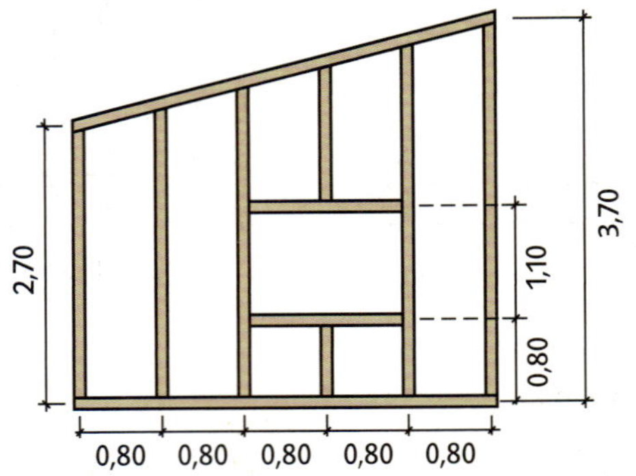

10 a) Wie hoch ist eine Stufe?
b) Wie viel m^2 Holz braucht man für die Treppenstufen (Stufenbreite 90 cm)?
c) Gib die Länge von b und w an.
d) Welchen Flächeninhalt hat die gelbe Fläche (in m^2)?
e) Über jeder Treppenstufe muss bis zur Decke mindestens 2,10 m Platz sein. Welche Länge l muss die Öffnung in der Decke haben?

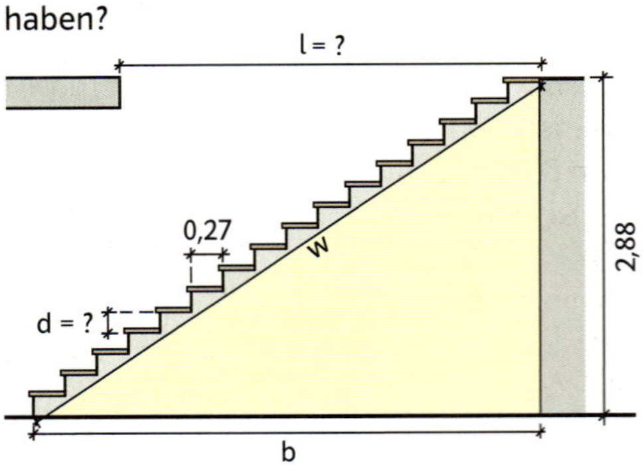

11 a) Begründe, warum die gelb unterlegten Zahlen falsch sind. Wie müssten sie ungefähr richtig heißen?
b) [●] Welche Fehler wurden wohl gemacht?

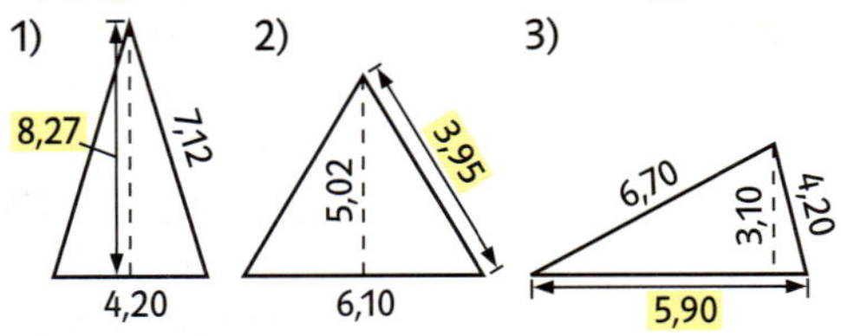

12 Welche Längen kann man berechnen, welche nicht? Nimm für die fehlenden Angaben sinnvolle Werte an.

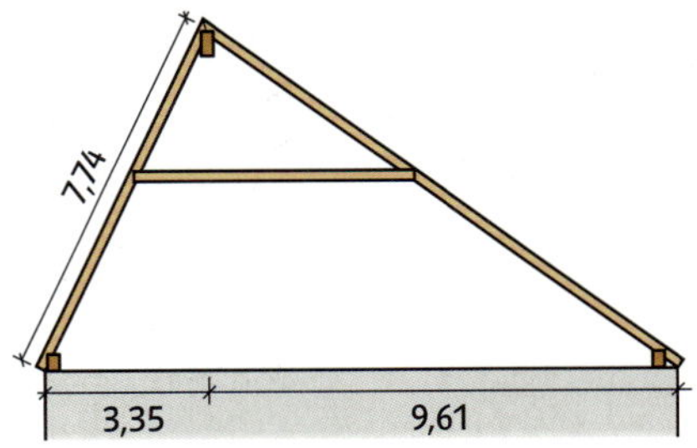

13 [●] Bei einer Scheune soll das Dach auf der einen Seite so weit überstehen, dass darunter Landwirtschaftsmaschinen abgestellt werden können. Berechne die fehlende Sparrenlänge.

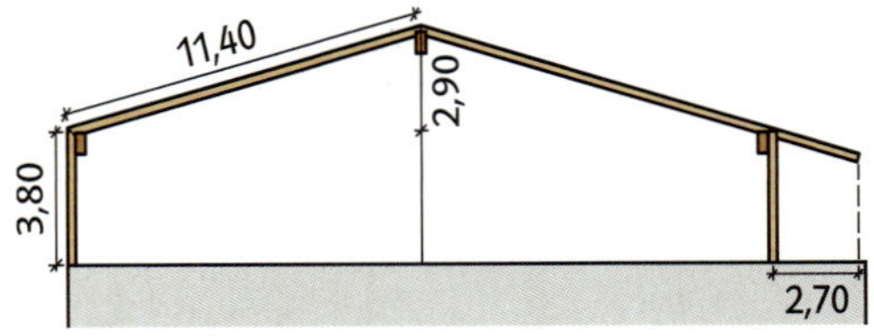

14 [●] a) Berechne die fehlenden Längen.
b) Für die Preisberechnung wird das Volumen der Sparren s_1 und s_2 berechnet. Sie haben je einen Querschnitt von 10 cm x 16 cm. Der Preis pro m^3 beträgt 247 €. Was kosten die Sparren?
c) Was wiegt der längere Sparren? Ein Abfallstück mit den Maßen 21 cm x 8 cm x 18 cm wiegt 1300 g.
d) Der obere mittlere Teil des Hauses wird verglast. Wie groß ist die Glasfläche?

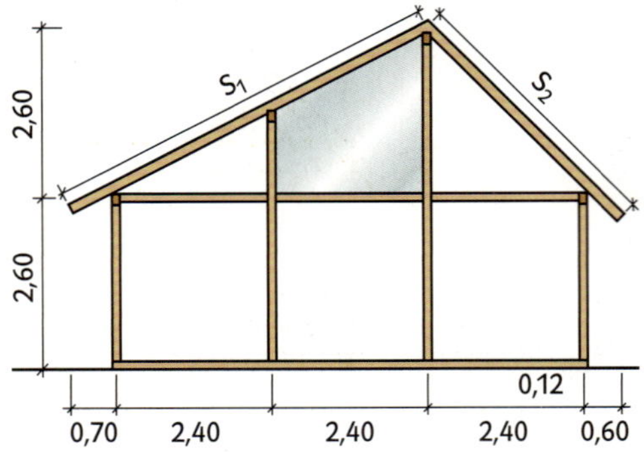

▻ Mathematische Werkstatt, Seite 180 – 183; Formelsammlung, Seite 221 und 223

Übrigens

Die Bezeichnung 8/16 gibt an, dass das Kantholz einen Querschnitt von 8 cm × 16 cm hat.

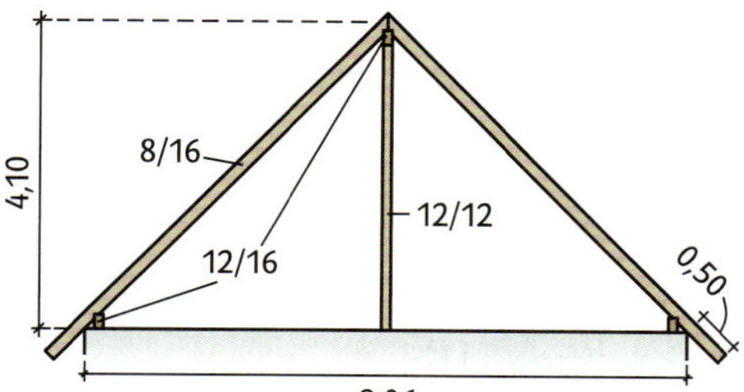

Vorderansicht Dach

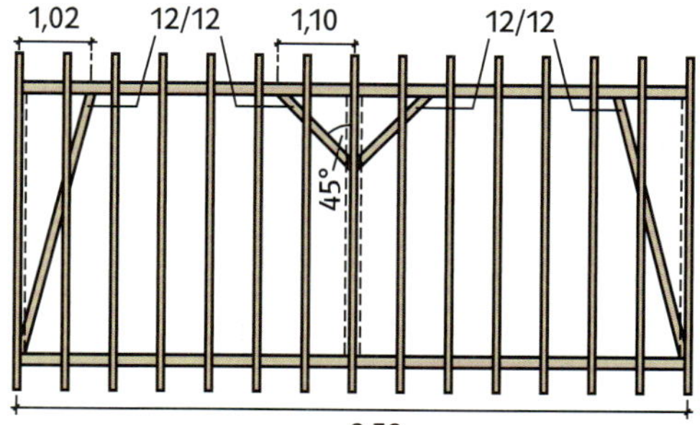

Seitenansicht Dach

15 a) Skizziere das oben abgebildete Dach im Schrägbild.
b) Stelle eine Holzliste auf.
c) Der Dachboden wird an der Dachunterseite mit Holz verkleidet (verschalt). Wie viel m² Holz braucht man?
d) Auf dem Fußboden werden Holzdielen verlegt.

16 Das unten abgebildete Dach ist 7,88 m lang. Der Innenraum wird mit Gipskarton ausgekleidet. Eine Gipskartonplatte hat eine gängige Größe von 125 cm × 200 cm.
a) Wie viele Platten braucht man?
b) Als Wärmedämmung werden zwischen Dachziegeln und Gipskarton Zelluloseflocken verwendet, die säckeweise bestellt werden (Sackinhalt 0,3 m³).
Wie viele Säcke braucht man bei einer 18 cm dicken Dämmschicht?
c) Wie groß ist die Wohnfläche?

Übrigens

Zur Berechnung der Wohnfläche gibt es folgende Vorschrift:
Bei schrägen Wänden werden Raumbereiche bis 1 m Höhe überhaupt nicht angerechnet, Bereiche zwischen 1 und 2 m zur Hälfte, ab 2 m Höhe ganz.

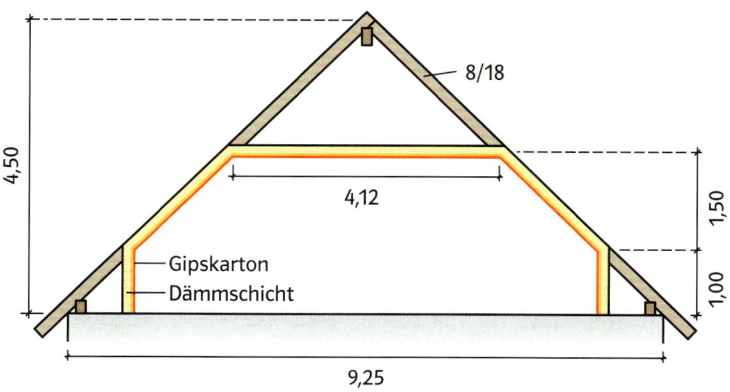

Die Kalkulation

Die **Materialkosten** sind nur ein Teil der Kosten, die der Kunde zu bezahlen hat. Es kommt noch der **Arbeitsaufwand** für das Zuschneiden des Holzes (Abbund) und das Aufstellen des Dachstuhls hinzu. Dafür hat jede Zimmerei ihre Erfahrungswerte.

Beispiel:
Die Firma *Holzbau* rechnet, dass eine Person bei einem Dachstuhl durchschnittlich 5 lfm Holz pro Stunde verarbeitet. Zum Anbringen von Verschalung kalkuliert sie 3 m² pro Stunde. Der **Durchschnittslohn** in diesem Betrieb beträgt 12,20 € pro Stunde.
Zusätzlich entstehen dem Betrieb **Kosten für Büro, Sozialabgaben für die Beschäftigten** und **Steuern**. Dies wird bei jedem Auftrag durch einen Aufschlag auf die Materialkosten (bei der Firma *Holzbau* + 12 %) und auf die Lohnkosten (+ 130 %) berücksichtigt.

17 a) Welche Lohnkosten stellt die Firma Holzbau für den Dachstuhl in Aufgabe 15 in Rechnung?
b) Die Firma kauft das Bauholz für 225€ pro m³ ein. Das Holz für die Verschalung kostet 5 € pro m².
Wie viel hat der Kunde insgesamt zu zahlen? Hast du an die Aufschläge gedacht?
c) [💻] Stelle die Rechnung übersichtlich mithilfe einer Tabellenkalkulation dar.

▷ Kasten Seite 88; Mathematische Werkstatt, Seite 180 – 183

Dachformen

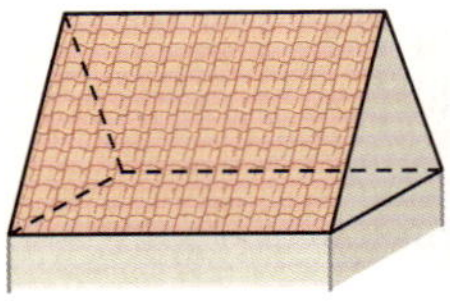

Satteldach

Zeltdach

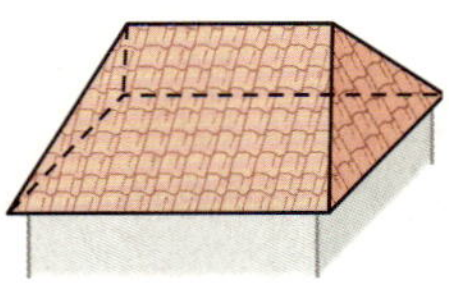

Walmdach

1 [@] Fotografiert verschiedene Dachformen oder sucht Bilder im Internet oder in Zeitschriften. Zeichnet die geometrischen Formen der Teilflächen. Wie heißen diese Formen?

2 [✂] a) Baut Zeltdächer aus Strohhalmen, Hölzern oder Klickies. Strohhalme und Hölzer lassen sich an den Enden einfach mit Knetmasse verbinden.
b) Welche Grundflächen können die Zeltdächer haben?
c) Skizziert Zeltdächer als Schrägbilder. Worauf muss man achten?

3 [✂] Man kann die Länge und Breite eines Hauses oft relativ einfach nachmessen, ebenso die Dachhöhe.
Nimm an, ein Dach hat eine quadratische Grundfläche mit a = 10 m und eine Höhe von 3,50 m. Die Dachfläche soll berechnet werden.
Welche Rechenschritte sind notwendig? Baue zuerst ein Modell. Bringe die Hilfslinien (z. B. mit Fäden, Strohhalmen, …), die du zur Berechnung brauchst, an.
Fertige dann eine Skizze an und markiere bekannte Strecken. Zeichne notwendige Hilfslinien ein.

4 Berechne die Dachfläche mit einer Hausbreite von a = 7 m (quadratische Grundfläche) und einer Länge der Seitenkante s = 6 m.

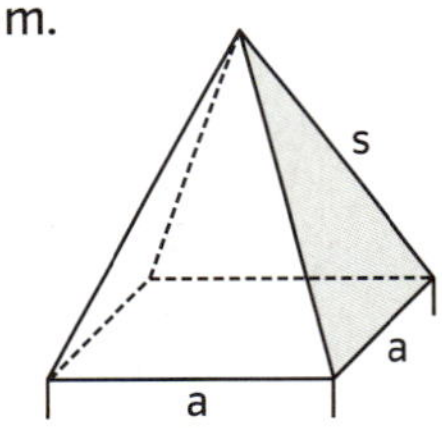

5 Berechne die Fläche eines Daches mit einem regelmäßigen Sechseck als Grundfläche.
a) a = 3 m; s = 6 m b) a = 4 m; h = 5 m

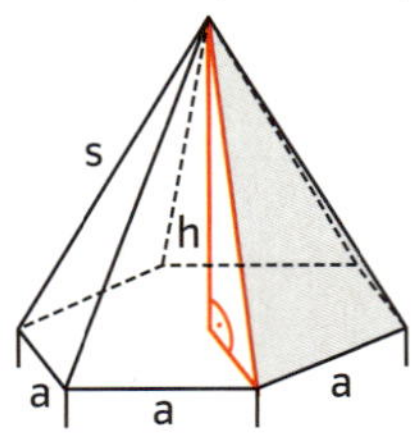

6 [✂] Baut ein Walmdach nach. Worin unterscheiden sich Walm- und Zeltdach? Welche Angaben braucht man zur Berechnung der Dachfläche mindestens? Rechnet ein Beispiel mit selbst gewählten Längen durch.

Oberfläche der Pyramide

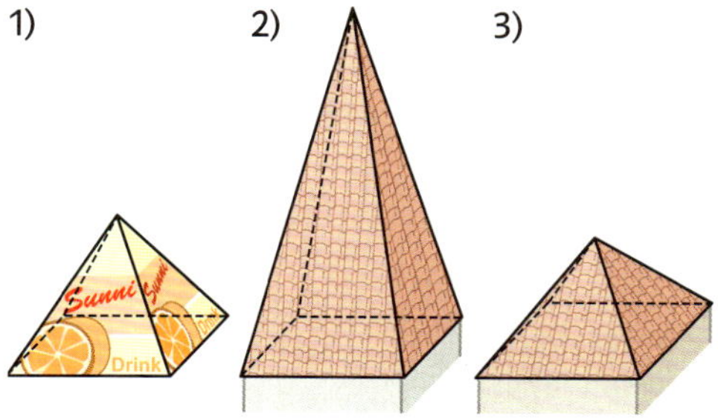

a) Du möchtest wissen, wie viel Material für die Schachtel 1) benötigt wird. Welche Längen musst du dazu kennen? Aus welchen Flächen setzt sich die Oberfläche zusammen?
b) Welche Längen brauchst du, um die Dachflächen 2) oder 3) zu berechnen? Was unterscheidet diese Berechnung von der in Teilaufgabe a)?

Die **Oberfläche einer Pyramide** setzt sich aus den dreieckigen Seitenflächen und der Grundfläche zusammen. Alle Seitenflächen zusammen nennt man auch **Mantelfläche**.

Beispiele

a) Berechne die Oberfläche.

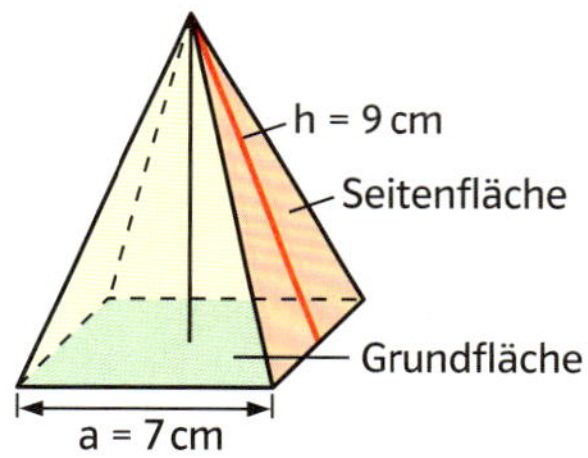

Grundfläche G:
$G = a^2$
$= 7^2\,\text{cm}^2 = 49\,\text{cm}^2$

Seitenfläche A:
$A = \frac{a \cdot h}{2}$
$= \frac{7 \cdot 9}{2}\,\text{cm}^2 = 31{,}5\,\text{cm}^2$

Oberfläche O:
$O = G + 4A$
$= 49\,\text{cm}^2 + 4 \cdot 31{,}5\,\text{cm}^2 = 175\,\text{cm}^2$

b) Berechne die Mantelfläche

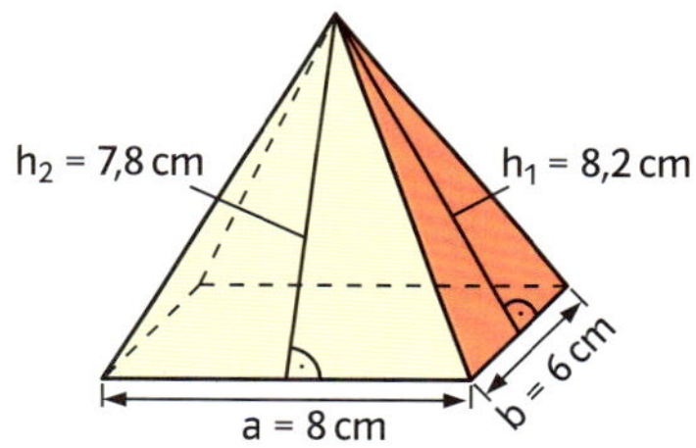

Kleinere Dreiecksfläche A_1:
$A_1 = \frac{b \cdot h_1}{2}$
$= \frac{6 \cdot 8{,}2}{2}\,\text{cm}^2 = 24{,}6\,\text{cm}^2$

Größere Dreiecksfläche A_2:
$A_2 = \frac{a \cdot h_2}{2}$
$= \frac{8 \cdot 7{,}8}{2}\,\text{cm}^2 = 31{,}2\,\text{cm}^2$

Mantelfläche M:
$M = 2 \cdot A_1 + 2 \cdot A_2$
$= 49{,}2\,\text{cm}^2 + 62{,}4\,\text{cm}^2 = 111{,}6\,\text{cm}^2$

1 Berechne die Oberflächen.

a)

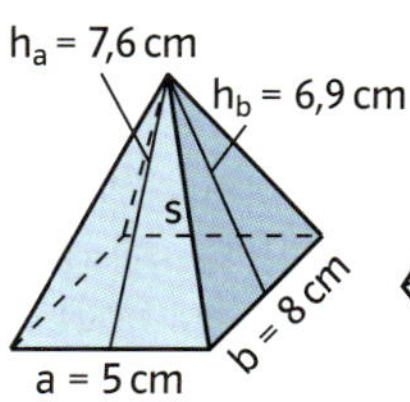

b)

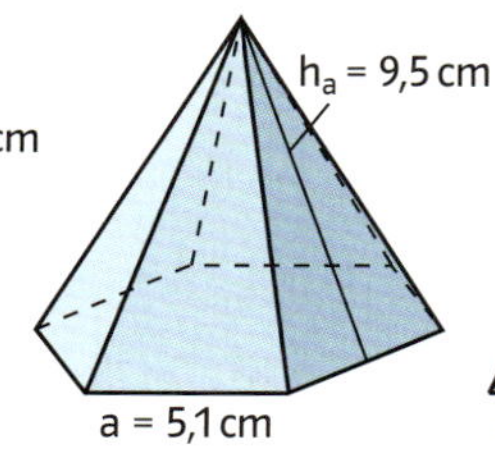

c)

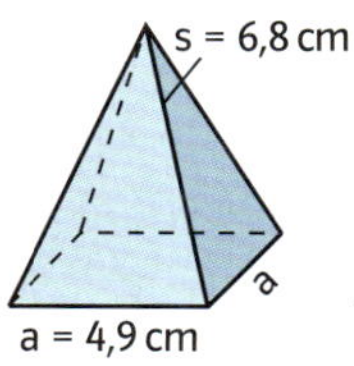

d)

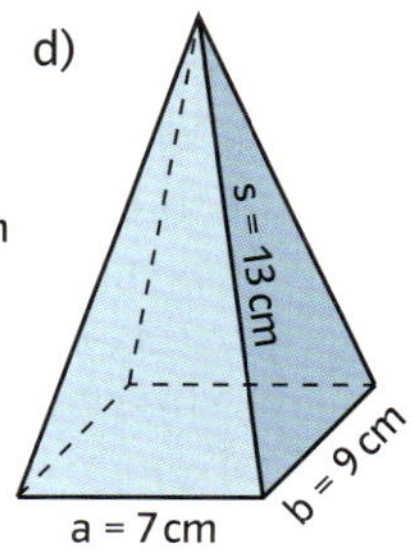

e)

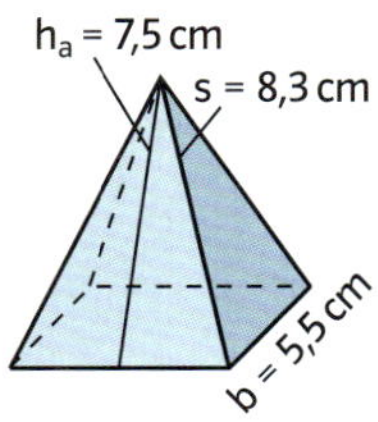

▻ Mathematische Werkstatt, Seite 184 – 186; Formelsammlung, Seite 225

Komplexe Aufgaben bearbeiten (2)

Zur Berechnung von Dachflächen oder anderen Pyramidenoberflächen kann man sich an einer **Checkliste** orientieren:
- Welche **Formen** haben die einzelnen Flächen?
- Wie oft kommt jede Form vor?
- Brauche ich weitere Längen? Benötige ich dazu **Hilfsdreiecke**, um z. B. den Satz des Pythagoras anwenden zu können? Diese Hilfsdreiecke farbig markieren.
- Fehlende **Längen berechnen**
- **Teilflächen berechnen**
- **Zusammenfassen** der Teilergebnisse

Alle Rechenschritte sollten **übersichtlich** und leicht nachvollziehbar aufgeschrieben werden. **Zwischenüberschriften** sind sinnvoll.

Beispiel:

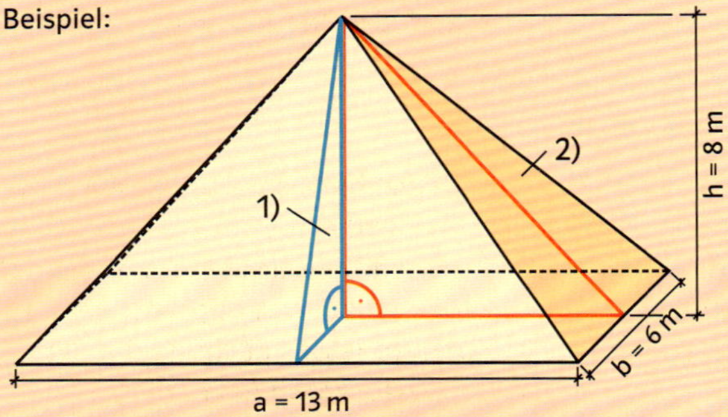

Fläche Dreieck 1

Höhe h_a der Seitenfläche mit Hilfsdreieck berechnen:

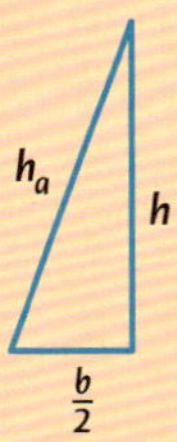

$h_a^2 = \left(\frac{b}{2}\right)^2 + h^2$

$h_a^2 = 3^2 + 8^2 = 73$

$h_a = 8{,}54\,m$

$A_1 = \frac{a \cdot h_a}{2} = \frac{13 \cdot 8{,}54}{2}\,m^2 = \underline{\underline{55{,}51\,m^2}}$

Fläche Dreieck 2

Höhe h_b der Seitenfläche mit Hilfsdreieck berechnen:

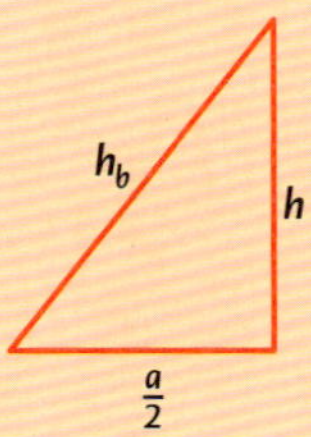

$h_b^2 = \left(\frac{a}{2}\right)^2 + h^2$

$h_b^2 = 6{,}5^2 + 8^2 = 106{,}25$

$h_b = 10{,}31\,m$

$A_2 = \frac{b \cdot h_b}{2} = \frac{6 \cdot 10{,}31}{2}\,m^2 = \underline{\underline{30{,}93\,m^2}}$

Dachfläche:

$A = 2 \cdot A_1 + 2 \cdot A_2 = \underline{\underline{172{,}88\,m^2}}$

2 a) Im Beispiel b) auf Seite 93 hätte man die Mantelfläche auch berechnen können, ohne h_2 zu kennen. Schreibe die Rechenschritte zur Bestimmung von h übersichtlich auf.
b) Hätte es auch gereicht, b, h_1 und h_2 zu kennen? Wenn nein, warum nicht? Wenn ja, wie hätte man rechnen müssen?

3 Berechne die Dachflächen.

a)

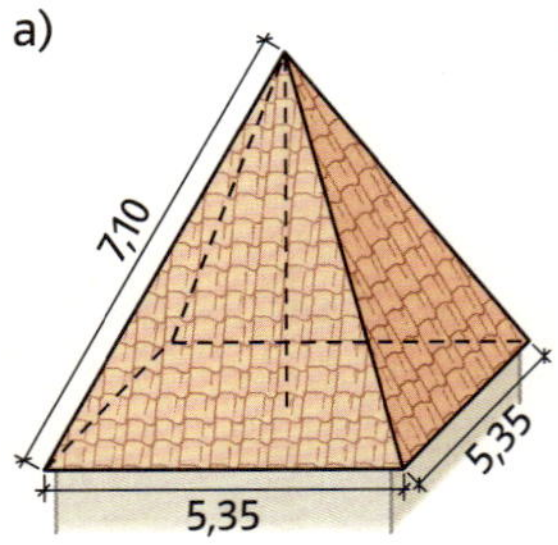

b)

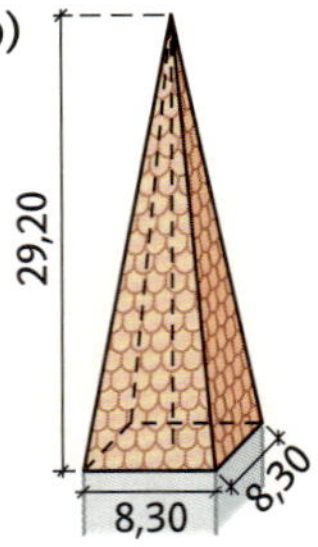

c)

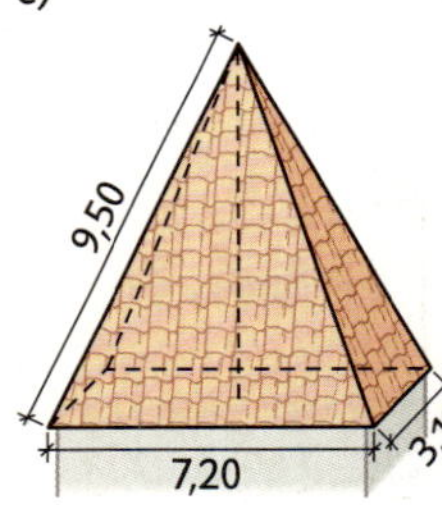

d)

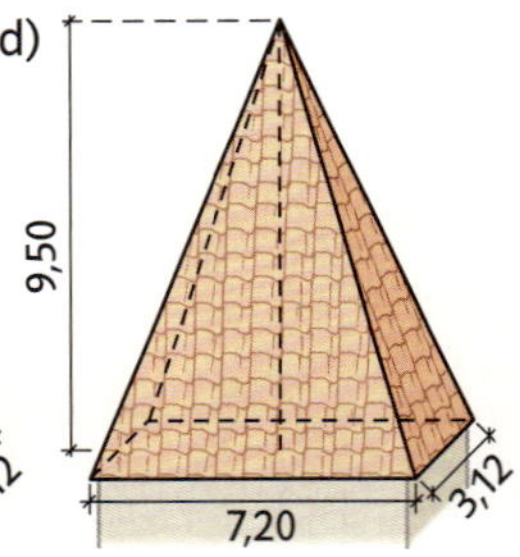

4 Berechne die fehlenden Größen einer Pyramide mit quadratischer Grundfläche.

	a	s	h_a	h	M
a)	4 cm			6 cm	
b)	9 cm	12 cm			
c)			17 cm		142,8 cm²
d)			13 cm	12 cm	
e)			10 cm		60 cm²

5 a) Ein Tetraeder ist eine Pyramide, die aus vier gleichseitigen Dreiecken besteht. Berechne die Oberfläche eines Tetraeders mit der Seitenlänge 6 cm.
b) [●] Berechne die Höhe innerhalb des Tetraeders.

▷ Kästen, Seite 71–73 und 88

6 Berechne die Mantelflächen.

a)

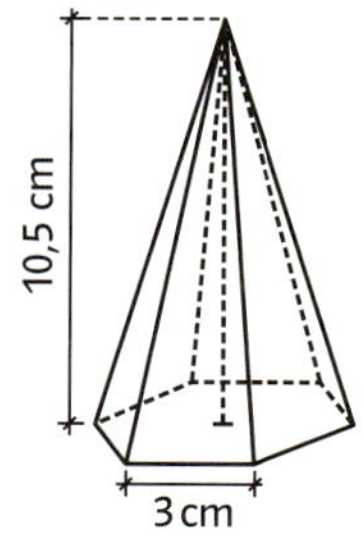

b)

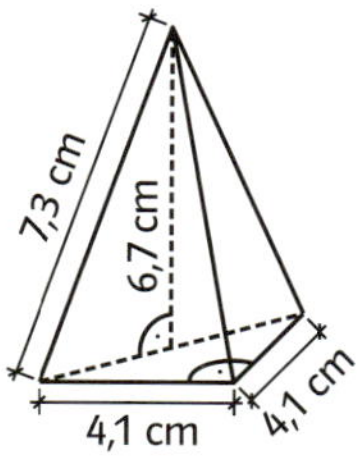

c) [●]

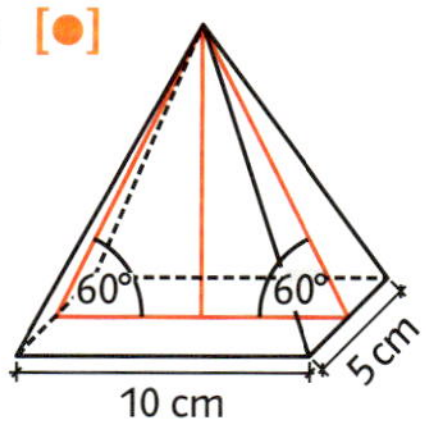

d) [●]

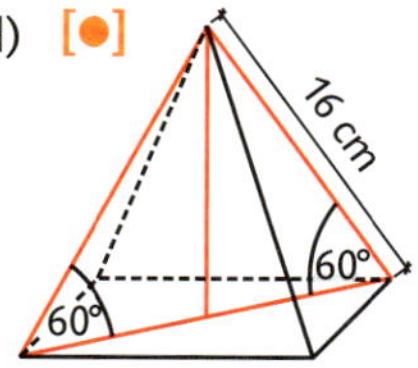

7 Berechne die farbige Fläche.

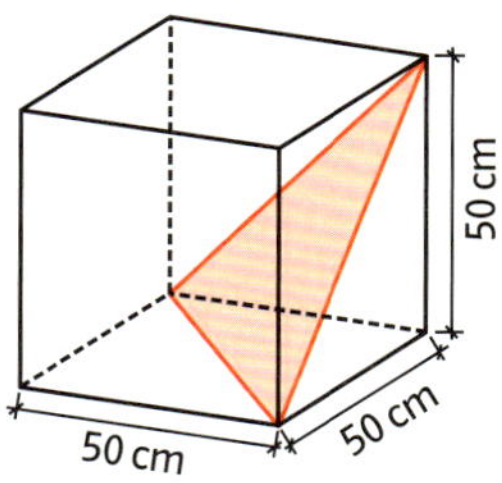

8 Diese Sandsteinpyramide steht auf dem Karlsruher Marktplatz.

a) Schätze die Höhe und die Breite so gut wie möglich.

b) Berechne die Grundfläche und eine Seitenfläche.

9 Passen die Angaben im Text zusammen? Rechne nach.

Der Eingangsbereich des Louvre in Paris wurde mit einem 22 m hohen Glaszelt überdacht. Die „Zeltstangen" sind rund 33 m lang, das Zeltdach besteht aus fast 2000 m² Glas.

10 Jesse hat sich eine Übungsaufgabe ausgedacht.

a) Den ersten Teil seiner Lösung siehst du hier. Verstehst du, was er gerechnet hat? Kommentiere Jesses Rechnungen. Was hätte er besser machen können?

b) Führe die Berechnungen zu Ende.

Berechne die Dachfläche

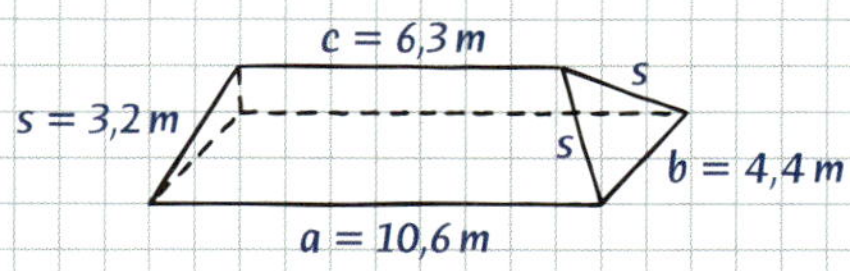

Rechnung:

$10{,}6 - 6{,}3 = 4{,}3$

$4{,}3 : 2 = 2{,}15$

$2{,}15 \cdot 2{,}15 = 4{,}6225$

$3{,}2 \cdot 3{,}2 = 10{,}24$

$10{,}24 - 4{,}6225 = 5{,}6175$

$\sqrt{5{,}6175} = 2{,}370126579$

$6{,}3 \cdot 2{,}370126579 = 14{,}93179795$

$2 \cdot 14{,}93179795 = 29{,}86359689\,m^2$

Tipp

Es ist übersichtlicher, in Formeln erst ohne Einheiten zu rechnen. Achte aber vorher darauf, dass alle Größen dieselbe Einheit besitzen. Schreibe erst im Endergebnis die Einheit wieder dazu.

Mit Formeln umgehen

Wenn man eine Größe mit einer Formel berechnen will, ist es meistens sinnvoll, zunächst alle **bekannten Werte** in die **Formel einzusetzen** und sie dann nach der Unbekannten umzuformen.

Die Ausgangsformel sollte so aufgeschrieben werden, dass die gesuchte Größe auf der **linken Seite** steht. So spart man einen Rechenschritt.

Beispiel:
Berechne die Höhe im Dreieck mit
a = 8,4 cm und A = 43,1 cm².

$\frac{a \cdot h}{2} = A$

$\frac{8{,}4 \cdot h}{2} = 43{,}1 \quad | \cdot 2$

$8{,}4 \cdot h = 86{,}2 \quad | : 8{,}4$

$h = 10{,}3\,\text{cm}$

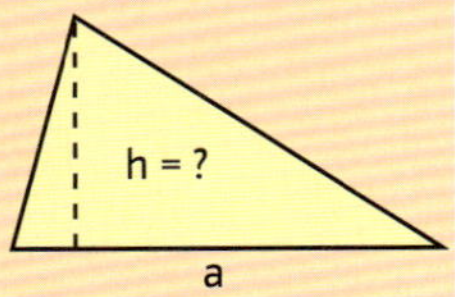

Wenn man eine bestimmte Größe mehrmals, jeweils nur mit anderen Zahlen ausrechnen muss, ist es besser, zunächst die **Formel nach der gesuchten Größe umzustellen** und dann die Zahlenwerte einzusetzen. Damit spart man sich viele Umformungsschritte.

$\frac{a \cdot h}{2} = A \quad | \cdot 2$

$a \cdot h = 2 \cdot A \quad | : a$

$h = \frac{2A}{a}$

11 Welche der quadratischen Pyramiden ist am flachsten?
a) a = 4 m, s = 13 m
b) a = 3 m, s = 12 m
c) a = 6 m, s = 24 m

12 Welche Pyramide mit rechteckiger Grundfläche hat die größte Mantelfläche?
a) a = 8 cm, b = 6 cm, h = 5 cm
b) a = 5 cm, b = 7 cm, s = 9 cm
c) a = 7 cm, b = 5 cm, s = 9 cm
d) a = 9 cm, b = 5 cm, s = 7 cm

13 a) Wie viel lfm Vierkantholz wird für die Gartenlaube gebraucht?
b) Im Baumarkt wird Vierkantholz in 3 m und 4 m Länge angeboten. Wie viel Prozent Verschnitt entsteht?
c) Wie viel m² Holz wird für die Seitenwände benötigt? Wie groß ist die Dachfläche?

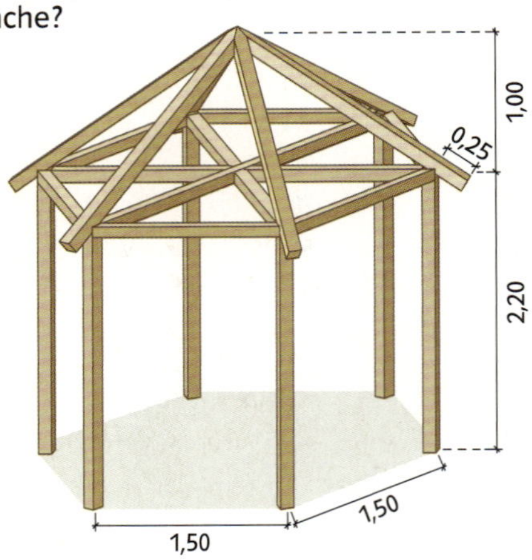

14 [●] Berechne die Dachfläche und die Fläche der Giebelwand.

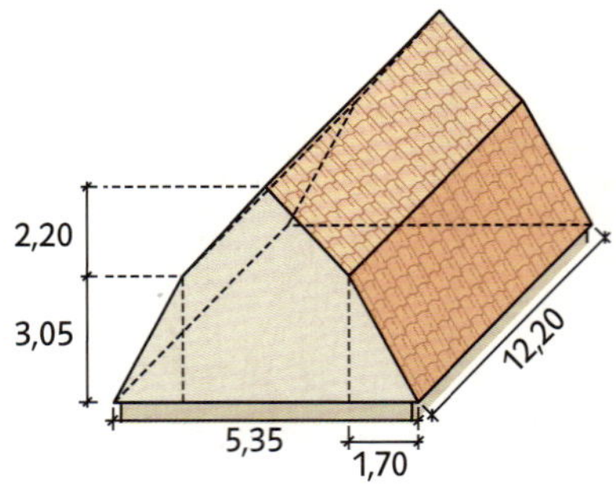

15 [●] Berechne die Dachfläche.
a) a = 14,30 m, b = 6,80 m, f = 8,70 m, h = 2,75 m
b) a = 22,45 m, b = 8,20 m, s = 6,90 m, h_a = 5,20 m

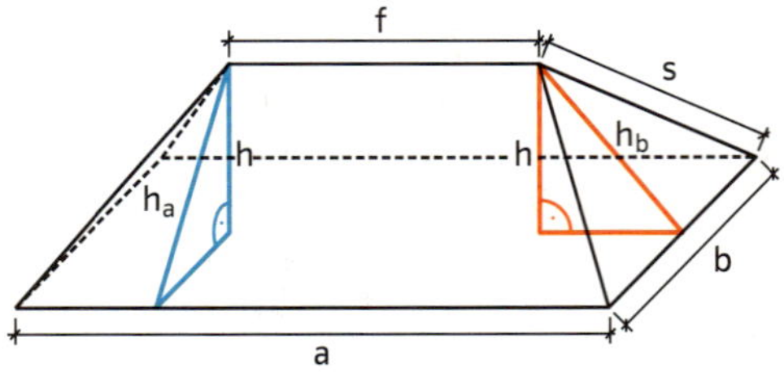

Schrägbilder von Dächern zeichnen

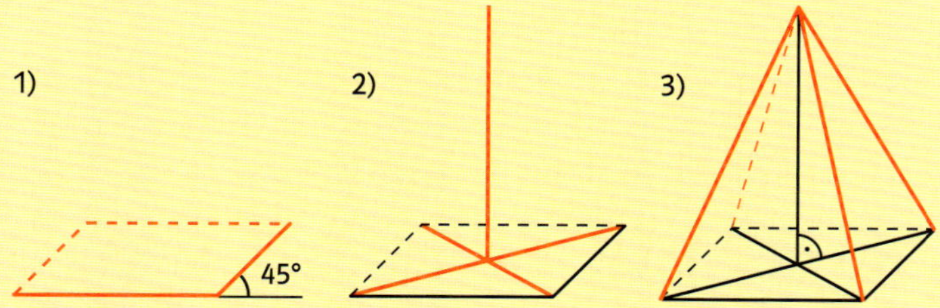

1) Zeichne die Grundfläche perspektivisch.

2) Zeichne die Diagonale als Hilfslinie ein. Zeichne die Höhe der Pyramide in wahrer Länge ein.

3) Verbinde die Spitze mit den Eckpunkten der Grundfläche.

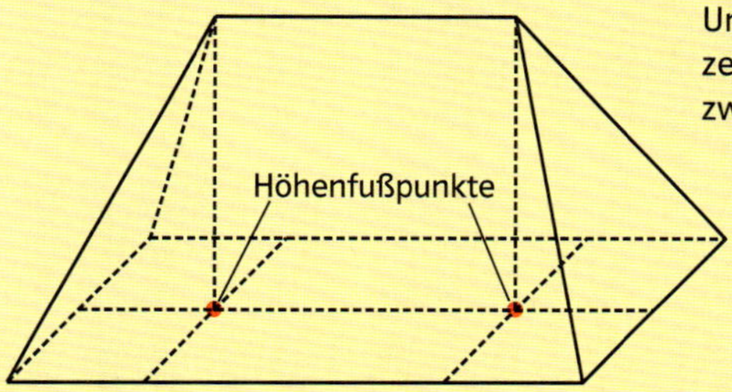

Um ein Walmdach zu zeichnen, braucht man zwei Höhenfußpunkte.

Tipp

Die Aufgabe 19 könnt ihr in Form eines Gruppenpuzzles lösen und präsentieren.

16 Suche dir zwei Dachformen aus.
a) Zeichne sie im Schrägbild.
b) Nimm realistische Längen an und berechne die Dachflächen.

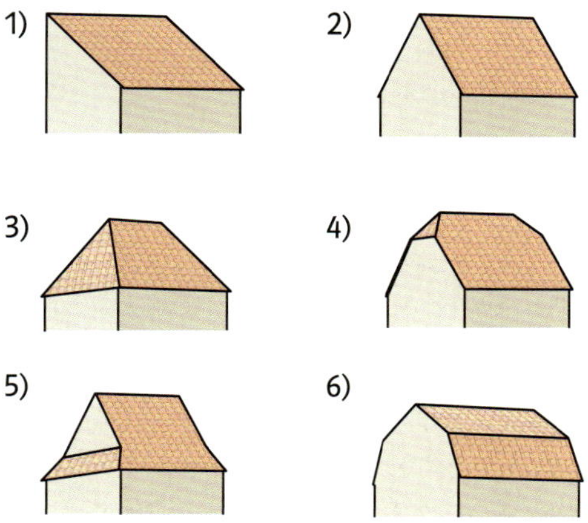

17 a) Berechne die Dachflächen.
b) Zeichne ein Schrägbild der Kirche.
c) Wie viel Farbe wird für den Anstrich benötigt? 2,5 l Farbe reichen für 15 m^2.

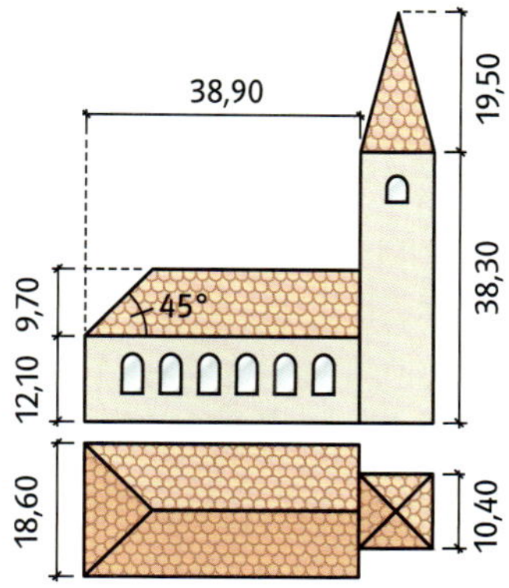

18 [●] a) Berechne die Längen von First, Grat und Kehle sowie die Dachflächen.
b) Zeichne das Dach im Schrägbild.

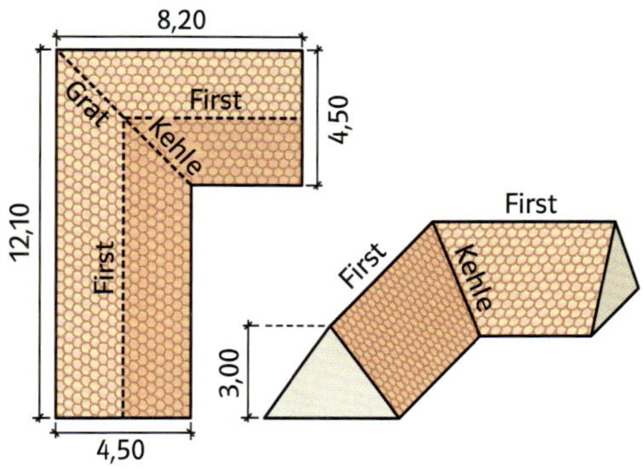

19 [👥] Berechnet die Kosten für das Dachdecken. Wählt dazu Dächer auf den Seiten 92 bis 97 aus.
- Ein Dachziegel bedeckt eine Fläche von 34 cm × 20 cm.
- Bei nicht rechteckigen Flächen entsteht Verschnitt. Dachdecker kalkulieren mit etwa 12 % Verschnitt.
- Ein Betrieb bietet Dachdecken für 22,30 € inkl. Dachziegel an.
- Unter den Dachziegeln werden in parallelen Reihen Dachlatten im Abstand von 34 cm angebracht. Preisangaben findet ihr auf Seite 98.

Gut bedacht

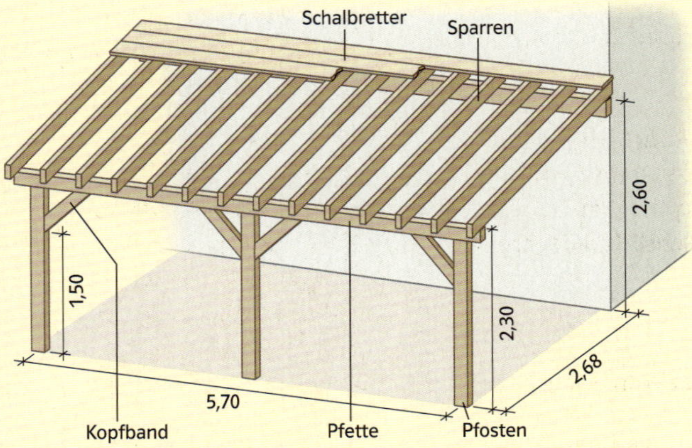

Preisliste

Holzpreise (ohne MwSt.)

Kantholz 8/16	223,00 €/m³
Kantholz 12/12	223,00 €/m³
Kantholz 12/16	247,00 €/m³
Schalholz	6,50 €/m²
Dachlatten	0,40 €/m

Dachziegelpreise (ohne MwSt.)

Falzziegel	1,00 €/Stück
Firstziegel	18,00 €/m

Regenrinnen 6,00 €/m

Angaben zu den **Arbeitskosten** und den **Zuschlägen** findet ihr auf Seite 91.

Übrigens

Manchmal hilft ein einfaches Modell der räumlichen Vorstellung auf die Sprünge.

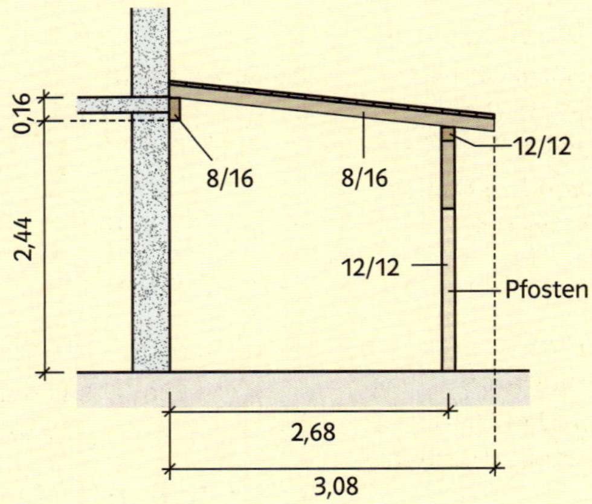

1 Ein Carport soll gebaut werden.

a) Stellt eine Holzliste auf.

b) Berechnet die Materialkosten. Die Preisangaben dazu findet ihr in der Liste.

c) Fertigt eine Kostenaufstellung für die Zimmererarbeiten an.

d) Plant den Arbeitsablauf zum Aufbau des Carports.

2 Sucht euch selbst Aufgaben zu diesem Dach. Hier einige Ideen:

- Längen bestimmter Hölzer
- Holzmenge
- Holzkosten
- Dachflächen
- entstandene Wohnfläche
- Angebot für eine Kundin
- Bestellung an das Sägewerk

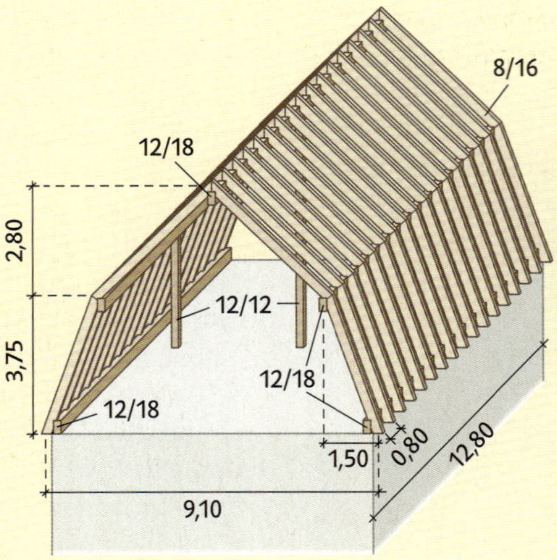

▹ Kästen, Seite 88 und 94

komplexe Aufgaben lösen

- Plan machen
- Rechenweg gegliedert aufschreiben

Berechne die Dachfläche.
Gegeben: $a = 3{,}50\ m$; $h = 2{,}80\ m$; $b = 5{,}30\ m$
Skizze:

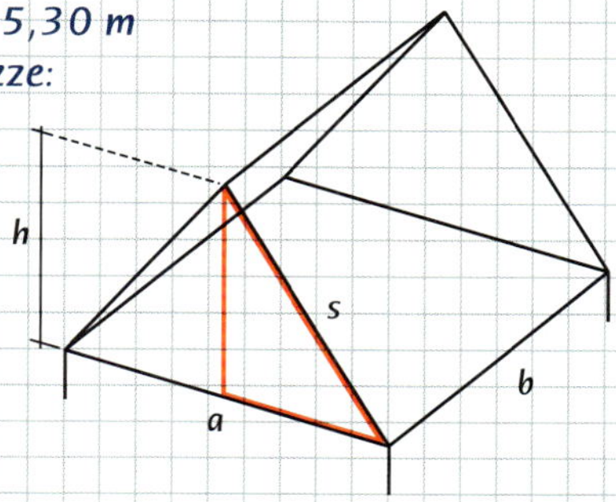

Checkliste

- Rechnungen **Schritt für Schritt planen**
- **Kurze Überschrift** zu jedem Abschnitt
- **Skizze** oder **Zeichnung** machen
- Rechenschritte **übersichtlich** aufschreiben.

Fragen für den Plan:
Welche **„mathematischen Werkzeuge"** brauche ich?
- Welche Teilstücke muss ich berechnen?
- Welche Stücke kenne ich schon?
- Welche **Formeln** brauche ich?
- Gibt es rechtwinklige Dreiecke, sodass ich den **Satz des Pythagoras** anwenden kann? Wenn ja, wird eine Kathete oder die Hypotenuse gesucht?
- Komme ich mit **ähnlichen Dreiecken** oder dem Strahlensatz weiter?

Beim Aufschreiben:
- **Einheiten** nicht vergessen.
- Teilergebnisse **zusammenfassen**. Kurze **Erläuterungen** sind hilfreich.
- Die **Endergebnisse** kenntlich machen.

Notwendige Teile in der Zeichnung farbig markieren. Hilfsdreiecke farbig einzeichnen!

$s^2 = h^2 + \left(\frac{a}{2}\right)^2$
$s^2 = 2{,}80^2 + 1{,}75^2$
$s^2 = 10{,}9025$
$s = \sqrt{10{,}9025}$
$s = 3{,}30\ m$

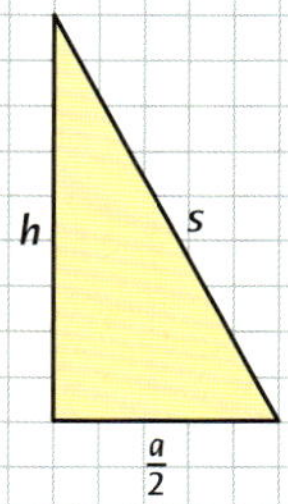

Flächeninhalt Viereck:
$A = s \cdot b = 3{,}30 \cdot 5{,}30\ m^2 = 17{,}49\ m^2$

Dachfläche D:
$D = 2 \cdot A = 2 \cdot 17{,}49\ m^2 \approx 35\ m^2$

Oberfläche einer Pyramide

Die **Oberfläche einer Pyramide** setzt sich aus den **dreieckigen Seitenflächen** und der **Grundfläche** zusammen.

Mantelfläche

Alle Seitenflächen zusammen nennt man auch **Mantelfläche**.

Pyramiden werden nach ihren Grundflächen benannt.

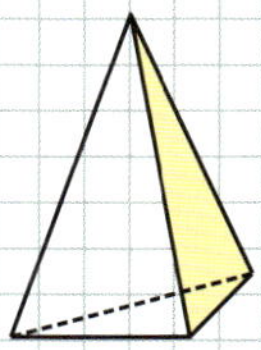
Dreieckpyramide

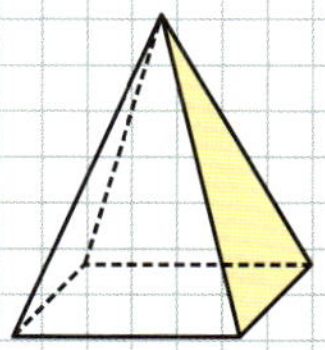
quadratische Pyramide

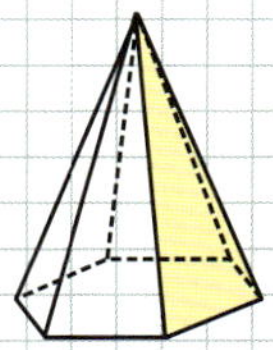
Sechseckpyramide

Eine Pyramide aus vier gleichseitigen Dreiecken heißt ***Tetraeder****.*

[mittel]

1 a) Berechne die Sparrenlänge.
Skizze nicht vergessen!
b) Wie groß ist die Giebelfläche?

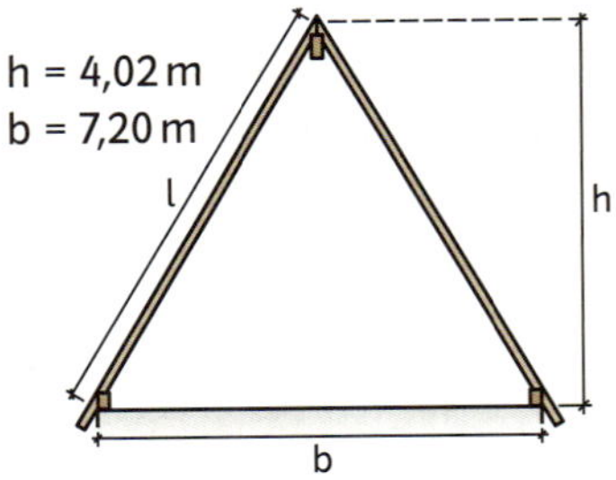

2 Berechne die Dachfläche.
Skizze nicht vergessen!

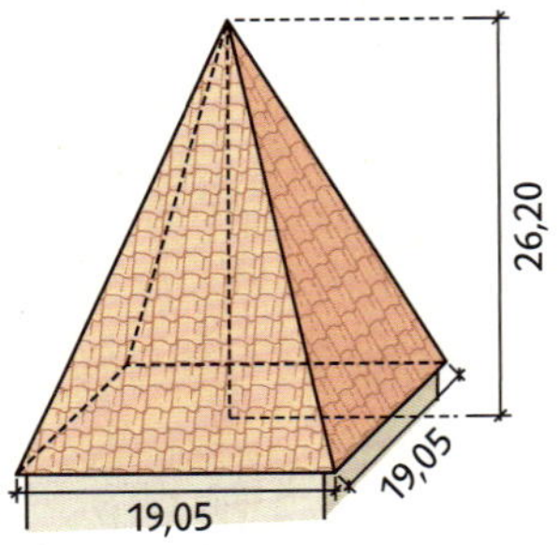

3 Britta und Ria wollen die Glasfläche der Eingangshalle des *Louvre* in Paris überschlägig nachrechnen. Aus dem Internet wissen sie, dass die Grundseite etwa 35 m lang ist und die Höhe der Glasfläche rund 28 m beträgt.

Britta: Ich rechne Grundseite mal Höhe geteilt durch 2. Also gerundet 40 mal 30 = 1200 und das durch 2 geteilt ergibt 600. Vier dreieckige Glasflächen sind zusammen rund 2400 m².

Ria: Im Internet steht aber, dass die Glasfläche 1950 m² beträgt. Irgendwer hat sich doch verrechnet, oder?

Was meinst du dazu? Begründe deine Antwort.

[schwieriger]

1 a) Berechne die Sparrenlänge.
Skizze nicht vergessen!
b) Wie groß ist die Giebelfläche?
c) Die Sparren haben einen Querschnitt von 12 cm × 16 cm. Das Holz kostet 223 €/m³.
Was kostet ein Sparren?
d) Ein Kehlbalken soll 2,40 m über dem Boden eingesetzt werden. Wie lang ist er? (Skizze!)

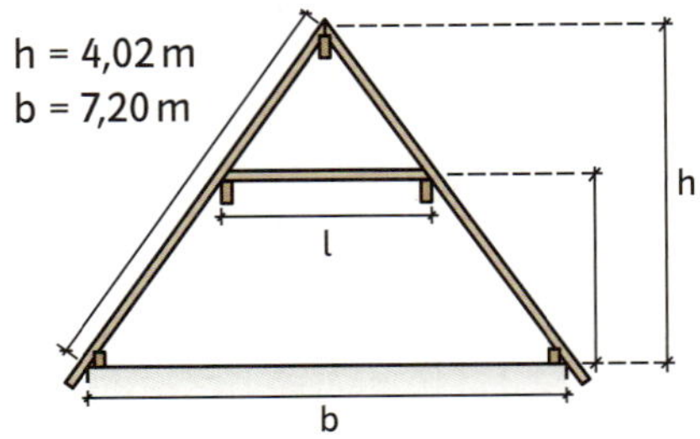

2 a) Bestätige durch eine Rechnung, dass die Dachfläche rund 92 m² beträgt.
Skizze nicht vergessen!
b) Ein Dachziegel bedeckt eine Fläche von rund 34 cm × 20 cm. Bei dreieckigen Flächen rechnet der Dachdecker mit 12 % Abfall durch Verschnitt.
Wie viele Dachziegel werden benötigt?

a = 8,10 m
b= 6,30 m
s = 7,40 m

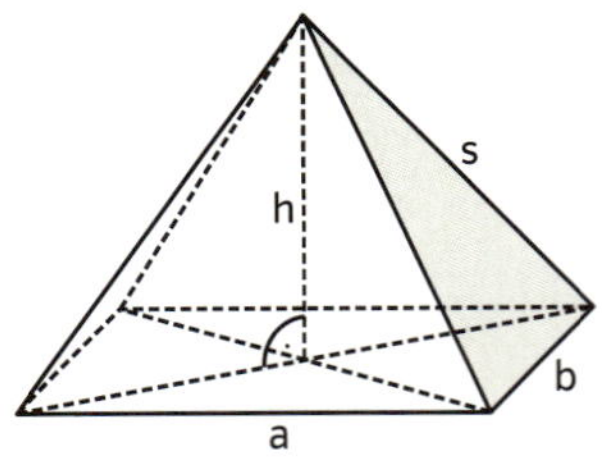

3 a) Gib zwei Rechenwege an, die Dachfläche des Walmdachs zu berechnen. Welche Längen benötigt man mindestens dafür?
b) Warum kann man die Dachflächen nicht berechnen, wenn man nur a, h_a, c und s kennt?
c) Wenn man h_a verdoppelt, dann wird auch die vordere Dachfläche doppelt so groß. Begründe das.

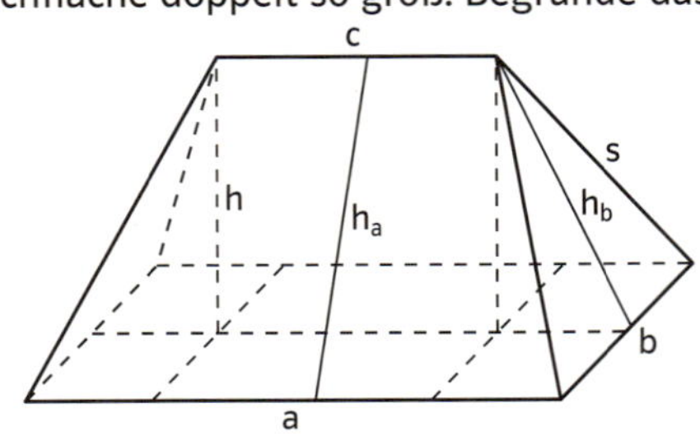

Schlägt man die Zeitung auf, findet man öfters Artikel, in denen mit Zahlen, Prozenten, Steigerungen, usw. argumentiert wird. Journalisten benutzen Grafiken und Diagramme, um Sachverhalte zu veranschaulichen. Zeitungen sind voll von Mathematik.

Nehmt euch doch selbst Zeitungsartikel und findet sinnvolle, mathematikhaltige Fragen. Klebt den Artikel, das Bild oder die Grafik auf eine Karteikarte. Notiert darunter eure Fragen und auf der Rückseite euren Lösungsweg.

König Kunde?

Hamburg. Der Energieversorger Eurostrom hat mit massiven Tarifsenkungen auf die jüngste Preisoffensive des Konkurrenten Regio-Elektro reagiert. Gegenüber dem Vorjahr werden die neuen Comfort-Tarife um bis zu 25 % günstiger sein. Außen vor bleiben die Eurostrom-Kunden in Städten über 20 000 Einwohnern. Sie bezahlen in Zukunft 5 % mehr. *gsj*

Meine Fragen:

Was bezahlt unser Haushalt für Strom im Jahr, wie viel Prozent mehr sind dies als im Vorjahr?

Manchmal findet man auffällige Bilder. Hier kann man verschiedene Dinge herausfinden, berechnen oder überprüfen. Hast du eine Idee, wie viele Container so ein Schiff geladen hat?

In diesem Kapitel lernt Ihr,

- den Blick für Mathematik in Zeitungen zu schärfen.
- Zahlenangaben in Zeitungsartikeln zu überprüfen.
- Zeitungsgrafiken auszuwerten.
- Angaben aus Zeitungsartikeln oder Grafiken zu veranschaulichen.
- weitere Informationen aus dem Zahlenmaterial eines Artikels zu erschließen.

Rechne nach – rechne weiter!

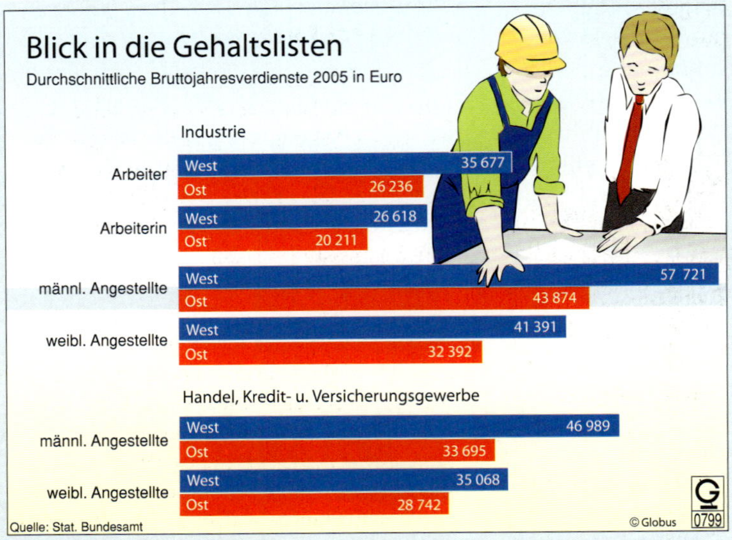

Im Osten liegen die Einkünfte noch deutlich unter Westniveau: Ein Arbeitnehmer in der Privatwirtschaft verdient im Schnitt 2 300 Euro brutto im Monat, berichtet das Statistische Bundesamt. Im Westen sind es 3 200 Euro. Immerhin holt der Osten auf: Dort sind die Bruttoeinkommen seit 2000 um 16 Prozent gestiegen, in der alten Bundesrepublik betrug das Plus 13 Prozent.

(Frankfurter Rundschau 9.12.2006)

Beispiel

Wie viel verdient ein Arbeiter in der Industrie mehr als eine Arbeiterin?

Aus der Grafik entnommen:
Arbeiter im Westen: 35 677 €
Arbeiterin im Westen: 26 618 €
$26\,618\,€ \mathrel{\hat{=}} 100\,\%$
$35\,677\,€ \mathrel{\hat{=}} \frac{35\,677 \cdot 100}{26\,618} \approx 134\,\%$

Aus der Grafik entnommen:
Arbeiter im Osten: 26 236 €
Arbeiterin im Osten: 20 211 €
$20\,211\,€ \mathrel{\hat{=}} 100\,\%$
$26\,236\,€ \mathrel{\hat{=}} \frac{26\,236 \cdot 100}{20\,211} \approx 130\,\%$

Antwort und Bewertung:
In West- und in Ostdeutschland verdienen Männer etwa 30 % mehr als Frauen. Auffallend ist, dass Männer im Osten nur etwa genauso viel verdienen wie die Frauen im Westen.

1 Verwende die Grafik und den Text *Gehaltslisten* oben.

a) Berechne die Monatsverdienste.
b) Wie hoch waren die durchschnittlichen Bruttoverdienste im Jahr 2000?
c) Eine Bankangestellte im Osten verdient monatlich weniger als eine im Westen. Wie viel sind das in Euro und in Prozent?
d) Wo ist der Unterschied im Bruttojahresverdienst zwischen Männern und Frauen am größten?
Gib das Ergebnis in Prozent an, möglichst ohne zu rechnen.
Wie hast du das gemacht?
e) Es muss Angestelltenbereiche oder Angestelltenberufe geben, in denen man mehr verdient als im Handel, Kredit- oder Versicherungsgewerbe.
Begründe diese Aussage.

2 Passen die Zahlen im Artikel zusammen? Prüfe das nach.

Angenommen, Herr Ackermann (Chef der Deutschen Bank) arbeitet 60 Stunden die Woche und 50 Wochen im Jahr. Dann kommt er auf einen Lohn von rund 4000 € – die Stunde wohlgemerkt. Zum Vergleich: das durchschnittliche Bruttoeinkommen eines Angestellten lag zuletzt laut Statistischem Bundesamt knapp unter 3 500 €, im Monat selbstverständlich. Das bedeutet, dass Ackermann gut 260-mal so viel Geld mit nach Hause nimmt wie sein Kollege am Bankschalter. Und ein Gebäudereiniger mit einem Stundenlohn von acht Euro müsste rund 700 Jahre die Fenster des Frankfurter Kreditinstituts putzen, um mit Ackermanns Jahreseinkommen gleichzuziehen.

(Frankfurter Rundschau, 20.10.2006)

Hinweis
Hier wird eine Formel zur Kreisberechnung benötigt (Seite 217).

3 Rechne die Pistenlänge des Rundkurses sowie die Geschwindigkeit und die Rundenzeit nach.

Mit 280 Stundenkilometern im Kreisverkehr
Mit bloßem Auge sieht man sie kaum, die Modellautos, wenn sie die 60 Meter lange Betonpiste entlang rasen. Nicht weil sie so klein sind, die Geschwindigkeit macht sie – einmal in Schwung gebracht – zu einem optischen Phantom. Gerade mal 0,6 Sekunden brauchen die schnellsten Mini-Rennwagen, um den standardisierten Kurs mit 20 Metern Durchmesser zu umrunden … Den Geschwindigkeitsweltrekord in dieser Kategorie hält ein Hesse: Walter Röder aus Maintal-Dörnigheim erreichte mit seinem Gefährt 332 Stundenkilometer.

(Frankfurter Rundschau, 11.1.2001)

4 Für die Schülerzeitschrift der Gesamtschule Mitte wurden die meisten Jugendlichen des 9. Jahrgangs zum Thema *Harry Potter* befragt. Ein Ergebnis:

„Fast 55 % unseres Jahrgangs haben Harry Potter gelesen. Von diesen 55 % fanden ihn genau 90 % sehr gut."

(Schülerzeitung „have a break – have a paper" Februar 2001)

Du kannst die Zahl der Befragten durch systematisches Probieren herausfinden, wenn du weißt, dass in diesem Jahrgang 60 Schülerinnen und Schüler waren. Beachte, dass das Ergebnis ganzzahlig sein muss.

Die Benzin-Lüge

Berlin taz ■ Der emotional angeheizte Streit um die Benzinpreise vernebelt zuweilen die Fakten. Vergleiche belegen: In Relation zu unseren Einkommen ist das Autofahren und insbesondere das Benzin in den letzten Jahren immer billiger geworden. So musste 1960 ein Arbeiter noch 13 Minuten für einen Liter Sprit arbeiten, der damals 31 Cent kostete. Heute verdient er sich denselben Liter – wieder bezogen auf den Bruttolohn – schon in 4,28 Minuten. Auch der Vergleich mit anderen Gütern zeigt, wie moderat die Preisentwicklung beim Benzin ist. Zwischen 1960 und 2000 ist der Sprit – nicht inflationsbereinigt – um 230 Prozent teurer geworden. Der Brotpreis hat in dieser Zeit aber um 500 Prozent zugelegt. Und wer mit dem Bus fährt, muss heute sogar zehnmal so viel zahlen wie 1960. Der Verdienst eines „vollzeitbeschäftigten Industriearbeiters" stieg im selben Zeitraum um 725 %. Teures Benzin? Wohl kaum.

(taz, 13.9.2000)

5 a) Stelle die im taz-Artikel genannten Kostensteigerungen anschaulich dar.
b) Stelle Vergleiche an zwischen der Entwicklung der Preise und des Verdienstes eines Industriearbeiters.
c) [●] Vergleiche den taz-Artikel mit dem fairkehr-Artikel. Stimmen die Aussagen in den beiden Artikeln überein?
d) [●] Wie haben sich Benzinpreis und Einkommen bis heute entwickelt? Setze den Artikel unten entsprechend fort.

… Hätte sich der Benzinpreis seit 1960 wie der Brot- oder Milchpreis entwickelt, kostete der Liter Sprit heute 1,35 Euro. Wäre er an die Einkommenssteigerung gekoppelt, läge der Benzinpreis gar bei 2,85 Euro. Anders gesagt: 1950 musste ein Arbeiter noch fast 22 Stunden arbeiten, um den Tank seines Autos zu füllen, heute sind es nur noch wenig mehr als drei Stunden …

(fairkehr, 1/2000)

Bilder und Rechnungen

Das Eis schrumpft

… Das Team vermaß auch Bereiche unterhalb der 2000-m-Höhenlinie und stellte an 70 % der grönländischen Küste den Eisverlust von einem Meter Dicke pro Jahr fest. Insgesamt verliert der Schild damit jährlich ein Volumen von 51 Kubikkilometer, was den Meeresspiegel um 0,13 Millimeter anhebt; das ist etwa ein Siebtel des jährlich weltweit beobachteten Anstiegs …

(Science, Bd. 289/2000)

Beispiel

Stelle die Messergebnisse anschaulich dar.
Lösungsvorschlag:

- *Das wäre ein Würfel mit 3,7 km (!) Kantenlänge.* $3{,}7^3\,km^3 \approx 51\,km^3$
- *Als Quader, der 100 m hoch, 10 km breit und 51 km lang ist.* $51 \cdot 10 \cdot 0{,}1\,km^3 = 51\,km^3$
- *Wasserverbrauch einer 4-köpfigen Familie: ca. 150 Liter pro Tag und Person, d. h. die Familie benötigt 219 000 Liter pro Jahr. Das sind* $219\,m^3$ *bzw.* $0{,}000\,000\,219\,km^3$.
- $51\,km^3$ *sind dann der Jahresverbrauch von etwa 233 Millionen Familien.*

Info

Zum Vergleich: Der Rheinfall von Schaffhausen

Der größte Wasserfall Europas lässt pro Sekunde zwischen $100\,m^3$ und $1000\,m^3$ Wasser in die Tiefe tosen. Durchschnittswerte im Sommer: $250\,m^3$ pro Sekunde; im Winter: $600\,m^3$ pro Sekunde.

1 a) Veranschauliche die im Artikel unten genannte tägliche Wassermenge und stelle Vergleiche an.
b) Welche Fläche hatte das Schwarze Meer vor 7500 Jahren ungefähr?
Welchen Wert erhältst du aus dem Text, welchen aus der Grafik?

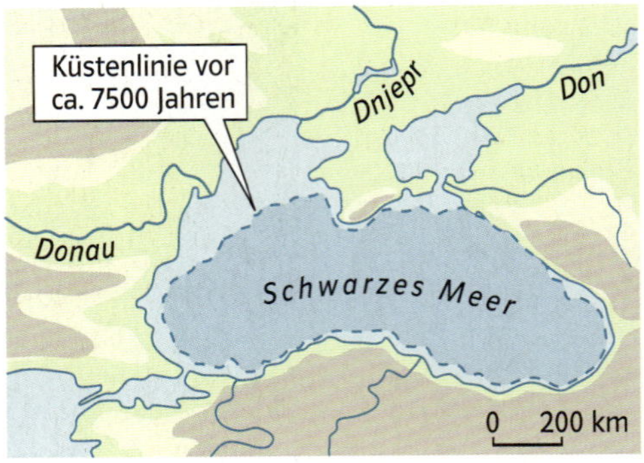

Die Schleusen der Erde öffnen sich

Wissenschaftler wollen im Schwarzen Meer eine plausible Erklärung für die biblische Sintflut gefunden haben

Während der letzten großen Eiszeit war durch das Vorrücken der Gletscher der Spiegel der Weltmeere um 120 Meter gesunken. Mit Beginn der Warmzeit vor rund 12 000 Jahren ließ das Schmelzwasser die Ozeane wieder ansteigen. Nur das Schwarze Meer lag als Süßwassersee weiterhin tiefer, weil es vom Mittelmeer durch eine Landbrücke getrennt war. Vor rund 7600 Jahren konnte dieser Naturdamm dem immer stärker werdenden Druck nicht mehr standhalten – er brach.
„Ein Horrorereignis für die Menschen dieser Gegend", erläutert Geophysiker Walter Pitman. Zwei Jahre lang, so das Szenario der Forscher, strömten täglich rund 16 Kubikkilometer Salzwasser in das sich nun bildende Schwarze Meer, wobei der Wasserspiegel um 15 Zentimeter pro Tag stieg. Das Getöse dieses gigantischen Wasserfalls muss 100 Kilometer weit zu hören gewesen sein. Pitman sagt: „Die Bauern, die zuvor aus dem wärmeren Zweistromland am Ende der letzten Eiszeit im Küstengebiet des Süßwassersees gesiedelt hatten, flohen vermutlich in ihre angestammte Heimat zurück und brachten dabei die Berichte über die jüngste Flutkatastrophe mit.

(Frankfurter Rundschau, 11.11.2000)

Info

Ein weit verbreiteter Standard-Container hat folgende Maße:
- Breite 8 Fuß
- Höhe 8 Fuß und 6 Zoll
- Länge 20 Fuß

(Daraus ergibt sich die Abkürzung TEU – Twenty-foot Equivalent Unit)
- Leergewicht 2300 kg
- Zuladung max. 28 t

2 a) Wie viele Container hat das Schiff geladen? Beschreibe deinen Lösungsweg.
b) Welches Volumen haben diese Container zusammen? Welches Gewicht wird transportiert?
c) Dieses Schiff wird als *8750-TEU-Containerfrachter* bezeichnet. Erkläre, warum.

3 a) Die Aussage „mehrere hunderttausend … Fotos" aus dem Artikel unten ist recht ungenau. Wie viele sind es?
b) Das Foto zeigt nur einen Ausschnitt der gesamten Werbefläche. Woran erkennt man das? Welche Maße hat die gesamte Werbefläche ungefähr?

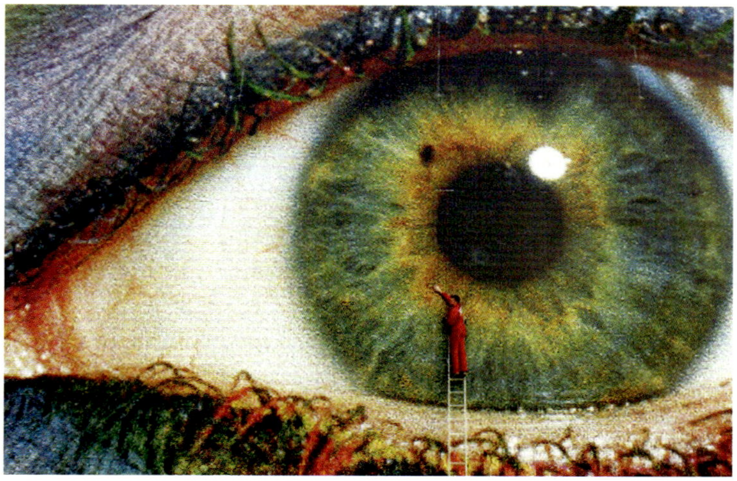

Ein Riesenauge wacht über die Bürger von Bückeburg
656 Quadratmeter groß ist dieses Auge auf einer Kunststoffplatte, die in Bückeburg aufgestellt worden ist. Das Bild besteht aus mehreren hundertausend jeweils vier mal sechs Zentimeter großen Fotos …

(Weser Kurier 1.12.2000)

4 Wie weit ist das Flugzeug etwa vom Fotografen entfernt? Das Flugzeug ist rund 47 m lang.

5 Mache eine Skizze, wie du dir die Form dieses „Drachens" vorstellst. Trage die Maße ein.

Ein riesiger Osterhase flattert an den Feiertagen am Ostseestrand im schleswig-holsteinischen Damp am Himmel. Damper Drachenbauer nähten die 23,5 Meter hohe Hasenfigur in 400 Arbeitsstunden aus Kunstseide zusammen. Nach der erfolgreichen Generalprobe am Dienstag soll der bunte Hase am Ostersonntag in die Luft gehen. Der ungewöhnliche Drachen hat eine Fläche von 360 Quadratmetern.

(Westfälische Nachrichten, 12.04.2006)

Frage nach – denke weiter!

Finde zu den Artikeln und Zeitungsgrafiken auf dieser Seite sinnvolle, mathematikhaltige Fragen.
Schreibe deinen Lösungsweg auf.

Umkämpftes Handy-Geschäft

Anteile am Weltmarkt in Prozent

	2. Vj. 2005	2. Vj. 2006
Nokia	31,6%	33,6%
Motorola	17,7	21,9
Samsung	12,9	11,1
Sony Ericsson	6,1	6,7
LG	6,7	6,3
BenQ Siemens	4,8	3,2
sonstige	20,2	17,2
Zahl der verkauften Handys	**193,6 Mio.**	**229,1 Mio.**

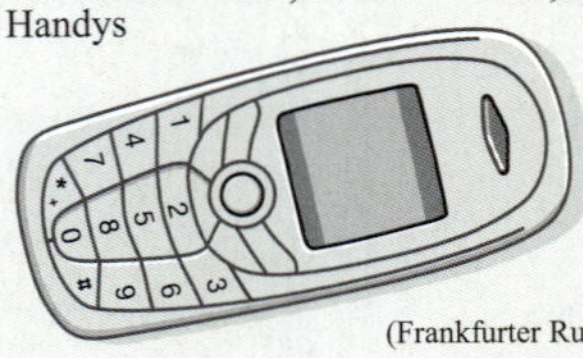

(Frankfurter Rundschau 30.09.2006)

Der Rostocker Extremsportler Ronald Prokein (34) ist in 94 Tagen von Istanbul zum Nordkap gelaufen. Begleitet von einem Kameramann und seinem Schäferhund erreichte er gestern das Nordkap in Norwegen, teilte sein langjähriger Reisepartner Markus Parsch in Rostock mit. Prokein war Mitte Mai in der türkischen Metropole aufgebrochen und hatte während seines mehr als 5000 Kilometer langen Laufes durch Europa elf Länder durchquert.

Der schnellste Stern, der jemals von der Erde aus gesichtet wurde, stammt vermutlich von einer Nachbargalaxie der Milchstraße. Mit 2,6 Millionen Kilometern in der Stunde sei er so rasant unterwegs, dass er die Erde in weniger als einer Minute umkreisen würde, sagte Uli Heber von der Universität Erlangen gestern.
Der Name des schnellen Sterns: HE 0457-5439.

(Westfälische Nachrichten, 11.11.2005)

Mehr als 600 000 Kürbisse …

(Süddeutsche Zeitung Oktober 2000)

(Frankfurter Rundschau 5.12.2006)

Brücken und mehr

In der Architektur begegnen uns an vielen Stellen Parabeln: Elegant wirkende Bögen, die zunächst steil ansteigen, dann flacher werden, einen höchsten Punkt erreichen, um dann in der gleichen Weise wieder abzufallen.
The Arch in St. Louis in den USA und viele Brücken sehen wie Parabelbögen aus.
Den Verlauf von Parabeln kann man mathematisch beschreiben und berechnen.

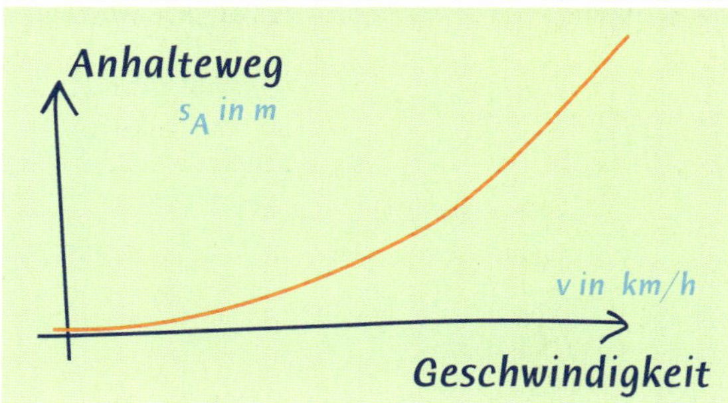

Viele Brückenbögen sind Parabeln zum Anfassen. Parabeln treten aber auch als reine Funktionsgraphen auf, beispielsweise wenn man die Abhängigkeit des Bremsweges oder des Anhalteweges von der Geschwindigkeit darstellt.

In diesem Kapitel lernt ihr,

- welche charakteristischen Eigenschaften quadratische Funktionen und ihre Graphen, die Parabeln, haben.
- wie man mit quadratischen Funktionen rechnet.
- verschiedene Bereiche kennen, in denen quadratische Zusammenhänge vorkommen.
- wie man Reaktionsweg, Bremsweg und Anhalteweg eines Pkw vereinfacht berechnet.
- weshalb sich der Bremsweg vervierfacht, wenn sich die Geschwindigkeit verdoppelt.

Check-in

Über diese Dinge solltest du Bescheid wissen, bevor du dich mit dem Thema „Brücken und mehr" beschäftigst. Lege ein Blatt auf die Buchseite und kreuze an, wie du dich einschätzt.
Mit den Aufgaben auf der rechten Seite kannst du deine Einschätzung überprüfen.

Wenn du nach dieser Überprüfung noch Kreuzchen in der dritten oder vierten Spalte hast, arbeite deine Lücken auf: Du findest in der Mathematischen Werkstatt am Ende des Buches Zusammenfassungen und Übungsaufgaben zu vielen Themen. Du kannst aber auch Mathe-Bücher aus den vorherigen Schuljahren oder die Formelsammlung benutzen oder jemanden fragen, der sich damit auskennt.

Checkliste	Kann ich schon	Da bin ich fast sicher	Ich bin noch unsicher	Kann ich noch nicht
1 *Ich kann Funktionswerte berechnen.*	☐	☐	☐	☐
2 *Ich kann zu gegebenen Funktionswerten passende x-Werte bestimmen.*	☐	☐	☐	☐
3 *Ich kann Wertetabellen zu Funktionsgleichungen erstellen.*	☐	☐	☐	☐
4 *Ich kann zu einer Wertetabelle den zugehörigen Graphen im Koordinatensystem zeichnen.*	☐	☐	☐	☐
5 *Ich kann Funktionsgleichungen, Wertetabellen und Graphen einander richtig zuordnen.*	☐	☐	☐	☐
6 *Ich kann eine Realsituation einem Graphen zuordnen.*	☐	☐	☐	☐

In der Mathematischen Werkstatt findet ihr:

▷ Zuordnungen, Seite 176 – 178
▷ Gleichungen, Seite 173 – 175

Aufgaben zur Checkliste

1 Funktionswerte berechnen

a) Berechne zu den gegebenen x-Werten den Funktionswert.

1) $x = 3$; $f(x) = 4x - 6$

2) $x = -2$; $f(x) = x^3 + 9x$

3) $x = 1$; $f(x) = x^5 - x^4$

b) Welcher Funktionswert passt zur Funktionsgleichung $f(x) = x^2 - 4x + 5$?

$f(1) = 10$ | $f(-2) = 10$ | $f(-2) = 17$

$f(1) = 2$ | $f(-3) = 26$ | $f(-3) = 8$

2 x-Werte berechnen

Berechne den x-Wert.

a) $f(x) = 4$; $f(x) = 5x - 6$

b) $f(x) = -7$; $f(x) = -3x + 5$

c) $f(x) = 1$; $f(x) = x^5$

3 Wertetabellen erstellen

Notiere eine Wertetabelle für x-Werte von −3 bis 3.

a) $f(x) = x - 2$

b) $f(x) = -3x + 4$

c) $f(x) = x^2 + 2$

d) Welche der unten abgebildeten Wertetabellen passt zur Funktionsgleichung $f(x) = x^2 - 2x$?

1)

x	−3	−2	−1	0	1	2	3
f(x)	−3	0	1	0	−1	0	3

2)

x	−3	−2	−1	0	1	2	3
f(x)	15	8	3	0	−1	0	3

4 Graphen zeichnen

a) Trage die Punkte zu den Aufgaben 3a) bis c) jeweils in ein Koordinatensystem ein und verbinde diese zu einem Graphen.

b) Beschreibe den Verlauf der Graphen.

5 Zusammenhang zwischen Funktionsgleichung, Wertetabelle und Graph

a) Welche Funktionsgleichungen, Wertetabellen und Graphen gehören zueinander?

Funktionsgleichungen:

1) $f(x) = 0{,}5\,x + 2{,}5$

2) $f(x) = -x + 3$

3) $f(x) = 6x$

4) $f(x) = \frac{1}{4}x - 4$

5) $f(x) = -\frac{2}{3}\,x$

Wertetabellen:

x	−2	−1	0	1	2
$f_1(x)$	5	4	3	2	1
$f_2(x)$	−4,5	−4,25	−4	−3,75	−3,5
$f_3(x)$	1,5	2	2,5	3	3,5
$f_4(x)$	$\frac{4}{3}$	$\frac{2}{3}$	0	$-\frac{2}{3}$	$-\frac{4}{3}$
$f_5(x)$	−12	−6	0	6	12

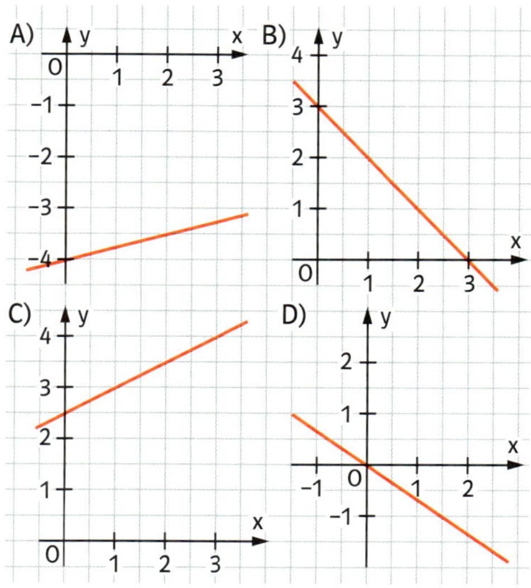

b) Ein Graph ist nicht abgebildet, zeichne ihn mit einer geeigneten Achseneinteilung.

6 Realsituation zuordnen

Welcher der Graphen in Aufgabe 5 könnte den Taxifahrpreis in Abhängigkeit von der Fahrstrecke beschreiben? Begründe.

▻ Lösungen, Seite 202

Brücken

Im Verkehrswesen und in der Baukunst hatten Brücken immer schon eine sehr große Bedeutung. Form und Material haben sich häufig verändert. Zwei Typen findet man aber immer wieder – Hängebrücken wie die *Golden Gate Bridge* rechts und Bogenbrücken wie unten abgebildet.

Die Hauptkabel von Hängebrücken beschreiben einen parabelförmigen Bogen. Der Parabelbogen ist nach oben geöffnet. Parabeln sind Kurven, die sich mithilfe von Funktionen beschreiben lassen, die ein x^2 im Term haben. Solche Funktionen heißen **quadratische Funktionen**.

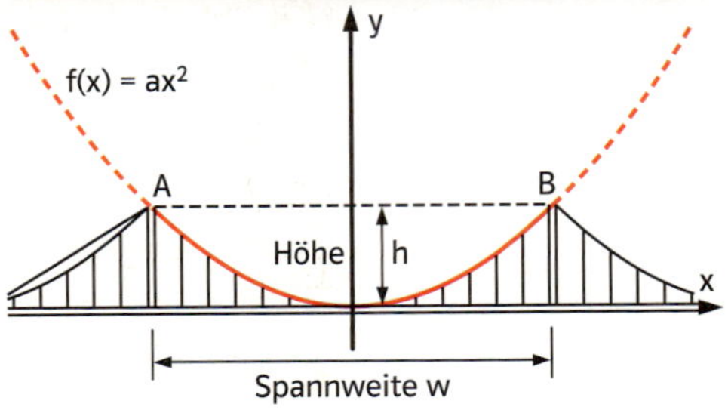

1 [👥 @] Bei Hängebrücken hängt die Fahrbahn an Tragseilen, die über ein Hauptkabel mit den Pylonen verbunden sind.
a) Erstellt auch für Bogenbrücken eine Skizze und beschreibt Unterschiede der Konstruktionsprinzipien.
b) Betrachtet Brücken in eurer Umgebung oder recherchiert im Internet, skizziert sie und teilt sie in Hängebrücken und Bogenbrücken ein.

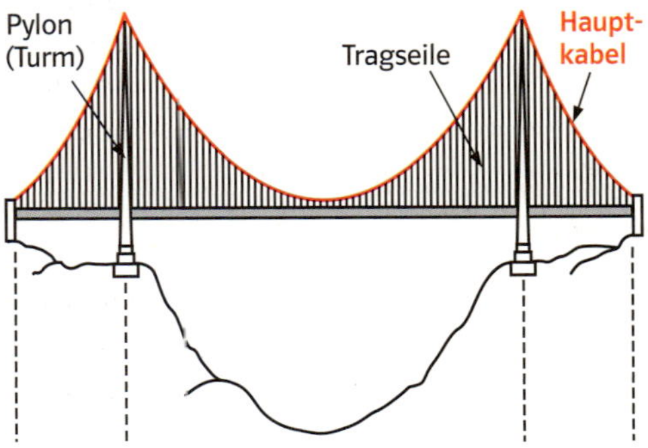

2 Die zur quadratischen Funktion $f(x) = 0{,}1 \cdot x^2$ gehörige Parabel hat den folgenden Verlauf.

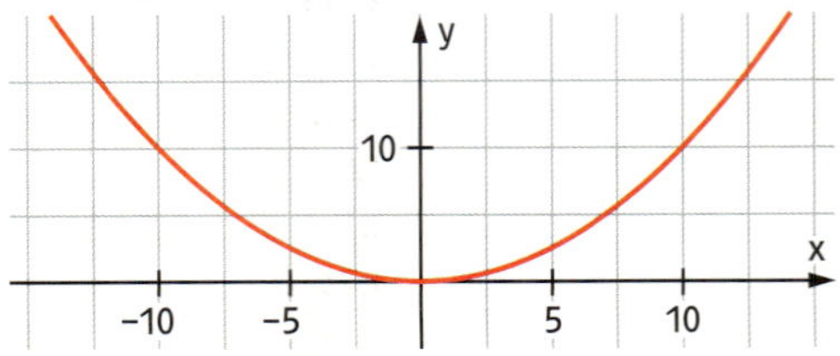

x	−9	−5	−1	0	1	5	9
$f(x) = 0{,}1 \cdot x^2$	8,1		0,1				8,1

a) Vervollständige die Wertetabelle.
b) Erläutere an mehreren Wertebeispielen: Der Graph, die Tabelle und die Funktionsgleichung beschreiben dieselbe Funktion.

3 Welche quadratische Funktion passt zum Verlauf der Parabel der *Golden Gate Bridge* ($w = 1280\,m$, $h = 144\,m$)? Probiert Werte für a in $f(x) = a\,x^2$.

▻ Merkkasten, Seite 40

4 Legt man den Nullpunkt des Koordinatensystems in den höchsten Punkt, so lässt sich die Parabel einer Bogenbrücke bei einer Spannweite von 5 m und einer Höhe von 2,50 m durch die Funktionsgleichung $f(x) = -0{,}4x^2$, eine Wertetabelle und einen Graphen beschreiben.
a) Zeige, dass die drei Darstellungen zueinander passen. Ergänze dazu die Wertetabelle im Heft.
b) Warum muss der Faktor a vor x^2 hier negativ sein?

x	−2,5	−2	−1	0	1	2	2,5
$f(x) = -0{,}4x^2$		−1,6					−2,5

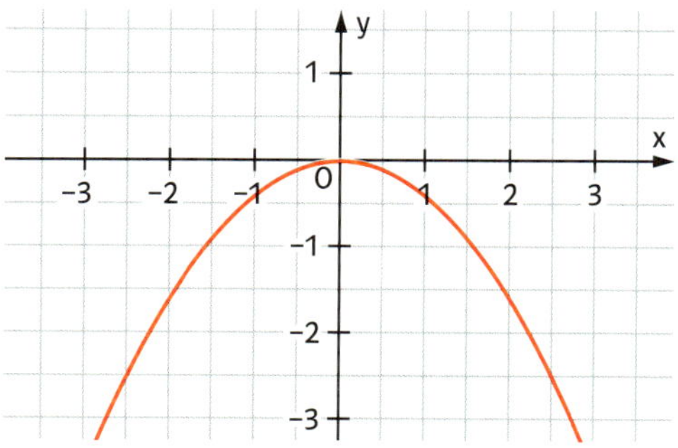

5 [ååå] a) Wählt einen positiven und einen negativen Wert für a, legt eine Wertetabelle an und skizziert für beide den passenden Graphen zu $f(x) = ax^2$.
b) Beschreibt Parabeln mit positivem und negativem a-Wert.
c) [💻] Erforscht mit einem Computerprogramm, wie sich unterschiedliche Werte von a auf die Gestalt der Parabel auswirken.

6 Der Baumeister der Brücke musste diese von unten nach oben aufbauen und dazu brauchte er die Höhe des Parabelbogens, z. B. oberhalb des Wasserspiegels. Im Koordinatensystem kann man dies veranschaulichen, indem man die x-Achse entsprechend nach unten verlegt.

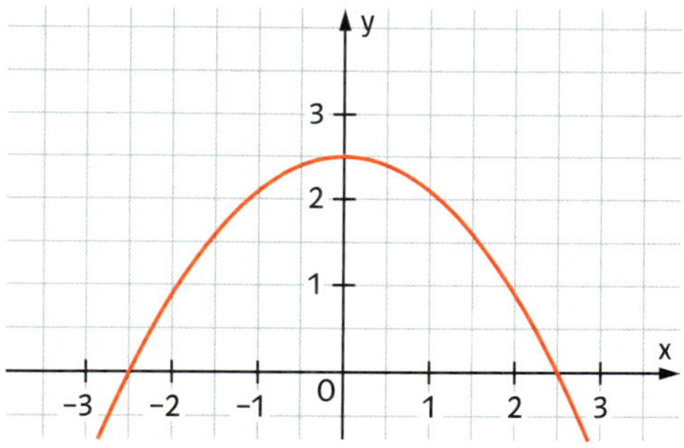

a) Wie hoch ist der Brückenbogen in der Mitte bei $x = 0$?
b) Erstelle zu diesem Koordinatensystem die Wertetabelle neu im Heft.

x	−2,5	−2	−1	0	1	2	2,5
f(x) = ?							0

c) Vergleiche die Funktionswerte in den beiden Wertetabellen auf dieser Seite. Notiere, wie sie sich unterscheiden.
d) Findest du einen passenden Funktionsterm?

7 [ååå @ 💻] Sucht Bilder von Brücken (Frontalansichten) im Internet. Prüft mit einem Computerprogramm, ob sich durch die Brückenbögen Parabeln legen lassen.

Online Link ↗
Zu Aufgabe 7:
720350-1111

▷ Merkkasten, Seite 40; Mathematische Werkstatt, Seite 190 – 192

Die quadratische Funktion $f(x) = ax^2$

x	−2	−1	−0,5	0	0,5	1	2
$f(x) = x^2$	4	1		0	0,25		

Vervollständige die Wertetabelle und zeichne den Graphen.
Wie ändert sich der Funktionswert, wenn der x-Wert
– verdoppelt wird?
– sein Vorzeichen wechselt?

Die einfachste quadratische Funktion hat die **Gleichung** $\mathbf{f(x) = x^2}$.
Ihr Graph heißt **Normalparabel**.
Die Normalparabel ist nach oben geöffnet.
Ihr **Scheitelpunkt** ist der Ursprung (0 | 0) und die y-Achse ist **Symmetrieachse**.
Eine Verdopplung der x-Werte bewirkt eine Vervierfachung der Funktionswerte.

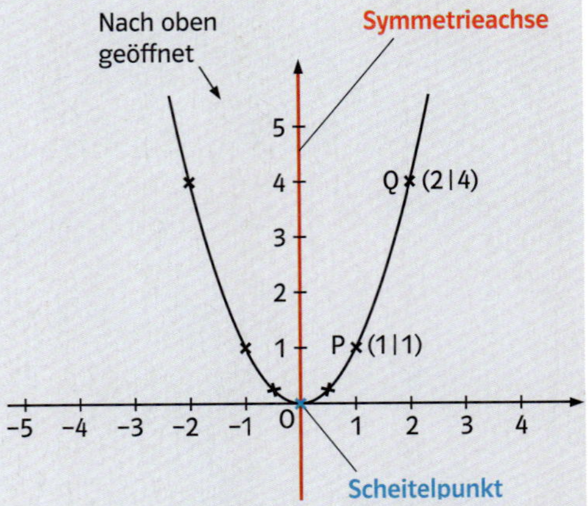

1 Die Tabelle zeigt einige Werte der quadratischen Funktionen mit den Gleichungen $f(x) = x^2$, $f(x) = 2x^2$, $f(x) = \frac{1}{2}x^2$ und $f(x) = -x^2$ und $f(x) = -\frac{1}{4}x^2$. Rechts sind die Parabeln zu den Funktionsgleichungen abgebildet.

x	−2	−1	−0,5	0	0,5	1	2
x^2	4	1	0,25	0	0,25	1	4
$2x^2$		2		0			8
$\frac{1}{2}x^2$		0,5		0			
$-x^2$		−1					
$-\frac{1}{4}x^2$	−1					−0,25	

a) Wähle eine unvollständige Wertetabelle aus, ergänze sie und zeichne den Graphen und die Normalparabel in dein Heft. Beschreibe die Änderungen gegenüber der Normalparabel.
b) Ordne alle fünf Parabeln und Funktionsterme einander zu. Musst du dazu alle Wertetabellen ausfüllen?
c) Beschreibe, wie sich die Normalparabel (mit $a = 1$) ändert, wenn a vergrößert und verkleinert wird.

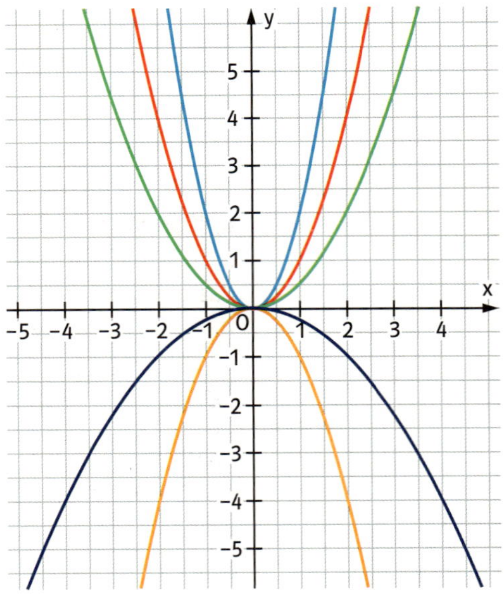

Tipp
Nutze ein Computerprogramm für deine Experimente.

2 Zeige an geeigneten Zahlen aus den Wertetabellen und an Punkten der Graphen, was geschieht, wenn sich der x-Wert
a) verdoppelt
b) vervierfacht.

▻ Mathematische Werkstatt, Seite 176 – 178; Formelsammlung, Seite 220

Die Graphen der **quadratischen Funktionen** mit den Gleichungen $f(x) = x^2$, $f(x) = 2x^2$, $f(x) = \frac{1}{2}x^2$, $f(x) = -x^2$ und $f(x) = -\frac{1}{4}x^2$, allgemein $\mathbf{f(x) = a\,x^2}$ mit einer gegebenen Zahl a, heißen **Parabeln**. Der **Scheitelpunkt** ist der Ursprung (0 | 0). Die y-Achse ist **Symmetrieachse**. Form und Öffnung der Parabel werden durch die Zahl a bestimmt.

3 Wie ist die Parabel geöffnet?

a) $f(x) = -0{,}5x^2$ b) $f(x) = x^2$

c) $f(x) = 4136x^2$ d) $f(x) = -0{,}0003x^2$

4 a) Schätze jeweils den Wert des Faktors a.

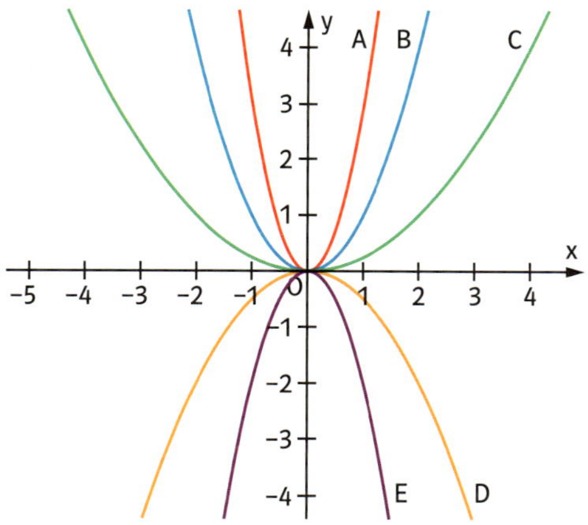

b) Klaus schätzt für Parabel A den Faktor a = −3, Maja dasselbe für Parabel E. Kann das sein? Begründe.

Für eine quadratische Funktion $f(x) = a\,x^2$ gilt:
Ist $\mathbf{a > 1}$, so ist die Parabel **schmaler** als die Normalparabel. Liegt a zwischen 0 und 1 ($\mathbf{0 < a < 1}$), ist die Parabel **breiter** als die Normalparabel.

5 Erläutere: Welche Graphen zu den Funktionsgleichungen verlaufen schmaler, welche breiter als die Normalparabel?

a) $f(x) = 5x^2$ b) $f(x) = \frac{1}{5}x^2$

c) $f(x) = 1{,}5x^2$ d) $f(x) = 0{,}5x^2$

6 [💻] a) Notiere selbst Beispiele mit negativen a-Werten und vergleiche sie mit dem Graphen zu $f(x) = -x^2$. Falls du den Verlauf nicht sofort weißt, probiere ihn mit einem Computerprogramm aus.

b) Formuliere die Ergebnisse als Sätze, ähnlich denen zu positiven a-Werten.

7 Beschreibe Form und Öffnung der Parabeln.

a) $f(x) = -0{,}9x^2$ b) $f(x) = 1{,}5x^2$

c) $f(x) = \frac{3}{2}x^2$ d) $f(x) = -\frac{1}{2}x^2$

8 Bei einer Spannweite w = 40 m sollen die Hauptkabel einer Brücke in 30 m Höhe an dem Pylon befestigt werden (siehe S. 110).

a) Ein Architekt plant eine Hängebrücke nach der Funktionsvorschrift $f(x) = 0{,}075x^2$. Passt das?

b) Kann man das Hauptkabel noch anfassen, wenn man 7 m neben dem Scheitelpunkt bei C steht?

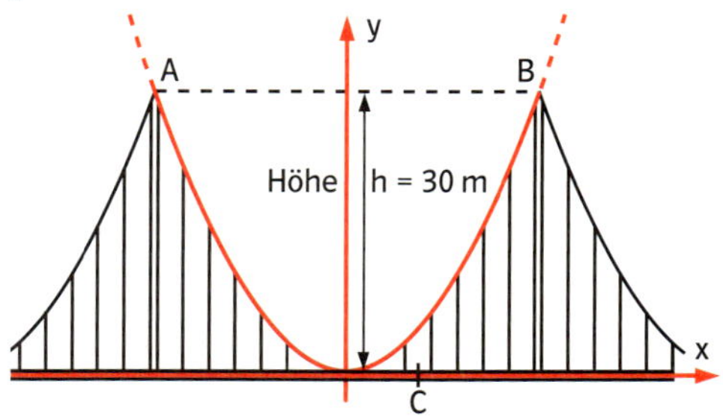

9 Eine Bogenbrücke soll eine Breite von 20 m überspannen und 15 m hoch gebaut werden.

a) Passt $f(x) = 0{,}15x^2$? Bedenke auch das Vorzeichen.

b) Skizziere den zugehörigen Graphen.

Vom Graphen zur Funktionsgleichung

Wenn man zu einer Parabel die Funktionsgleichung bestimmen möchte, kann man folgendermaßen vorgehen.

1. Wähle einen gut ablesbaren Punkt auf dem Graphen.
2. Setze den x-Wert und den y-Wert des Punktes in die Funktionsgleichung ein.
3. Löse die Gleichung nach a auf.
4. Formuliere die Funktionsgleichung.

Beispiel:

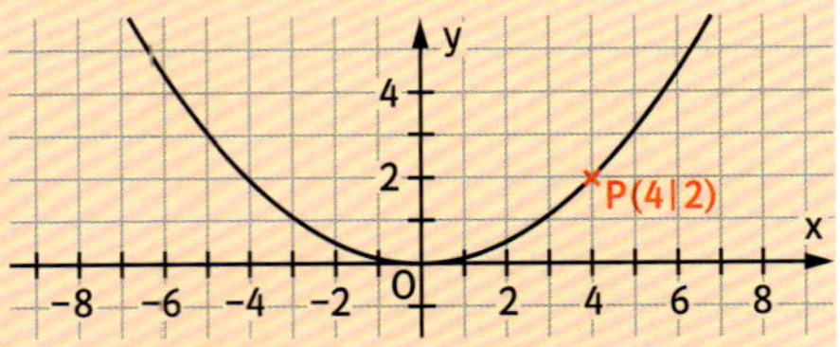

1. P(4|2) liegt auf dem Graphen.
2. P(4|2) in $f(x) = a\,x^2$ einsetzen. $2 = a \cdot 4^2$
3. Nach a auflösen $a = \frac{1}{8}$
4. Funktionsgleichung formulieren $f(x) = \frac{1}{8}x^2$

▻ Überprüfe das Verfahren anhand von zwei weiteren Punkten.

10 Welche Wertetabelle passt zu welcher Funktionsgleichung? Ergänze die ohne Partner.

$f(x) = -x^2$

$f(x) = \frac{1}{4}x^2$

$f(x) = 2x^2$

$f(x) = -0{,}5x^2$

$f(x) = -3x^2$

x	−2	−1	0	1	2	3
f(x)	−12	−3	0	−3	−12	−27

x	−2	−1	0	1	2	3
f(x)	12	3	0	3	12	27

x	−2	−1	0	1	2	3
f(x)	8	2	0	2	8	18

x	−2	−1	0	1	2	3
f(x)	−4	−1	0	−1	−4	−9

x	−2	−1	0	1	2	3
f(x)	1	0,25	0	0,25	1	2,25

11 a) Bestimme die Parabelgleichung für w = 80 m und h = 20 m.

b) Der Abstand der Träger ist immer gleich. Berechne die Koordinaten der Punkte A bis I.

c) [●] Berechne die Länge der beiden Außenstützen, die von I bzw. A noch 15 m entfernt sind.

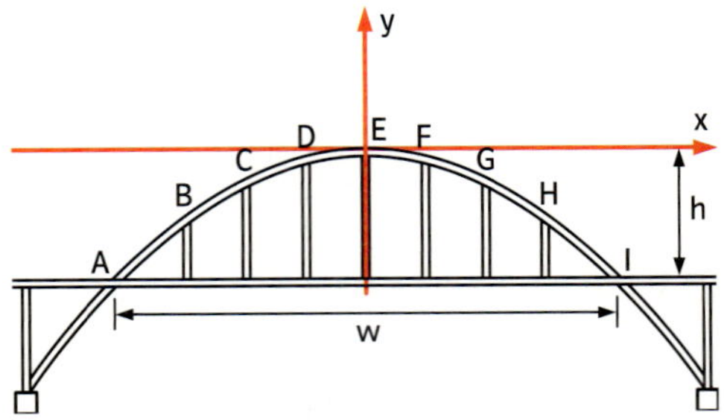

12 Überprüfe und korrigiere folgende Aussagen.

a) Eine Wertetabelle zu $f(x) = 3{,}2\,x^2$ lautet:

x	−2	−1,5	−1	0	0,5	1	2	3
f(x)	12,8	−7,2	−3,1	0	0,8	−3,2	12,8	−28,8

b) Eine Parabel hat ihren Scheitelpunkt in (0|0) und geht durch P(2|6) und Q(3|12).

c) Das Hauptkabel einer Hängebrücke mit w = 80 m und h = 20 m wird durch $f(x) = -0{,}0125\,x^2$ beschrieben.

d) Der Verlauf einer Bogenbrücke, die einen 50 m breiten Fluss mit einer Bogenhöhe von 20 m überspannen soll, wird beschrieben durch $f(x) = -0{,}023\,x^2$.

e) Die Parabel mit der Gleichung $f(x) = -0{,}2\,x^2$ ist nach unten geöffnet und schmaler als $f(x) = -x^2$.

f) Die Parabel mit der Gleichung $f(x) = 2{,}3\,x^2$ ist nach unten geöffnet und breiter als $f(x) = x^2$.

13 Das Hauptkabel einer Hängebrücke soll passend zur Spannweite w in einer Höhe h an den Pylonen befestigt werden. Plane für den Architekten die Funktionsgleichung.

a) w = 10 m und h = 6 m

b) w = 8 m und h = 4 m

▻ Mathematische Werkstatt, Seite 173 und 175

Die quadratische Funktion $f(x) = ax^2 + c$

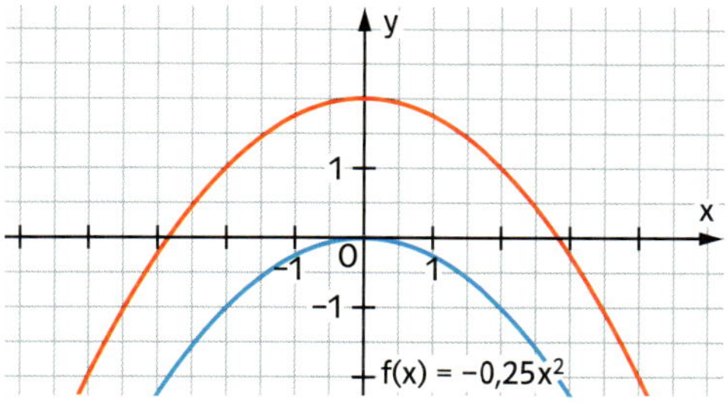

Der untere Graph zeigt die Parabel zur Gleichung $f(x) = -0{,}25\,x^2$. Untersuche an drei Punkten, wie sich die Koordinaten auf der unteren Parabel von den entsprechenden auf der oberen Parabel unterscheiden. Versuche eine passende Funktionsgleichung für die obere Parabel zu finden.

Die Graphen der quadratischen Funktionen mit den Gleichungen
$f(x) = 2x^2 - 4$, $f(x) = -0{,}25\,x^2 + 2$, $f(x) = -\frac{1}{90}x^2 + 69$
sind in Richtung y-Achse **verschobene Parabeln**. Sie haben allgemein die Gleichung
$\mathbf{f(x) = ax^2 + c}$. Ihr Graph hat den **Scheitelpunkt in (0 | c)**. Symmetrieachse ist die y-Achse.

Beispiel

Die Parabel zu $f(x) = -0{,}5\,x^2 + 3$ ist nach unten geöffnet und breiter als die Normalparabel. Sie ist um 3 Einheiten nach oben verschoben und hat ihren Scheitelpunkt in (0 | 3).

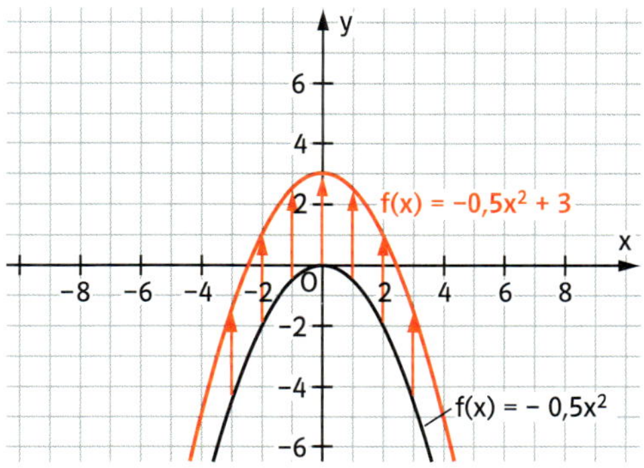

Tipp

Prüfe alle Skizzen, die du zeichnest, mit einem geeigneten Programm.

1 Beschreibe ohne Skizze die Graphen zu folgenden Gleichungen.

a) $f(x) = 3x^2 - 1$ b) $f(x) = -x^2 + 2$
c) $f(x) = -0{,}5\,x^2 - 4$ d) $f(x) = 0{,}2\,x^2 + 3$

2 a) Zeichne den Graphen zu $f(x) = -0{,}4\,x^2$ für x-Werte von −5 bis 5.
b) Skizziere in dasselbe Koordinatensystem ohne zu rechnen die Graphen zu $f(x) = -0{,}4\,x^2 + 4$ und $f(x) = -0{,}4\,x^2 + 1$.
c) [●] Skizziere ohne Wertetabelle den ungefähren Verlauf der Parabeln zu $f(x) = -0{,}2\,x^2 + 4$ und $f(x) = 0{,}4\,x^2 + 1$.

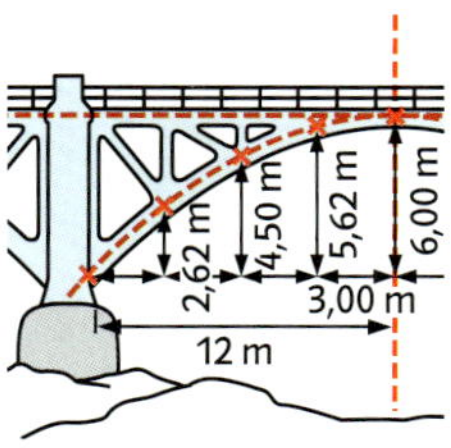

3 Die Linie der Bogenbrücke links lässt sich beschreiben durch $f(x) = -\frac{1}{24}x^2 + 6$. Wie würde die Funktionsgleichung lauten, wenn die Straßenlinie als x-Achse gewählt würde?

4 Bei der *Müngstener Brücke* hat die Parabel, mit der sich der obere Bogen beschreiben lässt, die Gleichung $f(x) = -\frac{1}{90}x^2$. Der Bogen ist 69 m hoch.

Notiere eine passende Funktionsgleichung, die den Brückenbogen „vom Boden aus" beschreibt.

▻ Formelsammlung, Seite 220

5 Anita behauptet für die Wertetabelle zu $f(x) = -0{,}4x^2 + 1$: „Wenn ich positive Werte für x eingesetzt habe, kann ich mir das Einsetzen negativer Werte sparen."
a) Stimmt Anitas Behauptung? Erläutere.
b) [●] Kannst du das allgemein für jede Funktionsgleichung der Form $f(x) = ax^2 + c$ begründen?

6 Nimm für die kleinen Parabelbögen der Brücke eine Spannweite von $w = 10\,m$ und eine Höhe $h = 6\,m$ an, für den großen Bogen $w = 18\,m$ und $h = 12\,m$.

a) Stelle für die Parabelbögen eine Funktionsgleichung auf, wenn
- die x-Achse durch den Scheitelpunkt geht
- die x-Achse „auf dem Wasser" liegt.

b) Notiere für den großen Parabelbogen eine Funktionsgleichung, wenn die x-Achse auf Höhe der Straße liegt.
c) Prüfe, ob sich für die Funktionsgleichung in der Teilaufgabe b) der Fußpunkt (auf dem Wasser) richtig ergibt.

7 [👥] „Würfelt" verschiedene Parabelgleichungen und vergleicht die zugehörigen Graphen. Der Wert für a ergibt sich durch die Augenzahl eines Wurfes geteilt durch 10, der Wert für c durch einen weiteren Wurf. Wähle für a und c unterschiedliche Vorzeichen.
a) Mache ohne Rechnung eine grobe Handskizze der Parabel.
b) Beschreibe, warum sie in etwa so aussehen muss.
c) [💻] Prüfe die Handskizze genauer, indem du den Graphen von einem geeigneten Programm zeichnen lässt.

8 Der tiefste Punkt des Hauptkabels einer Hängebrücke liegt 5 m, die Befestigung an den Pylonen 35 m über der Fahrbahn. Die Spannweite beträgt 128 m. Zwischen zwei Pylonen gibt es neun Tragseile.
a) Mache eine Handskizze der Brücke, die alle wichtigen Daten enthält.
b) Wie lang ist das kürzeste, wie lang das längste Tragseil? Achte auf Rundungen.

9 Welche Funktionsgleichung passt zu welchem Graphen?

a) $f(x) = x^2 + 1$
b) $f(x) = 0{,}25x^2 + 1$
c) $f(x) = 2x^2 + 1$
d) $f(x) = -x^2 - 1{,}5$
e) $f(x) = x^2 - 1{,}5$
f) $f(x) = -0{,}25x^2$
g) $f(x) = -1{,}5x^2 + 2$
h) $f(x) = 1{,}5x^2 + 2$
i) Warum passt die Funktionsgleichung in Aufgabe d) zu keinem Graphen? Begründe.

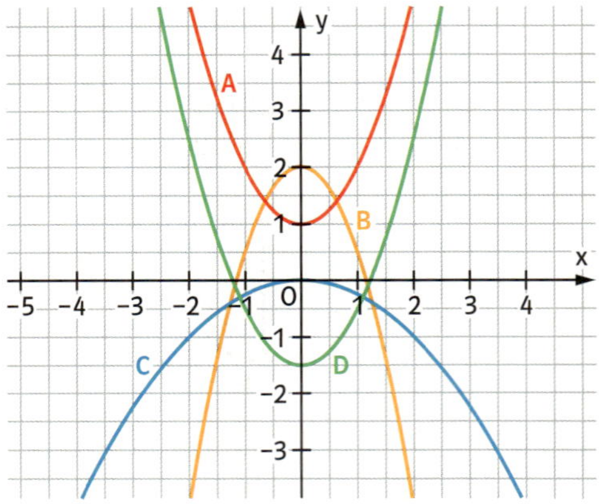

10 [●] Du sollst die Brücke „vom Boden aus" durch einen Funktionsterm beschreiben.
a) Notiere einen Plan für dein Vorgehen.
b) Führe den Plan aus.

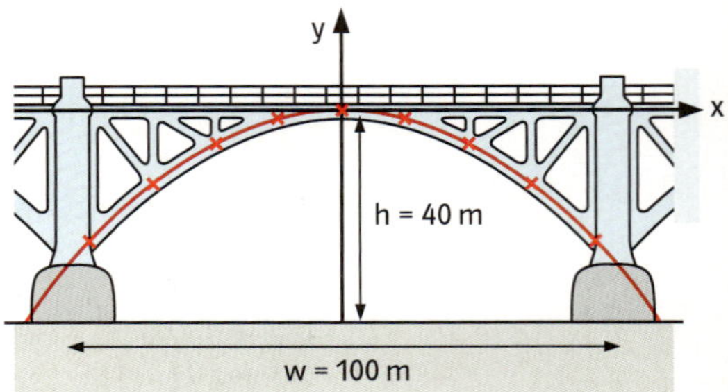

Tipp
Zu Aufgabe 10:
Lege zunächst ein Koordinatensystem in den Scheitelpunkt.

11 Parabeln zu den Gleichungen $f(x) = x^2 - 2$ und $f(x) = 2 - 0{,}5x^2$ waren als Hausaufgabe zu zeichnen.

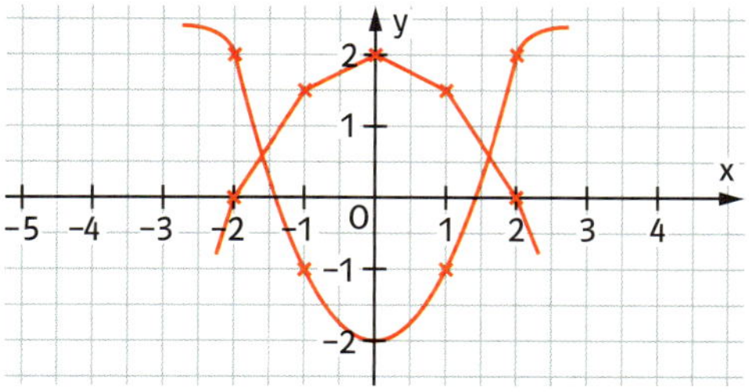

Beurteile die beiden Versuche.

12 a) Bestimme für die abgebildete Brücke eine Funktionsgleichung.

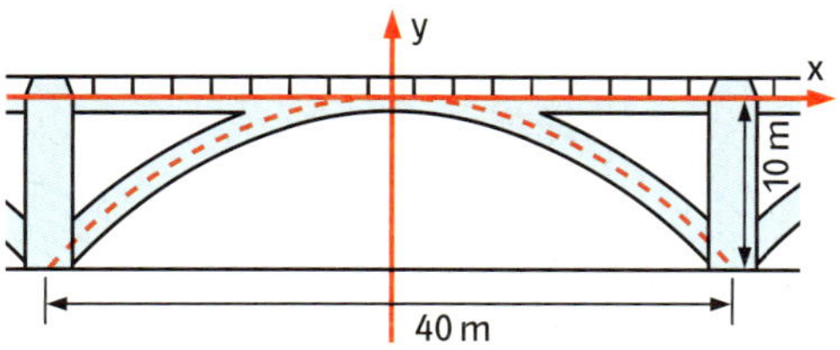

b) Wie lautet für die Abbildung unten die Funktionsgleichung (Daten in m)?

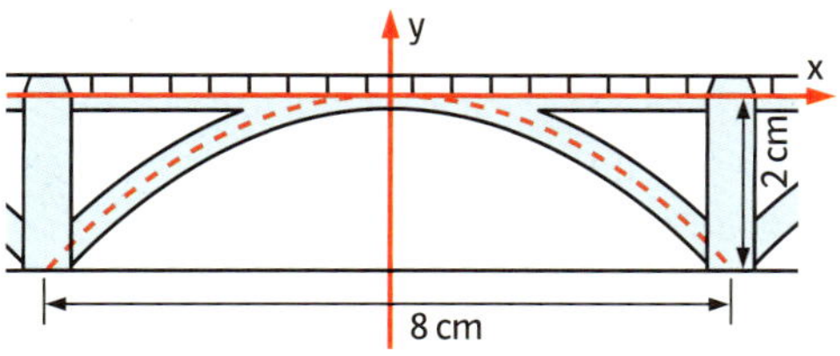

c) [●] Dieselbe Brücke – aber verschiedene Funktionsgleichungen? Woran liegt das?

13 Eine Brücke überspannt 50 m und ist 40 m hoch. Wie lang muss ein Tragseil bzw. eine Stütze 8 m neben der Mitte sein? Zeichne jeweils in ein Koordinatensystem die Parabeln zu einer
a) Hängebrücke b) Bogenbrücke.

14 [●] Eine Bogenbrücke verläuft über einer 6 m breiten Straße mit einem 1 m breiten Bürgersteig auf beiden Seiten. Ein Lkw, der 3,50 m hoch und 3 m breit ist, fährt vorsichtig mitten auf der Straße, um unter dem 4 m hohen Parabelbogen durchzukommen. Schafft er es?

Wahl eines Koordinatensystems

Wenn man Gegenstände oder Vorgänge aus dem realen Leben mit Funktionsgleichungen beschreiben möchte, skizziert man zunächst den Sachverhalt. Dazu benötigt man ein Koordinatensystem. Man wählt es so, dass die Funktionsgleichung möglichst einfach zu bestimmen ist. Die angegebenen Daten rechnet man in Punktkoordinaten um.

Beispiel:
Eine Bogenbrücke überspannt ein Tal von 40 m Breite und erreicht eine Höhe von 60 m. Beschreibe die Brücke durch eine Funktionsgleichung.

Möglichkeit 1: Scheitelpunkt in (0 | 0).

1)

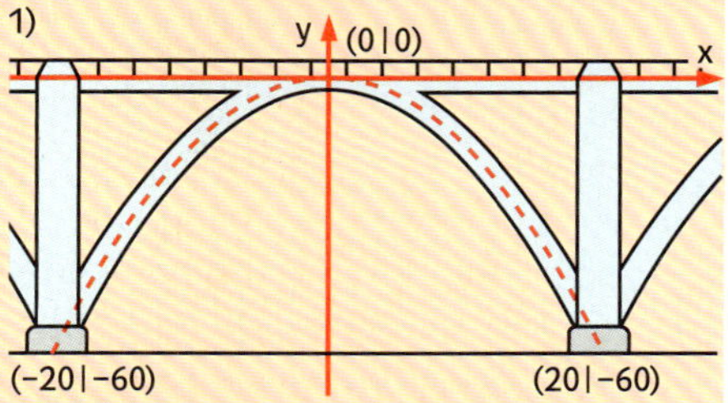

Es gilt: $f(x) = ax^2$. Mit den Punktkoordinaten eines Punktes bestimmt man a (siehe S. 114): $f(x) = -0{,}15x^2$.

Möglichkeit 2: „Fußpunkte" der Brückenparabel auf der x-Achse.

2)

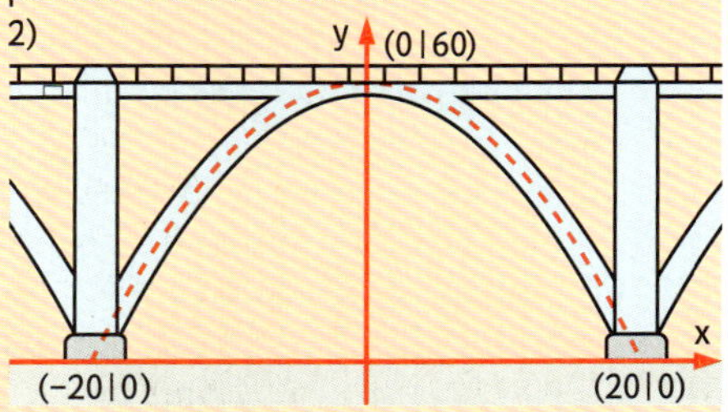

Es gilt: $g(x) = ax^2 + c$. Mit den Punktkoordinaten ergibt sich $g(x) = -0{,}15x^2 + 60$.

Probe: Prüfe, ob die Punktkoordinaten zur zugehörigen Funktionsgleichung passen.
1) $f(20) = -0{,}15 \cdot 20^2 = -60$; P(20 | −60)
2) $g(20) = -0{,}15 \cdot 20^2 + 60 = 0$; Q(20 | 0)

Parabelbögen anderswo

15 Das aus rostfreiem Stahl errichtete Denkmal in *St. Louis, Missouri (USA)*, wurde zur Erinnerung an den großen Zug nach Westen errichtet, der mit dem Kauf *Louisianas* von Frankreich 1803 begann.
Der Bogen lässt sich grob durch $f(x) = -0{,}0213x^2 + 192$ beschreiben.
a) Wie hoch ist der Bogen?
b) [Taschenrechner] Wie breit ist der Bogen? Schätze erst und probiere dann mit dem Taschenrechner.

Online Link
Zu Aufgabe 16:
720350-1181

16 a) [Computer] Prüfe mit einem Computerprogramm, welche Gefäße parabelförmig sind.

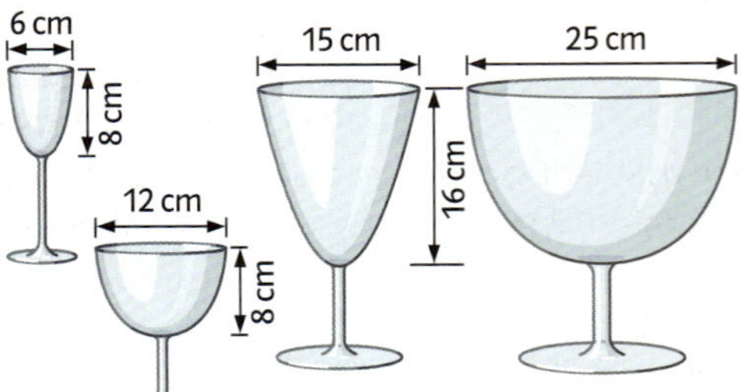

b) Suche die parabelförmigen Haushaltsgefäße heraus. Wähle verschiedene Koordinatensysteme und beschreibe die dargestellte Außenlinie der Gefäße in Originalgröße durch eine Funktionsgleichung.
c) [Partner] Tauscht eure Ergebnisse untereinander aus und prüft eure mathematischen Beschreibungen.

17 Die Parabelkirche in *Gelsenkirchen* wurde von 1927 bis 1929 von dem Architekten *Josef Franke* erbaut.

a) Nach welcher Funktionsgleichung hat er die 12 m breiten und 18 m hohen Bögen über dem Kirchenraum geplant?
b) Welche Funktionsgleichung kannst du für die Bögen der Fenster angeben, wenn diese halb so hoch und breit sind wie die des Kirchenraumes?

18 Beschreibe die Hochspannungsleitung mit einer Funktionsgleichung, wenn das Kabel
a) normal 10 m,
b) bei Sommerhitze 15 m,
c) mit Eis beschwert 30 m durchhängt.
d) Auf welche Höhe darf ein Baum maximal wachsen, wenn er 50 m von einem Mast entfernt ist und auch bei Eis 5 m Abstand zum Kabel bleiben sollen?

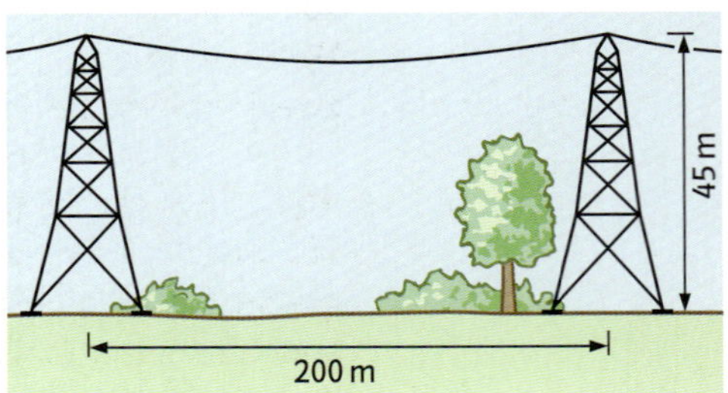

Reagieren und bremsen

In der Fahrschule lernt man für Reaktionsweg, Bremsweg und Anhalteweg Faustformeln, die im Normalfall vernünftige Werte ergeben. Mit etwas Übung kann man die Wege sogar während der Fahrt im Kopf ausrechnen. Die Grafik veranschaulicht den Reaktions- und Bremsweg.

Reaktionsweg + Bremsweg = Anhalteweg

Faustformel 1: $3 \cdot \frac{v}{10}$ = *Reaktionsweg*

Faustformel 2: $\left(\frac{v}{10}\right)^2$ = *Bremsweg*

Wege in m, Geschwindigkeit v in km/h

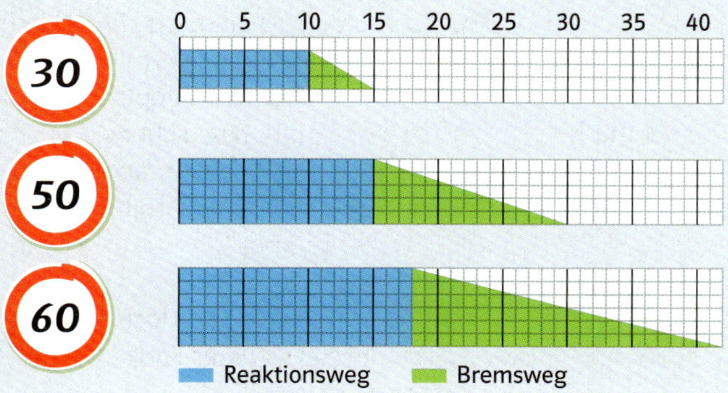

1 [ååå] Was lässt sich aus der Grafik alles ablesen? Was passiert, während das Auto den Reaktionsweg zurücklegt? Fachleute meinen, man sollte nicht vom Reaktionsweg sprechen, sondern vom „Vorbremsweg“. Welchen Unterschied zwischen diesen zwei Begriffen seht ihr?

2 [ååå] Wenn ihr die Faustformel-Werte mit denen in der Grafik vergleicht, könnt ihr Übereinstimmungen, aber auch Unterschiede erkennen. Woher könnten diese kommen?

3 Rechne Reaktionsweg, Bremsweg und Anhalteweg nach den Formeln aus und erstelle eine Tabelle für Geschwindigkeiten von 0 bis 180 $\frac{km}{h}$.
Lies aus der Tabelle ab und ergänze den Text.

Geschwindigkeit in $\frac{km}{h}$	0	20	40	...	180
Reaktionsweg in m		6			
Bremsweg in m			16		
Anhalteweg in m					

Wenn sich die Geschwindigkeit ...

... verdoppelt, ver ______ sich der Reaktionsweg.

... verdoppelt, ver ______ sich der Bremsweg.

... verdreifacht, ver ______ sich der Reaktionsweg.

... verdreifacht, ver ______ sich der Bremsweg.

Gibt es solche Regeln auch für den Anhalteweg?

4 In der Grafik sind Reaktionsweg, Bremsweg und Anhalteweg dargestellt. Welcher Graph gehört zu welchem Weg? Begründe deine Antwort.
Was bedeuten die zwei Pfeile? Wo könnte man noch solche Pfeile eintragen?
Lies verschiedene Werte ab.

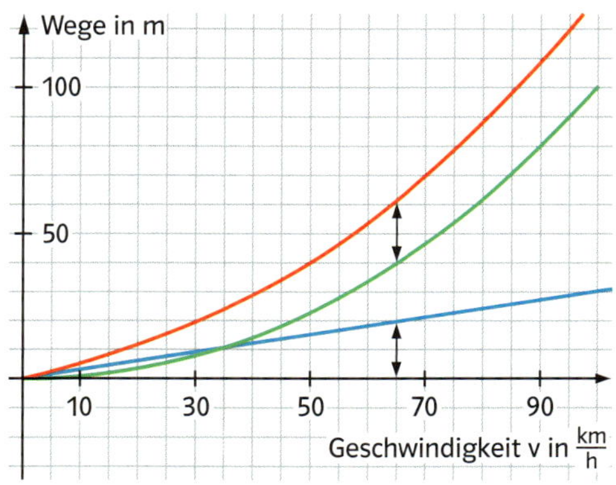

Reaktionsweg

Die Fahrschulregel für den Reaktionsweg (siehe Seite 119) ist leicht und schnell zu nutzen. Leider berücksichtigt die Regel nicht, ob der Fahrer müde, hellwach, angetrunken usw. ist. Dazu braucht man eine genauere Formel.

Übrigens

Die Geschwindigkeiten müssen zuerst in m/s umgerechnet werden:

v in $\frac{km}{h}$ $\xrightarrow{:3,6}$ v in $\frac{m}{s}$

v in $\frac{m}{s}$ $\xrightarrow{\cdot 3,6}$ v in $\frac{km}{h}$

Der **Reaktionsweg s_R** (in m) zu der Geschwindigkeit v (in $\frac{m}{s}$) und der **Reaktionszeit t_R** (in s) lässt sich berechnen durch $\mathbf{s_R = v \cdot t_R}$.
Je nach Reaktionsweise des Fahrers ergeben sich Mittelwerte zu den Reaktionszeiten.

Reaktionsweise	gut	normal	abgelenkt	alkoholisiert	Rechtsprechung
Reaktionszeit t_R (in s)	1,3	1,5	2,0	3,0	1,0

s_R ist eine **proportionale Funktion.**

Beispiel

Ein Autofahrer fährt mit 40 $\frac{km}{h}$ und muss plötzlich bremsen. Seine Reaktionsweise ist gut. Welche Strecke legt er zurück, bevor er zu bremsen beginnt?

1. Schritt: v umrechnen $v = 40\,\frac{km}{h} \overset{:3,6}{\approx} 11,1\,\frac{m}{s}$

2. Schritt: t_R aus der Tabelle entnehmen $t_R = 1,3$

3. Schritt: s_R berechnen $s_R = 11,1 \cdot 1,3\,m \approx 14,4\,m$

Der Fahrer fährt noch 14,4 m, bevor er anfängt zu bremsen.

1 *Armin Hary* lief auf der Olympiade in Rom 1960 als erster Mensch die 100 m in 10,0 s.
a) Welche durchschnittliche Geschwindigkeit hatte er in $\frac{m}{s}$ ($\frac{km}{h}$)?
b) Hätte er tatsächlich die errechnete Kilometerzahl in einer Stunde laufen können? Erkläre genau, was die Einheit $\frac{km}{h}$ aussagt.

2 a) Vergleiche die Reaktionswege für v = 15; 30; 45; 60 $\frac{km}{h}$ bei normaler Reaktion.
b) Bestätige die folgende Grundregel: „Doppelte Geschwindigkeit — doppelter Reaktionsweg."
c) Ergänze: Dreifache (vierfache) Geschwindigkeit — ▭ Reaktionsweg

3 Eine Motorradfahrerin rast mit 75 $\frac{km}{h}$ durch den Ort, als ein gutes Stück vor ihr ein Lkw rückwärts auf die Straße setzt. Sie reagiert normal.
a) Wie weit fährt sie noch mit derselben Geschwindigkeit?
b) Welcher Reaktionsweg würde in der Rechtsprechung akzeptiert werden?
c) Um viel Prozent ist der reale Wert höher, als der in der Rechtsprechung?
d) Um wie viel Prozent wäre der Reaktionsweg bei korrekter Geschwindigkeit in Ortschaften kürzer?

4 Die Fahrschule arbeitet mit einer Reaktionszeit von einer Sekunde. Zeige das an Beispielen und allgemein.

⊳ Mathematische Werkstatt, Seite 176 – 178

Bremsweg

Die Fahrschulregel für den Bremsweg (siehe Seite 119) ist leicht und schnell zu nutzen. Leider berücksichtigt die Regel nicht den unterschiedlichen Bodenzustand, die unterschiedlichen Fahrzeugtypen und die unterschiedlichen Bremsen (z. B. ABS). Dazu braucht man eine genauere Formel.

b-Werte für Pkw mit dem Straßenbelag

Asphalt trocken	7
Asphalt nass	6
Pflaster trocken	6
Pflaster nass	5
Neuschnee mit ...	
Sommerreifen	2,25
Winterreifen	2,75
Eis	1,25

b-Werte für verschiedene Fahrzeugarten auf trockenem Asphalt

Fahrrad	3
Motorrad	4
Lkw	3,5
Pkw mit ABS	9

Der **Bremsweg** s_B (in m) berechnet sich aus der Geschwindigkeit v (in $\frac{m}{s}$) nach der Formel $s_B = \frac{1}{2 \cdot b} \cdot v^2$.
Je nach Fahrzeugtyp und Straßenbelag ist b ein Maß für die Güte des Bremsens.
s_B ist eine **quadratische Funktion**.

Beispiel

Ein Pkw-Fahrer fährt mit 80 $\frac{km}{h}$ auf trockenem Asphalt. Welchen Bremsweg legt er zurück.

1. Schritt: v umrechnen $v = 80\,\frac{km}{h} \overset{:3,6}{\approx} 22,2\,\frac{m}{s}$

2. Schritt: b aus der Tabelle entnehmen $b = 7$

3. Schritt: s_B berechnen $s_B = \frac{1}{2 \cdot 7} \cdot 22,2^2\,m \approx 35,2\,m$

Der Bremsweg des Pkws beträgt rund 35 m.

1 Ein Fahrradfahrer rast auf trockenem Asphalt mit 45 $\frac{km}{h}$ (35 $\frac{km}{h}$) daher. Er tritt auf die Bremse. Wie viele Meter legt er noch bis zum Stillstand zurück?

2 a) Berechne den Bremsweg für $v = 15; 30; 45; 60\,\frac{km}{h}$.
b) Bestätige die Grundregel für den Bremsweg: „Doppelte Geschwindigkeit — vierfacher Bremsweg".
c) Ergänze weitere Merksätze zur dreifachen, vierfachen Geschwindigkeit.

3 a) Zeichne den Graphen der Bremswegfunktion eines Pkws auf trockenem Pflaster. Wähle vertretbare Höchstgeschwindigkeiten.
b) Skizziere in dasselbe Koordinatensystem den Graphen der Bremswegfunktion auf nassem Pflaster. Begründe den Verlauf im Vergleich zum Graphen in Teilaufgabe a).
c) Setze die Graphen in Gedanken für negative Geschwindigkeiten fort. Welche Kurven entstehen?

4 Ein Pkw fährt mit 100 $\frac{km}{h}$ auf trockenem Pflaster. Es fängt an zu regnen. Um wie viele Meter und wie viel Prozent erhöht sich der Bremsweg?

5 Die Polizei misst bei einem Autounfall in der Ortschaft die Bremsspuren der beiden beteiligten Pkws nach: 13,80 m und 35,30 m. Welche Geschwindigkeiten sind die beiden Wagen auf dem trockenen Asphalt mindestens gefahren? Waren die Geschwindigkeiten in Ordnung?

6 [☺] Nebel auf der Autobahn Hannover – Bremen. Es ist 22.35 Uhr. Lkw-Fahrer Meyerdierks sieht plötzlich einen Elefanten vor sich auf der Fahrbahn stehen. Er bremst sofort voll. Einen Meter vor dem Tier kommt sein Fahrzeug zum Stehen. Nachdem er aus dem Handschuhfach einige Erdnüsse genommen hat und an das erschreckte Tier verfüttert hat, misst er seine Bremsspur: 64 m.
Wie schnell ist er gefahren?

▷ Merkkasten, Seite 113

Anhalteweg

Vor einem Pkw, der mit $70 \frac{km}{h}$ auf nassem Pflaster fährt, setzt ein Lkw rückwärts auf die Straße. Der Fahrer des Pkws reagiert gut. Welche Entfernung muss der Lkw haben, damit es nicht zum Auffahrunfall kommt? Berechne den Reaktions- und den Bremsweg.

Vom Auftauchen einer Gefahr bis zum Stillstand legt ein Fahrzeug zunächst mit gleich bleibender Geschwindigkeit den Reaktionsweg s_R zurück, bis die Bremsen greifen. Danach kommt noch der Bremsweg s_B dazu. Zusammen nennt man den benötigten Weg **Anhalteweg** $\mathbf{s_A = s_R + s_B}$.
S_A ist eine **quadratische Funktion.**

Beispiel

1. Berechne den Reaktionsweg s_R
   $v = 70 \frac{km}{h} \approx 19{,}4 \frac{m}{s}$; $t_R = 1{,}3\,s$; $s_R = v \cdot t_R = 19{,}4 \cdot 1{,}3\,m \approx 25{,}2\,m$
2. Berechne den Bremsweg s_B
   $b = 5$; $s_B = \frac{1}{2b} \cdot v^2 = \frac{1}{2 \cdot 5} \cdot 19{,}4^2\,m \approx 37{,}6\,m$
3. Berechne den Anhalteweg s_A
   $s_A = s_R + s_B = 25{,}2\,m + 37{,}6\,m = 62{,}8\,m$

Der Pkw kommt erst knapp 63 m vor dem Lkw zum Stehen.

Tipp
Skizziere die Graphen mithilfe eines Computerprogramms.

1 Der Anhalteweg unter günstigen Bedingungen (schnelle Reaktion, trockener Asphalt) soll mit dem Anhalteweg unter ungünstigen Bedingungen (langsame Reaktion, nasser Asphalt) verglichen werden. Wähle v = 50; 80; 100; 130; $150 \frac{km}{h}$.
a) Um wie viel Meter ist der Anhalteweg bei günstigen Bedingungen kürzer?
b) Berechne die Erhöhung in Prozent, bezogen auf den kürzeren Anhalteweg.

2 Die rechte Fahrspur der Autobahn ist nass und schneefrei, links liegt Schnee. Ein Pkw mit Sommerreifen fährt mit $90 \frac{km}{h}$ hinter einem Lkw her. Der Fahrer will überholen, zieht nach links und beschleunigt auf $130 \frac{km}{h}$. Um wie viel Meter verlängert sich der Anhalteweg, wenn der Fahrer Alkohol getrunken hat?

3 Wann ist der Bremsweg größer als der Reaktionsweg?
a) Löse zeichnerisch.
b) Löse durch systematisches Probieren mithilfe von Wertetabellen.

4 [●] Ein Auto fährt mit $30 \frac{km}{h}$ auf einer Wohngebietsstraße. Ein anderer Autofahrer hat es eilig und überholt mit $50 \frac{km}{h}$. In dem Moment, in dem beide Autos gleichauf sind, springt in einiger Entfernung ein Ball auf die Fahrbahn. Zum Glück ist der Asphalt trocken, beide Autos sind technisch in Ordnung und die Fahrer hellwach. Das langsamere Auto kommt gerade noch vor dem Ball rechtzeitig zum Stehen. Mit welcher Geschwindigkeit prallt das schnellere Auto auf den Ball? Beschreibe als Unfallzeuge den Ablauf.

▻ Merkkasten, Seite 120 und 121

Fallen

Lässt man auf der Erde einen Gegenstand fallen, so gilt für den Weg das **Fallgesetz**. Es lautet: $\mathbf{s(t) = 5 \cdot t^2}$, dabei ist t die Fallzeit in Sekunden und s der Weg in Meter. Der Luftwiderstand beim Fallen ist in der Formel nicht berücksichtigt.
Ein Stein der von einem Hochhaus nach unten fällt, hat demnach in einer Sekunde einen Weg von rund 5 Meter zurückgelegt, nach 2 Sekunden, sind es schon 20 Meter.

1 [ ] Befestigt man an einer etwa 3 m langen Schnur Muttern im Abstand von 50 cm und lässt die senkrecht hängende Schnur fallen, so hört man, dass die aufschlagenden Muttern immer schneller aufeinander folgen.
a) Stellt so eine Schnur her und prüft damit das Fallgesetz.
b) Knotet für ein zweites Experiment die Muttern so, dass sie in immer gleichen Zeitabständen aufschlagen.

2 Ein Stein braucht bis zum Aufschlag t = 2,45 Sekunden. Wie hoch ist das Hochhaus?

3 Vergleiche die Fallzeiten von den hohen Gebäuden.

Kölner Dom	Messeturm	Eiffelturm	Fernsehturm
Höhe 155 m	Frankfurt/M	Paris	Toronto
	Höhe 256 m	Höhe 300 m	Höhe 555 m

In *Dubai* befindet sich ein weiterer Wolkenkratzer in Bau. Der *Burj Dubai* wird 2009 bis 800 m hoch aufragen. Berechne auch hier die Fallzeit.

4 Beim Bungeejumping endet der freie Fall, wenn das 30 m lange Gummiseil straff gespannt ist und sich nur noch ausdehnt. Wie viele Sekunden konnte der Springer den freien Flug genießen?

5 Fallende Kokosnüsse zählen zu den großen Risiken des täglichen Lebens auf den Inseln im Südpazifik. Wenn sich eine Kokosnuss aus einer 25 m hohen Palme löst, kann der Aufprall zum Schädelbruch führen.
Wie viel Zeit bleibt einem etwa, um sich in Sicherheit zu bringen?

6 Auf dem Mond ist der Faktor vor dem t^2 etwa $\frac{1}{6}$ des Faktors auf der Erde.
a) Wie lautet das Fallgesetz auf dem Mond?
b) Was ergäbe sich bei den Fallversuchen von Aufgabe 3 auf dem Mond?
c) Kannst du die Änderung der Zeiten gegenüber denen auf der Erde mit einem Faktor berechnen?

7 [●] Im Jahr 1990 wurde der *Bremer Fallturm* gebaut, um Tests in Schwerelosigkeit durchzuführen. Den Wissenschaftlern bleibt 4,7 s Untersuchungszeit, wenn die Forschungskapseln aus 110 m Höhe in einer luftleeren Röhre nach unten fallen. Passen die Daten zueinander?
Rechne auf zwei Arten.

Parabeln überall

Parabeln gibt es nicht nur bei Brücken, beim Bremsen und Fallen, sondern auch in vielen anderen Zusammenhängen.

1 Der *Ätna* hält Sizilien mit dem Auswurf von Lava und Asche immer wieder in Atem.
a) Wie kannst du den Weg eines glühenden Teiles beschreiben?
b) Nimm an, ein solches Teil erreicht nach Verlassen des Kraters 20 m weiter rechts seine Maximalhöhe von 35 m. Wie weit rechts erreicht es wieder die Höhe des Kraters?
c) Wo landet es, wenn es erst 50 m rechts vom Ausgangspunkt auf den Hang prallt?

Online Link
Zu Aufgabe 2:
720350-1241

2 Der Schwerpunkt des Snowboard-Springers bewegt sich etwa auf einer Parabel.
a) [💻] Prüfe das mithilfe eines Computerprogramms.
b) Schätze die reale Höhe und Sprungweite und ermittle eine beschreibende Funktionsvorschrift.

3 [●] Vom Startpunkt aus gesehen erreicht ein Golfball auf seiner parabelförmigen Flugbahn den höchsten Punkt in (80 | 50).
a) Begründe: Wo trifft der Golfball wieder auf den Boden?
b) Du kannst die Flugbahn beschreiben durch die Funktionsgleichung
$f(x) = -0{,}00781\,x^2 + 50$ oder
$f(x) = -0{,}00781\,x^2$.
Wo liegt in den beiden Fällen das gewählte Koordinatensystem?
c) Berechne die Werte, bei denen der Golfball auf den Boden trifft mit beiden Funktionsansätzen. Vergleiche und beurteile die Ergebnisse.

4 a) Notiere die Formel für die Oberfläche O eines Würfels.
b) Wie ändert sich die Fläche, wenn die Seitenlänge von 5 cm auf 10 cm (15 cm) erhöht wird?
c) Erläutere die Zusammenhänge. Nutze dazu die Schreibweise $O(x) = \square$, wobei x für die Seitenlänge steht.
d) [●] Was passiert mit dem Volumen, wenn bei einem Dreieckprisma die Grundseite und Höhe des Dreiecks verdoppelt wird?

5 Ein Auto beschleunigt konstant und legt dabei einen Weg von $s(t) = \frac{1}{2}a\,t^2$ zurück. Dabei ist a der Wert für die Beschleunigung. Ein Rennwagen, der in 5 s von $0\,\frac{km}{h}$ auf $100\,\frac{km}{h}$ beschleunigt, fährt mit einem durchschnittlichen a-Wert von 5,6.
a) Welchen Weg legt er dabei zurück?
b) Wie lautet die Weg-Zeit-Funktion, wenn der Rennwagen aus schlechter Startposition 20 m vor der Startlinie losfährt und der Abstand von dieser Linie gemessen wird?
c) Welchen Abstand zur Startlinie hat der Rennwagen nach 2 s (3 s)?
d) Wann hat er 200 m Abstand zur Startlinie?
e) [@] Recherchiere typische Beschleunigungswerte und überlege weitere Fragestellungen.

Quadratische Funktion

Alle **quadratischen Funktionen** besitzen **Parabeln** als Graphen.

Normalparabel

Die Funktion mit der Gleichung $\mathbf{f(x) = x^2}$ ist die einfachste quadratische Funktion. Ihr Graph ist die **Normalparabel**.

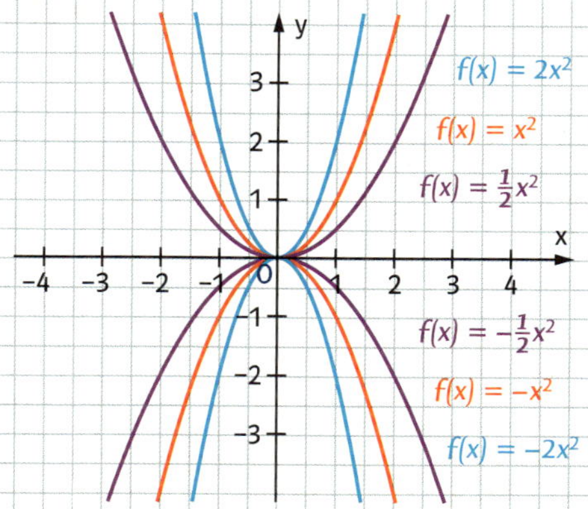

Quadratische Funktion mit der Gleichung $f(x) = a\,x^2$

Für quadratische Funktionen mit der Gleichung $\mathbf{f(x) = a\,x^2}$ gilt:
Bei $\mathbf{a > 0}$ ist die Parabel nach oben geöffnet, bei $\mathbf{a < 0}$ nach unten.
Bei $\mathbf{a > 1}$ und bei $\mathbf{a < -1}$ ist die Parabel schmaler als die Normalparabel, bei $\mathbf{0 < a < 1}$ und $\mathbf{-1 < a < 0}$ ist sie breiter.
Der **Scheitelpunkt** ist der **Ursprung** (0 | 0).
Die y-Achse ist die **Symmetrieachse**.

Wertetabelle zu $f(x) = -\frac{1}{2}x^2$

x	-3	-2	-1	0	1	2	3
$-0{,}5\,x^2$	-4,5	-2	-0,5	0	-0,5	-2	-4,5

Bestimmung von a

Ist zu einer quadratischen Funktion der Form $f(x) = a\,x^2$ außer dem Ursprung ein weiterer Punkt gegeben, so kann man a durch Einsetzen der Punktkoordinaten bestimmen.

P liegt auf einer Parabel der Form $f(x) = a\,x^2$.
Punkt P (10 | 50) in f(x) einsetzen und nach a auflösen: $50 = a \cdot 10^2$; $a = \frac{1}{2}$

Quadratische Funktion mit der Gleichung $f(x) = a\,x^2 + c$

Quadratische Funktionen mit der Gleichung $\mathbf{f(x) = a\,x^2 + c}$ haben Graphen, die gegenüber denen zu $f(x) = a\,x^2$ um c Einheiten nach oben (c > 0) oder unten (c < 0) verschoben sind. Ihr **Scheitelpunkt** liegt in **(0 | c)**. Die y-Achse ist die Symmetrieachse.

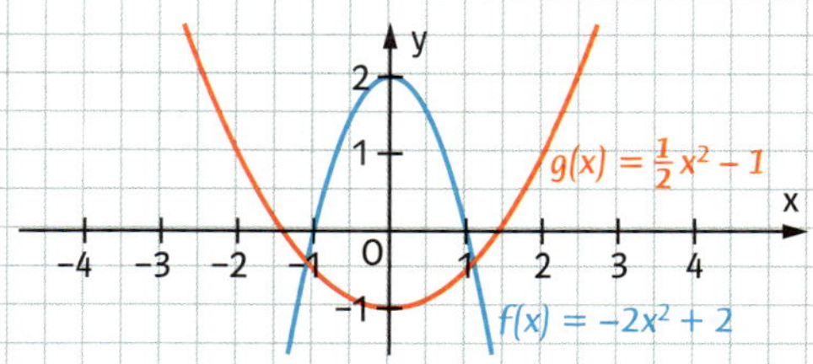

Reaktionsweg, Bremsweg und Anhalteweg

Der **Reaktionsweg** ist eine proportionale Funktion: $\mathbf{s_R = v \cdot t_R}$.
Der **Bremsweg** ist eine quadratische Funktion: $\mathbf{s_B = \frac{1}{2b} \cdot v^2}$.
Die Summe aus Reaktionsweg und Bremsweg ist der **Anhalteweg**. Er gibt die Strecke (in m) an, die ein Fahrzeug vom Auftauchen des Hindernisses bis zum Stillstand zurücklegt: $\mathbf{s_A = s_R + s_B}$.
Der Anhalteweg ist eine quadratische Funktion.

Vor einem Pkw, der 70 $\frac{km}{h}$ fährt, taucht ein Hindernis auf. Der Fahrer reagiert gut ($t_R = 1{,}3$), der Bremsvorgang ist normal ($b = 7$).
1) Einheiten umrechnen: $v = 70\,\frac{km}{h} \approx 19{,}4\,\frac{m}{s}$
2) $s_R = 19{,}4 \cdot 1{,}3\,m \approx 25{,}2\,m$
3) $s_B = \frac{1}{2 \cdot 7} \cdot 19{,}4^2\,m \approx 26{,}9\,m$
4) $s_A = 25{,}2\,m + 26{,}9\,m = 52{,}1\,m$
Der Pkw braucht rund 52 m bis zum Stillstand.

[mittel]

1 Die Parabeln zu $f(x) = 2x^2$ und zu $g(x) = -0{,}5x^2$ sind dargestellt.

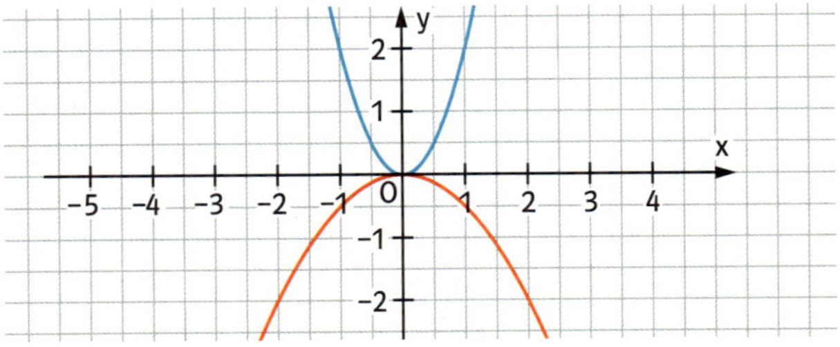

a) Begründe: Welcher Graph gehört zu welcher Funktionsgleichung? Nenne jeweils zwei Gründe.
b) Lies ab und berechne die Funktionswerte zu $x = +1$ und $x = -2$.

2 Das Hauptkabel einer Hängebrücke hat die Spannweite $w = 20\,m$ und die Höhe $h = 8\,m$.

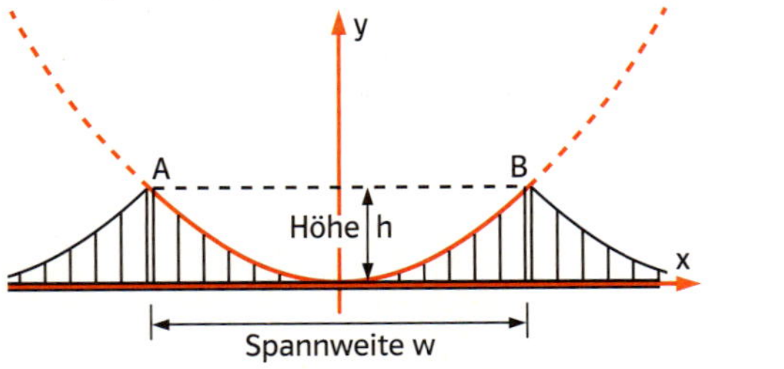

a) Bestimme eine passende Funktionsgleichung.
b) Wie lang ist das senkrechte Halteseil bei $x = 9$?

3 Ein Autofahrer hat bei $50\,\frac{km}{h}$ einen Reaktionsweg von 20 m und einen Bremsweg von 14 m. Wie lang ist der Reaktionsweg, wie lang der Bremsweg bei $100\,\frac{km}{h}$?

4 Eine Pkw-Fahrerin fährt bei Nacht mit $120\,\frac{km}{h}$ auf einer Schnellstraße. Sie ist voll konzentriert, die Straße ist nass. Sie bemerkt einen in 150 m Entfernung auf der Straße liegenden Karton. Bringt sie ihr Auto noch vor dem Hindernis zum Stehen?

5 Berechne eine Funktionsgleichung für die Außenlinie des abgebildeten Gefäßes.

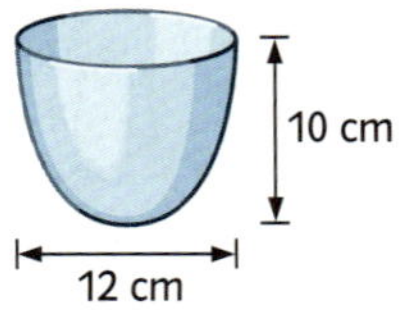

[schwieriger]

1 Die Parabeln zu $f(x) = 2x^2 - 1$ und zu $g(x) = -0{,}5x^2 + 2$ sind dargestellt.

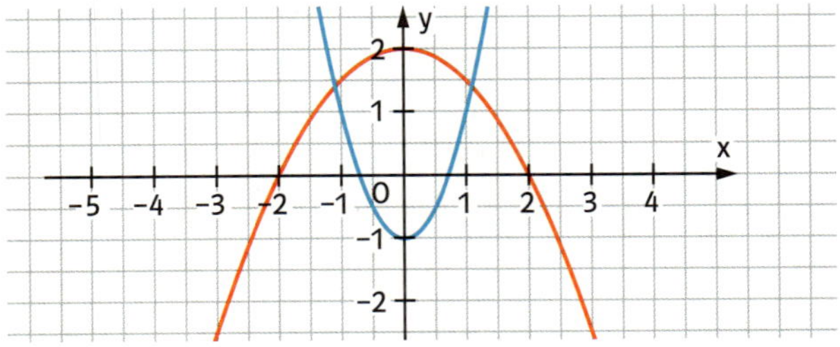

a) Begründe: Welcher Graph gehört zu welcher Funktionsgleichung?
b) Lies ab und berechne die Funktionswerte zu $x = -1$.
c) Vergleiche ohne Skizze den Graphen zu $f(x) = -2x^2 + 1$ mit der Normalparabel. Erläutere die drei Veränderungen gegenüber der Normalparabel.

2 a) Bestimme eine Funktionsgleichung für eine Bogenbrücke, die eine Spannweite $w = 200\,m$ und eine Höhe $h = 40\,m$ hat.
b) Eine andere Brücke lässt sich beschreiben durch die Gleichung $f(x) = -0{,}1x^2 + 20$. Wie hoch ist sie? Erläutere, warum es ausreicht, die Funktionswerte für $x = 2; 4; \ldots; 12$ zu berechnen.

3 Ein Fahrer mit normalem Reaktionsverhalten besucht einen Freund mit seinem Pkw. Auf dem Rückweg ist er angetrunken und fährt dreimal so schnell. Wie verändert sich der Reaktionsweg, wie der Bremsweg?

4 Ein reaktionsschneller Pkw-Fahrer fährt mit $60\,\frac{km}{h}$ auf nassem Pflaster. Hinter einer Kurve ist die Straße plötzlich eisglatt. Um wie viel Meter und um wie viel Prozent erhöht sich der Bremsweg, um wie viel der Anhalteweg?

5 Bestimme zu dem links abgebildeten Gefäß zwei Funktionsgleichungen für die Außenlinie. Erläutere jeweils durch eine Skizze deine Wahl des Koordinatensystems.

 ▷ Lösungen zum Test, Seite 210/211

Rund um den Kreis

Kreise und Kreisteile begegnen uns täglich an vielen Orten.
Der Kreis als Symbol für Anfang und Ende, für Geburt und Tod fand auch häufig Eingang in kirchlichen Bauten.
Es verwundert deshalb nicht, dass sich die Menschen schon sehr früh bemühten, Umfänge und Flächeninhalte von Kreisen zu bestimmen.

In der Nähe von *Salisbury* (England) finden wir *Stonehenge*, eine berühmte kreisförmige Kultstätte aus der Bronzezeit (um 1500 vor Chr.).

In diesem Kapitel lernt ihr,

- die Kreiszahl π kennen.
- wie man den Kreisumfang und die Kreisfläche berechnet.
- wie man Umfang und Flächeninhalt von Kreisausschnitten berechnet.
- wie man die Oberfläche von Kegeln berechnet.
- wie man Oberfläche und Volumen von Zylindern berechnet.

Check-in

Über diese Dinge solltest du Bescheid wissen, bevor du dich mit dem Thema „Rund um den Kreis" beschäftigst. Lege ein Blatt auf die Buchseite und kreuze an, wie du dich einschätzt.
Mit den Aufgaben auf der rechten Seite kannst du deine Einschätzung überprüfen.

Wenn du nach dieser Überprüfung noch Kreuzchen in der dritten oder vierten Spalte hast, arbeite deine Lücken auf: Du findest in der Mathematischen Werkstatt am Ende des Buches Zusammenfassungen und Übungsaufgaben zu vielen Themen. Du kannst aber auch Mathe-Bücher aus den vorherigen Schuljahren oder die Formelsammlung benutzen oder jemanden fragen, der sich damit auskennt.

Checkliste	*Kann ich schon*	*Da bin ich fast sicher*	*Ich bin noch unsicher*	*Kann ich noch nicht*
1 *Ich kann Kreise mit vorgegebenen Maßen zeichnen.*	☐	☐	☐	☐
2 *Ich kann Formeln umstellen und Gleichungen lösen.*	☐	☐	☐	☐
3 *Ich kenne geometrische Körper und kann die dazugehörigen Netze erstellen.*	☐	☐	☐	☐
4 *Ich kann die Oberfläche und das Volumen von Prismen bestimmen.*	☐	☐	☐	☐
5 *Ich habe eine Vorstellung von Flächen- und Volumeneinheiten und beherrsche die Umwandlung.*	☐	☐	☐	☐

In der Mathematischen Werkstatt findet ihr:

▻ Flächen, Seite 179 – 183
▻ Körper, Seite 184 – 186
▻ Gleichungen, Seite 173 – 175

Aufgaben zur Checkliste

1 Kreise zeichnen

a) Zeichne einen Kreis mit dem Radius r = 3 cm in dein Heft. Zeichne einen weiteren Kreis mit dem Durchmesser d = 3 cm, sodass

1) die beiden Kreise denselben Mittelpunkt besitzen.

2) der Mittelpunkt des kleineren Kreises auf der Kreislinie des größeren Kreises liegt.

b) Zeichne die Kreisbilder in dein Heft.

1)

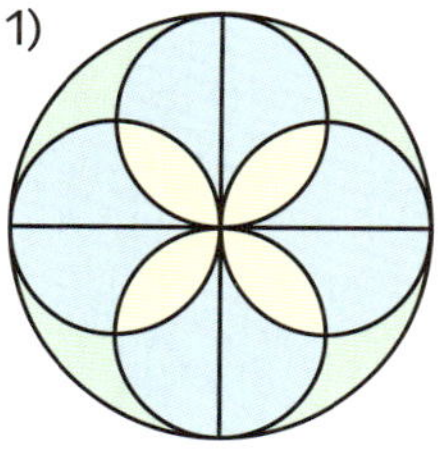

2)

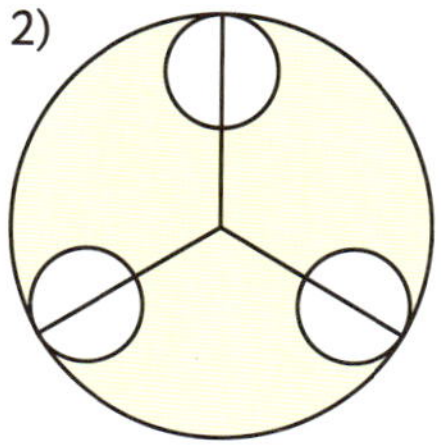

2 Formeln umstellen und Gleichungen lösen

a) Gib die Formel für die Berechnung der Kantenlängen a, b und c eines Quaders an. Forme dann die Formel jeweils so um, dass jede Variable einmal alleine steht.

b) Der Umfang eines Rechtecks beträgt 28 cm. Eine Seite ist um 2 cm länger als die anderen. Wie lang sind die Rechteckseiten?

3 Körper und Netze

a) Welche Netze ergeben geometrische Körper? Wie heißen sie?

1)

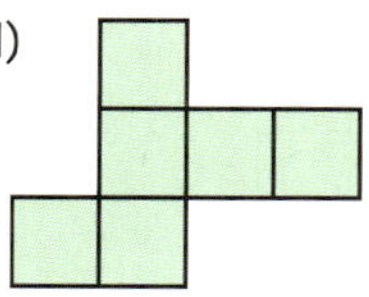

2)

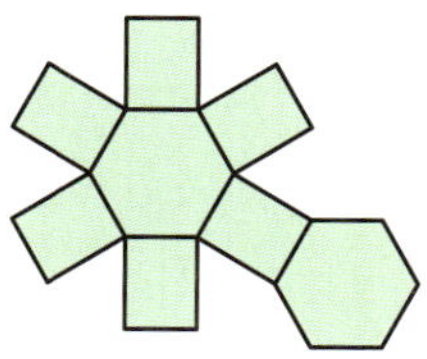

3)

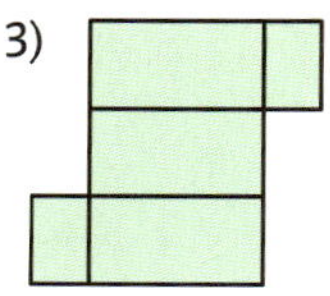

4)

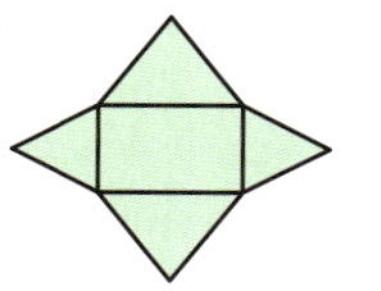

b) Das Prismanetz ist unvollständig. Zeichne es vollständig in dein Heft.

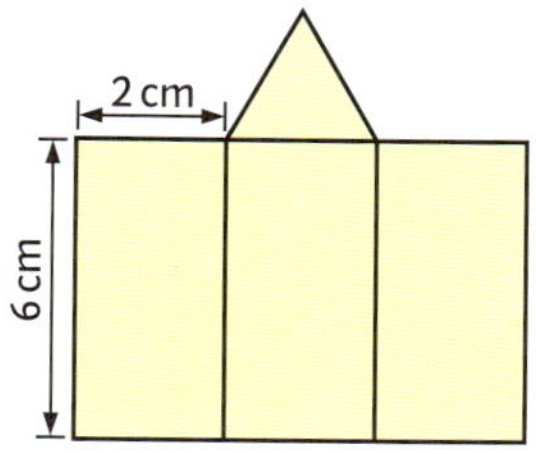

4 Oberfläche und Volumen von Prismen

a) Gib die Oberfläche und das Volumen der beiden Prismen an.

1)

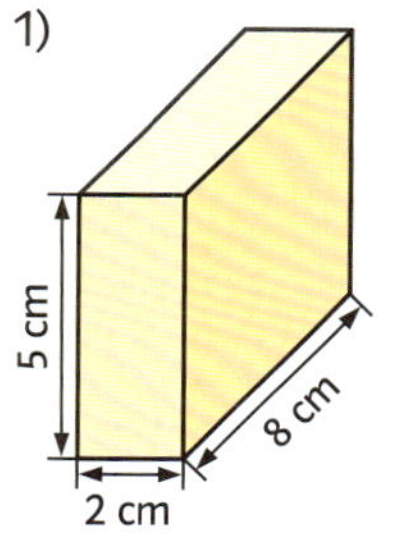

2)

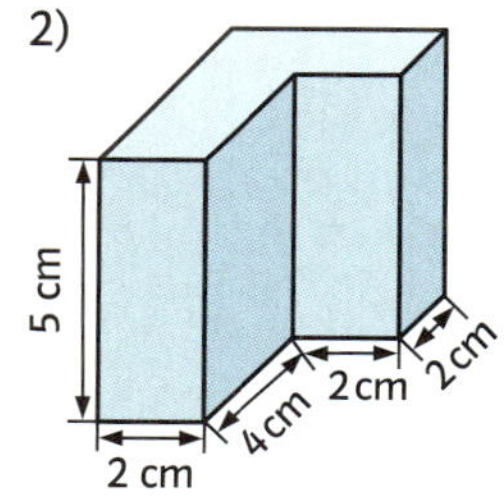

b) Beim Prisma 1 wird die Höhe verdoppelt. Wie verändert sich das Volumen?

5 Flächen und Volumen

a) Welche der unten stehenden Flächen- bzw. Raummaße passen für

- Fläche eines Fußballfeldes,
- Inhalt einer Tintenpatrone,
- Fläche eines Tisches,
- Wassermenge in einem Aquarium,
- Größe einer Briefmarke?

0,5 ml | 4 cm^2 | 50 l | 2 m^2 | 20 m^2 | 100 m^2 | 2 cm^3 | 1,5 l | 1 ha

Finde zu den restlichen Kärtchen passende Beispiele.

b) Wandle in die angegebene Einheit um.

- in cm^2: 5,52 dm^2; 552 mm^2; 55,2 m^2
- in m^3: 0,45 hl; 4,5 l; 4500 cm^3

▻ Lösungen, Seite 203

Entdeckungen am Kreis

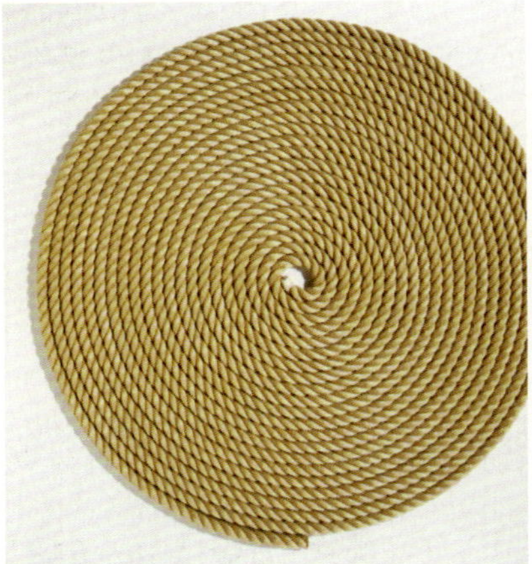

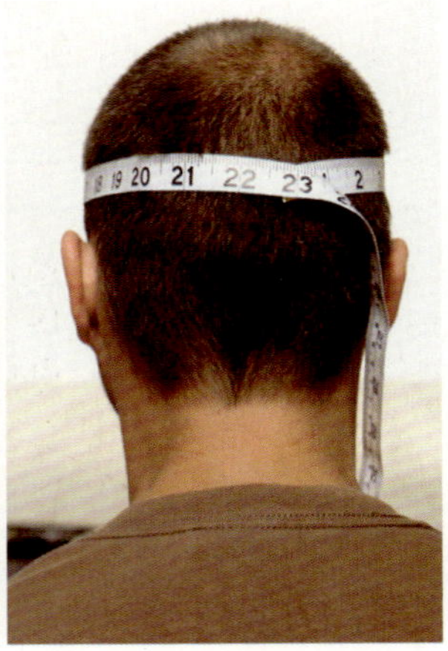

1 a) Es gibt einen Zusammenhang zwischen Umfang und Durchmesser eines Kreises. Findet ihn heraus und schreibt ihn auf.

	Umfang u	Durchmesser d
Dose	24 cm	7,7 cm
Münze	9 cm	2,9 cm
...	...	...

b) Vergleicht die Durchmesser von zwei Kreisen. Wie oft passt der kleinere in den größeren? Vergleicht genauso die Umfänge von zwei Kreisen. Was fällt euch auf?

2 Vervollständige die Tabelle ohne zu messen.

d in cm	3,0	6,0	1,0		
u in cm	9,4			4,7	14,1

3 a) Messt an einem Fahrrad den Raddurchmesser und schätzt den Umfang. Überprüft euer Ergebnis.
b) Findet heraus, wie oft sich das Rädchen am Fahrraddynamo dreht, wenn das Hinterrad eine Umdrehung macht. Vergleicht eure Lösungswege.

4 In dieser Mörtelmühle wird Stein fein gemahlen, damit er zu Mörtel weiterverarbeitet werden kann.
a) Beschreibt, aus welchen Teilen die Mühle besteht und wie sie funktioniert.
b) Schätzt die Größe der Teile.
c) Bestimmt, wie viele Umdrehungen das Steinrad bei einem Umlauf macht. Vergleicht eure Lösungswege und die Ergebnisse.

Kreisumfang

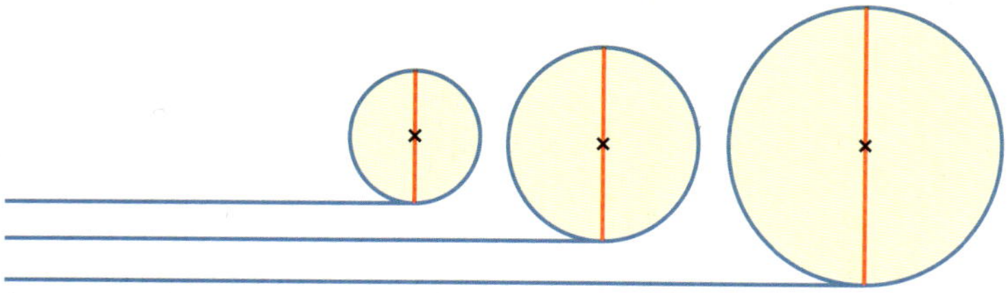

In der Abbildung sind Kreise mit verschiedenen Durchmessern zu sehen. Ihre Umfänge sind als Strecken dargestellt. Bestimme für jeden Kreis den Quotienten aus Umfang und Durchmesser.

Übrigens

Das Zeichen π wird „pi" ausgesprochen und steht für *Peripherie*, das bedeutet Umgebung.

Der Umfang u eines Kreises ist proportional zum Durchmesser d.
Deshalb ist der Quotient $\frac{u}{d}$ für alle Kreise gleich groß. Er wird mit dem griechischen Buchstaben π bezeichnet. Der Taschenrechner gibt für π einen Näherungswert an.

Das Verhältnis von Kreisumfang zu Kreisdurchmesser wird **Kreiszahl π** genannt:
$\frac{u}{d} = \pi \approx 3{,}14$.
Für den **Umfang u** eines Kreises mit dem Durchmesser d bzw. dem Radius r gilt:
$u = \pi d$ bzw. $u = 2\pi r$.

Tipp

Auf dem Taschenrechner gibt es eine π-Taste.

Beispiele

a) Aus dem Durchmesser d = 1,8 cm kann der Kreisumfang u berechnet werden.
$u = \pi d$
$u = \pi \cdot 1{,}8\,\text{cm} \approx 5{,}7\,\text{cm}$

b) Aus dem Kreisumfang u = 8,50 m kann der Kreisradius r berechnet werden.
$u = 2\pi r$ $\qquad r = \frac{u}{2\pi}$
$r = \frac{8{,}50}{2\pi}\,\text{m} \approx 1{,}35\,\text{m}$

c) Ein Rad mit 78 cm Durchmesser durchläuft eine Strecke von 1 km Länge. Wie oft dreht es sich?
d = 78 cm = 0,78 m $\qquad$ 1 km = 1000 m
Das Rad hat den Umfang $u = \pi d \approx 2{,}45$ m.
$1000 : 2{,}45 \approx 408{,}16$
Auf der 1 km langen Strecke dreht sich das Rad ungefähr 408-mal.

1 Berechne den Umfang des Kreises.
a) d = 3 cm b) d = 6 cm c) d = 1,5 cm
d) r = 3 m e) r = 6 m f) r = 1,5 m

2 a) Bestimme den Durchmesser und den Radius.
1) u = 133 cm 2) u = 8,5 cm
3) u = 0,41 m 4) u = 12,9 cm
b) Tom rechnet den Radius zu dem Umfang u = 133 cm mit dem Taschenrechner so aus:

[1] [3] [3] [÷] [2] [×] [π]

Wie kann er an dem Ergebnis erkennen, dass er einen Fehler gemacht hat?
Was hat er falsch gemacht?
Wie kann er den Taschenrechner richtig benutzen?

3 Berechne die fehlenden Größen.

	a)	b)	c)	d)	e)
r			24,4 cm		
d		0,5 m			31,84 m
u	1,1 m			2,56 dm	

4 a) Schätze den Umfang folgender Gegenstände: Herdplatte, Ziffernblatt einer Armbanduhr, Öffnung einer Mineralwasserflasche, Fahrradreifen, Riesenrad, Skateboardrollen, Rollstuhlrad.
Beschreibe, wie du vorgegangen bist.
b) [👥] Vergleicht eure Ergebnisse und korrigiert eure Schätzungen.
c) Suche selbst kreisförmige Gegenstände und schätze ihren Umfang.

▻ Mathematische Werkstatt, Seite 172 – 175; Formelsammlung, Seite 223

5 Ist bei diesem Saftglas die Höhe oder der Umfang größer?
Schätze erst und überprüfe dann bei einem ähnlichen Glas.

6 Handwerker benutzen zur Umfangsberechnung die Faustformel:

Umfang gleich Durchmesser mal 3 plus 5 Prozent.

a) Erkläre die Faustformel anhand eines Beispiels.
b) Rechne mit der Faustformel für d = 1,5 cm und d = 65 cm.
Berechne die Umfänge aus Aufgabe 1 von Seite 131 mit der Faustformel und vergleiche die Ergebnisse.
c) [●] Welcher Näherungswert für π wird bei dieser Faustformel verwendet?

7 Welche Strecke legt dieses Fahrzeug bei 10 Radumdrehungen zurück?

8 Wie oft dreht sich das Rädchen des Fahrraddynamos (d = 2 cm) pro Minute bei einer Geschwindigkeit von $24\,\frac{\text{km}}{\text{h}}$?

9 Das Aufzugrad eines Förderturms hat einen Radius von 1,85 m.
Um wie viel Meter wird der Förderkorb bei einer Radumdrehung nach oben gezogen?

10 4 m Durchmesser soll dieser Riesen-Kürbis haben, behauptet ein Zeitungsredakteur. Finde heraus, welcher Fehler hier wohl gemacht wurde.

11 Das *London Eye* ist eines der größten Riesenräder Europas. Die Gondeln bewegen sich mit einer Geschwindigkeit von 26 cm pro Sekunde, sodass man aus- und einsteigen kann, ohne dass das Rad anhalten muss. Schätze fehlende Angaben.
a) Wie hoch ist das *London Eye*?
b) Wie lange dauert eine Runde?

▻ Mathematische Werkstatt, Seite 172 – 175; Kasten Seite 96

12 Der Querschnitt des Wellblechs bildet eine Wellenlinie, die aus Halbkreisen mit dem Radius r besteht. Wie lang muss das Flachblech für 3 m Wellblech sein, das zu Halbkreisen mit 4 cm (5 cm, x cm) Radius gewellt wird?

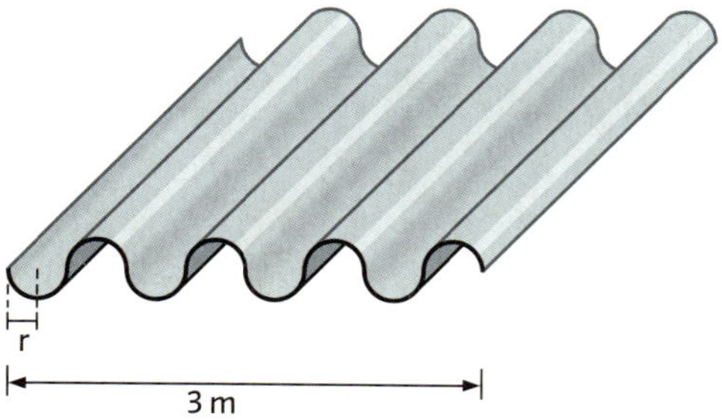

13 Dieser Riesenluftballon kann bis zu einem Umfang von 200 cm aufgeblasen werden. Regina bekommt ihn geschenkt, mit dem Kommentar: „Wir haben ihn nicht aufgeblasen, weil er dann nicht durch die Tür gepasst hätte." Was sagst du dazu?

14 Wie lang ist die Schlangenlinie aus 2 (3; 4; 5) Halbkreisbögen? Welche Vermutung gewinnst du aus den aufeinanderfolgenden Ergebnissen?

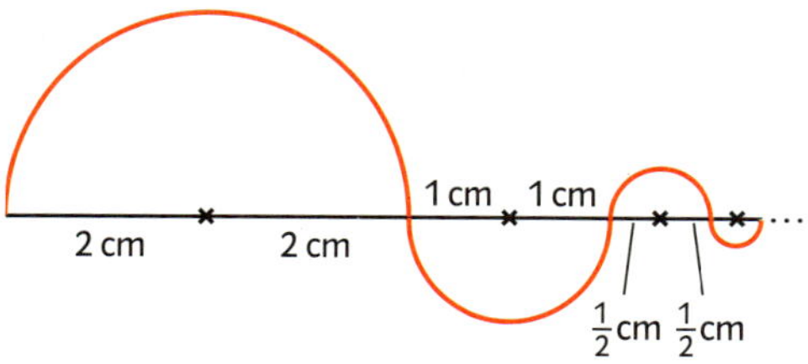

15 a) Der Mond umläuft die Erde annähernd auf einer Kreisbahn in etwa 385 000 km Entfernung vom Erdmittelpunkt. Welchen Weg legt er bei einem Umlauf zurück?
b) [●] Mit welcher Geschwindigkeit bewegt sich der Mond auf seiner Kreisbahn um die Erde?
c) Die mittlere Entfernung der Erde von der Sonne beträgt 149 Mio. km. Welche Strecke legt die Erde in einem Jahr zurück?

16 a) Der Erdradius beträgt 6378 km. Mit welcher Geschwindigkeit bewegt sich ein Körper am Äquator mit der Erde mit?
b) Bielefeld liegt auf dem 52. nördlichen Breitenkreis. Dieser besitzt einen Radius von 3972 km.
Welchen Weg legt Bielefeld innerhalb eines Tages zurück? Warum merkt man in Bielefeld davon nichts?

17 a) Denke dir ein Seil um den Äquator gespannt. Der Erdradius beträgt 6378 km. Das Seil wird nun um 1 m verlängert. Kann zwischen dem Seil und dem Äquator eine Katze durchschlüpfen? Überprüfe deine Vermutung durch Rechnung.

b) Um einen Tennisball mit 6,5 cm Durchmesser wird eine Schnur gelegt. Anschließend wird sie um 1 m verlängert. Um wie viel cm steht diese Schnur gleichmäßig vom Tennisball ab?
c) [●●] Vergleiche die Ergebnisse aus den Teilaufgaben a) und b) und suche eine Erklärung.

18 Satelliten, die sich in 35 768 km Höhe über dem Äquator befinden, stehen fest über einem Punkt der Erde und haben deshalb eine Umlaufzeit von 24 Stunden.
a) Mit welcher Geschwindigkeit bewegen sich solche Satelliten auf ihrer Bahn?
b) Zur Zeit gibt es ungefähr 300 solcher Satelliten. Wie groß ist ihr durchschnittlicher Abstand voneinander?

▷ Mathematische Werkstatt, Seite 172 – 175; Kasten Seite 96

Wir untersuchen die Kreisfläche

1 [✂] Schneide aus starkem Karton ein großes Quadrat und einen Viertelkreis aus, dessen Radius so groß ist wie die Seitenlänge des Quadrats. Bestimme mit einer Briefwaage, wie schwer die beiden Flächen sind.
Trage deine Ergebnisse in eine Tabelle ein und berechne das Verhältnis von Kreisgewicht zu Quadratgewicht. Was stellst du fest? Welchen Schluss lässt das Ergebnis für das Verhältnis zwischen Kreisfläche und Quadratfläche zu?

r = a	10 cm	15 cm	20 cm
$m_{Quadrat}$	5 g	▢	▢
$m_{Viertelkreis}$	4 g ·4	▢	▢
m_{Kreis}	16 g	▢	▢
$\frac{m_{Kreis}}{m_{Quadrat}}$	3,2	▢	▢

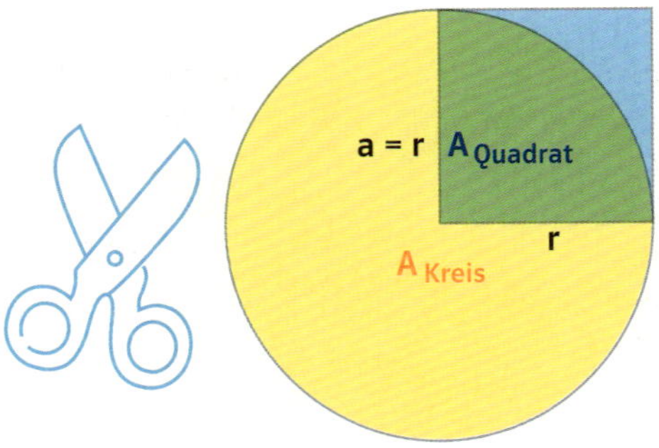

Annäherung an die Kreisfläche

Zeichnet man in und um eine Kreisfläche z. B. ein Sechseck liegt der Flächeninhalt des Kreises zwischen den Flächeninhalten der Sechsecke. Die Kreisfläche kann genauer bestimmt werden, wenn man bei den Vielecken die Eckenanzahl erhöht. Diese Annäherung an die Kreisfläche kannst du erkunden.
Ein dynamisches Arbeitsblatt dazu findest du unter **www.klett.de, Lehrwerk-Online; Link: 720350-1341**.

Online Link
720350-1341

2 [👥] Dem Zusammenhang zwischen der Kreisfläche und dem Quadrat kommt ihr auf die Spur, wenn ihr um den Kreis herum und in den Kreis hinein ein Quadrat zeichnet. Der Flächeninhalt des Kreises liegt zwischen den Quadratflächen.
a) Berechnet die beiden Quadratflächen für verschiedene Radien.
b) [●] Stellt für die Flächeninhalte der Quadrate jeweils einen Term mit dem Radius r auf.

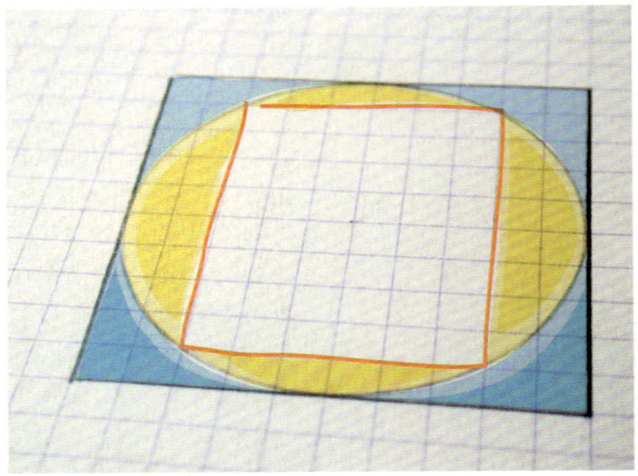

3 [✂] Ein weiteres Verfahren zur Bestimmung des Flächeninhaltes eines Kreises besteht darin, den Kreis in Tortenstücke zu schneiden und sie neu aneinander zu legen.
Schneide den Kreis in möglichst viele gleich große Tortenstücke und klebe sie wie in der Abbildung in dein Heft. Wie kannst du die Fläche jetzt näherungsweise berechnen?

Flächeninhalt vom Kreis

Wenn man den Kreis in immer mehr und damit immer kleinere Tortenstücke teilt, wird die neue Fläche einem Rechteck immer ähnlicher. Die Seitenlängen des Rechtecks sind ungefähr so lang wie der halbe Umfang und der Radius des Kreises. Mit dieser Erkenntnis lässt sich der Flächeninhalt eines Kreises näherungsweise bestimmen:

$A \approx \frac{u}{2} \cdot r = \frac{2\pi r}{2} \cdot r = \pi \cdot r^2$.

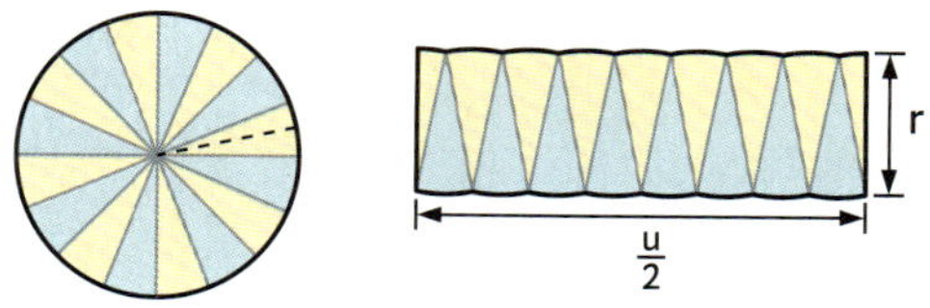

Für den **Flächeninhalt A** eines Kreises mit dem Radius r gilt:
$\mathbf{A = \pi r^2}$.

Beispiele

a) Aus dem Durchmesser d = 2,6 cm kann der Flächeninhalt A berechnet werden.

$r = \frac{d}{2} = 1{,}3\,\text{cm}$

$A = \pi r^2 = \pi \cdot 1{,}3^2\,\text{cm}^2$

$A \approx 5{,}3\,\text{cm}^2$

b) Aus dem Flächeninhalt $A = 8{,}5\,\text{dm}^2$ lässt sich der Radius r berechnen.

$A = \pi r^2$

$r^2 = \frac{A}{\pi}$

$r = \sqrt{\frac{A}{\pi}}$

$r = \sqrt{\frac{8{,}5}{\pi}}\,\text{dm}$

$r \approx 1{,}6\,\text{dm}$

1 Berechne den Flächeninhalt A des Kreises.

a) r = 21 cm
b) r = 42 cm
c) r = 84 cm
d) d = 21 cm
e) d = 42 cm
f) d = 84 cm
g) Wie verändert sich der Flächeninhalt, wenn der Radius (der Durchmesser) verdoppelt wird? Schreibe eine Regel auf.

2 Berechne den Umfang u bzw. den Flächeninhalt A des Kreises.

a) $A = 288\,\text{cm}^2$
b) $A = 0{,}73\,\text{dm}^2$
c) u = 375,2 cm
d) u = 0,09 km

3 [🖩 👥] Wie wird die Rechnung für den Radius r aus Beispiel b) oben richtig in den Taschenrechner getippt? Macht zuerst einen Überschlag. Tippt dann eure Rechnung in den Taschenrechner ein und notiert auf einen Zettel genau die Tastenfolge. Gebt den Zettel euren Tischnachbarn / eurer Tischnachbarin und kontrolliert euch gegenseitig.

4 Berechne die fehlenden Angaben in der Tabelle.

	r	d	A	u
a)		8,6 cm		
b)			$26{,}3\,\text{cm}^2$	
c)				149 cm
d)			$0{,}8\,\text{m}^2$	
e)				1 km

5 Berechne zu den Radien r = 1 cm; 2 cm; 3 cm die Flächeninhalte A der Kreise. Trage den Radius auf der x-Achse, den Flächeninhalt auf der y-Achse ab. Zeichne die Punktepaare in ein Koordinatensystem und verbinde sie zu einem Graph. Welche Form hat der Graph?

6 Ein Rettungshubschrauber kann ohne aufzutanken 700 km weit fliegen. Wie groß ist das Gebiet, in dem der Hubschrauber eingesetzt werden kann?

▻ Mathematische Werkstatt, Seite 172 – 175; Formelsammlung, Seite 223

7 Stimmt die Aussage in dem Artikel? Wie kannst du die Frage beantworten ohne die Flächen zu berechnen?

> Mit einem Spiegeldurchmesser von nicht weniger als 30 Metern wird das sogenannte TMT (Thirty-Meter-Telescope) etwa neunmal mehr Licht einfangen können als die zurzeit größten irdischen Teleskope mit ihren Zehn-Meter-Spiegeln…

(Frankfurter Rundschau, 11.11.2003)

8 Die Pizzeria Piccolo bietet zwei übergroße Pizzen an. Hier ein Ausschnitt aus der Speisekarte:

> **Pizza Gigante** (∅50 cm) – der Ess-Spaß für vier Personen - **58 €**
> **Pizza Party** (∅2 m) – ausreichend für bis zu 60 Personen - **850,00 €**

Die *Pizza Gigante* reicht gut für vier Leute, aber reicht dann die *Pizza Party* für 60 Personen aus? Und ist sie nicht viel zu teuer im Vergleich zur *Pizza Gigante*?

Übrigens
Das Zeichen ∅ steht für Durchmesser.

9 Berechne die größtmögliche Querschnittsfläche eines Rundholzes, das man aus einem quadratischen Balken von 400 cm² Querschnittsfläche herstellen kann.

10 In einen quadratischen Karton passen neun Minipizzen oder eine ganze Pizza. Von welcher Pizza habe ich mehr? Begründe.

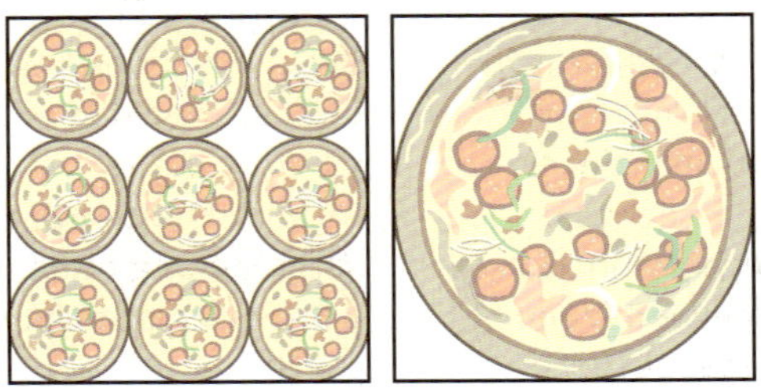

11 Wie groß muss der Radius eines Kreises sein, damit sein Flächeninhalt so groß ist wie der eines
a) Quadrats mit der Seitenlänge 7 cm?
b) gleichseitigen Dreiecks mit der Seitenlänge 7 cm?

Geometrische Figuren

12 Berechne den Umfang und den Flächeninhalt der aus Halbkreisen gebildeten Figur in Abhängigkeit von d.

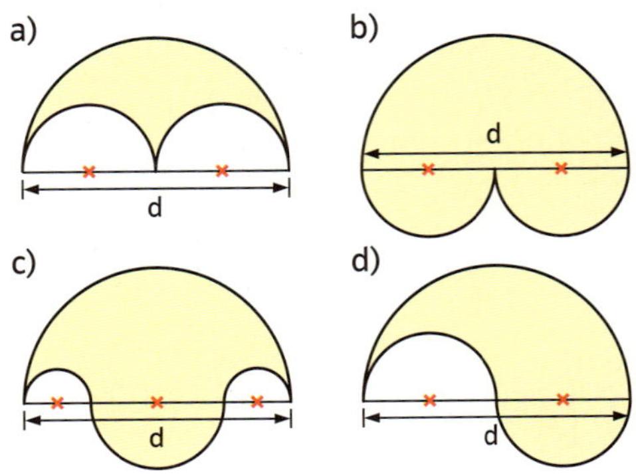

13 Berechne den Umfang und den Flächeninhalt der Figur. (Maße in cm)

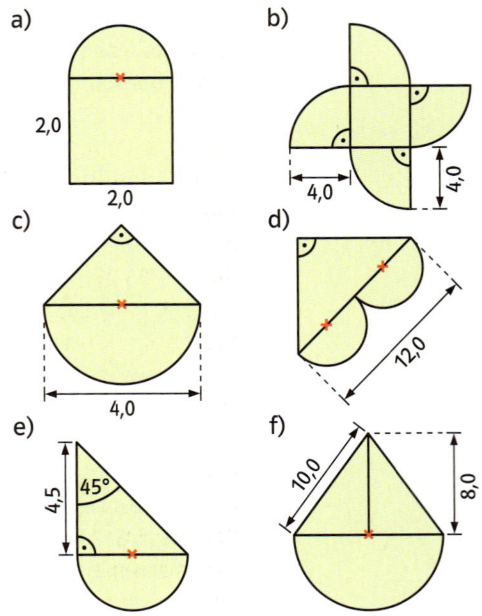

▻ Mathematische Werkstatt, Seite 179 – 181

Werden zwei Kreise mit einem gemeinsamen Mittelpunkt gezeichnet, so entsteht ein **Kreisring**. Der Flächeninhalt des Kreisrings berechnet sich, indem man den Flächeninhalt vom Innenkreis vom Flächeninhalt des Außenkreises abzieht.

$A_{Ring} = A_{außen} - A_{innen} = \pi r_1^2 - \pi r_2^2$

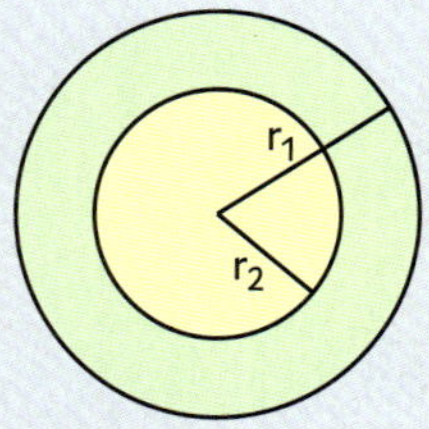

14 Berechne den Flächeninhalt der blauen Fläche. (Maße in cm)

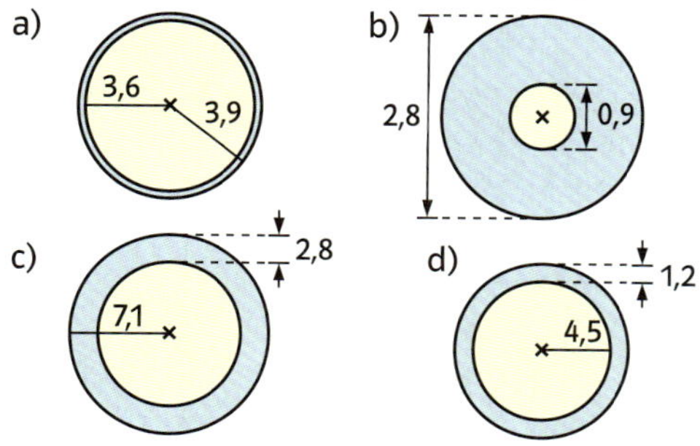

15 Berechne die Kreisringfläche mit dem Außenradius r_1 und dem Innenradius r_2. Die Differenz der Radien wird mit x bezeichnet.

a) $r_2 = 2{,}8\,cm$, $r_1 = 4{,}6\,cm$
b) $r_2 = 6{,}3\,cm$, $r_1 = 10{,}9\,cm$
c) $r_2 = 3{,}0\,cm$, $x = 1{,}1\,cm$
d) $x = 33\,mm$, $r_1 = 102\,mm$

16 [✎] Eine Zielscheibe hat normalerweise gleich breite Ringe. Wie müsste eine Zielscheibe mit 50 cm Durchmesser aussehen, wenn der Mittelkreis und die vier Ringe alle den gleichen Flächeninhalt haben sollen?
Präsentiere deinen Lösungsweg.

17 Frisbeeringe fliegen viel besser als Frisbeescheiben. Ein Ring hat einen Innendurchmesser von 25,5 cm und ist 3,8 cm breit.
Wie viel Material wird ungefähr im Vergleich zu einer Frisbeescheibe mit dem gleichen Außendurchmesser gespart?

18 Ein Stadion soll so gebaut werden, dass es für Leichtathletik und Fußball genutzt werden kann. Damit die 100-m- und 400-m-Laufdisziplinen gelaufen werden können, sollen die Geraden mindestens 100 m lang sein und eine Runde 400 m betragen.

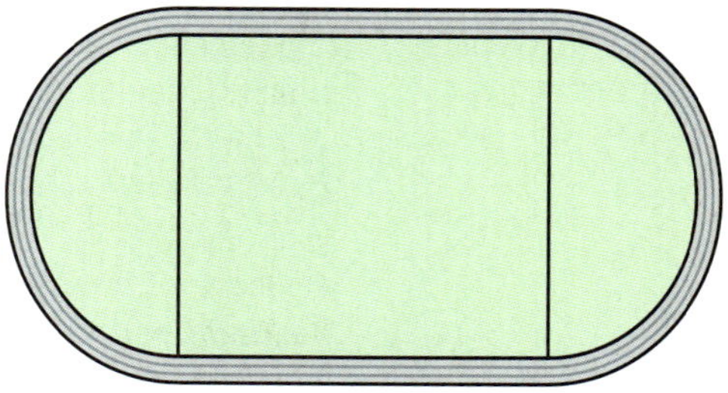

Kann innerhalb der Laufbahn noch ein Fußballfeld untergebracht werden?
Tipp: Ein Fußballfeld ist 105 m breit und 68 m bis 70 m lang.

19 [●] Bei einem quadratischen Tisch mit der Seitenlänge 1 m kann an jeder Seite eine kreisteilförmige Platte ausgeklappt werden, sodass der Tisch kreisförmig wird.
a) Fertige eine Skizze der Tischplatte an.
b) Vergrößert sich beim Ausklappen der Kreisteile die Tischfläche um mehr oder weniger als 50 %?
Begründe deine Antwort.
c) Bestimme den Umfang der kreisförmigen Tischplatte.
d) [●●] Weise nach, dass der Anteil der Vergrößerung nicht von der Seitenlänge des Quadrats abhängt, sondern immer gleich ist.

▻ Formelsammlung, Seite 223

Die Kreiszahl π

Die Quadratur des Kreises

Die Redewendung „wie die Quadratur des Kreises" bedeutet, dass ein Problem nicht lösbar ist. Über zweitausend Jahre lang haben Wissenschaftler versucht, nur mit Zirkel und Lineal zu einem Kreis ein flächengleiches Quadrat zu konstruieren und umgekehrt. Vor ungefähr 100 Jahren wurde bewiesen, dass dies unmöglich ist. Hier werden drei Versuche vorgestellt. Wie gut sie gelungen sind, kann man erkennen, wenn man den Wert von π, der sich daraus ergibt, berechnet und mit dem heute bekannten Wert vergleicht.

1 Auf einem ägyptischen Papyrus aus der Zeit um 1650 v. Chr. hielt der Schreiber *Ahmes* eine Regel fest, wie man zu einem gegebenen Kreis ein flächeninhaltsgleiches Quadrat konstruiert: „Schneide vom Durchmesser ein Neuntel ab und mache aus dem Rest ein Quadrat!" (siehe Abbildung links).

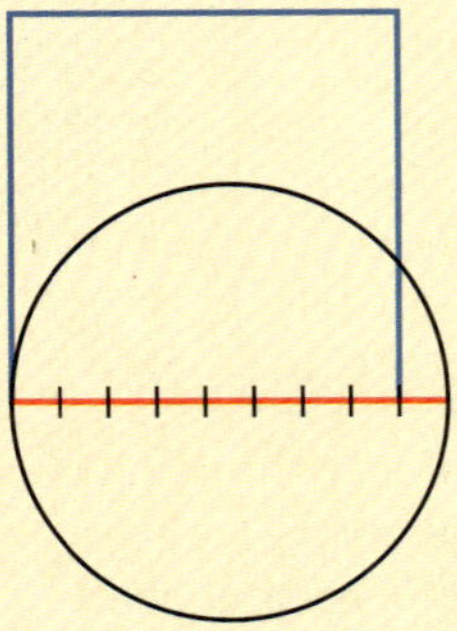

a) Der Kreis hat den Durchmesser d. Das Quadrat hat dann die Seitenlänge $a = \frac{8}{9}d = \frac{16}{9}r$.

Drücke den Flächeninhalt des Quadrats durch r aus. Mit welchem Näherungswert für π hat *Ahmes* gerechnet?

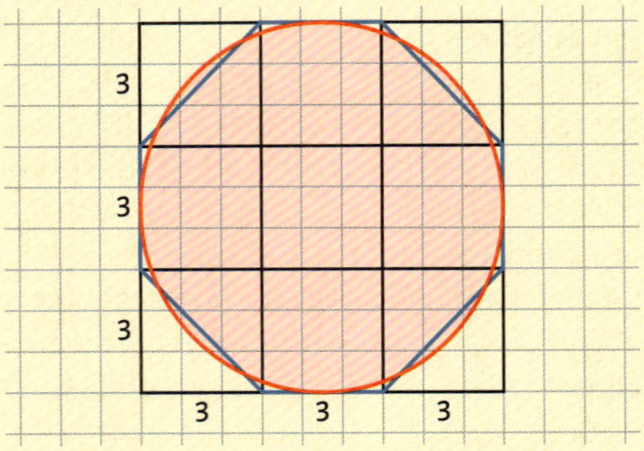

b) [●] In der Abbildung oben ist ein Kreis mit einem günstig gewählten Quadratgitter unterlegt. Offenbar ist sein Flächeninhalt fast genauso groß wie der Flächeninhalt des Achtecks.
Begründe, dass *Ahmes* auf diese Weise auf seine Regel hätte kommen können.

Übrigens

Das Quadrat ist nicht genau flächengleich – die Quadratur des Kreises ist ja unmöglich. Aber trotzdem: Hut ab vor *Ahmes*!

2 Der Maler *Albrecht Dürer* hatte eine Regel aufgestellt, nach der zu einem Quadrat ein flächengleicher Kreis konstruiert wird:
„Zeichne ein Quadrat und teile die Diagonale in zehn gleiche Teile. Dann zeichne einen Kreis mit einem Durchmesser, der acht von diesen Teilen lang ist."

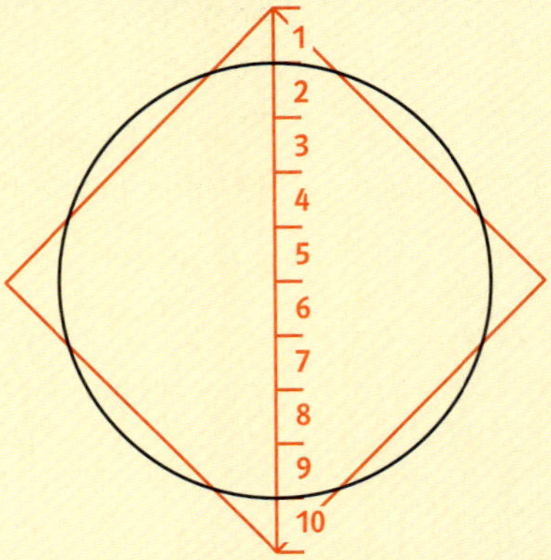

Hier ein Weg, wie du den Näherungswert für π herausfinden kannst:
- Nimm für die Quadratdiagonale eine Länge von 10 cm an.
- Berechne anschließend den Flächeninhalt des Quadrats.
- Setze das Ergebnis für den Flächeninhalt des Kreises ein.
- Löse nach π auf.

3 *Archimedes* rechnete sehr systematisch: er schloss den Kreis in zwei Sechsecke, zwei Zwölfecke, zwei 24-, 48-, 96-Ecke ein und berechnete immer die beiden Umfänge. Der Kreisumfang liegt dann dazwischen.
So fand er die beidseitige Näherung
$3\frac{10}{71} < \pi < 3\frac{1}{7}$.
Wie viel Platz hat π dazwischen?

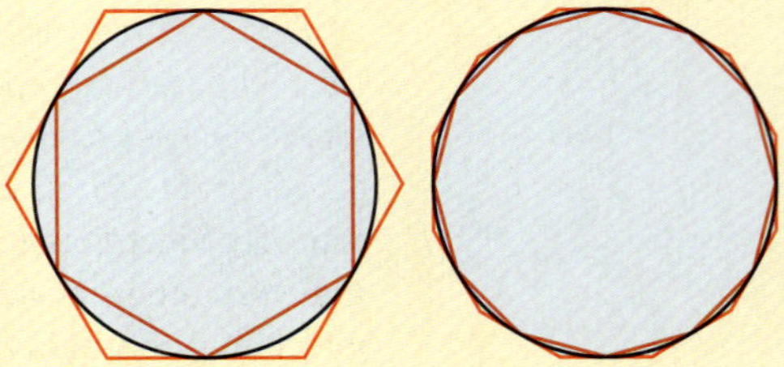

π und der Zufall

Die Kreiszahl π lässt sich auch durch Zufallsverfahren bestimmen. Ein Verfahren wird in Aufgabe 4 und 5 erläutert.

Übrigens

Statt Reißnägel könnt ihr auch andere Gegenstände nehmen, die nicht rollen.

4 Schneidet aus Pappe ein Quadrat mit 50 cm Seitenlänge aus und zeichnet darauf einen Viertelkreis mit 50 cm Radius. Lasst darauf eine Hand voll Reißnägel fallen. Bestimmt die Anzahl der Reißnägel, die in dem Viertelkreis liegen.

a) Berechnet $\frac{\text{Anzahl der Reißnägel im Viertelkreis}}{\text{Anzahl der Reißnägel im Quadrat}}$.

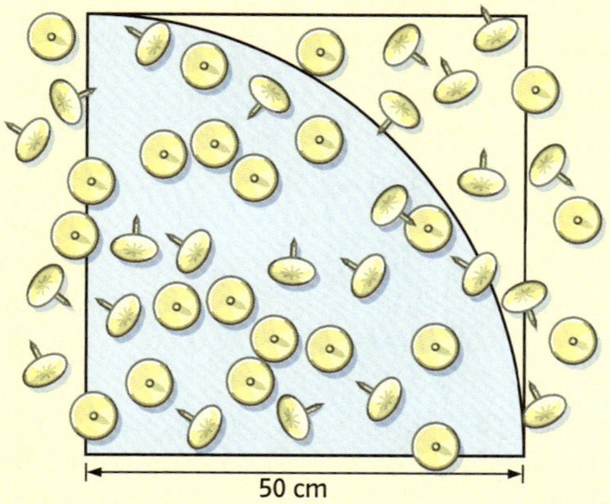

b) [●] Erklärt, warum das Ergebnis ungefähr $\frac{\pi}{4}$ sein müsste, wenn man den Versuch sehr oft durchführt.

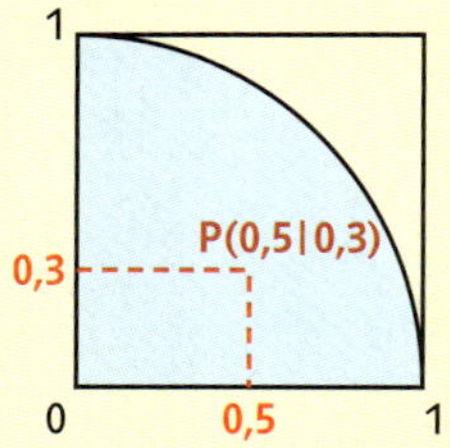

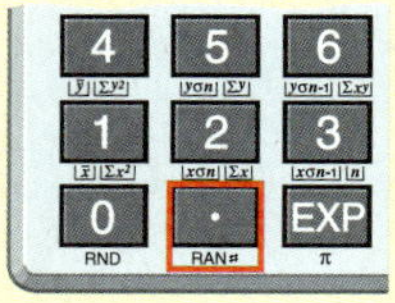

5 Den Versuch von Aufgabe 4 kannst du auch mithilfe von Zufallszahlen simulieren. Gehe davon aus, dass die Quadratseiten und der Radius die Länge 1 haben. Durch zwei Zahlen zwischen 0 und 1 wird wie in einem Koordinatensystem ein Punkt auf dem Quadrat festgelegt. Die RAN#-Taste auf deinem Taschenrechner liefert Zufallszahlen x und y zwischen 0 und 1 auf Knopfdruck.

a) Erkläre: Wenn $x^2 + y^2 = 1$ ist, dann liegt der Punkt auf der Viertelkreislinie.

b) Führe die Simulation für 100 Paare von Zufallszahlen durch und zähle die Punkte auf dem Viertelkreis. Nimm diese Anzahl mal vier und teile sie durch 100. Erkläre, wieso das Ergebnis ungefähr π ist.

π und das Universum

Heute kennt man über 200 Milliarden Stellen von π. Wozu braucht man so viele Stellen überhaupt?

Mit je mehr Stellen man rechnet, desto genauer wird das Ergebnis. Je größer beispielsweise der Durchmesser eines Kreises ist, desto mehr Stellen braucht man, wenn das Ergebnis möglichst genau sein soll.

Hier ein anschaulicher Vergleich:

Nimmt man an, der Umfang eines Kreises wäre so groß wie das gesamte bekannte Universum, dann würden 39 Dezimalstellen von π ausreichen, damit der Fehler in der Berechnung verschwindend klein wäre.

Der Grund, weshalb trotzdem immer mehr Stellen von π gesucht werden, ist, dass die Zahl selbst erforscht wird. Man sucht z. B. nach Regelmäßigkeiten in der Zahlenfolge oder nach Ziffern, die irgendwann gar nicht mehr auftauchen.

6 Das Wiener Riesenrad hat einen Durchmesser von 60,96 m. Untersuche, mit wie vielen Stellen von π du mindestens rechnen musst, wenn du den Umfang auf den Zentimeter genau bestimmen willst.

Übrigens

Der Kreisausschnitt wird auch Kreissektor genannt.

20 [ååå] Bestimmt zu dem Kreisausschnitt mit dem Winkel α die Länge des zugehörigen Kreisbogens b und den Flächeninhalt des Kreissektors A_S. Vergleicht eure Vorgehensweise.
Der Radius des Kreises ist jeweils 10 cm.

a) 180° b) 90° c) 45° d) 15°
e) 60° f) 1° g) 128° h) 227°

Wird aus einem Kreis ein Stück herausgeschnitten, so erhält man einen **Kreisausschnitt** mit dem Winkel α. Der zugehörige Teil der Kreislinie heißt **Kreisbogen**.

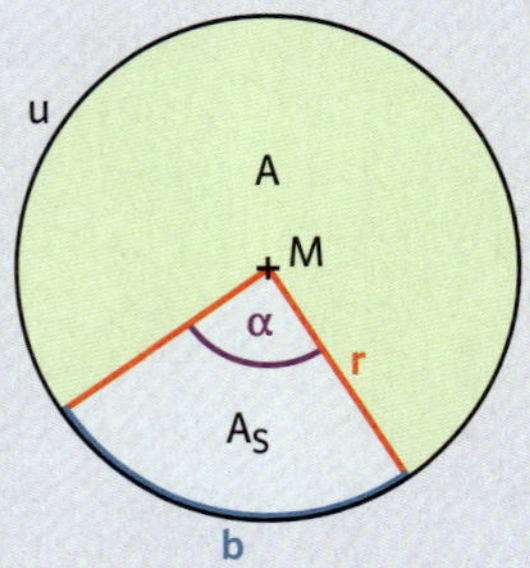

Länge des Kreisbogens: $\mathbf{b = \frac{u}{360°} \cdot \alpha}$

Flächeninhalt des Kreissektors: $\mathbf{A_S = \frac{A}{360°} \cdot \alpha}$

21 a) Erkläre die Formeln zur Berechnung von Kreisbogen und Flächeninhalt eines Kreisausschnittes.
b) Falls du in Aufgabe 20 nicht alles lösen konntest, versuche es jetzt nochmal mithilfe der Formeln.

22 a) Der Umfang eines Kreises beträgt 72 cm. Berechne im Kopf die Bogenlänge für den Kreisausschnitt mit dem Winkel 180°; 120°; 90°; 60°; 270°; 300°.
b) Ein Kreis hat einen Flächeninhalt von 120 cm². Berechne im Kopf den Flächeninhalt des Kreisausschnittes mit den Winkeln wie in a).
c) Berechne den Radius eines Kreisausschnittes mit der Fläche A_S = 300 cm² und dem Winkel α = 108°.

23 Berechne jeweils die Länge des Bogens.

a) romanischer Rundbogen

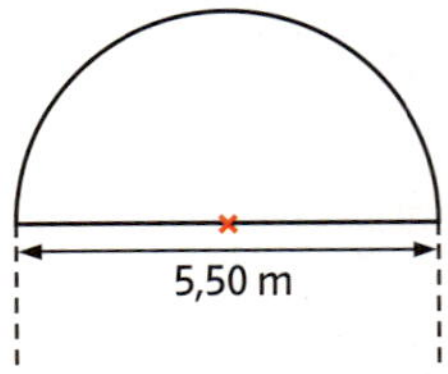

b) romanischer Flachbogen

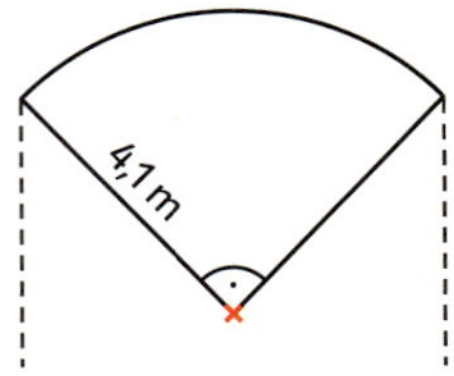

c) [●] gotischer Spitzbogen

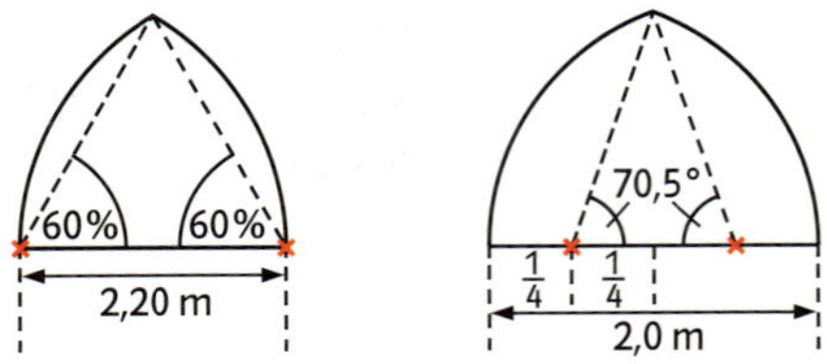

24 Berechne den Flächeninhalt der Blechteile. (Maße in mm)

a)

b)

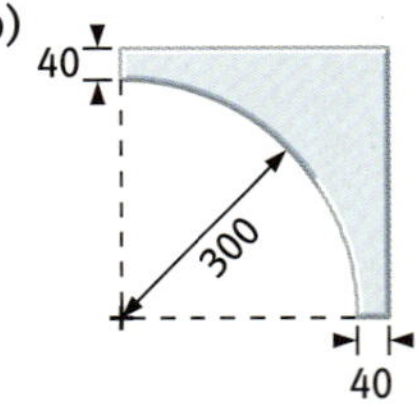

25 [●●] Weise nach, dass der Zusammenhang zwischen Flächeninhalt und Bogenlänge eines Kreisausschnittes $A_S = \frac{1}{2} b r$ ist.

26 [●●] **Die Möndchen des Hippokrates**
Zeige, dass die gelben Möndchen den gleichen Flächeninhalt haben wie das Dreieck bzw. das Quadrat.

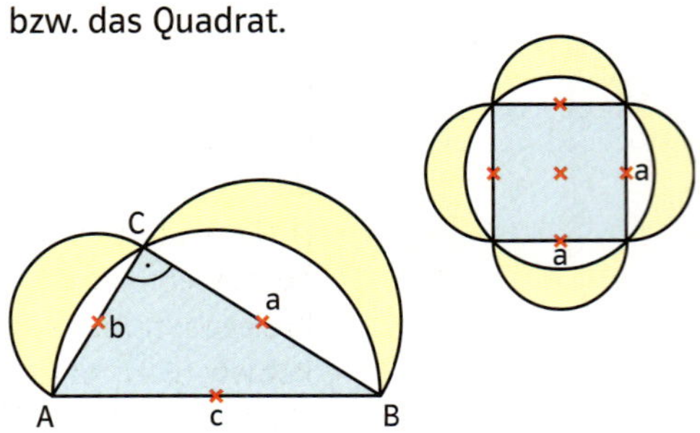

▻ Formelsammlung, Seite 223

Eistüten und andere Kegel

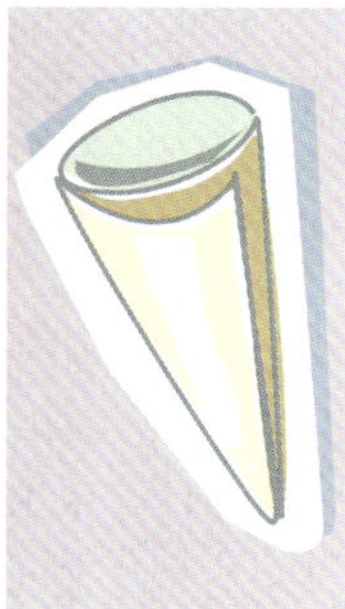

Man erkennt es nicht auf den ersten Blick – aber Kegel und Kreis haben viel miteinander zu tun.

1 Löst das Papier von einer Eiswaffel vorsichtig ab und beschreibt oder zeichnet dann die Form der Verpackung.

2 Zeichnet einen möglichst großen Kreis auf ein DIN-A4-Blatt und markiert den Mittelpunkt. Schneidet einen Kreisausschnitt aus, notiert Winkel und Radius und heftet die Ausschnitte zu einem Kegel zusammen.

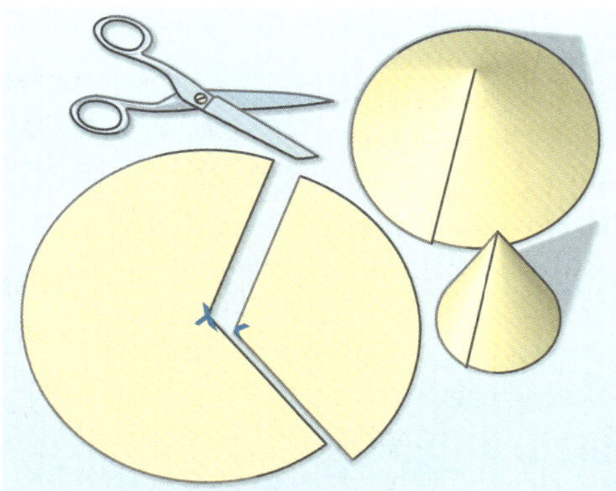

a) Vergleicht eure Kegel.
b) Untersucht, wie sich Kegel unterscheiden, die aus Kreisausschnitten mit verschiedenen Winkeln, aber gleichem Radius hergestellt wurden. Stellt auch Kegel aus Kreisausschnitten her, die verschiedene Radien, aber gleiche Winkel haben. Was stellt ihr jetzt fest?

3 Untersucht, wie die Längenangaben für den Kegel mit den Maßen des Kreisausschnittes zusammenhängen.

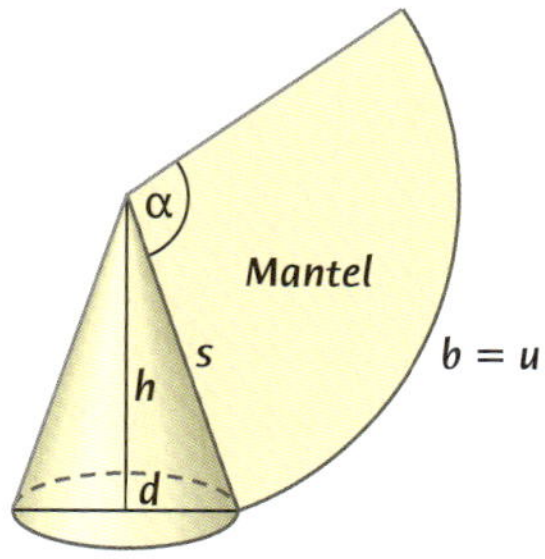

Ihr habt den Radius und den Winkel des Kreisausschnittes notiert. Bestimmt damit für eure Kegel folgende Maße:
a) Den Umfang u des Grundkreises.
b) Den Durchmesser d des Grundkreises.
c) Die Höhe h des Kegels.
d) Die Seitenlänge s des Kegels.
e) Die Grundkreisfläche G.
f) Die Mantelfläche M.

4 Oft sind von einem Kegel der Grundkreisradius und die Höhe h angegeben. Auch daraus lässt sich die Mantelfläche berechnen.
– Berechne die Seitenlänge s mit dem Satz des Pythagoras.
– Berechne den Winkel α aus $b = u$.

5 Nehmt nochmals eure Eistüte von Aufgabe 1 zur Hand. Untersucht, wie viel Prozent Papier man sparen könnte, wenn das Papier die Waffel gerade so bedecken würde.

Oberfläche des Kegels

Eine Eistüte mit den angegebenen Maßen wird verpackt. Man benötigt für die Verpackung 12 % mehr Papier als die Oberfläche der Waffel. Berechne den Materialbedarf.

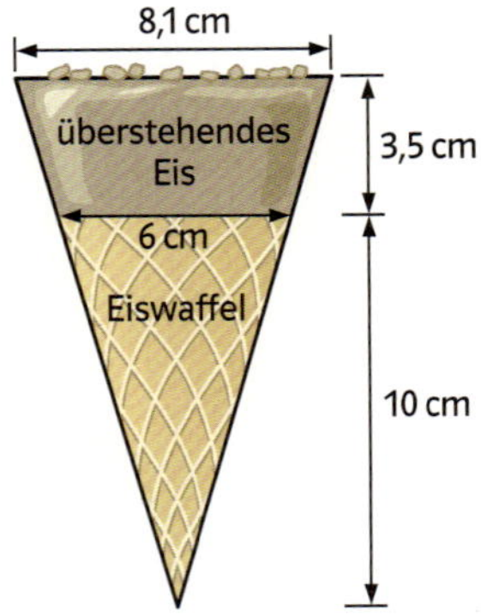

Mantelfläche M: $M = \frac{\alpha}{360°} \cdot \pi s^2$

Grundkreisumfang: $2\pi r = \frac{\alpha}{360°} \cdot 2\pi s \quad |:(2\pi s)$

$\frac{r}{s} = \frac{\alpha}{360°}$

Einsetzen in die Formel für M ergibt: $M = \frac{r}{s} \cdot \pi s^2 = \pi r s$.

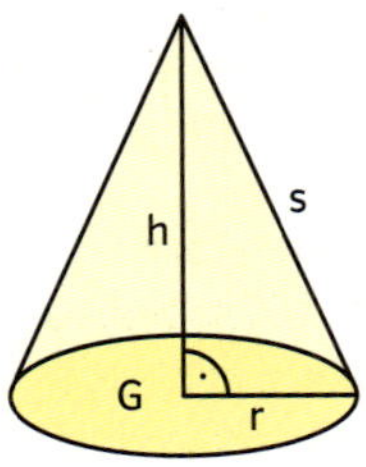

Die **Oberfläche O** eines **Kegels** besteht aus der Grundkreisfläche G und der Mantelfläche M.
$O = G + M = \pi r^2 + \pi r s$

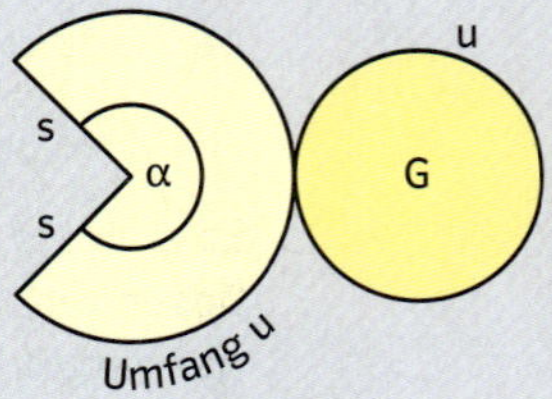

Beispiele

a) Berechne die Oberfläche eines Kegels mit der Höhe h = 10 cm und dem Grundkreisradius r = 5 cm.
Seitenlänge $s^2 = h^2 + r^2$ ergibt $s \approx 8{,}7\,cm$
Mantelfläche $M = \pi r s \approx \pi \cdot 5 \cdot 8{,}7\,cm^2 \approx 136{,}7\,cm^2$
Grundkreisfläche $G = \pi r^2 = \pi \cdot 5^2\,cm^2 \approx 78{,}5\,cm^2$
Kegeloberfläche
$O = G + M \approx 78{,}5\,cm^2 + 136{,}7\,cm^2 \approx 215{,}2\,cm^2$

b) Berechne die Oberfläche eines Kegels, der aus einem Kreisausschnitt mit dem Winkel $\alpha = 150°$ und dem Radius $s = 12\,cm$ hergestellt wird.
Mantelfläche $M = \frac{150°}{360°} \cdot \pi \cdot 12^2\,cm^2 \approx 188{,}5\,cm^2$
Aus $M = \pi r s$ ergibt sich $r = \frac{M}{\pi s} \approx 5{,}0\,cm$
Grundkreisfläche $G = \pi r^2 \approx 78{,}5\,cm^2$
Kegeloberfläche
$O = G + M \approx 78{,}5\,cm^2 + 188{,}5\,cm^2 \approx 267\,cm^2$

1 Berechne die Kegeloberfläche.
a) r = 14 cm, s = 30 cm
b) r = 6,2 cm, h = 12,5 cm
c) u = 8,7 cm, h = 5,9 cm
d) α = 130°, s = 12 cm
e) α = 75°, r = 4 cm

2 Ein Sandhaufen hat eine Höhe von 1,10 m und einen Durchmesser von 3,50 m. Wie viel m^2 Plane sind zum Abdecken erforderlich?

3 Diese drei Kreisausschnitte haben alle den gleichen Radius.

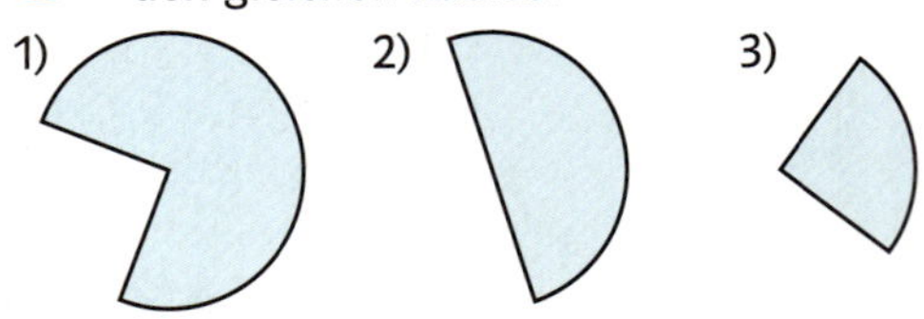

a) Entscheide, welcher der Kreisausschnitte den höchsten Kegel ergibt.
Begründe deine Antwort.
b) [●] Der Radius beträgt 10 cm. Bestimme für jeden Kegel die Höhe.

▻ Mathematische Werkstatt, Seite 184 – 186; Formelsammlung, Seite 225

Dosen

Es gibt hohe schmale und flache breite Dosen. Getränke werden meistens in schmale Dosen abgefüllt, Früchte und Gemüse eher in breitere Dosen und Wurst oft in flache Dosen. Woran liegt das?

Denkt an das zu verpackende Produkt, die Standfestigkeit oder die Stapelbarkeit der Dosen und an die Möglichkeit, eine Produktwerbung auf der Seitenfläche des Zylinders anzubringen.

1 [Gruppenarbeit, Basteln] a) Sammelt verschiedene leere Konservendosen. Bestimmt deren Grundfläche, deren Höhe und bestimmt das Volumen, indem ihr Wasser mit einem Messbecher einfüllt.
Stellt das Ergebnis in einer Tabelle wie im Beispiel zusammen. Fällt euch etwas auf?

G in cm^2	h in cm	V in cm^3
74	11,5	851
...	...	...

b) Wie kann das Volumen einer Dose berechnet werden?

2 [Gruppenarbeit, Basteln] a) Bestimmt die Seitenfläche verschieden großer Konservendosen. Dazu ist es hilfreich, das die Dose umspannende Papier vorsichtig abzulösen.
b) Wie kann die Seitenfläche berechnet werden, ohne das die Dose umspannende Papier zu benutzen?

Oberfläche des Zylinders

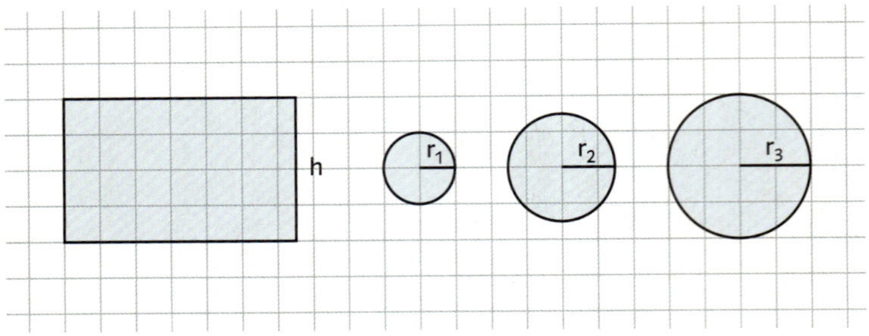

Das abgebildete Rechteck stellt die Mantelfläche eines Zylinders dar. Einer der abgebildeten Kreise soll die Grundfläche dazu sein. Welcher Kreis passt?

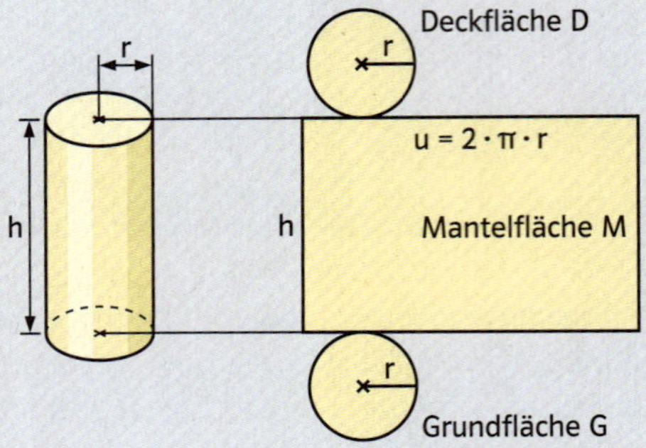

Die Oberfläche eines Zylinders besteht aus Mantel-, Grund- und Deckfläche.
Der **Mantel** ist ein Rechteck mit dem Flächeninhalt $\mathbf{M = u\,h = 2\pi r h}$.
Die **Oberfläche** des Zylinders ist
$\mathbf{O = 2G + M}$
$\mathbf{= 2\pi r^2 + 2\pi r h}$.

Beispiele

a) Aus dem Radius r = 3,7 cm und der Höhe h = 15,5 cm lässt sich die Zylinderoberfläche O berechnen.
$O = 2\pi r^2 + 2\pi r h$
$O = 2\pi \cdot 3{,}7^2\,cm^2 + 2\pi \cdot 3{,}7 \cdot 15{,}5\,cm^2$
$O = 446{,}4\,cm^2$

b) Aus der Mantelfläche $M = 220{,}5\,cm^2$ und der Höhe h = 8,6 cm lässt sich der Zylinderradius r berechnen.
$M = 2\pi r h$
$r = \frac{M}{2\pi h}$
$r = \frac{220{,}5}{2\pi \cdot 8{,}6}\,cm$
$r \approx 4{,}1\,cm$

1 Berechne die Mantelfläche und die Oberfläche des Zylinders.
a) r = 4 cm, h = 11,5 cm
b) r = 8 cm, h = 11,5 cm
c) r = 8 cm, h = 23 cm
d) r = 8 cm, h = 34,5 cm
e) r = 4 cm, h = 23 cm
f) r = 2 cm, h = 11,5 cm
g) Ein Ergebnis ist gleich. Erkläre.

2 a) Berechne den Grundkreisradius des Zylinders mit $M = 366{,}5\,cm^2$ und h = 7,1 cm.
b) Wie verändert sich der Grundkreisradius, wenn die Mantelfläche halbiert und die Höhe verdoppelt wird?

3 Berechne die fehlenden Angaben der Zylinder.

	r	h	M	O
a)	1,8 m	54 dm		
b)	81 mm	2 dm		
c)	6,3 cm		$324{,}2\,cm^2$	
d)	114 mm		$1826{,}5\,cm^2$	
e)		14,8 cm	$1878\,cm^2$	
f)			$3{,}8\,dm^2$	$1477{,}9\,cm^2$
g)			$481{,}5\,dm^2$	$1072{,}7\,dm^2$
h)	2 cm			$86{,}9\,cm^2$
i)	55,5 cm			$5{,}5\,m^2$

▻ Mathematische Werkstatt, Seite 184 – 186; Formelsammlung, Seite 225

Volumen des Zylinders

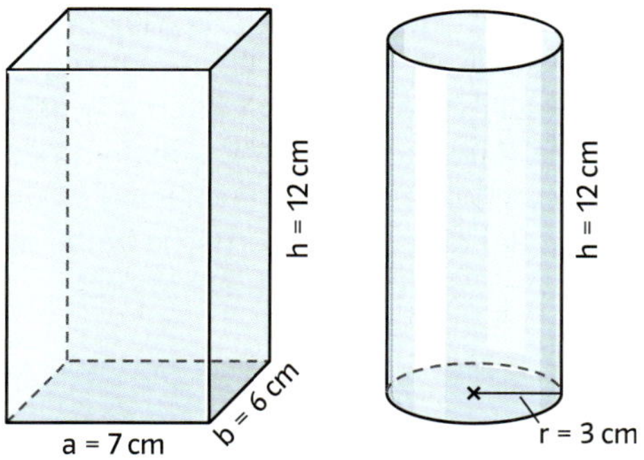

Kannst du das Volumen der beiden Behälter bestimmen?

Für Zylinder gilt die gleiche Formel zur Berechnung des Volumens wie für Prismen. Dies lässt sich zeigen, indem man den Zylinder in gleiche Teile, ähnlich einem Kuchen, zerlegt und diese zu einem quaderartigen Körper zusammensetzt.

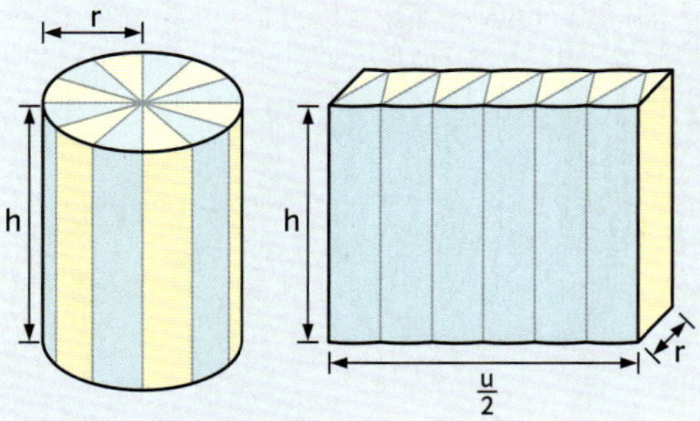

Das **Volumen** des Zylinders berechnet sich aus Grundfläche mal Höhe.

$V = G \cdot h \qquad G = \pi r^2$

$V = \frac{u}{2} \cdot r \cdot h$

$V = \frac{2\pi \cdot r}{2} \cdot r \cdot h$

$\mathbf{V = \pi r^2 h}$

Beispiele

a) Aus dem Radius r = 6,5 cm und der Höhe h = 21,7 cm lässt sich das Zylindervolumen V berechnen.

$V = \pi r^2 h$

$V = \pi \cdot 6{,}5^2 \cdot 21{,}7\,cm^3$

$V \approx 2880{,}3\,cm^3$

b) Aus dem Volumen $V = 328{,}0\,cm^3$ und der Höhe h = 18,2 cm lässt sich der Zylinderradius berechnen.

$V = \pi r^2 h \qquad | : \pi \cdot h$

$r^2 = \frac{V}{\pi h} \qquad | \sqrt{\ }$

$r = \sqrt{\frac{V}{\pi h}}$

$r = \sqrt{\frac{328{,}0}{\pi \cdot 18{,}2}}\,cm$

$r \approx 2{,}4\,cm$

1 Berechne jeweils das Volumen des Zylinders.

a) r = 8 cm, h = 12 cm
b) r = 8 cm, h = 24 cm
c) r = 8 cm, h = 6 cm

d) Wie kannst du die Teilaufgaben b) und c) mit einer möglichst kurzen Rechnung lösen?

e) Wie verändert sich das Volumen, wenn man
- nur die Höhe verdoppelt?
- nur den Radius verdoppelt?
- den Radius und die Höhe verdoppelt?

2 [✂] Suche einige zylinderförmige Gegenstände in deiner Umgebung und schätze deren Volumen. Miss dann jeweils Radius und Höhe und berechne. Wie gut hast du geschätzt?

3 Wie groß ist jeweils der Radius des Zylinders?

a) $V = 150\,cm^3$, h = 10 cm
b) $V = 760\,dm^3$, h = 25 dm
c) $V = 201{,}6\,cm^3$, h = 4,2 cm
d) V = 1,8 l, h = 7,5 cm

▻ Mathematische Werkstatt, Seite 184 – 186; Formelsammlung, Seite 225

4 Ein zylinderförmiges Gefäß mit einem Durchmesser von 6,4 cm und 25 cm Höhe ist randvoll mit Wasser gefüllt. Passt der Inhalt in ein anderes zylinderförmiges Gefäß (Höhe: 19 cm; Durchmesser: 9,2 cm)? Wenn ja, wie hoch steht das Wasser dann im zweiten Gefäß?

5 Berechne die fehlenden Angaben des Zylinders.
(Angaben in cm/cm²/cm³)

	r	h	M	O	V
a)	4,6	11,7			
b)	13,5		605,0		
c)	9,8				936,5
d)		10,1			769,0
e)			350,0		560,0

6 Eine Regentonne hat einen Innendurchmesser von 80 cm und eine Innenhöhe von 1,20 m.
a) Wie viel Liter Wasser enthält die Tonne, wenn sie zu 80 % gefüllt ist?
b) Wie hoch steht das Wasser, wenn 450 l in der Tonne sind?

7 Eine Konservendose hat einen Durchmesser von 10 cm und eine Höhe von 11,5 cm.
a) Wie viel ml Linseneintopf passt in die Dose?
b) [@] Berechne den Materialverbrauch. Berücksichtige die Falze und die Wellen in der Dose. Recherchiere.
c) Welche Maße hat der Papierstreifen, der auf die Dose geklebt wird? Beachte den Abstand vom Rand der Dose und den Überstand zum Kleben.

8 Im Jahr 1855 errichtete Herr *Litfaß* die erste Reklamesäule in Berlin. Wie groß ist die Werbefläche einer Säule, die 3,25 m hoch ist und einen Durchmesser von 1,45 m hat? Denke daran, dass die Säulen nicht von oben bis unten beklebt sind.

9 Aus einem DIN-A4-Blatt (Maße 210 mm × 297 mm) lassen sich auf zwei Arten offene Zylinder herstellen. Entscheide, welcher von beiden das größere Volumen und welcher die größere Oberfläche hätte, wenn man Boden und Deckel hinzufügt.

10 Die abgebildete Maschine heißt *Trude* (Tief runter unter die Elbe). Mit ihr wurde die vierte Tunnelröhre für die Autobahn A7 unter der Elbe in Hamburg gebohrt. Der Tunnel ist 2,5 km lang. *Trude* schaffte im Durchschnitt eine Strecke von 6 m am Tag. Der gelöste Boden wird durch ein $\frac{1}{2}$ m dickes Rohr an die Erdoberfläche gedrückt und wegtransportiert.

a) Wie lange war *Trude* im Einsatz?
b) Wie viel Boden musste *Trude* ungefähr lösen?

11 [●] Einen so großen Döner hat die Türkei noch nicht gesehen:

> Mit 2,698 Tonnen Fleisch von 240 Lämmern bepackte ein Restaurant in der westtürkischen Stadt Bursa einen Drehspieß, für den ein 3,70 Meter hohes Grillgerät errichtet wurde. Der Riesen-Döner, an dem sich anschließend 15 000 Leute satt essen sollten, maß gut 1,80 Meter im Durchmesser und brachte es auf einen Umfang von 5,70 Metern.

(Westfälische Nachrichten 7.11.2005)

a) Wie viel Döner wird im Durchschnitt pro Person gegessen (in g und in cm³)?
b) Überlege, ob die angegebenen Daten stimmen können und prüfe nach, ob sie zusammenpassen.

▻ Kasten, Seite 96

Kreiszahl π

Der Quotient von Kreisumfang und Kreisdurchmesser ist immer gleich und wird **Kreiszahl π** genannt.

$\frac{u}{d} = \pi$

$\pi \approx 3{,}14 \approx \frac{22}{7}$

Kreisumfang

$\mathbf{u = \pi d = 2\pi r}$

Kreisfläche

$\mathbf{A = \pi r^2}$

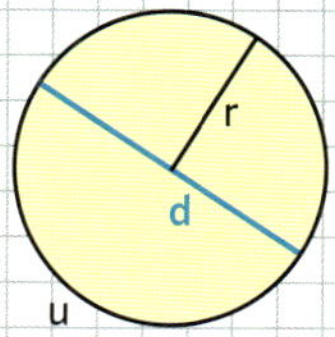

$r = 8\,cm$

$d = 16\,cm$

$u = \pi d = \pi \cdot 16\,cm \approx 50{,}27\,cm$

$A = \pi r^2 = \pi \cdot 8^2\,cm^2 \approx 201{,}06\,cm^2$

Kreisausschnitt

Der Bogen b bzw. der Flächeninhalt A_S eines **Kreisausschnitts** ergibt sich aus dem Kreisumfang bzw. Kreisflächeninhalt.

$\mathbf{b = \frac{u}{360°} \cdot \alpha}$

$\mathbf{A_S = \frac{A}{360°} \cdot \alpha}$

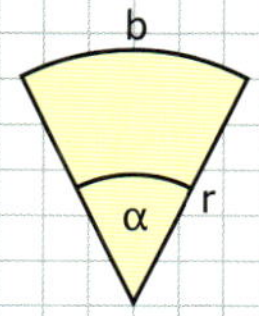

$r = 8\,cm$

$\alpha = 30°$

$b = \frac{50{,}27\,cm}{360°} \cdot 30° \approx 4{,}19\,cm$

$A_S = \frac{201{,}06\,cm}{360°} \cdot 30° \approx 16{,}76\,cm^2$

Kegeloberfläche

Die **Oberfläche** eines **Kegels** besteht aus dem Mantel, der die Form eines Kreisausschnittes hat, und dem Grundkreis:

$\mathbf{O = G + M}$

$\mathbf{O = \pi r^2 + \pi r s}$

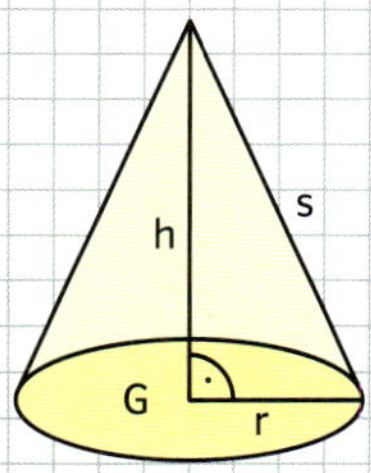

$r = 7\,cm,\ h = 17\,cm$

$s = \sqrt{r^2 + h^2}$

$= \sqrt{(7^2 + 17^2)}\,cm$

$\approx 18{,}4\,cm$

$O = \pi r^2 + \pi r s$

$= \pi \cdot 7^2\,cm^2 + \pi \cdot 7 \cdot 18{,}4\,cm^2$

$\approx 558{,}6\,cm^2$

Zylinderoberfläche

Die **Oberfläche O** eines Zylinders besteht aus einem Mantel M, der sich aus einem Rechteck mit den Seitenlängen u und h ergibt, sowie zwei Kreisen, der Grund- und der Deckfläche G.

$\mathbf{M = u h = 2\pi r h}$

$\mathbf{G = \pi r^2}$

$\mathbf{O = 2G + M = 2\pi r^2 + 2\pi r h}$

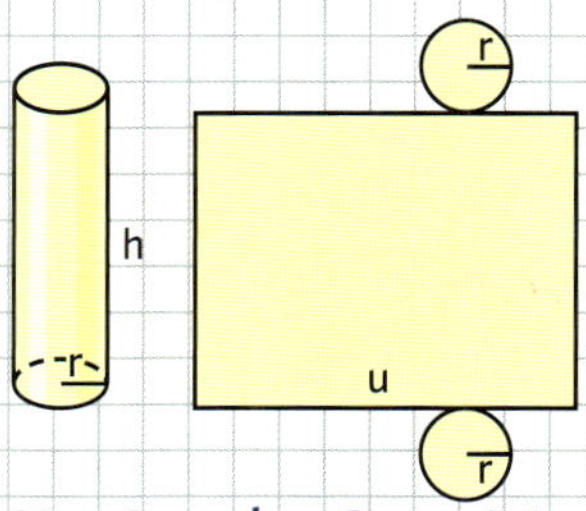

$r = 4{,}1\,cm$

$h = 7{,}5\,cm$

$M = 2\pi r h = 2\pi \cdot 4{,}1\,cm \cdot 7{,}5\,cm$

$\approx 193{,}21\,cm^2$

$G = \pi r^2 = \pi \cdot 4{,}1^2\,cm^2 \approx 52{,}81\,cm^2$

$O = 2G + M$

$= 2 \cdot 52{,}81\,cm^2 + 193{,}21\,cm^2$

$\approx 298{,}83\,cm^2$

Zylindervolumen

Das **Volumen V** eines Zylinders wird als Produkt aus Grundfläche und Höhe berechnet.

$\mathbf{V = G h = \pi r^2 h}$

[mittel]

1 a) Berechne die fehlenden Größen des Kreises.
1) r = 12 cm   2) u = 1589 mm   3) $A = 0{,}085\,m^2$
b) Ein Ball hat einen Umfang von 1 m. Passt er durch einen Ring mit 35 cm Innendurchmesser?
c) Aus 12 cm langen Silberdrähten werden kreisförmige Ohrringe hergestellt. Welchen Durchmesser haben die Ohrringe?

2 Auf einer Kochplatte mit dem Durchmesser $d_1 = 18$ cm steht ein Topf mit $d_2 = 15$ cm. Berechne, wie viel Prozent der Plattenfläche übersteht.

3 Berechne den Materialbedarf für dieses Hütchen.
Höhe: 27 cm, ∅ 20 cm

4 Aus einem DIN-A4-Blatt (21 cm × 29,7 cm) wird ein möglichst großer Kreis ausgeschnitten. Er wird in drei gleich große Kreisausschnitte zerteilt, aus denen Kegel geformt werden. Bestimme die Höhe und den Grundkreisradius von einem Kegel.

5 Eine Getränkedose hat einen Durchmesser von 6 cm und ist 12 cm hoch. Erfahrungsgemäß sind Getränkedosen zu 98,2 Prozent mit dem jeweiligen Getränk gefüllt.
a) Berechne die Getränkemenge in der Dose.
b) Wie viel cm^2 Blech werden zur Herstellung benötigt, wenn 7 % der Oberfläche für Falze, Wellen und Überstände einberechnet werden müssen?
c) Wie lang müsste ein Trinkhalm mindestens sein, damit er nicht in die Dose rutschen kann?

6 Eine zylinderförmige Kanne einer Kaffeemaschine soll für 10 Tassen reichen. Überlege dir sinnvolle Maße für Tasse und Kanne und berechne damit, in welchen Abständen die Markierungen auf der Kanne angebracht werden müssen.

[schwieriger]

1 Berechne den Umfang und den Flächeninhalt der gefärbten Fläche.

a)
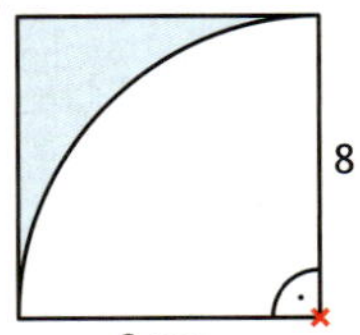

b)
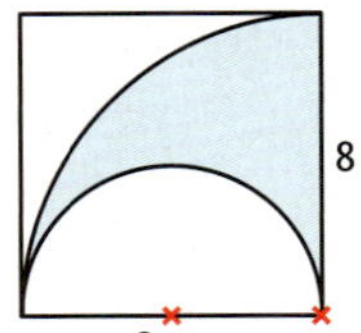

2 In einer Parkanlage soll um einen kreisförmigen See mit 27,5 m Durchmesser ein Spazierweg angelegt werden, der mit Kies belegt werden soll. $1\,m^3$ Kies reicht für $23\,m^2$. Berechne, wie breit der Weg höchstens wird, wenn $20\,m^3$ Kies zur Verfügung stehen.

3 Beschreibe in Worten, wie du vorgehen musst, um die Fläche von diesem Lampenschirm zu berechnen.
∅ unten 36 cm, ∅ oben 10 cm, Höhe: 20 cm

4 Aus einem DIN-A4-Blatt (21 cm × 29,7 cm) wird ein möglichst großer Kreis ausgeschnitten. Er wird in gleich große Kreisausschnitte zerteilt, aus denen Kegel geformt werden. Wie verändern sich die Maße der Kegel mit der Anzahl der Kreisausschnitte? Begründe deine Antwort.

5 Eine Getränkedose hat einen Durchmesser von 6 cm und ist 12 cm hoch. Meist sind Getränkedosen zu 98,2 Prozent mit dem jeweiligen Getränk gefüllt.
a) Berechne die Getränkemenge in der Dose.
b) Finde andere Maße für eine Dose mit gleichem Volumen, für die aber weniger Material verbraucht wird.
c) Für welche der Dosen reicht ein kürzerer Trinkhalm?

6 Passen die Angaben zusammen?

> 1988 betrug allein die überschüssige Weinproduktion in Europa mehr als 100 Millionen Hektoliter. Mit dieser Menge könnte man einen See füllen, der über einen Kilometer Durchmesser bei einer durchschnittlichen Tiefe von 15 Metern hat. *(Zeitlupe 27/1991)*

 ▹ Lösungen zum Test, Seite 211/212

Ganz groß – ganz klein

Die Ausmaße des Universums, die Datenmengen im PC, die Mikrowelten der Kleinstlebewesen und die Bausteine der Materie führen uns zu riesig großen und zu winzig kleinen Zahlen.
Das Licht legt in einem Jahr eine Strecke von 9 460 000 000 000 km zurück.
Es gibt Fixsterne, die Millionen von Lichtjahren entfernt sind!

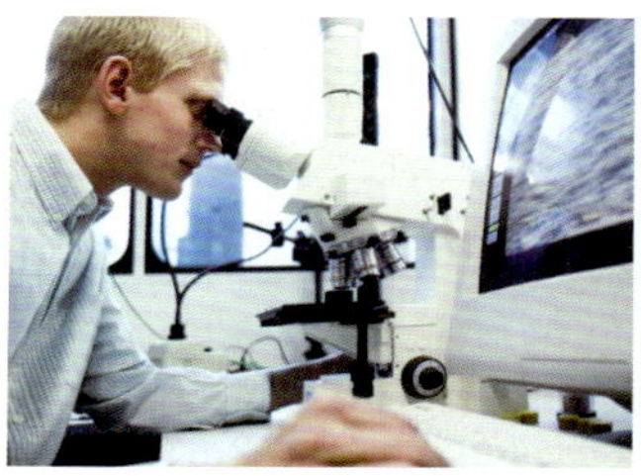

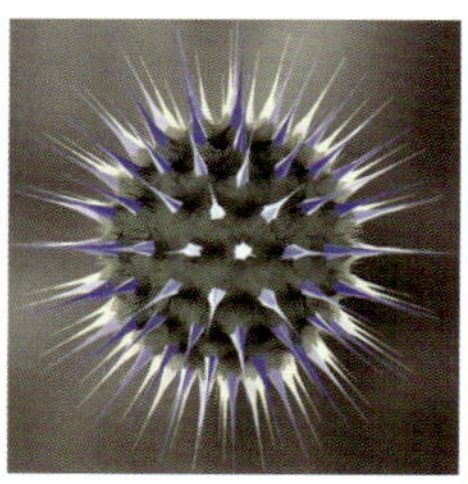

Ein Grippevirus ist etwa 0,001 mm groß, und das ist noch 10 000-mal größer als ein Wasserstoffatom.

In diesem Kapitel lernt ihr,

- wie man sich von großen und kleinen Zahlen eine Vorstellung bilden kann.
- welche Strategien es beim Schätzen von Größen gibt.
- wie man Zahlen als Potenzen schreibt.
- wie man ganz große Zahlen und ganz kleine Zahlen in Zehnerpotenzen verkürzt schreiben kann.
- dass Datenmengen in Zweierpotenzen bemessen werden.

Check-in

Über diese Dinge solltest du Bescheid wissen, bevor du dich mit dem Thema „Ganz groß – ganz klein“ beschäftigst.
Lege ein Blatt auf die Buchseite und kreuze an, wie du dich einschätzt.
Mit den Aufgaben auf der rechten Seite kannst du deine Einschätzung überprüfen.

Wenn du nach dieser Überprüfung noch Kreuzchen in der dritten oder vierten Spalte hast, arbeite deine Lücken auf: Du findest in der Mathematischen Werkstatt am Ende des Buches Zusammenfassungen und Übungsaufgaben zu vielen Themen. Du kannst aber auch Mathe-Bücher aus den vorherigen Schuljahren oder die Formelsammlung benutzen oder jemanden fragen, der sich damit auskennt.

Checkliste	Kann ich schon	Da bin ich fast sicher	Ich bin noch unsicher	Kann ich noch nicht
1 *Ich kann sicher mit Dezimalzahlen rechnen.*	☐	☐	☐	☐
2 *Ich kann den Stellenwert von Zahlen in unserem Dezimalzahlsystem bestimmen.*	☐	☐	☐	☐
3 *Ich weiß, was die Potenzschreibweise von Zahlen bedeutet.*	☐	☐	☐	☐
4 *Ich weiß, wie man Größen in kleinere oder größere Maßeinheiten umwandelt.*	☐	☐	☐	☐
5 *Ich weiß, wie man Größen schätzt.*	☐	☐	☐	☐
6 *Ich kenne die Bedeutung der Vorsilben von ganz großen und kleinen Maßeinheiten.*	☐	☐	☐	☐
7 *Ich kann alle Grundrechenarten mit dem Taschenrechner durchführen und durch Überschlagsrechnungen kontrollieren*	☐	☐	☐	☐

In der Mathematischen Werkstatt findet ihr:

▻ Dezimalzahlen, Seite 166 –168
▻ Größen umwandeln, Seite 180, 184

Aufgaben zur Checkliste

1 Mit Dezimalzahlen rechnen
a) Multipliziere schriftlich.
1) $12{,}3 \cdot 54{,}3$ 2) $1234{,}5 \cdot 5{,}4$
3) $123{,}4 \cdot 600{,}6$ 4) $12{,}3 \cdot 60{,}6$

b) Dividiere schriftlich.
1) $72{,}1287 : 7$ 2) $14{,}445 : 45$
3) $4277{,}16 : 65{,}4$ 4) $1361{,}61 : 36{,}9$

c) Setze das Komma im Ergebnis an die richtige Stelle. Ergänze Nullen, wenn nötig.
1) $4{,}09 \cdot 258 = 1\ 0\ 5\ 5\ 2\ 2$
2) $0{,}043 \cdot 0{,}59 = 2\ 5\ 3\ 7$
3) $252{,}5 \cdot 0{,}602 = 1\ 5\ 2\ 0\ 0\ 5$
4) $48{,}96 : 0{,}408 = 1\ 2$

2 Stellenwerte in Dezimalzahlen
a) Ordne der Größe nach.
1) 7,3; 7,03; 7,13; 7,31; 7,33
2) 98,7; 9,87; 987; 0,987 ; 9,807
3) 0,05; 0,0501; 0,051; 0,055; 0,0505

b) Welchen Stellenwert hat
- die 2 in 4 326 005,
- die 7 in 107 366 123,
- die 9 in 87 449 543?

c) Jan sagt: „0,5 ist kleiner als 0,15, weil 5 kleiner als 15 ist."
Wieso hat Jan falsch überlegt?
d) Lena ist beim 100-m-Lauf 14,32 Sekunden gelaufen. Anna war 22 Hundertstel schneller, Nora war 4 Zehntel langsamer. Welche Zeiten sind Anna und Nora gelaufen?

3 Potenzschreibweise von Zahlen
Schreibe die Potenz als Produkt und berechne den Wert.
a) 2^3; 3^2; 3^3; 2^2
b) 2^4; 4^4; 5^4; 6^4
c) 10^2; 10^3; 10^4; 10^5
d) 1^3; 1^6; 1^x

4 Größen umwandeln
a) Schreibe die Größen ohne Komma in einer anderen Maßeinheit.
1) 5,84 € 0,67 € 2) 18,3 m 6,8 m 3) 0,66 dm 0,07 dm
4) 5,9 kg 0,805 kg 5) 0,04 t 3,806 t 6) 3,65 m^2 0,034 m^2

b) Hier wurde einiges falsch gemacht. Korrigiere die Fehler.
1) $2\,m^3 = 250\,dm^3$
2) $0{,}5\,h = 5\,min$
3) $5{,}25\,cm^3 = 525\,mm^3$
4) $3{,}4\,m^3 = 34\,l$
5) $1\,km^3 = 1\,000\,000\,m^3$
6) $3000\,cm^3 = 0{,}3\,dm^3$

5 Größen schätzen
Schätze durch Vergleich.
- Das Gewicht einer Lokomotive entspricht dem Gewicht von ☐ Pkws.
- Ein Flugzeug startet bei einer Geschwindigkeit, die ☐ -mal höher ist als die Geschwindigkeit eines Pkws im Stadtverkehr.
- Ein ICE-Zug ist ☐ -mal länger als ein Fahrrad.

6 Vorsilben von Maßeinheiten
Setze die passende Vorsilbe an die Maßeinheiten im Ergebnis.
a) 5 m : 1000 = 5 ☐ meter
b) 3000 Watt · 1000 = 3000 ☐ watt
c) 7,5 t : 1 000 000 000 = 7,5 ☐ gramm
d) 2 mm : 1000 = 2 ☐ meter

7 Mit dem Taschenrechner kontrollieren
Gib eine Überschlagsrechnung an, mit der du deine Taschenrechner-Ergebnisse überprüfen kannst.
a) $34{,}050 \cdot 1005$ b) $48{,}25 : 113$
c) $4{,}04 \cdot 2220$ d) $2345 : 0{,}48$
e) $0{,}95 \cdot 109$ f) $0{,}4825 : 92$

▻ Lösungen, Seite 203

Wie groß ist das Weltall?

Mit seinen acht Planeten, 62 Monden und Scharen von Kleinplaneten ist unser Sonnensystem, so riesig es uns scheinen mag, nur ein winziger Teil der Milchstraße und diese ist wiederum nur eine vergleichsweise winzige Ansammlung von Sternen im Weltall.

Eine „Eselsbrücke" für die Reihenfolge der Planeten:

1	2	3	4	5	6	7	8
Merkur	Venus	Erde	Mars	Jupiter	Saturn	Uranus	Neptun

Mein Vater Erklärt Mir Jeden SonnenUmlauf Neu

1 Die mittlere Entfernung zwischen der Erde und der Sonne beträgt etwa 149 600 000 km. In der Astronomie dient sie als Maßeinheit für Entfernungen innerhalb unseres Sonnensystems. Diese Entfernung wird als **Astronomische Einheit**, abgekürzt **AE** bezeichnet.
Es gilt: 1 AE = 149 600 000 km.
a) Gib die Entfernung der Planeten von der Sonne in der Einheit AE an. Überschlage.

	Durchmesser	Mittlere Entfernung von der Sonne
Sonne	1 392 000 km	–
Merkur	4 877 km	58 Mio. km
Venus	12 103 km	108 Mio. km
Erde	12 756 km	149 Mio. km
Mars	6 786 km	228 Mio. km
Jupiter	142 984 km	778 Mio. km
Saturn	120 536 km	1 426 Mio. km
Uranus	51 118 km	2 868 Mio. km
Neptun	49 528 km	4 494 Mio. km

Welchen Vorteil hat diese Art der Angabe?
b) Berechne die größtmögliche und die kleinstmögliche Entfernung zwischen Erde und Mars.

2 [●] Die erste Marssonde der USA war 82 Tage lang unterwegs. Ihre Geschwindigkeit war also …?
Erst denken, dann dividieren! Und was hast du dann wirklich ausgerechnet?

3 [● 👥] a) Prüft nach, ob in der Abbildung oben die Planeten alle im selben Maßstab dargestellt sind.
Zeichnet sie selbst in einem Maßstab, mit dem das Bild des größten Planeten gerade noch auf eine Heftseite passt.
b) Entwerft ein maßstäbliches Bild der Planetenbahnen. Sie sind zwar nicht exakt kreisförmig, aber für die Zeichnung könnt ihr annehmen, sie seien Kreise.
c) Wie steht es mit einer Zeichnung, in der man die Größe der Planeten und ihrer Bahnen im selben Maßstab sehen kann?

4 [👥 @ ✂ ✎] Stellt in Gruppen ein Planetenmodell auf eurem Schulhof nach oder baut verkleinerte Modelle.
Sucht im Internet unter dem Stichwort „Planetenwanderweg".
Präsentiert eure Ergebnisse in einer Galerietour oder Ausstellung.

Draufsicht: Milchstraße

Unser Sonnensystem ist Teil einer Ansammlung von etwa 200 Milliarden Sternen, die eine Scheibe mit spiraligen Armen bilden. Sie heißt **Milchstraße**, griechisch *Galaxis*. In klaren Nächten kann man sie als weißes Band sehen. Ihr Durchmesser beträgt etwa 100 000 Lj und ihre Dicke in der Mitte etwa 16 000 Lj. Unsere Galaxie ist nur eines von 100 Milliarden spiraliger Systeme, die bis zu tausend Milliarden Sterne enthalten.

5 Das Licht legt in 1 Sekunde etwa 300 000 km zurück. Wie lange braucht es von der Sonne zum Neptun, dem äußersten Planeten unseres Sonnensystems? Wie lange braucht es, um die Strecke 1 AE zurückzulegen?

6 Die Astronomische Einheit ist viel zu klein um die Entfernungen zu den Sternen anzugeben, die sich außerhalb unseres Sonnensystems befinden. Man rechnet dann in Lichtjahren.
Ein Lichtjahr (abgekürzt 1 Lj) ist keine Zeitspanne, sondern die Entfernung, die das Licht in einem Jahr zurücklegt.
Rechnet um: a) 1 Lj in AE b) 1 Lj in km

7 Der unserer Sonne nächstgelegene Stern, die *Proxima Centauri*, ist 4,3 Lichtjahre entfernt. Nur zur Übung: Rechne die Entfernung in Kilometer um, schreibe die Zahl auf und lies sie.

8 Unser Sonnensystem umkreist das Zentrum der Milchstraße mit einer Geschwindigkeit von $250\,\frac{km}{s}$.
Ein Umlauf dauert 240 Millionen Jahre.
Wie viel Kilometer hat eine Runde? Ist die Angabe in Lichtjahren leichter zu schreiben und auszusprechen?

9 [🖩] Sicher hast du bemerkt, dass der Taschenrechner so große Zahlen anders anzeigt, als du es gewohnt bist.

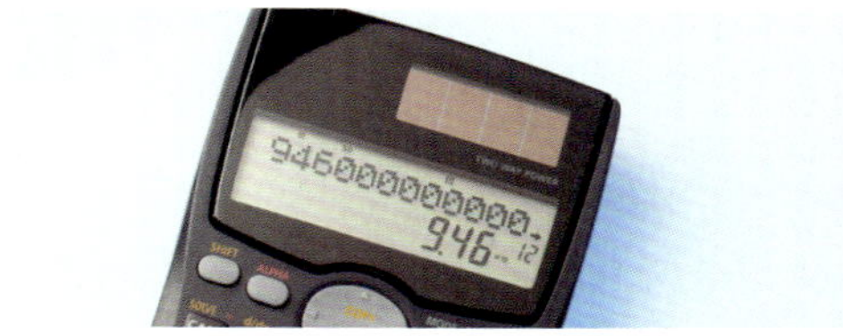

Als Zehnerpotenz geschrieben: $9{,}46 \cdot 10^{12}$
a) Schreibe diese Zahl in normaler Langform. Nach der 9 folgen noch 12 Stellen.
b) Schreibe ebenfalls in Langform:
$3{,}24 \cdot 10^9$; $2{,}03 \cdot 10^7$; $8{,}5 \cdot 10^{11}$

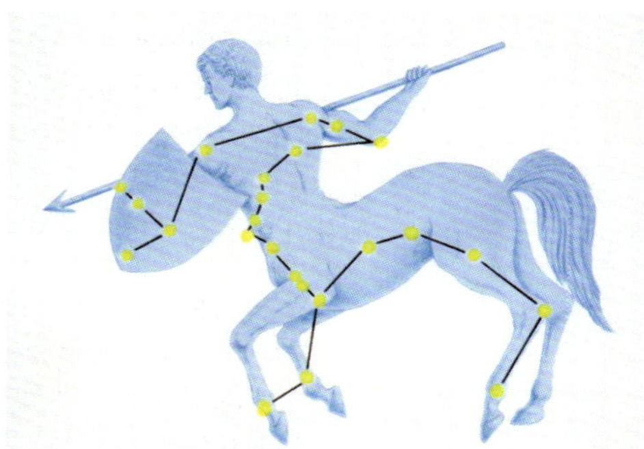

Potenzieren

Die meisten Gesteine bestehen aus Kristallen mit regelmäßigen geometrischen Formen. Über lange Zeiträume wachsen die Kristalle dreidimensional zu massiven Gesteinen heran.
Angenommen, ein würfelförmiges Kristall von 1 mm^3 Größe wächst innerhalb eines Jahrhunderts in alle drei Richtungen um 4 mm. Wie viel mm^3 Raum nimmt es nach 1; 2; 5 oder 10 Jahrhunderten ein? Beschreibe, wie du rechnest.

Übrigens
Statt Basis und Exponent kann man auch Grundzahl und Hochzahl sagen.

Produkte aus gleichen Faktoren schreibt man kürzer als **Potenzen**.
$3 \cdot 3 \cdot 3 \cdot 3 \cdot 3 = 3^5 = 243$ allgemein: $\underbrace{a \cdot a \cdot a \ldots a \cdot a}_{n \text{ Faktoren}} = a^n$ lies: a hoch n

3 ist die **Basis**, 5 der **Exponent**.
243 ist der **Wert der Potenz**.

a ist die **Basis**, n der **Exponent**.
Es gilt $a^1 = a$.

Beispiele
a) $3^6 = 3 \cdot 3 \cdot 3 \cdot 3 \cdot 3 \cdot 3 = 729$
$30^6 = 30 \cdot 30 \cdot 30 \cdot 30 \cdot 30 \cdot 30 = 729\,000\,000$
b) $6^3 = 6 \cdot 6 \cdot 6 = 216$
$0{,}6^3 = 0{,}6 \cdot 0{,}6 \cdot 0{,}6 = 0{,}216$

Tipp
Zum Berechnen von Potenzen hat der Taschenrechner eine extra Taste, z. B. [y^x] oder [$x^{□}$].
30^6 wird z. B. mit der Tastenfolge [3] [0] [y^x] [6] berechnet.

1 Rechne im Kopf.
a) 3^2 b) 2^4 c) 1^5 d) 5^2 e) 4^3
f) 2^1 g) 2^5 h) 5^3 i) 2^6 j) 10^4

2 Schreibe als Produkt aus gleichen Faktoren.
a) 7^4 b) 25^3 c) 10^7 d) 0^8

3 Schreibe als Potenz und berechne.
a) $5 \cdot 5 \cdot 5 \cdot 5$ b) $3 \cdot 3 \cdot 3 \cdot 3 \cdot 3$
c) $1 \cdot 1 \cdot 1 \cdot 1 \cdot 1$ d) $15 \cdot 15 \cdot 15$
e) $20 \cdot 20 \cdot 20 \cdot 20$ f) $0{,}2 \cdot 0{,}2 \cdot 0{,}2$

4 [▦] Berechne mit dem Taschenrechner.
a) 8^5 b) 13^3 c) 11^{11} d) $9{,}4^4$
e) $22{,}5^5$ f) $12{,}8^1$ g) $2{,}02^6$ h) $1{,}11^{11}$

5 Was ist mehr?
a) 3^4 oder 4^3 b) 11^2 oder 2^{11}
c) 5^3 oder 3^5 d) 10^4 oder 4^{10}

6 Wo steckt der Fehler?
a) $3^{11} = 33$ b) $2^5 = 7$ c) $4^3 = 16$

7 Berechne und benenne die Zehnerpotenzen 10^1; 10^2; 10^3; … ; 10^{12}.

8 Schreibe die Zahlen auf verschiedene Art als Potenz.
$81 = 9^2 = 3^4$
a) 16 b) 64 c) 125 d) 10 000
e) 256 f) 625 g) 729 h) 1 000 000
Wie kannst du deine Lösungen überprüfen?

9 [▦] Berechne mit dem Taschenrechner. Nutze möglichst wenige Tasten.
a) $5^4 \cdot 5^3$ b) $6^3 \cdot 6^8$ c) $2^{10} \cdot 2^{10}$
d) $5^7 : 5^3$ e) $6^8 : 6^2$ f) $2^{15} : 2^8$

10 [▦] Dein Taschenrechner kann $4^{300} : 4^{297}$ nicht berechnen. Kannst du ihm helfen?
Überfordere deinen Taschenrechner mit ähnlichen Aufgaben.

Große Zahlen in Zehnerpotenzschreibweise

Die Erde ist nur ein kleiner Himmelskörper. Ihre Masse ist aber doch beachtlich, nämlich etwa 6 000 000 000 000 000 000 000 t. Um die Sonnenmasse als Zahl in Tonnen aufzuschreiben, braucht man eine 2 mit 27 Nullen. Finde heraus, wie viel mal die Sonne „schwerer" als die Erde ist.

Große Zahlen werden oft übersichtlicher, wenn man sie als Produkt aus einer Dezimalzahl und einer Zehnerpotenz schreibt. Diese Art der Zahlendarstellung nennt man **Zehnerpotenzschreibweise**: **$72\,000\,000\,000 = 72 \cdot 10^9$**
Wenn die Dezimalzahl genau eine Ziffer (ungleich Null) vor dem Komma hat, spricht man von **wissenschaftlicher Notation**: **$7{,}2 \cdot 10^{10}$**

Beispiele:

a) $4\,000\,000\,000 = 400\,000\,000 \cdot 10^1$
$= 40\,000\,000 \cdot 10^2$
$= 4\,000\,000 \cdot 10^3$
$= 400\,000 \cdot 10^4$
$= 40\,000 \cdot 10^5$
$= 4000 \cdot 10^6$
$= 400 \cdot 10^7$
$= 40 \cdot 10^8$
$= 4 \cdot 10^9$

b) $123\,456\,789 = 12\,345\,678{,}9 \cdot 10^1$
$= 1\,234\,567{,}89 \cdot 10^2$
$= 123\,456{,}789 \cdot 10^3$
$= 12\,345{,}6789 \cdot 10^4$
$= 1\,234{,}567\,89 \cdot 10^5$
$= 123{,}456\,789 \cdot 10^6$
$= 12{,}345\,678\,9 \cdot 10^7$
$= 1{,}234\,567\,89 \cdot 10^8$

Jeweils in der letzten Zeile steht die wissenschaftliche Notation.

c) Manchmal können sehr große Zehnerpotenzen vermieden werden, indem man zu größeren Einheiten übergeht. Die Vorsilben geben die Zehnerpotenz an.

1 **Kilo**joule = 1 kJ = 10^3 J
1 **Mega**watt = 1 MW = 10^6 W
1 **Giga**hertz = 1 GHz = 10^9 Hz
1 **Tera**watt = 1 TW = 10^{12} W

Finde im Internet heraus, welche Bedeutung die Vorsilben haben und wie man sie verwendet.

Tipp
So gibt man die Zahl $2{,}4 \cdot 10^{12}$ in den Taschenrechner ein:
[2] [•] [4]
[10ˣ] [1] [2]
Je nach Taschenrechner können die Tasten auch andere Symbole aufweisen. Sieh in der Bedienungsanleitung nach.

1 Schreibe die Zahl als Zehnerpotenz und in Worten.
a) 100
b) 10 000 000
c) 1 000 000 000
d) 1 000 000 000 000

2 Trage die Zahlen in eine Tabelle ein. Beschreibe die Veränderungen.

1 Million	$= 10^6$	= 1 000 000
1 Milliarde	$= 10^9$	= ?
1 Billion	$= 10^?$	= ?
1 Billiarde	$= 10^?$	= ?

3 a) Wie viele Millionen (Billionen, Trillionen) sind 480 000 000 000 000 (2 190 300 000 000 000 000)?
b) Verwandle 100 000; 1 Million; 10 Millionen; 1 Milliarde; 1 Billion in eine Potenz mit der Basis 10.

4 Schreibe ohne Zehnerpotenz.
a) $8 \cdot 10^4$
b) $23 \cdot 10^6$
c) $5{,}8 \cdot 10^7$
d) $2{,}53 \cdot 10^7$
e) $564\,605 \cdot 10^4$
f) $0{,}784 \cdot 10^8$

5 Schreibe in wissenschaftlicher Notation.

a) $355 \cdot 10^7$ b) $99{,}88 \cdot 10^8$
c) $4589 \cdot 10^{10}$ d) $744{,}02 \cdot 10^6$

6 [ ] Berechne und schreibe in wissenschaftlicher Notation.

a) 8^{13} b) 11^{12} c) 1001^4
d) $222{,}222^5$ e) $98\,765 \cdot 1\,234\,567$

7 Wandle zuerst in die Grundeinheit um. Schreibe das Ergebnis dann in wissenschaftlicher Notation. Nenne zu jeder Größe Beispiele.

a) 500 kJ b) 2500 MW c) 15 TW
d) 120 TJ e) 20 GHz f) 430 kg

Kürzel für 10er-Potenzen

Hekto (h) = 10^2
Kilo (k) = 10^3
Mega (M) = 10^6
Giga (G) = 10^9
Tera (T) = 10^{12}

8 [ ] a) Berechne die Quadrierkette. Wie viele Schritte hält dein Taschenrechner mit der 2 durch? Nach wie vielen Schritten überschreitet die 2er-Kette 1 Million, (1 Milliarde, 1 Billion)?

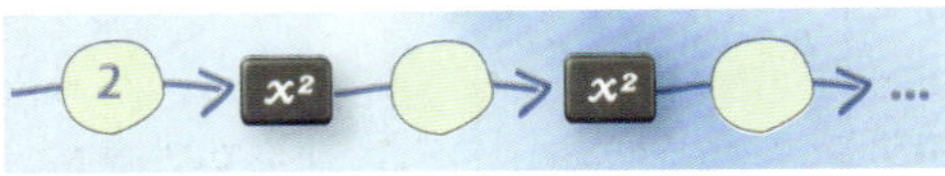

b) Suche eine Startzahl, mit der dein Taschenrechner nach genau zehn Quadrierschritten nicht mehr weiterrechnen kann.

9 [ ] a) Dein Taschenrechner zeigt für $2{,}5^{12}$ das Ergebnis 59 604,64478. Ist das Ergebnis vollständig? Begründe.

b) Wie viele Stellen nach dem Komma hat $1{,}2^2$; $1{,}2^3$ … $1{,}2^{10}$ … $1{,}2^n$?

10 a) Welche Zahl ist größer: 10^{100} oder 100^{10}?

b) Sortiere der Größe nach: 10^{1000}; 100^{100}; 1000^{10}; 100^{1000}; 1000^{100}.

11 Überschlage, welche der Zahlen links passen könnten.

a) Wie oft hast du schon geatmet?

b) Wie viele Sekunden sind es noch bis zu deinem Schulabschluss?

c) Wie viele Stunden hast du schon geschlafen?

Größen durch Vergleiche vorstellbar machen

Unvorstellbar kleine oder große Größen (-angaben) kann man durch anschauliche Vergleiche vorstellbar machen.

Beispiel:
1 nm = 1 Nanometer (1 nm)
= 1 milliardstel Meter
wird vorstellbar durch folgenden **anschaulichen Vergleich**:
Ein Nanometer verhält sich zu einem Meter wie der Durchmesser einer Haselnuss (1,3 cm) zu dem Durchmesser unseres Erdballs (13 146,2 km).

Rechnung:
13 146,2 km : 0,000 013 km
$= 1{,}0112 \cdot 10^9 \approx 1$ Milliarde

12 [●] a) In $1\,cm^3$ Wasser sind etwa 10^{19} Moleküle enthalten. Wie unvorstellbar groß diese Zahl ist, zeigt folgende Aufgabe:
Aus einem Flugzeug wird irgendwo in Deutschland 1 l Wasser ausgeschüttet. Genau in diesem Moment verwandeln sich die Moleküle in Sandkörner (Größe $1\,mm^3$) und verteilen sich gleichmäßig übers Land. Schätze erst ab und berechne dann, wie hoch Deutschland (Fläche ca, $3{,}5 \cdot 10^5\,km^2$) mit Sand bedeckt wäre.

b) [ ] Versucht durch ähnliche Vergleiche wie im Kasten die Größen „1 Lichtjahr" bzw. „1 Billion €" zu veranschaulichen.

▻ Formalsammlung, Seite 228

Die Mikrowelt

Im 17. Jahrhundert wurde das Mikroskop erfunden. Im Laufe der Zeit war es möglich, Linsen aus besonderen Glassorten immer präziser zu schleifen. In bis zu 1000facher Vergrößerung wurden die Zellen als Bausteine aller Lebewesen sichtbar.

Etwa 300 Jahre später wurde durch das Elektronenmikroskop das Auflösungsvermögen des Lichtmikroskops erheblich übertroffen. Sogar einzelne Moleküle wurden jetzt sichtbar. Inzwischen gibt es sogar Verfahren um einzelne Atome zu erkennen.

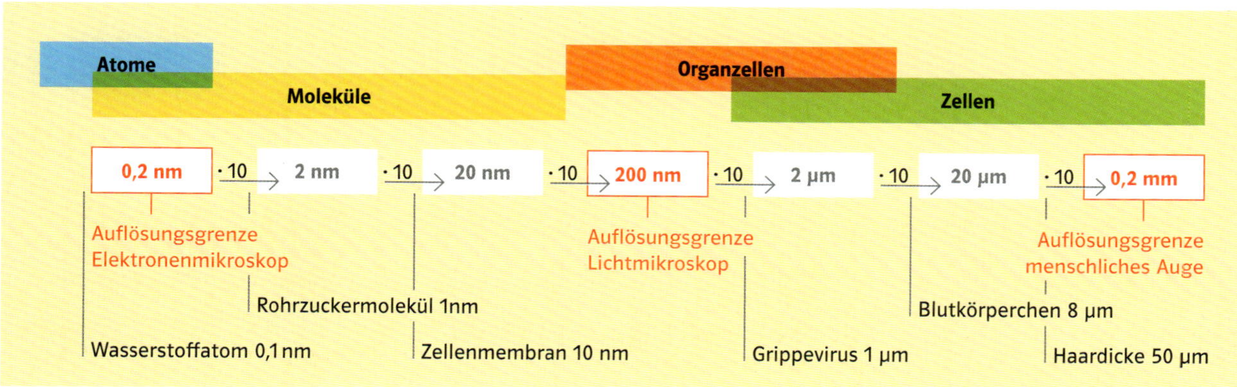

1 Betrachte die Übersicht.
a) Vergleiche das Auflösungsvermögen des menschlichen Auges mit dem des Licht- und des Elektronenmikroskops.
b) Sind 0,5 µm große Mikroben noch durch ein Lichtmikroskop zu erkennen?

2 [@] Sucht in eurem Biologiebuch und im Internet nach Größenangaben im Mikro- und Nanobereich und ordnet sie in die Übersicht ein.

3 Die abgebildeten roten Blutkörperchen (Blutzellen) sind 8 µm groß. Miss sie in der Abbildung aus und berechne den Vergrößerungsfaktor.

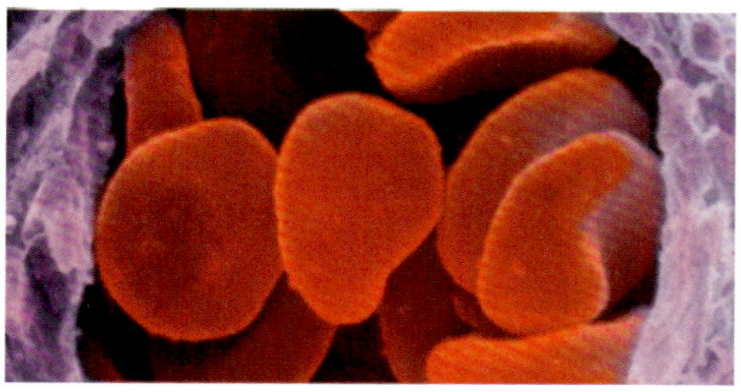

4 [● @] Bakterien von 0,5 µm Größe wurden in einer Bakterienkultur so lange vermehrt, bis ein kleiner Fleck erkennbar wurde.
Welche Fragen ergeben sich?

5 Einst utopisch – heute schon real: Die Nano-Technik arbeitet an 500 nm großen Sonden, die wie U-Boote durch die Adern treiben können. Sie sollen dort Bakterien und Viren aufspüren. Vergleiche Sonde und Ader in der Trickaufnahme der Größe nach.

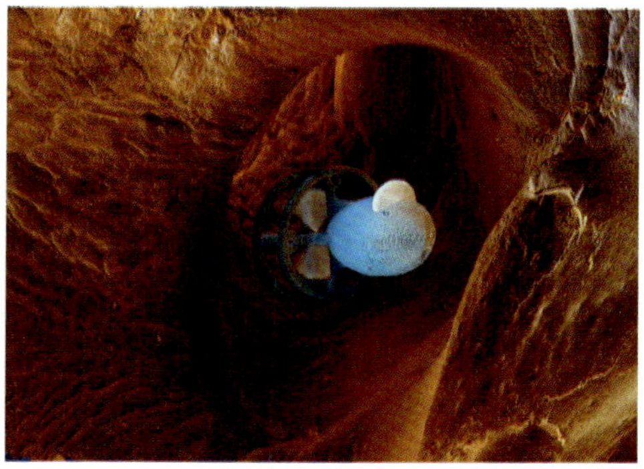

Übrigens

µ ist der 12. Buchstabe des griechischen Alphabets und wird „mü" gelesen.

Tipp

1 mm = 1 Millimeter = 1 tausendstel Meter

1 µm = 1 Mikrometer = 1 millionstel Meter

1 nm = 1 Nanometer = 1 milliardstel Meter

Kleine Zahlen in Zehnerpotenzschreibweise

Das internationale Einheitensystem (SI) legt fest, dass alle Längeneinheiten von der Grundeinheit 1 m abzuleiten sind.

Aus der Tabelle kann man ablesen, dass Multiplizieren mit 10 den Exponent um 1 erhöht. Dann muss Dividieren durch 10 den Exponent um 1 verringern. Damit hat man auch für Zahlen, die kleiner als 1 sind, eine entsprechende Schreibweise.
Damit die Folge der Potenzen keine Lücke bekommt, legt man fest, dass 10^0 die Zahl 1 bedeuten soll.
Gib an, wie sich die Länge 8 mm ohne Dezimalen in m umwandeln lässt.

Längeneinheiten

$1000\,m = 10 \cdot 10 \cdot 10\,m = 10^3\,m = 1\,km$

$\cdot 10 \uparrow \qquad \uparrow +1$

$100\,m = 10 \cdot 10\,m = 10^2\,m$

$\cdot 10 \uparrow \qquad \uparrow +1$

$10\,m = 10\,m = 10^1\,m$

$\cdot 10 \uparrow \qquad \uparrow +1$

$1\,m = 10^0\,m = 1\,m$

$:10 \downarrow \qquad \downarrow -1$

$0{,}1\,m = \frac{1}{10}\,m = 10^{-1}\,m = 1\,dm$

$:10 \downarrow \qquad \downarrow -1$

$0{,}01\,m = \frac{1}{10 \cdot 10}\,m = 10^{-2}\,m = 1\,cm$

$:10 \downarrow \qquad \downarrow -1$

$0{,}001\,m = \frac{1}{10 \cdot 10 \cdot 10}\,m = 10^{-3}\,m = 1\,mm$

Kleine Zahlen zwischen 0 und 1 werden oft übersichtlicher, wenn man sie als Produkt aus einer Dezimalzahl und einer Zehnerpotenz mit negativem Exponenten schreibt.
Auch bei kleineren Zahlen zwischen 0 und 1 spricht man von **wissenschaftlicher Notation**, wenn die Dezimalzahl genau eine Ziffer (ungleich Null) vor dem Komma hat.

Tipp
So gibt man die Zahl $2{,}4 \cdot 10^{-12}$ in den Taschenrechner ein: z. B.:
[2] [•] [4] [10^x] [–] [1] [2]

☺
Wie viel ist 1 Picobello?

Beispiele

a) $0{,}0005 = 0{,}005 \cdot 10^{-1}$
$= 0{,}05 \cdot 10^{-2}$
$= 0{,}5 \cdot 10^{-3}$
$= 5 \cdot 10^{-4}$

b) $0{,}07\,mm = 0{,}07 \cdot 10^{-3}\,m$
$= 0{,}7 \cdot 10^{-4}\,m$
$= 7 \cdot 10^{-5}\,m$

c) Manchmal können sehr kleine Zehnerpotenzen vermieden werden, indem man zu kleineren Einheiten übergeht. Die Vorsilben geben dabei die Zehnerpotenz an.
1 **Milli**liter = 1 ml = 10^{-3} l
1 **Mikro**gramm = 1 µg = 10^{-6} g
1 **Nano**sekunde = 1 ns = 10^{-9} s
1 **Piko**meter = 1 pm = 10^{-12} m

1 Schreibe die Zahlen in wissenschaftlicher Notation.
a) 0,0096
b) 0,000 096 8
c) 0,010 47
d) 0,03
e) 0,007
f) 0,100 53

2 Was gehört zusammen? Erkennst du eine Regel?

0,0001 m	$1 \cdot 10^{-5}$ m
0,001 m	$1 \cdot 10^{-3}$ m
0,000 001 m	$1 \cdot 10^{-4}$ m
0,000 01 m	$1 \cdot 10^{-6}$ m

3 Schreibe als Dezimalzahl.
a) $2 \cdot 10^{-5}$
b) $8 \cdot 10^{-8}$
c) $5{,}6 \cdot 10^{-4}$
d) $1{,}9 \cdot 10^{-6}$
e) $0{,}034 \cdot 10^{-3}$
f) $4{,}0097 \cdot 10^{-5}$

4 Berechne mit dem Taschenrechner. Schreibe das Ergebnis in wissenschaftlicher Notation.
Beschreibe, wie du die Potenzen in den Taschenrechner eingibst.
a) $0{,}025^3$
b) $0{,}008\,76^5$
c) $0{,}0333^9$
d) $0{,}0625^8$
e) $\left(\frac{1}{4}\right)^4$
f) $\left(\frac{2}{3}\right)^5$

▻ Formalsammlung, Seite 228

Kürzel für 10er-Potenzen:
Dezi (d) = 10^{-1}
Centi (c) = 10^{-2}
Milli (m) = 10^{-3}
Mikro (µ) = 10^{-6}
Nano (n) = 10^{-9}
Piko (p) = 10^{-12}

5 [▦] Überprüfe bei deinem Taschenrechner, ab wann er Ergebnisse zwischen 0 und 1 in wissenschaftlicher Notation anzeigt.

6 [▦] Berechne mithilfe deines Taschenrechners.
a) $0{,}000\,002 \cdot 0{,}000\,825$
b) $0{,}000\,125 \cdot 0{,}000\,000\,006$
c) $0{,}000\,95 : 125\,000\,000\,000$

7 Stelle die Durchmesser in Meter in Zehnerpotenzschreibweise dar. Sortiere sie dann nach ihrer Größe und vergleiche sie.

Herpesvirus	180 nm
Rotes Blutkörperchen	7,5 µm
Maul- und Klauenseuchevirus	14 nm
Tuberkelbazillus	1 µm
Zuckermolekül	700 pm

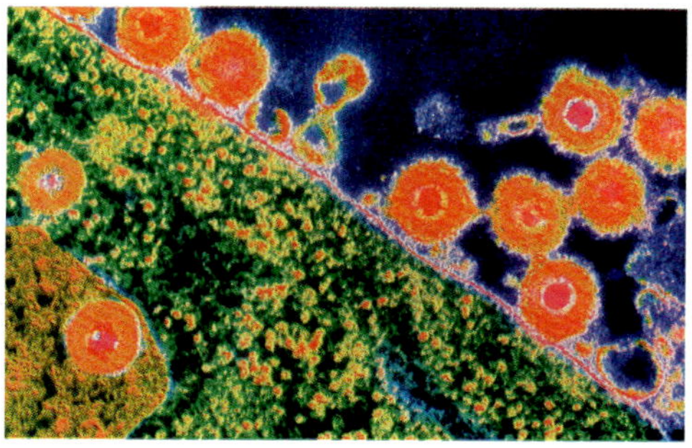
Herpesvirus Elektronenmikroskopaufnahme

8 Schwebeteilchen in der Luft mit einer Korngröße bis zu 10 µm nennt man Feinstaub. Er ist sehr gesundheitsschädlich.
a) Welche Vergrößerung muss ein Mikroskop haben, damit ein solches Korn für das menschliche Auge sichtbar wird?
b) Stelle dir die Körner in Würfelform vor. Wie viele Körner müsste man zusammenlegen, um einen Würfel mit einer Kantenlänge von 1 cm zu erhalten?

9 Ein 1 m langer Stahlstab wird um $1{,}2 \cdot 10^{-5}$ m länger, wenn sich die Temperatur um 1 °C erhöht. Welche Folge hat das für eine 500 m lange Stahlbrücke?

10 Ein Haar ist etwa $\frac{1}{10}$ mm dick. Wie oft müsste man es der Länge nach spalten, um Fasern von 1 nm Dicke zu bekommen?

11 Wie groß müsste ein Mensch (Größe 1,80 m) sein, wenn er im gleichen Maßstab wie das Kugelvirus abgebildet würde?

Kugelvirus – Durchmesser: 20 µm

12 Eine Wespe fliegt durch den Klassenraum. Wie viel Prozent des Luftraumes in der Klasse nimmt sie ein?

13 Nur ein paar kleine Angaben – die Fragen findest du selbst!
- Eine gute Uhr sollte täglich höchstens um 10^{-11} Sekunden falsch gehen.
- Ein astronomisches Jahr hat 365,242 Tage, ein Tag hat 86 400 Sekunden.
- Ein Haar wächst im Durchschnitt um $3 \cdot 10^{-9}$ m pro Sekunde.
- Das Eis eines Gletschers bewegt sich mit einer durchschnittlichen Fließgeschwindigkeit von $5{,}9 \cdot 10^{-6}\,\frac{m}{s}$.
- Öl breitet sich auf der Wasseroberfläche in einer Dicke von 10 µm aus.
- Schnupfenviren haben eine Länge von nur 0,02 µm. Einige Bakterien sind dagegen bis zu 50 µm lang.
- Ein Mensch hat etwa 5 l Blut. In 1 mm³ Blut befinden sich $5 \cdot 10^{6}$ rote Blutkörperchen.

Datenmengen in der Informationstechnik

0:00000000	9:00001001	I:01001001	R:01010010
1:00000001	A:01000001	J:01001010	S:01010011
2:00000010	B:01000010	K:01001011	T:01010100
3:00000011	C:01000011	L:01001100	U:01010101
4:00000100	D:01000100	M:01001101	V:01010110
5:00000101	E:01000101	N:01001110	W:01010111
6:00000110	F:01000110	O:01001111	X:01011000
7:00000111	G:01000111	P:01010000	Y:01011001
8:00001000	H:01001000	Q:01010001	Z:01011010

Der Computer rechnet mit einem anderen Zahlensystem als wir. Statt des Zehnersystems mit den Ziffern 0 bis 9 verwendet er das Zweiersystem mit den Ziffern 0 und 1. Schalttechnisch ausgedrückt heißt das: Strom ein gleich 1, Strom aus gleich 0. Diese beiden Informationen bilden zusammen **1 Bit**. Mit 8 Bit (= 8 Stellen) können insgesamt $2 \cdot 2 \cdot 2 \cdot 2 \cdot 2 \cdot 2 \cdot 2 \cdot 2 = 2^8 = 256$ verschiedene Informationen dargestellt werden. Der Informationsgehalt von **8 Stellen** heißt **1 Byte**. In der Tabelle siehst du einige Zeichen, die als Bit dargestellt sind. Stelle dein Geburtsdatum und deinen Namen mit den entsprechenden Bytes dar.

In der Informationstechnik werden Größen meist als Potenzen mit der Basis 2 (**Zweierpotenzen**) angegeben.
Die Grundeinheit für Datenmengen ist **1 Bit**.
Die nächstgrößere Einheit ist **1 Byte**.
Von dieser Einheit aus werden in Schritten zu 2^{10} die größeren Einheiten Kilobyte (kB), Megabyte (MB), Gigabyte (GB) und Terabyte (TB) abgeleitet.

1 Byte = 8 Bit
1 kB = 2^{10} Byte
1 MB = 2^{10} kB
1 GB = 2^{10} MB
1 TB = 2^{10} GB

Beispiele

a) 25 Byte = 25 · 8 Bit
= 200 Bit

b) 1 MB = 2^{10} kB = $2^{10} \cdot 2^{10}$ Byte
= 1024 · 1024 Byte = 1 048 576 Byte

1 a) Vervollständige die Tabelle in deinem Heft.
b) Vergleiche die Darstellung der Ziffern 0 bis 9 in deiner Tabelle mit der in der Einführungsaufgabe. Wie viele Stellen im 2er-System hätten für ihre Darstellung gereicht?
c) Stelle die Zehnerzahlen 158; 939 und 1224 ebenfalls in der Tabelle dar. Denke dir weitere Zahlen aus.

2^7	2^6	2^5	2^4	2^3	2^2	2^1	2^0	2er-System / 10er-System
0	0	0	0	0	0	0	0	0
0	0	0	0	0	0	0	1	1
0	0	0	0	0	0	1	0	2
⋮	⋮	⋮	⋮	⋮	⋮	⋮	⋮	
								17

Übrigens
128 kB/s beträgt die Übertragungsrate im MP3-Format.

2 Rechne die Zahlen um.
a) Vom Zehnersystem ins 2er-System:
39; 58; 255 und 728
b) Vom 2er-System ins Zehnersystem:
10011; 111 000; 1 100 011

3 Im 2er-System gibt es nur die Ziffern 0 und 1. Wie viele dreistellige Zahlen gibt es im 2er-System? Wie viele Zahlen mit 10 Stellen gibt es?

4 [●] a) Ein PC hat 81 920 MB Festplattenspeicher. Warum gerade eine so „krumme" Zahl?
b) [@] Untersuche andere Zahlen die in der Leistungsbeschreibung deines Computers zu finden sind.

5 Das Produkt $2^{10} \cdot 2^{10}$ besteht ausgeschrieben aus 2-mal je 10 Faktoren 2, also insgesamt aus 20 Faktoren 2. Es gilt 1 MB = 2^{20} Byte. Rechne auf diese Weise in Byte um: 1 kB, 1 GB, 1 TB.

6 a) $1 + 1 = 10$; $2 \cdot 4 = 100$
Wie kann das denn stimmen?
b) Erfinde ähnliche Aufgaben.

7 Rechne die Einheiten um und vergleiche die Zahlenwerte:
- in Watt: 1 Kilowatt, 1 Megawatt, 1 Gigawatt
- in Byte: 1 Kilobyte, 1 Megabyte, 1 Gigabyte

Tipp
1 Zeichen = 1 Byte

8 Ein vollbeschriebene DIN-A4-Seite enthält eine Datenmenge von etwa 4000 Byte.
a) Wie viele Seiten lassen sich in einem 128-MB-Arbeitsspeicher abspeichern?
b) Wie lange braucht eine Schreibkraft, die 150 Byte pro Minute tippen kann, bis eine 20-GB-Festplatte voll ist?
c) Ein Lexikon mit 20 Bänden zu je 1000 Seiten wird auf eine CD-ROM übertragen. Wie viel Speicherplatz ist mindestens nötig? Warum ist der wahre Wert viel größer als der, den du nach obiger Angabe ausrechnest?
d) [●] Wie kommt man auf die Angabe „4000 Byte"?

Übrigens
flops heißt **fl**oating point **o**perations **p**er **s**econd, die Anzahl der Rechenoperationen pro Sekunde.

9 Im Jahr 2005 kam der schnellste deutsche Großrechner auf eine Rechenleistung von 12,7 Teraflops. Was *Flops* sind, kannst du am Rand lesen.
a) Wie lange bräuchte der Computer, um eine Einmaleins-Tabelle für die Zahlen von 1 bis 1 Million zu berechnen?
b) [●] Wie lange bräuchte er, um alle reinen Rechenaufgaben in diesem Kapitel zu lösen? Berechne überschlägig und beschreibe deinen Rechenweg.
c) Umfangreiche Rechnungen können auch auf dem Super-Rechner 24 Stunden lang dauern. Wie viele Rechenoperationen führt die Maschine dann aus?

10 In einem Werbeprospekt werden verschiedene MP3-Player angeboten. Die Modelle unterscheiden sich in der Größe des Speichers. B steht für Byte.

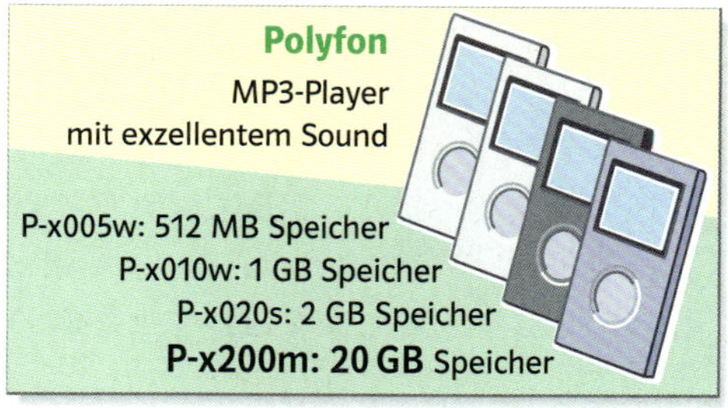

a) Schreibe die Angaben über die Speicherkapazität ausführlich.
b) Ein Song benötigt etwa 4 MB Speicher. Wie viele Stücke passen also jeweils auf die MP3-Player?

11 Die Erdbevölkerung wird bei gleich bleibendem Wachstum bis 2015 auf schätzungsweise 8,5 Mrd. Menschen anwachsen. Zu diesem Zeitpunkt wird jemand diese Zahl als Information per e-mail an zwei Personen weitergeben und diese am folgenden Tag wiederum an jeweils zwei Personen usw. Wie lange würde es dauern, bis diese Information jeden Erdbewohner erreicht? Schätze zuerst.

Das Googol

Für große Zahlen gibt es Namen: Million, Milliarde, Billion, Billiarde und so weiter. Aber bei Quintilliarden, einer Eins mit 33 Nullen, hört es erstmal auf. Die nächste Zahl, die wieder einen Namen hat, ist eine Eins mit 100 Nullen. Der amerikanische Mathematiker *E. Kasner* suchte mit seinem Neffen 1938 einen Namen für diese riesige Zahl. Sie nannten sie **googol** (sprich: gu:gol).
1 googol = $1 \cdot 10^{100}$

1 googol ist unvorstellbar groß. Es gibt weitere Begriffe, die sich von googol herleiten lassen. Einer fällt dir sicher im Zusammenhang mit dem Internet ein.

Der Mensch und …

Übrigens

Klar: Es sind **etwa** 10^{14} Zellen. Solche Zahlen sind immer gerundet.

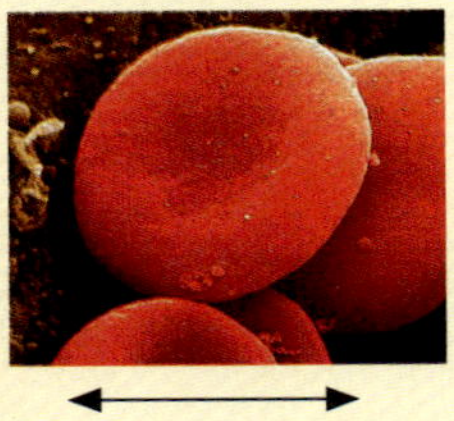

7 µm
Rote Blutkörperchen

… seine Zellen

Der menschliche Körper besteht aus 10^{14} Zellen. In jeder Sekunde sterben etwa $50 \cdot 10^6$ Zellen ab, und ebenso viele werden neu gebildet.
Die 25 Billionen roten Blutkörperchen transportieren den lebensnotwendigen Sauerstoff. Sie sind etwa 7 µm groß und verteilen sich auf 5 l Blut. Die 30 Milliarden Nervenzellen sind stern- oder fadenförmig. Ihre Gesamtlänge wird auf 750 000 km geschätzt.

1 Angenommen, alle Zellen eines Menschen würden ausgewechselt. Wie lange würde das dauern?

2 Könnten die roten Blutkörperchen eines Menschen einen Fußballplatz bedecken? Wie viele sind in einem Tropfen Blut enthalten?

3 Die vom Rückenmark aus in die Beine führenden Nervenzellen sind meterlang. Das ist aber nicht der Durchschnittswert für die Länge der Fasern einer Nervenzelle.

… sein Gehirn

Das Kurzzeitgedächtnis speichert 100 bis 400 Bit Information zur augenblicklichen Verwendung. Die Zuflussrate liegt bei $16\,\frac{\text{Bit}}{\text{s}}$, die Abflussrate zwischen 6 und $25\,\frac{\text{Bit}}{\text{s}}$.
Das mittelfristige Gedächtnis hat eine Kapazität von 1000 bis 10 000 Bit und die Zuflussrate 0,1 Bit/s. Informationen bleiben etwa 5 Minuten lang erhalten.
Das Langzeitgedächtnis kann 10^{10} bis 10^{14} Bit speichern. Seine Zuflussrate schwankt zwischen 0,03 und $0{,}1\,\frac{\text{Bit}}{\text{s}}$, und die Informationen bleiben mehrere Tage bis hin zur gesamten Lebenszeit erhalten.

4 a) Erläutere die Informationen und Begriffe im Text.
b) Wie lange dauert es, ein völlig leeres Gedächtnis zu füllen?

… seine Haare

Wachstumsrate, Haardicke sowie Anzahl der Haare sind genetische Faktoren, die bei jeder Person anders sein können.
- Anzahl der Kopfhaare: 100 000 bis 150 000 Stück
- täglicher Haarverlust: 60 bis 100 Stück
- Haardicke: ca. 40 µm bis 50 µm
- Wachstumsrate: ca. 0,33 mm/Tag

Menschenhaar unter dem Elektronenmikroskop

5 [✎] Entwickle aus den Informationen über die Haare Fragestellungen. Präsentiert eure Problembearbeitung in der Klasse.

… seine Herkunft

Frühe Verwandte des Menschen lebten schon vor etwa 5 Millionen Jahren. Unser eigentlicher Vorfahr, der *Homo sapiens*, erschien vor 400 000 Jahren.

Im Vergleich zum Alter des Universums, das auf 15 Milliarden Jahre geschätzt wird, sind 400 000 Jahre nur ein Augenblick.

6 Urknall um 0 Uhr, Jetztzeit um 12 Uhr. Um wie viel Uhr erscheint der Mensch?

Potenzen

Produkte aus n gleichen Faktoren schreibt man kürzer als **Potenzen**.
$a \cdot a \cdot a \cdot \ldots \cdot a = a^n$
a ist die **Basis** (Grundzahl), n der **Exponent** (Hochzahl).
Es gilt: $a^1 = a$
$a^0 = 1$

$4 \cdot 4 \cdot 4 = 4^3 = 64$

$0{,}5 \cdot 0{,}5 = 0{,}5^2 = 0{,}25$

$4^1 = 4$

$4^0 = 1$

Zehnerpotenzen

Potenzen mit der Basis 10 nennt man **Zehnerpotenzen**.

$10 \cdot 10 \cdot 10 \cdot 10 = 10^4 = 10000$

Tipp: Der Exponent zeigt dir an, wie viele Nullen hinter der 1 stehen.

Zehnerpotenzschreibweise

Große Zahlen werden oft übersichtlicher, wenn man sie als **Produkt** aus einer **Dezimalzahl** und einer **Zehnerpotenz** schreibt.

$600000 = 6 \cdot 10^5$

$25000000 = 25 \cdot 10^6$

Wissenschaftliche Notation – von großen Zahlen

Schreibt man große Zahlen als Produkt aus einer Zehnerpotenz und einer Dezimalzahl mit genau einer Ziffer (ungleich Null) vor dem Komma, spricht man von **wissenschaftlicher Notation**.

$37840000 = 3{,}784 \cdot 10^7$

$910020000 = 9{,}1002 \cdot 10^8$

Tipp: Der Exponent zeigt dir an, um wie viele Stellen das Komma nach rechts verschoben werden muss.

– von kleinen Zahlen

Kleine Zahlen zwischen 0 und 1 schreibt man in wissenschaftlicher Notation als Produkt aus einer Dezimalzahl mit genau einer Ziffer (ungleich Null) vor dem Komma und einer Zehnerpotenz mit **negativem Exponent**.

$0{,}0003 = 3 \cdot 10^{-4}$

$0{,}0000231 = 2{,}31 \cdot 10^{-5}$

Tipp: Der Exponent zeigt dir an, um wie viele Stellen das Komma nach links verschoben werden muss.

$4 \cdot 10^{-3} = \frac{4}{10^3} = \frac{4}{1000} = 0{,}004$

Zweierpotenzen

Potenzen mit der Basis 2 nennt man **Zweierpotenzen**.
In der Informationstechnik werden Größen meist in Form von Zweierpotenzen angegeben.

$100 \text{ Byte} = 100 \cdot 8 \text{ Bit} = 800 \text{ Bit}$

$1 \text{ Kilobyte} = 2^{10} \text{ Byte} = 1024 \text{ Byte}$

[mittel]

1 Schreibe als Potenz und berechne.

a) $6 \cdot 6 \cdot 6 \cdot 6$
b) $12 \cdot 12 \cdot 12$
c) $50 \cdot 50 \cdot 50 \cdot 50 \cdot 50 \cdot 50$
d) $0{,}3 \cdot 0{,}3 \cdot 0{,}3 \cdot 0{,}3 \cdot 0{,}3$

2 Wandle die Zahl in eine Potenz um. Gib jeweils alle Möglichkeiten an.

a) 1 000 000
b) 64
c) 625
d) 100 000 000

3 Schreibe in wissenschaftlicher Notation.

a) 65 000 000
b) 388 000 000
c) 0,0096
d) 0,000 200 4

4 Sortiere der Größe nach.

$5{,}8 \cdot 10^7$ | $20 \cdot 10^6$ | $2{,}4 \cdot 10^{-4}$ | $0{,}6 \cdot 10^6$ | $1{,}08 \cdot 10^8$

5 Welche Zahlen sind gleich groß?

$0{,}0002$ | $2 \cdot 10^7$ | $200 \cdot 10^5$ | $0{,}02 \cdot 10^6$ | $2 \cdot 10^{-4}$ | $20 \cdot 10^3$

6 Unsere Erde umkreist die Sonne mit einer Umlaufgeschwindigkeit von $29{,}8\,\frac{km}{s}$. Welche Strecke legt sie täglich bzw. jährlich zurück?

7 Das von der Erde am weitesten entfernte Objekt, das man mit bloßem Auge noch erkennen kann, ist die *Andromeda-Galaxie*. Sie ist etwa 2,7 Millionen Lichtjahre von uns entfernt; ihr größter Durchmesser beträgt etwa 163 000 Lichtjahre.
Gib Entfernung und Durchmesser in km an.
(Lichtgeschwindigkeit $300\,000\,\frac{km}{s}$)

[schwieriger]

1 Schreibe als Potenz und berechne.

a) $80 \cdot 80 \cdot 80 \cdot 80 \cdot 80 \cdot 80$
b) $0{,}4 \cdot 0{,}4 \cdot 0{,}4 \cdot 0{,}4 \cdot 0{,}4$
c) $0{,}75 \cdot 0{,}75 \cdot 0{,}75$
d) $3{,}25 \cdot 3{,}25 \cdot 3{,}25$

2 Wandle die Zahl in eine Potenz um. Gib jeweils alle Möglichkeiten an.

a) 0,0016
b) 256
c) 729
d) 0,0081

3 Schreibe in wissenschaftlicher Notation.

a) 37 500 000
b) 0,008 690 47
c) $5488 \cdot 10^8$
d) $0{,}005\,37 \cdot 10^{-4}$

4 Sortiere der Größe nach.

$8{,}01 \cdot 10^8$ | $0{,}08 \cdot 10^{-3}$ | $800 \cdot 10^{-4}$ | $0{,}08 \cdot 10^7$ | $801 \cdot 10^7$

5 Gib an, wie viel mal die linke Zahl größer bzw. kleiner ist als die rechte Zahl.

a) $1{,}25 \cdot 10^{-4}$; $1{,}25 \cdot 10^3$
b) $65 \cdot 10^3$; $0{,}65 \cdot 10^{-3}$
c) $0{,}4 \cdot 10^8$; $400 \cdot 10^5$

6 Von einem Stern unserer Milchstraße ist das Licht bis zur Erde 12 Jahre unterwegs. Wie viel Kilometer hat es in dieser Zeit zurückgelegt?

7 Untersuchungen haben ergeben, dass sich die Anzahl der Keime in frisch gemolkener Kuhmilch etwa jede halbe Stunde verdoppelt. Zu Beginn wurden 700 Keime gezählt.

a) Wie viele Keime sind nach sechs Stunden und allgemein nach x Stunden vorhanden?
b) Wie lange dauert es etwa, bis sich eine Milliarde Keime gebildet haben?

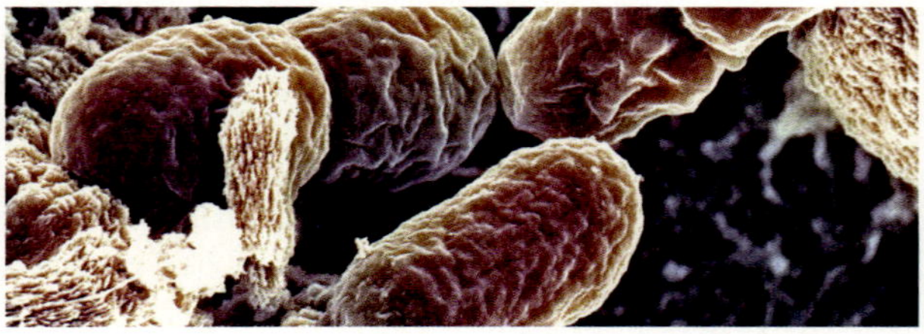

 ▻ Lösungen zum Test, Seite 213

Wie das Handwerkszeug in der Werkstatt, so findet ihr hier all die Rechen- und Zeichentechniken, die ihr in eurem Unterricht und zu Hause immer wieder benötigt. Denn oft werdet ihr noch nachschlagen müssen – wie ging das noch mit der Prozentrechnung, wie konnte man nochmal den Rauminhalt eines Prismas bestimmen? Hier findet ihr Antworten und genügend Aufgaben dazu, sollte etwas nocheinmal wiederholt und geübt werden müssen.

Lieblingsinstrumente

Vervollständige die Tabelle.

Instrument	Prozent	Bruch	Dezimalbruch
Gitarre	25 %	?	?
Schlagzeug	?	$\frac{1}{3}$	?
Geige	?	?	0,2
Flöte	2 %	?	?

Blumenbeet

Neubepflanzung

Welcher Term beschreibt den Inhalt der grünen Fläche?
A = ?

Umfrage zum Freizeitverhalten

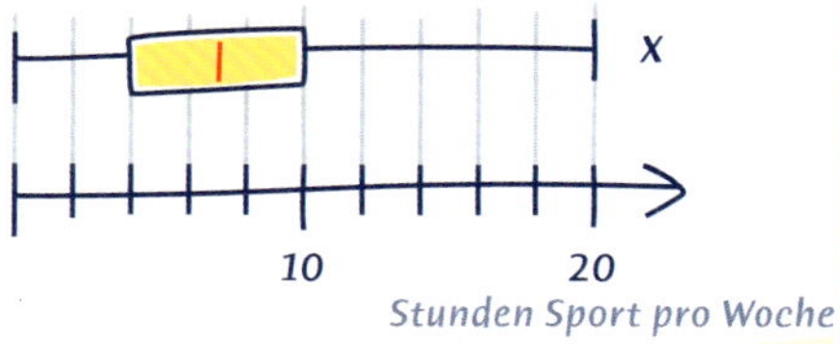

Was kannst du aus dem Boxplot herauslesen?

In dieser Werkstatt findet ihr:

- Rechnen mit rationalen Zahlen
- Berechnungen an Prismen
- Prozent- und Zinsrechnung
- Statistik
- Längen und Flächen
- Terme und Gleichungen
- Zuordnungen
- Konstruieren mit GeoGebra

Rechnen mit rationalen Zahlen

Darstellen von rationalen Zahlen

Alle rationalen Zahlen kann man als **Bruch** darstellen.
Brüche mit dem Nenner 100 können in der **Prozentschreibweise** dargestellt werden.
p Hundertstel = p Prozent
$\frac{p}{100} = p \cdot \frac{1}{100} = p\,\%$
Alle Prozentangaben lassen sich auch als **Dezimalzahlen** schreiben.

$2 = \frac{2}{1}$; $0{,}75 = \frac{75}{100} = \frac{3}{4}$

$\frac{1}{100} = 1$ Prozent $= 1\,\%$

$\frac{1}{5} = \frac{20}{100} = 20\,\% = 0{,}2$

Auf der **Zahlengeraden** stehen negative Zahlen links von der Null, positive rechts von der Null.
Die kleinere von zwei rationalen Zahlen liegt weiter links auf der Zahlengeraden.

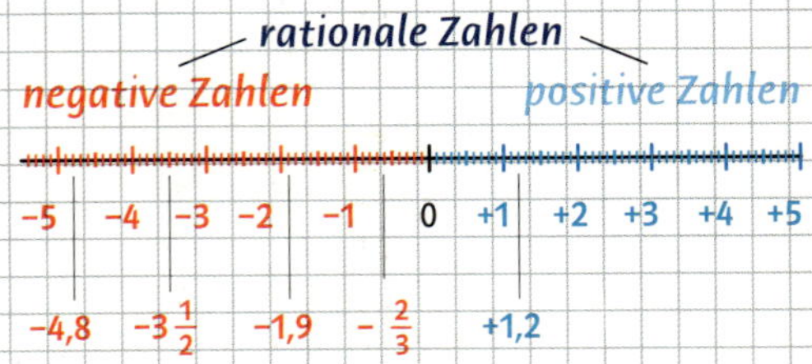

Brüche addieren und subtrahieren

Gleichnamige Brüche werden **addiert** bzw. **subtrahiert**, indem man ihre Zähler addiert bzw. subtrahiert und den gemeinsamen Nenner unverändert lässt.

Um Brüche mit verschiedenen Nennern zu addieren oder zu subtrahieren, muss man sie zuerst **gleichnamig** machen. Dafür bestimmt man zunächst einen **gemeinsamen Nenner**.

$\frac{1}{4} + \frac{3}{10}$

1. gemeinsamen Nenner bestimmen: 20 (ein gemeinsames Vielfaches von 4 und 10)
2. Brüche gleichnamig machen: $\frac{1 \cdot 5}{4 \cdot 5} + \frac{3 \cdot 2}{10 \cdot 2} = \frac{5}{20} + \frac{6}{20}$
3. die nun gleichnamigen Brüche addieren: $\frac{5+6}{20} = \frac{11}{20}$

Multiplikation von Brüchen mit Brüchen

Bei der **Multiplikation** eines Bruches **mit einem Bruch** multipliziert man Zähler mit Zähler und Nenner mit Nenner.

$\frac{3}{5} \cdot \frac{7}{8} = \frac{21}{40}$

$4 \cdot \frac{5}{7} = \frac{4}{1} \cdot \frac{5}{7} = \frac{20}{7}$

Division von Brüche mit Brüchen

Durch einen **Bruch** wird **dividiert**, indem man mit dem Kehrwert multipliziert.

$\frac{1}{4} : \frac{2}{3} = \frac{1}{4} \cdot \frac{3}{2} = \frac{3}{8}$

$\frac{2}{5} : \frac{1}{3} = \frac{2}{5} \cdot 3 = \frac{6}{5}$

Vorzeichenregel bei Addition und Subtraktion

+(+ 3) ist dasselbe wie −(− 3),
nämlich „addiere 3" oder in Kurzform: + 3.
+(− 3) ist dasselbe wie −(+ 3),
nämlich „subtrahiere 3" oder in Kurzform: − 3.

$(+16) + (-7) = 16 - 7 = 9$

$(+19) - (-15) = 19 + 15 = 34$

$(-24) + (+13) = -24 + 13 = -11$

$(-12) - (+9) = -12 - 9 = -21$

Vorzeichenregel bei Multiplikation und Division

Haben bei der Multiplikation oder Division beide Zahlen **gleiche Vorzeichen**, so ist das Ergebnis eine **positive Zahl**. Haben sie **verschiedene Vorzeichen**, so ist das Ergebnis **negativ**.

+ · + = +	+ : + = +
− · − = +	+ : − = −
+ · − = −	− : + = −
− · + = −	− : − = +

1 Schreibe als Dezimalzahl.
a) 70 %; 7 %; 13 %; 21,5 %; 50 %
b) 100 %; 250 %; 101 %; 0,5 %

2 Schreibe als Prozentsatz.
a) 0,41; 0,05; 0,427; 1,2; 2; 13,054
b) $\frac{1}{2}$; $\frac{1}{8}$; $\frac{1}{4}$; $\frac{3}{8}$; $\frac{3}{5}$; $\frac{7}{20}$; $\frac{9}{25}$

3 Schreibe als gekürzten Bruch.
a) 0,25; 0,04; 0,7; 0,125; 0,75
b) 50 %; 20 %; 60 %; 15 %; 16 %
c) 0,875; 0,002; 1,24; 2,75; 1,05
d) 0,4 %; 36 %; 37,5 %; 115 %

4 Vervollständige folgende Tabelle.

Dezimalbruch	Bruch	Prozent
0,5	$\frac{1}{2}$	50 %
0,2		
	$\frac{3}{5}$	
		35 %
		2 %
2,6		
	$4\frac{3}{5}$	
		0,05 %
1,02		
	$\frac{3}{4}$	

5 Zeichne Rechtecke aus 8 × 10 Kästchen in dein Heft. Markiere folgende Anteile verschiedenfarbig.
a) $\frac{3}{4}$ b) 62,5 % c) 0,7
d) $\frac{7}{8}$ e) 0,0625 f) 2,5 %

6 Prüfe nach und korrigiere.
a) $\frac{1}{5}$ = 5 % b) 2 % = 0,2
c) 213 % = 0,213 d) $\frac{1}{4} < \frac{1}{5}$
e) 8 % = $\frac{1}{8}$ f) 0,5 % = 0,05

7 Setze <; > oder = richtig ein.
a) 0,9 ☐ 9 %
0,017 ☐ 17 %
b) $\frac{2}{5}$ ☐ $\frac{65}{100}$
0,7 ☐ 70 %
c) $\frac{3}{11}$ ☐ 0,27
$\frac{5}{9}$ ☐ 0,55
d) 13 % ☐ $\frac{1}{8}$
65 % ☐ 0,065

8 Berechne. Wähle je eine Aufgabe aus und beschreibe, wie du rechnest.
a) $\frac{1}{3}$ von 21 b) $\frac{3}{4}$ von 28
c) $\frac{2}{7}$ von 70 d) $\frac{1}{4}$ von 80
e) $\frac{3}{4}$ von 76 f) $\frac{3}{5}$ von 20
g) $\frac{1}{2}$ von ☐ = 7 h) $\frac{1}{3}$ von ☐ = 4
i) $\frac{2}{7}$ von ☐ = 6 j) $\frac{5}{6}$ von ☐ = 25
k) $\frac{1}{10}$ von ☐ = 10 l) $\frac{1}{100}$ von ☐ = 7

9 Gib die Angaben als Bruchteil der nächst größeren Einheit an.
a) 250 ml b) 125 g c) 20 s
d) 75 cm e) 375 g f) 3 min
g) 12 min h) 12 m i) 12 cm

10 Berechne.
a) 10 % von 70 %
b) 25 % von 50 %
c) 62 % von 40 %
d) 48 % von 48 %
e) 17,5 % von 35 %
f) 47,4 % von 16,3 %

11 Die Eltern von Gina verdienen zusammen 2200 € im Monat.
45 % müssen sie für die Warmmiete der Wohnung auslegen.
Der Anteil der Nebenkosten beträgt dabei 27 % der Miete. Für Strom und Wasser zahlen sie 150 € im Monat.
a) Wie viel Geld steht ihnen nach Abzug der Kosten noch zur Verfügung?
b) Wie hoch ist der prozentuale Anteil der Kosten für Strom und Wasser vom Verdienst?

12 Berechne.

a) $\frac{3}{5}+\frac{1}{5}$ b) $\frac{2}{7}+\frac{3}{7}$
c) $\frac{2}{9}+\frac{3}{9}$ d) $\frac{4}{9}-\frac{2}{9}$
e) $\frac{3}{5}-\frac{2}{10}$ f) $\frac{3}{4}-\frac{3}{5}$
g) $\frac{9}{11}-\frac{2}{3}$ h) $\frac{5}{9}-\frac{4}{5}$
i) $\frac{3}{16}-\frac{13}{20}$ j) $\frac{5}{6}+\frac{6}{7}$
k) $-\frac{4}{7}+\frac{3}{8}$ l) $\frac{7}{9}-\frac{10}{11}$

13 [●] Wandle um und berechne.

a) $1\frac{3}{4}+4\frac{1}{2}$ b) $2\frac{3}{9}+3\frac{4}{5}$
c) $2\frac{2}{3}+4\frac{5}{9}$ d) $4\frac{3}{5}-2\frac{1}{7}$
e) $3\frac{1}{4}+2\frac{7}{16}$ f) $1\frac{3}{7}+2\frac{2}{5}$

14 Gib das richtige Vorzeichen an und setze das Komma an die richtige Stelle. Falls nötig, ergänze Nullen.

a) $(-6)\cdot(+9)=$ □ 54
b) $2{,}3\cdot(-1{,}3)=$ □ 299
c) $-(0{,}0654)\cdot(-5{,}46)=$ □ 357084
d) $2{,}7:(-1{,}6)=$ □ 16875
e) $(-0{,}0432):(4{,}32)=$ □ 1
f) $(-4{,}32):(+0{,}0432)=$ □ 1

15 Berechne.

a) $(+6)\cdot(+7)$; $(-5)\cdot(-7)$; $(+9)\cdot(-6)$
b) $(+12)\cdot(-5)$; $(-25)\cdot(+7)$; $(-19)\cdot(-13)$
c) $(-54)\cdot 3{,}27$; $(-26{,}9)\cdot 4{,}7$; $(-0{,}37)\cdot(-3{,}8)$
d) $26{,}08\cdot(-0{,}57)$; $0{,}296\cdot(-58{,}2)$; $(-321{,}4)\cdot 93{,}504$
e) $\left(-\frac{3}{8}\right)\cdot\left(-\frac{16}{24}\right)$; $\left(-\frac{14}{16}\right)\cdot\frac{6}{7}$
f) $1\frac{3}{5}\cdot\left(-4\frac{3}{4}\right)$; $\left(-4\frac{4}{9}\right)\cdot 2\frac{5}{6}$

16 Rechne möglichst vorteilhaft.

a) $4\cdot(-29)\cdot(-25)$
b) $(-8)\cdot 17\cdot(-125)$
c) $-9\cdot 8\cdot(-5)\cdot(-12{,}5)\cdot 40$
d) $\frac{1}{3}\cdot\left(-\frac{2}{5}\right)\cdot\left(-\frac{7}{4}\right)$

17 Setze „<" oder „>" richtig ein.

a) 14 □ -6; -15 □ -11; 4 □ -4
b) -22 □ 677; 84 □ 79; -13 □ 0
c) $1{,}4$ □ $-2{,}3$; $-7{,}85$ □ $8{,}75$; $0{,}03$ □ $-0{,}04$
d) $\frac{4}{5}$ □ $-\frac{5}{6}$; $-\frac{8}{9}$ □ $-\frac{3}{7}$; $-\frac{3}{5}$ □ $-\frac{3}{4}$

18 Berechne.

a) $2{,}85+(-3{,}5)$ b) $1{,}95-4{,}75$
c) $6{,}5-2{,}75$ d) $-3{,}85-2{,}05$
e) $-3{,}5-4{,}75$ f) $-17{,}5-(-2{,}75)$
g) $15{,}5-(-1{,}75)$ h) $-273{,}5+17{,}75$

19 Berechne.

a) $\frac{1}{2}\cdot\left(-\frac{1}{3}\right)$ b) $\frac{3}{4}\cdot\frac{5}{6}$
c) $\frac{2}{7}\cdot\left(-\frac{3}{5}\right)$ d) $\left(-\frac{3}{4}\right)\cdot\left(-\frac{8}{6}\right)$
e) $\frac{5}{6}\cdot\frac{2}{15}$ f) $\frac{48}{55}\cdot\frac{66}{96}$
g) $\frac{5}{8}\cdot\frac{4}{15}$ h) $\left(-\frac{35}{40}\right)\cdot\left(-\frac{8}{25}\right)$
i) $\left(-\frac{24}{33}\right)\cdot\left(-\frac{11}{36}\right)$

20 Berechne.

a) $\frac{2}{3}:\frac{5}{3}$ b) $\frac{3}{8}:\frac{8}{3}$
c) $-\frac{2}{3}:\frac{5}{3}$ d) $\frac{4}{5}:\frac{3}{4}$
e) $\frac{5}{9}:\frac{5}{9}$ f) $\frac{7}{8}:\frac{9}{11}$
g) $\left(-\frac{3}{7}\right)\cdot 5$ h) $(-6):\left(-\frac{1}{3}\right)$

21 Berechne.

a) $\frac{3}{5}:\frac{5}{8}$ b) $0{,}3:0{,}235$
c) $-0{,}3:(-0{,}7)$ d) $-0{,}4\cdot(-0{,}7)$
e) $-\frac{4}{5}\cdot\frac{5}{12}$ f) $-\frac{4}{5}+\left(-\frac{15}{20}\right)$
g) $\frac{4}{5}:\left(-1\frac{3}{8}\right)$ h) $\frac{9}{10}\cdot\left(-1\frac{9}{16}\right)$
i) $-\frac{3}{10}:\left(-\frac{12}{25}\right)$ j) $0{,}3:0{,}12$
k) $-0{,}9\cdot 0{,}87$ l) $0{,}9:(-0{,}87)$
m) $-0{,}9+(-0{,}87)$ n) $-0{,}9-(-0{,}87)$

Prozent- und Zinsrechnung

Prozentrechnung

Anteile mit dem Nenner 100 nennt man auch **Prozent**.
In der Prozentrechnung rechnet man mit
dem **Prozentsatz (p %)**,
dem **Prozentwert (P)** und
dem **Grundwert (G)**.
Der Grundwert entspricht immer 100 %.

Um Anteile an verschiedenen Grundwerten zur vergleichen, ist es sinnvoll, den **Prozentsatz** zu berechnen.

Der **Prozentwert** lässt sich berechnen, wenn der Grundwert und der Prozentsatz gegeben sind.

Sind der Prozentwert und der Prozentsatz bekannt, so lässt sich der **Grundwert** berechnen.

Darstellung von prozentualen Anteilen

Prozentsätze oder prozentuale Anteile kann man sich besser vorstellen, wenn man sie **grafisch darstellt**. Dazu eignen sich z. B. Kreis- oder Blockdiagramme.

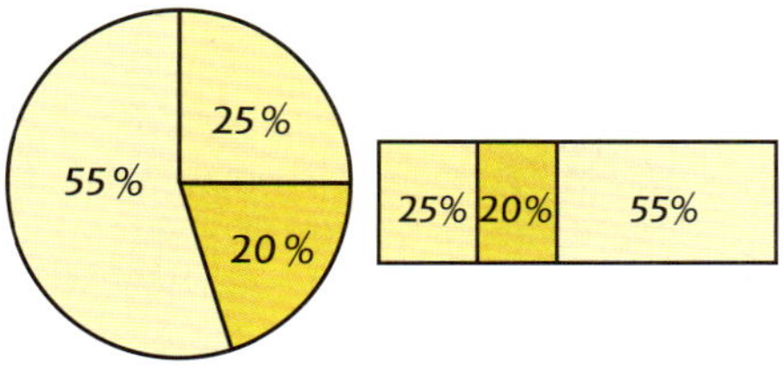

Zinsrechnung

Die Zinsrechnung ist eine Anwendung der Prozentrechnung.

Zinsen Z ≙ Prozentwert $\mathbf{Z = K \cdot \frac{p}{100}}$

Zinssatz p % ≙ Prozentsatz $\mathbf{p\,\% = \frac{Z}{K}}$

Kapital K ≙ Grundwert $\mathbf{K = \frac{Z}{p} \cdot 100}$

Berechnung der Zinsen für Anteile eines Jahres.
Für Anteile eines Jahres werden die Jahreszinsen mit dem **Zeitfaktor** multipliziert.

Zeitfaktor: $\frac{\text{Anzahl der Zinstage i}}{\text{Anzahl der Jahrestage}} = \frac{i}{365}$

$\mathbf{Z = K \cdot \frac{p}{100} \cdot \frac{i}{365}}$

500 g Erbsen beinhalten ca. 105 g Eiweiß.
Das entspricht einem Anteil von 21 %.

Berechnung des ***Prozentsatzes****:*
Wie viel Prozent sind 35 von 250?

Dreisatz *oder* ***Formel***

$250 \triangleq 100\,\%$ $\qquad \text{Prozentsatz} = \frac{\text{Prozentwert}}{\text{Grundwert}}$

$1 \triangleq \frac{100}{250}\,\%$ $\qquad p\,\% = \frac{P}{G}$

$35 \triangleq \frac{100 \cdot 35}{250}\,\% = 14\,\%$ $\qquad p\,\% = \frac{35}{200} = 0{,}14 = 14\,\%$

Berechnung des ***Prozentwerts****:*
Wie viel sind 45 % von 360?

Dreisatz *oder* ***Formel***

$100\,\% \triangleq 360$ $\qquad \text{Prozentwert} = \text{Grundwert} \cdot \text{Prozentsatz}$

$1\,\% \triangleq \frac{360}{100}$ $\qquad P = G \cdot \frac{p}{100} = G \cdot p\,\%$

$45\,\% \triangleq \frac{360 \cdot 45}{100} = 162$ $\qquad P = 360 \cdot \frac{45}{100} = 162$

Berechnung des ***Grundwerts****:*
29 % sind 348. Wie viel sind 100 %?

Dreisatz *oder* ***Formel***

$29\,\% \triangleq 348$ $\qquad \text{Grundwert} = \frac{\text{Prozentwert}}{\text{Prozentzahl}} \cdot 100$

$1\,\% \triangleq \frac{348}{29}$ $\qquad G = \frac{P}{p} \cdot 100$

$100\,\% \triangleq \frac{348 \cdot 100}{29} = 1200$ $\qquad G = \frac{348}{29} \cdot 100$

Nach 120 Tagen erhält man auf ein Guthaben von 1500 € 3 % Zinsen.

Geg.: Kapital $K = 1500\,€$
Zinssatz $p = 3\,\%$
Zinstage $i = 120$
Ges.: Zinsen Z

$Z = K \cdot \frac{p}{100} \cdot \frac{i}{365}$

$= 1500 \cdot \frac{3}{100} \cdot \frac{120}{365}\,€ \approx 14{,}8\,€$

Nach 120 Tagen erhält man ca. 14,80 € Zinsen.

Prozentrechnung

1 Gib in Prozent an.

a) $\frac{3}{4}$; $\frac{4}{5}$; $\frac{7}{10}$; $\frac{16}{25}$; $\frac{4}{50}$

b) $\frac{64}{1000}$; $\frac{147}{300}$; $\frac{120}{500}$; $\frac{16}{40}$; $\frac{36}{60}$

2 Schreibe als Dezimalzahl.

a) 15 %; 32 %; 67 %; 9 %; 2 %

b) 2,5 %; 8,9 %; 0,6 %; 0,25 %; 0,04 %

3 Ein Kakaogetränk ist zusammengesetzt aus Zucker (45 %), Traubenzucker (20 %), Kakao (18 %) und Milchpulver (17 %).

a) Stelle die Zusammensetzung in einem Blockdiagramm von 10 cm Länge dar.

b) Zeichne ein Kreisdiagramm mit einem Radius von 5 cm.

4 Berechne im Kopf.
Wie viel Prozent sind

a) 14 von 100
200 von 500
18 von 25
15 von 75

b) 6,5 von 50
42 von 300
12 von 60
3,5 von 20

5 Berechne den Prozentsatz p % auf eine Stelle nach dem Komma.

P	5 €	8 km	1,5 l	130 g	16 m
G	22 €	140 km	12 l	300 g	77 m

6 Berechne auf zwei Nachkommaziffern genau.

a) 0,40 € von 33 €
4,50 € von 26 €
2,35 € von 285 €
50,50 € von 90 €

b) 17 kg von 175 kg
5 l von 45 l
35 t von 216 t
81 m von 400 m

7 Berechne im Kopf.

a) 25 % von 80 €
60 % von 120 t
40 % von 550 m
80 % von 1250 l

b) 30 % von 1 min
65 % von 1 km
25 % von 1 h
75 % von 1 l

8 Schätze zuerst und berechne dann.

a) 6 % von 940 €
83 % von 7,08 €
16 % von 235 €

b) 45 % von 595 m
12,5 % von 58 l
0,5 % von 350 kg

9 Berechne den Prozentwert P.

G	760 €	85,4 km	17,8 t	118 min
p %	4 %	15 %	43 %	69 %

10 Rechne im Kopf.
Wie viel sind 100 %?

a) 4 % sind 48 €
25 % sind 21 m
20 % sind 1,5 l

b) 80 % sind 240 kg
400 % sind 1,6 km
150 % sind 90 min

11 Berechne den Grundwert.

a) 6 % sind 18 Pers.
95 % sind 245 g
74 % sind 1110 cm

b) 1152 € sind 80 %
0,990 kg sind 22 %
0,516 m sind 43 %

12 Welche Größe ist hier gesucht?

a) Ein Fotogeschäft wirbt: „Vergrößerungen statt 1,50 € nur 90 Cent".

b) In einer Aktionswoche werden alle Preise um 5 % gesenkt. Ein CD-Player kostet jetzt nur noch 149 €.

c) An einer Gesamtschule sind 1320 Schüler, rund 16 % von ihnen bekommen eine Busfahrkarte von der Stadt.

Zinsrechnung

13 Berechne die Jahreszinsen bei einem Zinssatz von 5% (3,5%; 4,25%).

a) 600 €
b) 16 225 €
c) 24 800 €
d) 214,50 €

14 Nora hat auf ihrem Sparbuch 540 €.

a) Wie viel Euro Zinsen erhält sie nach einem Jahr bei einem Zinssatz von 3,25 %?

b) Nach weiteren drei Jahren hat sie 150 € eingezahlt. Berechne das Guthaben (Zinssatz: 3,25 %).

Übrigens
Die Angabe des Zinssatzes bezieht sich immer auf den Zeitraum von einem Jahr.

15 Berechne den Zinssatz.

K	76 €	340 €	18 000 €
Z	2,28 €	13,60 €	1080 €
p %			

16 Ein Kredit von 6000 € wird nach einem Jahr einschließlich Zinsen mit 6690 € zurückgezahlt. Welchen Zinssatz berechnete die Bank?

17 Berechne das Kapital.

Z	20 €	259 €	135 €
p %	5 %	3,5 %	9 %
K			

18 Marc erhält für seinen Sparbrief jährlich 137,50 € Zinsen bei einem Zinssatz von 5,5 %. Wie viel Euro ist der Sparbrief wert?

19 Wie viel Zinsen erhält Ertan für seine 1500 € bei 3,5 % Verzinsung nach
a) 60 Tagen
b) 150 Tagen
c) 270 Tagen
d) 325 Tagen?

20 Frau Kraus hat im 1. Quartal ihr Konto 25 Tage lang um 350 € überzogen, dann 20 Tage lang um 440 € und 34 Tage lang um 510 €.
Der Zinssatz für Überziehungskredite beträgt 12 %.
Wie viel Überziehungszinsen muss sie am Quartalsende bezahlen?

21 Jana kauft sich ein Fernsehgerät für 219 €. Bei Ratenzahlung in 6 Monatsraten erhöht sich der Verkaufspreis um 4,5 %.
a) Wie teuer ist das Fernsehgerät bei dieser Ratenzahlung?
b) Wie hoch ist eine Monatsrate?

22 Eine Firma verlangt wegen der verspäteten Zahlung einer Rechnung in Höhe von 7794 € für 54 Tage einen Versäumniszuschlag von 12 %.
Wie hoch wird die Rechnung jetzt?

23 Vergleiche die Kosten für einen Kredit in Höhe von 5000 € für ein Jahr.

Angebot 1: 8 % Zinsen und 40 € Bearbeitungsgebühr

Angebot 2: Monatliche Zinsen von 0,75 %. Keine Bearbeitungsgebühr

24 Ein Profisportler will am Ende seiner Karriere von den Zinsen seines Vermögens leben. Wie viel Euro muss er bei 8 % Verzinsung anlegen, damit er monatlich 4000 € zum Leben hat?

25 Ist das Kreditangebot aus der Zeitung wirklich so günstig?

! Sehr günstiger Kredit !
Bei uns zahlen Sie für 10 000 €
nur 120 € Zinsen im Monat.

26 Beim Ratensparen wird zu Beginn eines jeden Monats ein fester Betrag vom Konto auf ein Sparbuch überwiesen. Die Zinsen werden immer direkt am Monatsende für das neue Guthaben berechnet.

Kapitalentwicklung bei einem Zinssatz von 4,5 %

Monat	Einzahlung	Guthaben	Monatl. Zinsen
Januar	50,00 €	50,00	0,19 €
Februar	50,00 €	100,00	0,38 €
…			
Summe			

a) Berechne für jedes Monatsguthaben bis zum Jahresende die Zinsen (1 Monat: $\frac{1}{12}$ J.)
b) Berechne das Gesamtguthaben am Jahresende (Guthaben plus Jahreszinsen).

Terme

Terme, Variablen und Koeffizienten

Terme sind Rechenausdrücke, die sich aus Zahlen, Variablen und Rechenzeichen zusammensetzen.

$2+8$; $2 \cdot h$; $7-a^2$; $5+\square$; b sind Beispiele für Terme. Aber auch einzelne Zahlen und Variablen können als Terme aufgefasst werden.

Die **Variablen** stellen veränderliche Größen in Termen dar und werden meist mit Buchstaben oder Symbolen beschrieben.
Der Zahlenwert, mit dem eine Variable multipliziert wird, heißt **Koeffizient** der Variablen.

Variablen

Term: $7b+5c-3m$

Koeffizienten

Der Koeffizient gibt an, wie oft die Variable vorkommt.
$3m=m+m+m$

Terme mit Klammern

Enthält ein Term **Klammern**, so sind die Vorzeichenregeln zu beachten. Steht ein Pluszeichen vor der Klammer, so kann sie weggelassen werden, steht ein Minus vor der Klammer, so erhalten alle Summanden in der Klammer das umgekehrte Vorzeichen, wenn die Klammer weggelassen wird.

$4m+(3a-6b)=4m+3a-6b$

$12v-(3k-8h)=12v-3k+8h$

Summen- und Produktform von Termen

Stellt der Term eine Summe dar, so spricht man von der **Summenform** des Terms, stellt er ein Produkt dar, von der **Produktform**.

Summenform	Produktform
$2b+5b=$	$b\cdot(2+5)$
$2n^2+3n=$	$n\cdot(2n+3)$
$a^2+2a+1=$	$(a+1)\cdot(a+1)$

Ausmultiplizieren und Faktorisieren

Die Umformung eines Terms von der Produktform in die Summenform wird **Ausmultiplizieren** genannt.
Die Umformung eines Terms von der Summenform in die Produktform wird **Faktorisieren** oder Ausklammern genannt.

Ausmultiplizieren: $a\cdot(b+c)=ab+ac$

$(a+b)\cdot(c+d)=ac+ad+bc+bd$

Faktorisieren: $ma+mb=m\cdot(a+b)$

Binomische Formeln

Binomische Formeln beschreiben Spezialfälle des Ausmultiplizierens und Faktorisierens.

1. Binom: $(a+b)^2=a^2+2ab+b^2$

2. Binom: $(a-b)^2=a^2-2ab+b^2$

3. Binom: $(a+b)\cdot(a-b)=a^2-b^2$

Gleichungen

Gleichung

Eine **Gleichung** besteht aus zwei Termen, die durch ein Gleichheitszeichen miteinander verbunden sind. Das Gleichheitszeichen sagt aus, dass der linke Term den gleichen Wert hat wie der rechte Term.

Eine **Gleichung zu lösen** heißt, für die Variable die Zahl zu finden, die man einsetzen muss, damit der Wert der Terme auf beiden Seiten gleich groß ist.

$2x + 12 = 30 - 2$

$A = l \cdot b \cdot n$

$u = 2a + 2b$

$x \cdot 4 - 8 = 32$

$x = 10$

Probe: $10 \cdot 4 - 8 = 32$

$32 = 32$

Gleichungen lösen durch schrittweises Umformen

Um Gleichungen zu lösen, darf man sie **schrittweise in einfachere Gleichungen umformen.** Dabei darf sich die Lösung nicht verändern. Folgende **Umformungsschritte** sind erlaubt:
- Auf beiden Seiten der Gleichung wird die gleiche Zahl bzw. derselbe Term addiert oder subtrahiert.
- Beide Seiten werden mit derselben Zahl multipliziert oder durch dieselbe Zahl dividiert (außer 0).
- Der Term auf einer Seite der Gleichung wird in seiner Darstellung verändert oder vereinfacht.

$4x + 1 = x + x + 30 - 13$ | *vereinfachen*

$4x + 1 = 2x + 17$ | -1

$4x = 2x + 16$ | $-2x$

$2x = 16$ | $:2$

$x = 8$

Vom Text zur Gleichung

Folgende Schritte können beim **Lösen von Sachaufgaben** hilfreich sein:

Aufgabe:
Ein Rechteck ist 4 cm länger als breit. Der Umfang beträgt 20 cm. Berechne Länge und Breite des Rechtecks.

1. Benenne die gesuchte Größe.

Die kürzere Seite sei x.

2. Mache dir eine Skizze oder Zeichnung.

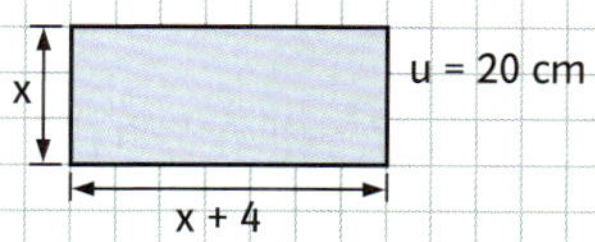

3. Stelle Terme und eine Gleichung auf.

$20 = 2x + 2 \cdot (x + 4)$

4. Löse schrittweise die Gleichung.

$20 = 2x + 2x + 8$ | *vereinfachen*

$20 = 4x + 8$ | -8

$12 = 4x$ | $:4$

$3 = x$

5. Formuliere einen Antwortsatz.

Die Seiten sind 3 cm und 7 cm lang.

6. Prüfe dein Ergebnis am Text.

$2 \cdot 3\,cm + 2 \cdot 7\,cm = 20\,cm$

Rechnen mit Termen

1 Schreibe ohne Klammern und fasse zusammen.

a) $(4a + 5b) + (2a + 3b)$
b) $(-5a + 9b) - (4a + 7b)$
c) $(3a - b) - (-2a - b)$
d) $10m - (3m + 5n) - (n - 2m)$
e) $6u - (4v + 5u) + (-10u + 2v)$
f) $-5{,}9r - (1{,}3s - 2{,}3r) - (2{,}7s + 0{,}4r)$

2 Fülle die Lücken aus.

a) $4a(2a + \square) = 8a^2 + 12ab$
b) $3x(\square - 7x) = 18xy - 21x^2$
c) $15b(4ab + \square) = 60ab^2 - 45ab$
d) $(\square + 13xy) \cdot 3x = -48x^2 + 39x^2y$

3 Multipliziere aus und fasse zusammen.

a) $(16 - 15x)(5x + 10)$
b) $(4x - 12y)(2x - 6y)$
c) $(2x + 1)(3x - y + 2)$
d) $(2y + 6x - 4)(5x - 3y)$
e) $(6r - 8s + 10t)(4t + 2s - r)$
f) $(3k + 5 - 17m)(5m - 9)$

4 [●] Beachte die Vorzeichenregeln.

a) $(7x + 1)(4y - 1) - 5(3y + 2)(8 - x)$
b) $(6x + 2)(4 - x) - 2x(5x + z - 3)$
c) $3(4x - 5y) - (2 + y)(x - 6) + 4xy$
d) $-(4x + 3y)(2x - 6y) - 8(y - 5x)(2y + x)$
e) $-2a(3 - a)(a + 2) - 5(a^2 - 4a)(a - 1)$

5 Bilde Terme zur Berechnung der Oberfläche und des Volumens und multipliziere sie aus.

a) [●]

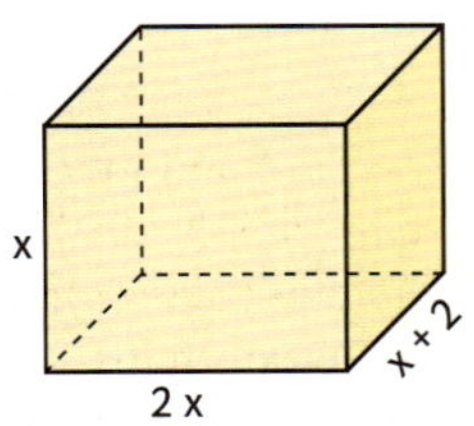

b) [●●]

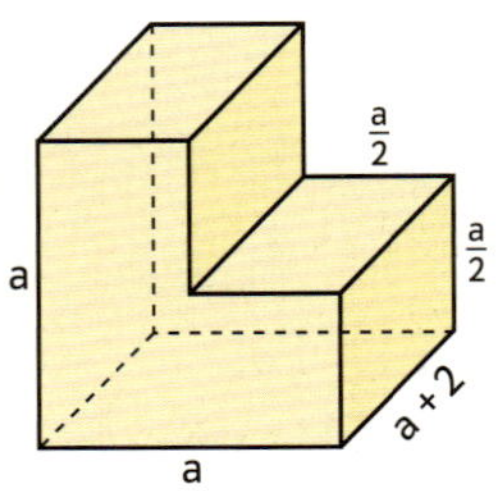

6 Drücke mit einem Term aus.

a) Subtrahiere vom Produkt aus x und y das 7fache des Produkts.
b) Halbiere das Produkt aus a und 10 und subtrahiere davon 2 a und 6.
c) Verdopple das Produkt aus a und b und addiere dazu 5 b a.

7 Klammere den angegebenen Faktor aus.

a) Faktor 4
$16ab + 40c$
$32a - 28d$
$92gh - 76k$

b) Faktor y
$30xy - 31y$
$22y^2 + 17yz$
$64y^2 + y$

c) Faktor a b
$15ab + 13ab$
$29abc - 10ab$
$9ab^2 + 16a^2b$

d) [●] Faktor −x
$-6xy - 11x$
$-14xy + 23x$
$25ax - 21x^2$

8 Verwandle in ein Produkt.

a) $8xy + 12x$
b) $21ab - 14abc$
c) $15zr - 20r^2$
d) $26abc - 39bc$
e) $39cde - 52def$
f) $32gh - 48gk$

9 Löse die Binome auf.

a) $(9x + 5y)^2$
b) $(16t - 12s)^2$
c) $(0{,}5m - 3{,}5n)^2$
d) $(3x + 0{,}4y)^2$
e) $(4s - 7t)(4s + 7t)$
f) $(a - 5)(a + 5)$

10 Welche Terme beschreiben den Flächeninhalt der roten Fläche? Begründe warum.
Finde einen weiteren passenden Term.

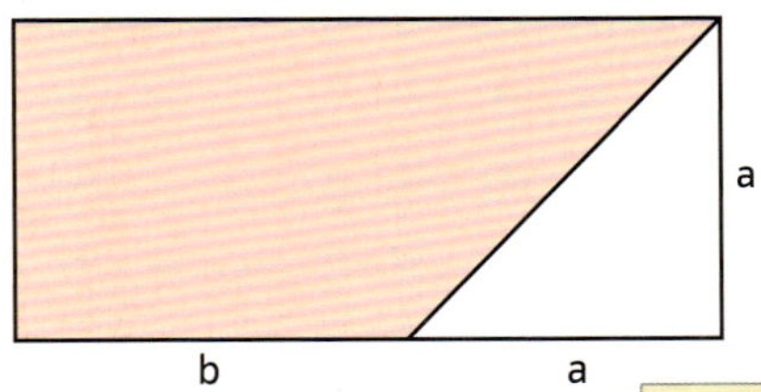

$A = ab + \frac{1}{2}a^2$

$A = (a + b) \cdot a - \frac{1}{2}a^2$

$A = a^2 + \frac{a \cdot b}{2}$

Gleichungen lösen

11 Löse die Gleichungen. Beschreibe jeweils die Umformungsschritte.

a) $9x = 4x + 40$ b) $11x = 24 + 3x$
c) $7x + 33 = 4x$ d) $5x = 2x + 21$
e) $12y = 4y + 4$ f) $10y - 31 = 9y$
g) $13y - 80 = -7y$ h) $6y + 45 = -3y$
i) $15z - 6 = 3z - 4$ j) $54 + 9z = 13z$

12 Mache zuerst gleichnamig.

a) $\frac{1}{3}x + \frac{1}{2} = \frac{3}{4}$ b) $\frac{3}{4}x - \frac{2}{3} = \frac{1}{12}$
c) $\frac{x}{2} - 2 = \frac{x}{3}$ d) $\frac{x}{3} + \frac{x}{4} = 14$
e) $\frac{2}{5}x - \frac{7}{10} = \frac{9}{10}$ f) $\frac{1}{2} - \frac{5}{24}x = \frac{7}{4}$
g) $-x + \frac{5}{4} = \frac{5}{7}x$ h) $\frac{7}{8}x + \frac{1}{3} = -\frac{5}{4}x$

13 Wie muss die Gleichung ☐ $\cdot 5 = 2x + 11$ ergänzt werden, damit sie die folgende Lösung besitzt?

a) 6 b) 3 c) 2 d) 1
e) −2 f) 12 g) $\frac{1}{2}$ h) $\frac{1}{5}$

14 Welche Fehler sind passiert? Beschreibe und korrigiere.

a) $3x = 24$
$x = 21$

b) $\frac{x}{2} = 8$
$x = 4$

c) $x : 9 = 9$
$x = 1$

d) $-y - 4 = 2y + 2$
$-y = 2y - 4$

e) $\frac{x}{2} - \frac{x}{5} = 3$
$5x - 2x = 13$

f) $10x + 11 = 7x + 22$
$10x = 7x + 33$

15 Kontrolliere deine Lösungen. Die richtigen Lösungen findest du auf dem Rand.

a) $2(3x - 4) = 5x$
b) $-3(x - 5) = 15$
c) $6x = (5 - 2x)(-4)$
d) $6(4 - a) + 3a = 4a - 4$
e) $12(a - 1) = 52 - 14(a - 1)$
f) $6(4 + a) + 4(a - 18) = 12(2a + 3)$
g) $z - 2(z - 1) = 3z - (8 - z)$
h) $8(z + 3) + 7(z + 2) = 5z + 6(z + 1)$
i) $7t + 2(t - 12) = 2(t - 13) + 3(2t + 1)$
j) $7(s + 15) - 5(-13 + 2s) = 41 + 3(2s + 7)$

4 −8 −6 3 12 1 10 2 0 8

Löse die folgenden Textaufgaben mithilfe von Gleichungen. Mache, falls nötig, eine Skizze. Formuliere einen Antwortsatz und überprüfe dein Ergebnis am Text.

16 Zwei Zahlen unterscheiden sich um 12, ihre Quadrate um 840. Wie heißen die Zahlen?

17 In einem gleichschenkligen Dreieck ist der Winkel an der Spitze $\frac{1}{2}$-mal so groß wie ein Basiswinkel.
Bestimme die Größe der Winkel.

18 Ein Rechteck ist $2\frac{3}{4}$-mal so lang wie breit. Verkürzt man die längere Seite um 29 m und verlängert gleichzeitig die kürzere Seite um 15 m, so nimmt der Flächeninhalt um 6 m² zu.
Wie lang sind die Seiten des ursprünglichen Rechtecks?

19 Die Kantenlängen eines Würfels werden um 5 cm verlängert. Damit nimmt die Oberfläche um 560 cm² zu.
Berechne die Kantenlängen des ursprünglichen Würfels.

20 Ein Füllfederhalter und ein Kugelschreiber kosten zusammen 9 €. Der Füllfederhalter ist 7,50 € teurer als der Kugelschreiber.
Wie viel kostet jeder Artikel allein?

21 Eine Tippgemeinschaft besteht aus drei Personen. Wie muss ein Gewinn von 78 204,60 € aufgeteilt werden, wenn die Einsätze der Tippmitglieder 2 €, 4 € und 6 € betragen?

22 [●] Ein Güterzug verlässt den Bahnhof mit einer Geschwindigkeit von 60 km/h. Ein Schnellzug fährt $1\frac{3}{4}$ Stunden später mit einer Geschwindigkeit von 160 km/h los. Wann und wie viele Kilometer vom Bahnhof entfernt überholt der Schnellzug den Güterzug?

Zuordnungen

Viele Zusammenhänge, z. B. zwischen der Zeit und der Wasserhöhe, können zeichnerisch im **Koordinatensystem** dargestellt werden. Die Linie wird **Graph** genannt.

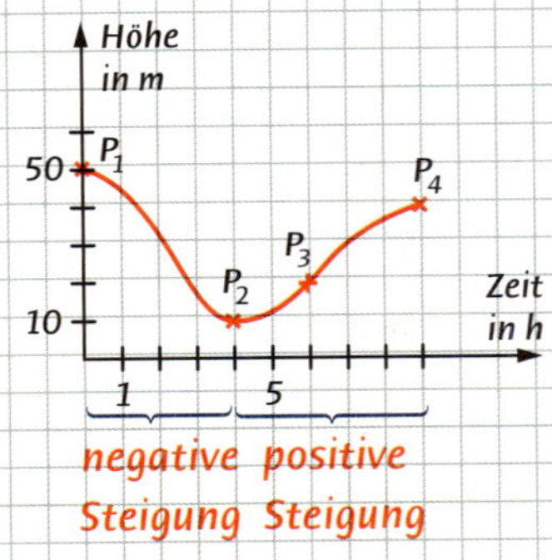

Ein Graph verläuft von links nach rechts.
Er hat
- eine **positive Steigung**, wenn er ansteigt,
- eine **negative Steigung**, wenn er fällt,
- die Steigung **Null**, wenn er auf gleicher Höhe bleibt.

Die **Steigung** zwischen zwei Punkten wird z. B. berechnet, indem die Größe der Veränderung durch die für sie benötigte Zeit geteilt wird:

durchschnittliche Steigung = $\frac{\textbf{Endwert - Anfangswert}}{\textbf{benötigte Zeit}}$

Sie gibt an, wie schnell Veränderungen ablaufen.

Steigung zwischen	durchschnittliche Steigung des Graphen	durchschnittliche Änderung
P_1 und P_2	$-\frac{40}{4} = -10$	-10 m pro Stunde
P_3 und P_4	$\frac{20}{3} \approx 6,7$	ca. 6,7 m pro Stunde

Lineare Zuordnung

Eine Zuordnung mit gleichmäßiger Veränderung heißt **lineare Zuordnung**. Der Graph ist eine Gerade oder Strecke mit **gleichbleibender Steigung**.

Eine **proportionale Zuordnung** ist eine besondere lineare Zuordnung, bei der der Graph durch den Ursprung (0 | 0) verläuft.

Jede lineare Zuordnung kann mithilfe eines Terms beschrieben werden. Wenn die Steigung immer gleich und der Anfangswert (Zustand zum Zeitpunkt 0) bekannt ist, so lässt sich mit dem Term **Anfangswert + Steigung · x** der Zustand zum Zeitpunkt x berechnen.

Silvias Haare wachsen im Monat durchschnittlich 6 mm. Zum Zeitpunkt 0 sind sie 12 cm lang.

Wertetabelle:

Zeit in Monaten	0	1	2	3	…
Länge in cm	12	12,6	13,2	13,8	…

Term: $0,6x + 12$
(0,6: Steigung; 12: Anfangswert)

Graph:

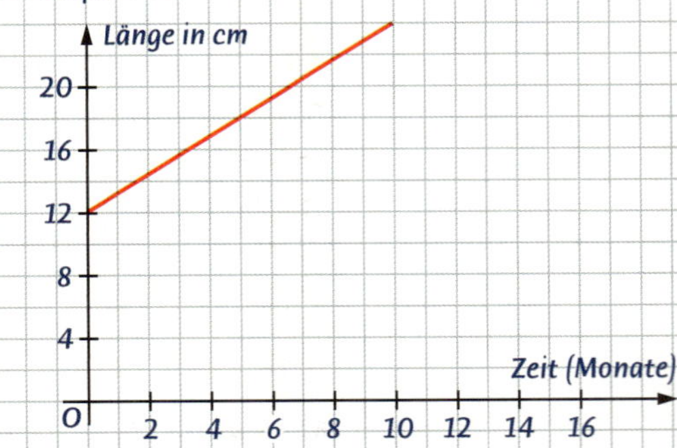

1 Dieser Graph beschreibt eine Fahrt mit dem Auto zur nächsten Tankstelle.

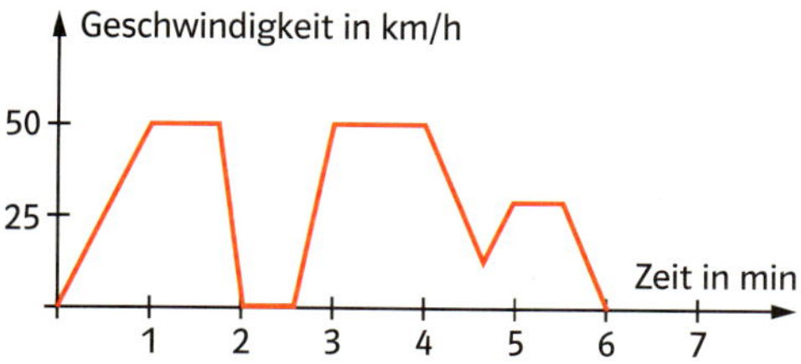

Beschreibe die Fahrt.

2 Der Bremsweg eines Autos hängt von seiner Geschwindigkeit ab.

Geschwindigkeit	Bremsweg
40 km/h	25 m
70 km/h	50 m
100 km/h	100 m
120 km/h	150 m
160 km/h	250 m

Zeichne ein passendes Schaubild und beantworte die folgenden Fragen.
a) Wie lang ist der Bremsweg bei einer Geschwindigkeit von 80 km/h?
b) Wie schnell ist das Auto gefahren, wenn nach einem Unfall die Bremsspur 120 m lang ist?

3 1 l Benzin kostet 1,30 €. Erstelle eine Tabelle für 10 l, 20 l, 30 l, … und zeichne ein passendes Schaubild.

4 Ein Auto verbraucht auf 100 km umso mehr Kraftstoff, je höher seine Geschwindigkeit ist. Das liegt an dem immer stärker anwachsenden Luftwiderstand. In der Tabelle findest du einige Werte.

Geschwindigkeit (km/h)	40	80	120	160
Verbrauch (l/100 km)	6,8	8,0	10,9	15,5

a) Übertrage die Werte in ein Schaubild und verbinde die Punkte durch eine Kurve.
b) Lies aus dem Schaubild die ungefähren Verbrauchswerte für 60 km/h, 100 km/h und 140 km/h ab.

5 a) Berechne die Steigungen zwischen aufeinander folgenden Punkten.

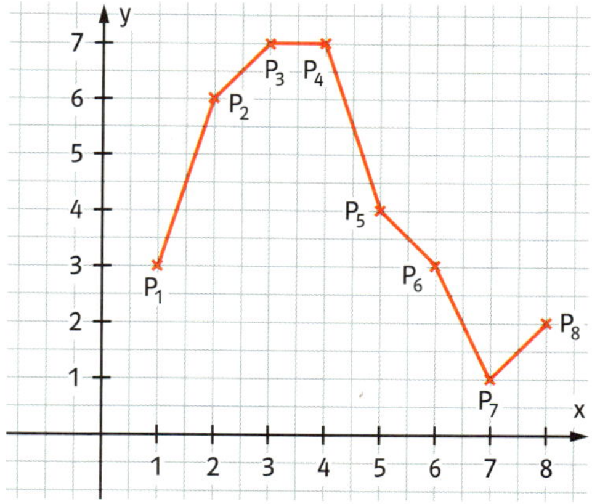

b) Berechne die Änderungsraten zwischen P_1 und P_3, P_2 und P_5, P_1 und P_6.

6 a) Welche Schaubilder gehören zu einer proportionalen Zuordnung?

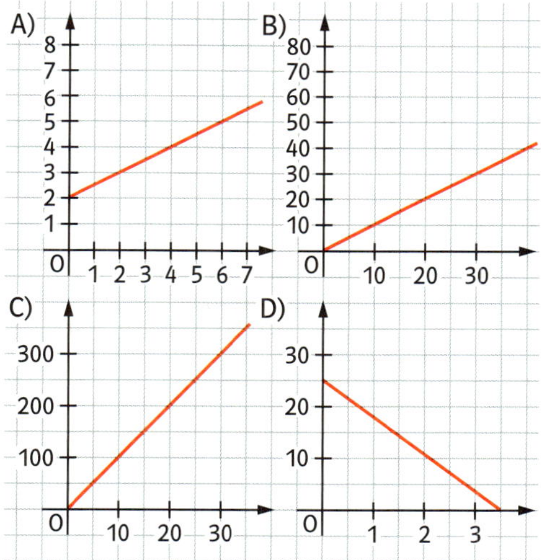

b) Welche Tabelle gehört zu einer proportionalen Zuordnung? Begründe.

A)

x	0	10	20	30
y	0	5	10	15

B)

x	20	40	60	80
y	40	50	60	70

C)

x	0	1	2	3
y	3	6	9	12

D)

x	5	10	15	20
y	15	30	45	60

7 Stimmen diese Aussagen? Begründe.

1) Der Graph jeder linearen Zuordnung geht durch den Koordinatenursprung.
2) Der Graph jeder proportionalen Zuordnung geht durch den Koordinatenursprung.
3) Jeder Graph, der durch den Koordinatenursprung geht, gehört zu einer linearen Zuordnung.
4) Jede proportionale Zuordnung ist auch eine lineare Zuordnung.
5) Jede lineare Zuordnung ist auch eine proportionale Zuordnung.

8 Für eine Taxifahrt gelten die folgenden Preise: Grundgebühr 2,20 € und 1,27 € pro km.

a) Erstelle eine Tabelle für 2 km, 4 km, 6 km, … lange Fahrten und zeichne ein passendes Schaubild.
b) [●] Gib eine Rechenvorschrift an für eine Fahrt, die x km lang ist.
c) Was kostet eine 4,7 km lange Fahrt?
d) Welche Strecke wurde zurückgelegt, wenn die Fahrt 7,50 € kostet?

9 Das Schaubild zeigt, wie zwei Kerzen abbrennen, die gleichzeitig angezündet wurden.

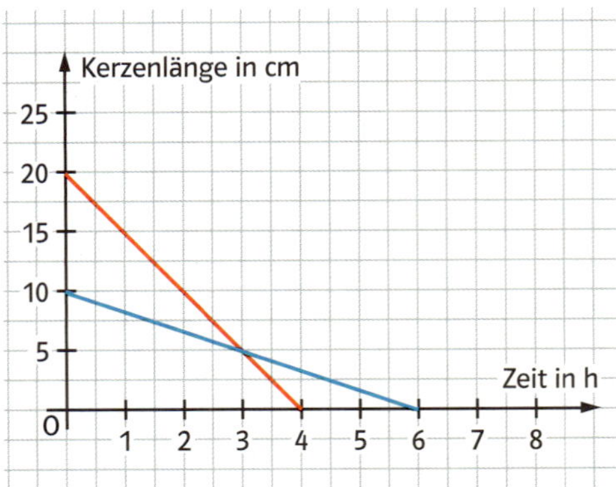

a) Beschreibe, wie die Kerzen ausgesehen haben könnten.
b) Welche Bedeutung hat der Schnittpunkt der beiden Graphen?
c) Eine 15 cm lange Kerze brennt in 3 Stunden ab. Zeichne ein Schaubild.

10 Stelle die Vorgänge jeweils im Schaubild dar.

a) Ein Gartenteich wird mit gleichmäßigem Zulauf gefüllt. Anfangs ist er leer und nach 20 Stunden sind 10 m^3 Wasser eingelaufen.
b) Ein Tank wird nachgefüllt. Anfangs sind noch 800 l Öl vorhanden und nach 20 Minuten sind 4200 l hinübergepumpt.
c) Ein Behälter wird ausgepumpt. Nach 25 Minuten sind die anfangs vorhandenen 1800 l Säure entnommen.
d) Aus einem Tankwagen werden in 15 Minuten 75 % der anfangs vorhandenen Füllmenge von 24 m^3 Benzin herausgepumpt.

11 [●] Ein Tanklaster kommt mit 6400 l Heizöl zu einem Kunden, dessen Vorratstank noch mit 400 l Öl gefüllt ist. Das Öl wird mit 200 l pro Minute von dem Laster in den Vorratstank umgefüllt.

a) Stelle die beiden Zuordnungen *Zeit → Ölmenge im Tanklaster* und *Zeit → Ölmenge im Vorratstank* in einem Schaubild dar. Bestimme den Schnittpunkt. Welche Bedeutung hat er?
b) Stelle für beide Zuordnungen einen Term auf und berechne den Schnittpunkt.

12 [●●] Der Term $6000\,l - 300\,\frac{l}{min} \cdot t$ beschreibt das Auspumpen eines Beckens bis zu dem Zeitpunkt t, an dem es zur Hälfte entleert ist. Danach wird die Pumpe auf halbe Leistung l geschaltet. Stelle den Term auf, der von diesem Zeitpunkt an die Abnahme der Wassermenge beschreibt.
Tipp: die Grafik zeigt den ungefähren Verlauf.

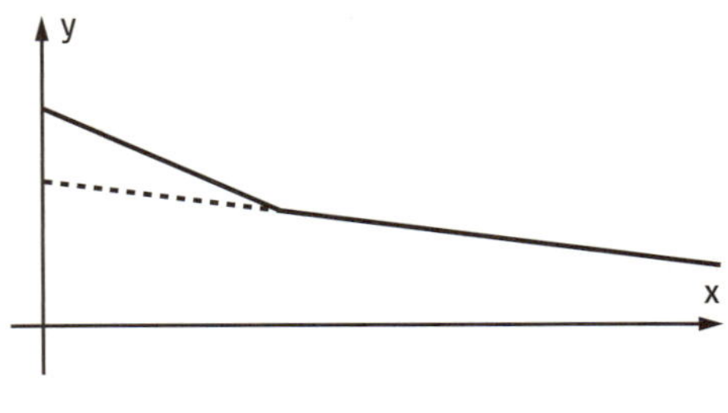

Längen und Flächen

Längeneinheiten

Längen werden üblicherweise angegeben in

Kilometer	km	**1 km** = 1000 m
Meter	m	**1 m** = 10 dm
Dezimeter	dm	**1 dm** = 10 cm
Zentimeter	cm	**1 cm** = 10 mm
Millimeter	mm	

3,907 km = 3 907 m

68,72 m = 687,2 dm = 6872 cm

Maßstab

Der **Maßstab** gibt an, wie viel mal so groß die Strecken in Wirklichkeit sind. Der Maßstab kann als Verhältnis, als Bruch, als Dezimalzahl oder in Prozent angegeben werden.

$k = 1 : 100 = \frac{1}{100} = 0{,}01 = 1\%$

Wenn alle Längen eines Gegenstandes im gleichen Maß verkleiner/vergrößert werden, spricht man von einer **maßstabsgerechten Verkleinerung/Vergrößerung**.

Maßstab 1:100

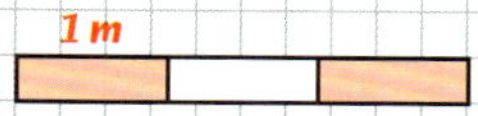

1 cm in der Karte entspricht 100 cm = 1 m in Wirklichkeit.

Die linke Figur soll im Maßstab $\frac{3}{2}$ vergrößert werden. Dazu werden alle Längen im gleichen Maßstab vergrößert.

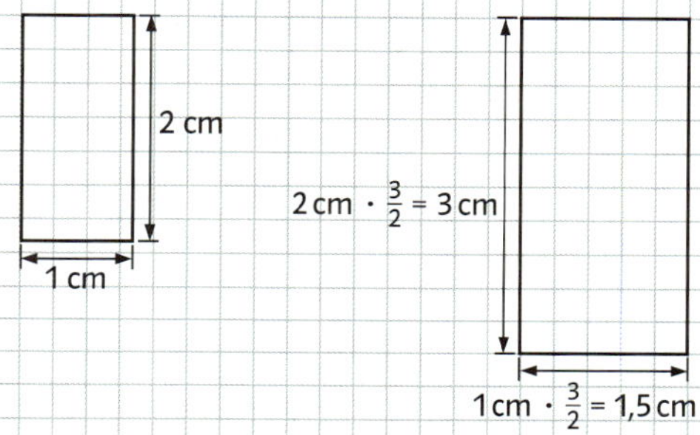

Dreiecksformen

Ein **spitzwinkliges** Dreieck hat drei spitze Winkel.

Ein **rechtwinkliges** Dreieck hat einen rechten und zwei spitze Winkel.

Ein **stumpfwinkliges** Dreieck hat einen stumpfen und zwei spitze Winkel.

Ein **gleichschenkliges** Dreieck hat zwei gleich lange Seiten und zwei gleiche Winkel.

Ein **gleichseitiges** Dreieck hat drei gleich lange Seiten und drei gleiche Winkel.

Die **Winkelsumme** im Dreieck beträgt 180°.

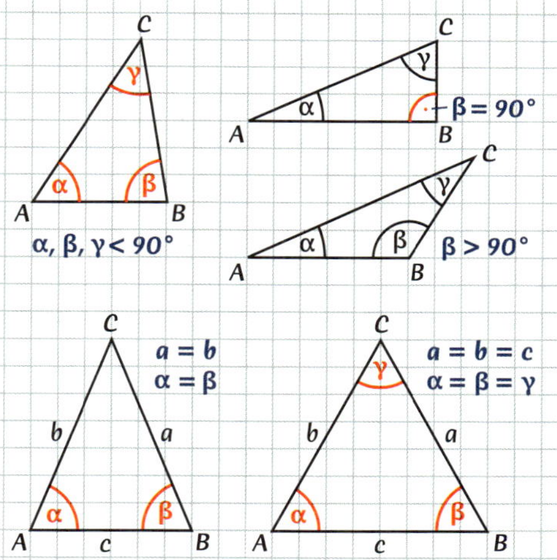

$\alpha + \beta + \gamma = 180°$

Kongruente Dreiecke

Zwei Dreiecke von gleicher Form und Größe heißen deckungsgleich oder **kongruent**.

Zwei Dreiecke sind kongruent, wenn sie übereinstimmen in

- sss drei Seiten
- sws zwei Seiten und den eingeschlossenen Winkeln oder
- wsw einer Seite und den beiden anliegenden Winkeln.

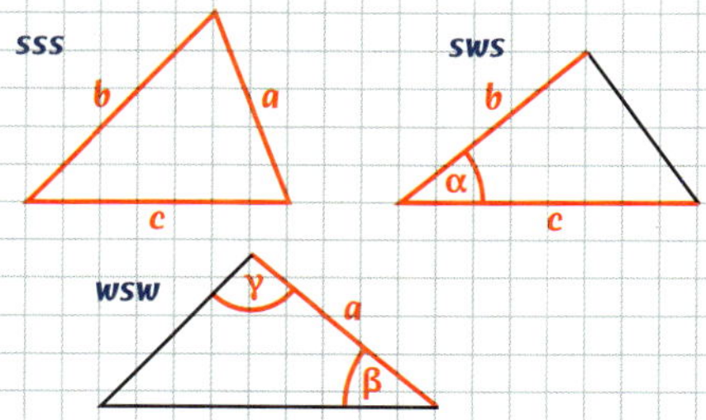

Flächeninhalt

Jedes Vieleck kann in geeignete Dreiecke und Vierecke zerlegt und somit dessen Flächeninhalt bestimmt werden.

Formeln für die Berechnung des Flächeninhalts besonderer Vielecke:

Dreieck

$\mathbf{A = \frac{c \cdot h_c}{2} = \frac{a \cdot h_a}{2} = \frac{b \cdot h_b}{2}}$

c: Länge der Grundseite

h_c: Länge der zugehörigen Höhe

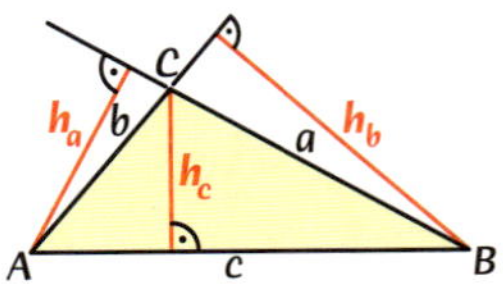

Rechteck

$\mathbf{A = a \cdot b}$

a, b: Länge der Rechteckseiten

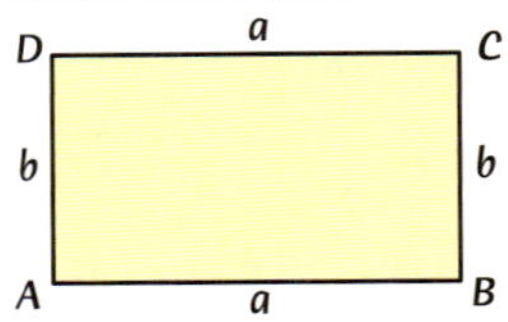

Parallelogramm

$\mathbf{A = a \cdot h_a = b \cdot h_b}$

a: Länge der Parallelogrammseite

h_a: Länge der zugehörigen Höhe

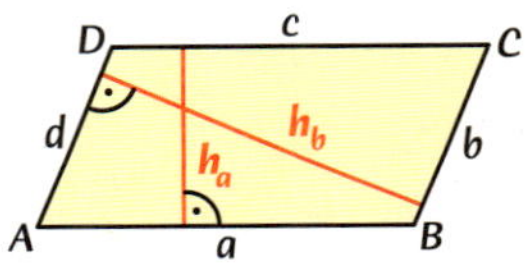

Trapez

$\mathbf{A = \frac{(a + c) \cdot h_a}{2}}$

a, c: Länge der parallelen Seiten

h_a: Abstand der parallelen Seiten

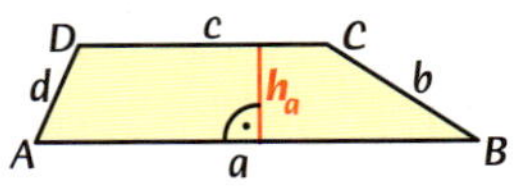

Umfang

Der Umfang ist eine Länge und wird z. B. in cm angegeben. Der Umfang von Vielecken berechnet sich aus der **Summe aller Seitenlängen**.

Flächeneinheiten

Die Einheiten, mit denen **Flächengrößen** üblicherweise angegeben werden, sind mm², cm², dm², m², a (Ar), ha (Hektar) und km².

1 km² = 100 ha

1 ha = 100 a

1 a = 100 m²

1 m² = 100 dm²

1 dm² = 100 cm²

1 cm² = 100 mm²

Berechnung des Flächeninhalts des Vieleckes

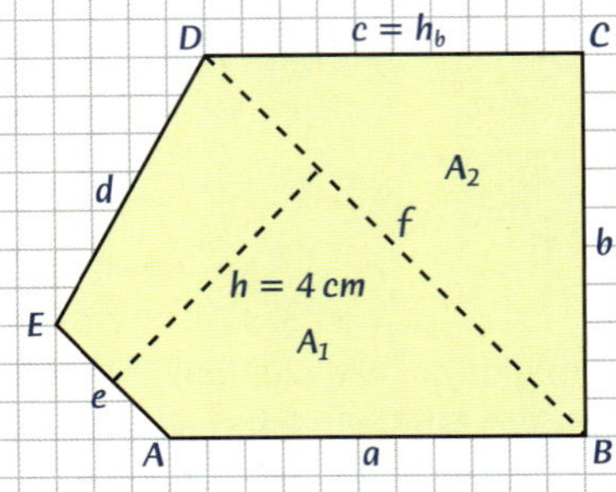

$a = 5{,}5\,cm;\ b = 5\,cm;\ c = 5\,cm;$
$d = 4\,cm;\ e = 2{,}1\,cm;\ f = 7{,}2\,cm$

Das Vieleck ABCDE kann z. B. in ein Dreieck BCD und ein Trapez ABDE zerlegt werden.

$A = A_1 + A_2$

$A_1 = \frac{(e + f)}{2} \cdot h$

$= \frac{(2{,}1 + 7{,}2)}{2} \cdot 4\,cm^2$

$= 18{,}6\,cm^2$

$A_2 = \frac{1}{2} \cdot b \cdot h_b$

$= \frac{5 \cdot 5}{2}\,cm^2 = 12{,}5\,cm^2$

Das Fünfeck hat einen Flächeninhalt von 31,1 cm².

Berechnung des Umfangs des Vielecks

$u = a + b + c + d + e$

$= 5{,}5 + 5 + 5 + 4 + 2{,}1\,cm$

$= 21{,}6\,cm$

Das Fünfeck hat einen Umfang von 21,6 cm.

Bei der Umrechnung einer Flächeneinheit in die nächst kleinere (größere), verschiebe das Komma um zwei Stellen nach rechts (nach links). $5{,}64\ m^2 = 564\,dm^2$

$24{,}3\ mm^2 = 0{,}243\,cm^2$

1 Wandle um
a) in mm: 7,4 cm; 3,05 dm; 6 m; 2,9 km
b) in cm: 8,2 dm; 57 dm; 81,35 m; 46 mm
c) in m: 3 km; 111 cm; 444 dm; 6666 mm

2 Ordne der Größe nach.
a) 3 m 7 dm; 3,07 m; 377 cm
b) 2040 m; 2 km 4 m; 20 km 40 m
c) 0,96 m; 9 dm 60 cm; 96 dm
d) 5,85 dm; 5,58 m; 5 m 8 dm
e) 1 m 11 dm; 10 m 1 dm; 11,11 m

3 a) Wie weit ist es per Luftlinie von Talhausen nach Bergdorf?
b) Wie weit ist es auf der Straße von einem Ort zum anderen? Schätze zuerst und miss dann, so gut es geht. Wie groß ist der Umweg gegenüber der Luftlinie?
c) Wie weit ist es von Talhausen zur Straße L111, wenn man geradeaus quer über die Felder und durch den Wald geht?

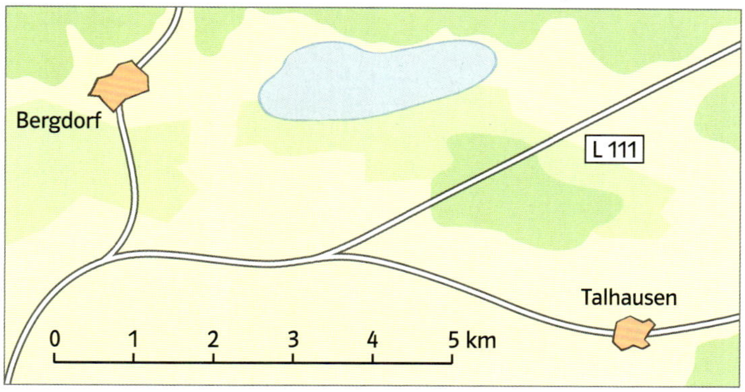

4 Wie lang ist die Strecke, wenn sie auf der Karte 1 cm lang ist?

	a)	b)	c)	d)
Maß-stab	1 : 10	$\frac{3}{5}$	2 %	0,05

5 Welcher Maßstab würde sich eignen, um den Grundriss in dein Heft zu zeichnen? Begründe.
a) eure Wohnung/Wohnhaus
b) euer Sportplatz c) euer Stadtteil

6 Welche der Dreiecke sind
a) gleichschenklig
b) gleichseitig
c) spitzwinklig
d) rechtwinklig
e) stumpfwinklig?

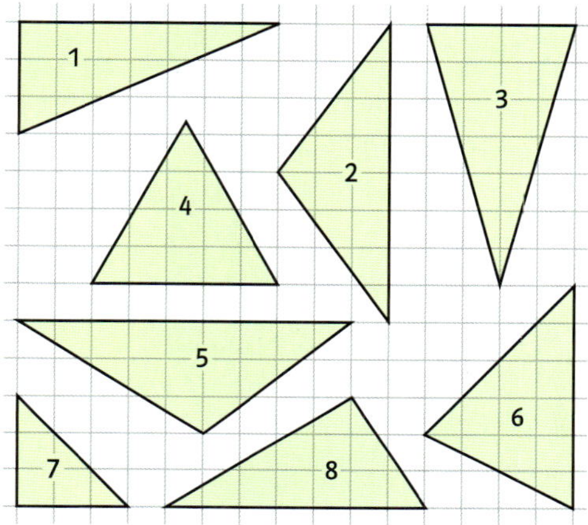

7 Konstruiere das Dreieck. Fertige vorher eine Skizze an.
a) gleichseitiges Dreieck mit $c = 6\,cm$
b) gleichschenkliges Dreieck mit $a = b = 5{,}4\,cm$ und $\gamma = 50°$
c) rechtwinkliges Dreieck mit $\alpha = 90°$, $b = 4\,cm$ und $c = 6\,cm$
d) Dreieck mit $a = 4\,cm$, $b = 6\,cm$, $c = 5\,cm$
e) Dreieck mit $\alpha = 64°$, $\gamma = 50°$ und $b = 7\,cm$

8 Berechne die fehlenden Winkel.

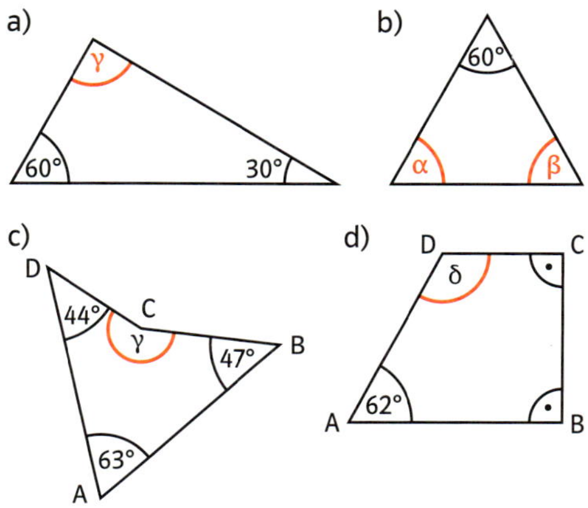

9 Berechne die fehlenden Größen.

a) Rechteck

a	12 cm		4,8 cm	
b		3,5 m		25,2 m
u	38 cm	19,4 m		
A			16,8 cm²	340,2 m²

b) Parallelogramm

a	8 cm	18 cm	3,2 m	
b		15 cm		25,2 m
h_a			5,2 m	6,5 cm
h_b	7 cm	12 cm		7,2 cm
u	28 cm		19,2 m	
A				181,4 cm²

c) Dreieck

c	32 cm		47 m	
h_c		6,8 cm		156 cm
A	720 cm²	18,7 cm²	13,63 a	5,46 m²

d) Trapez

a	38 cm	4,5 m		1,8 m
c	14 cm		5,4 cm	140 cm
h		2,8 cm	3,5 cm	
A	650 cm²	4,75 m²	22,05 cm²	496 dm²

10 [●] Berechne den Flächeninhalt des Wurfkreises und der gesamten Fläche. (Maße in m)

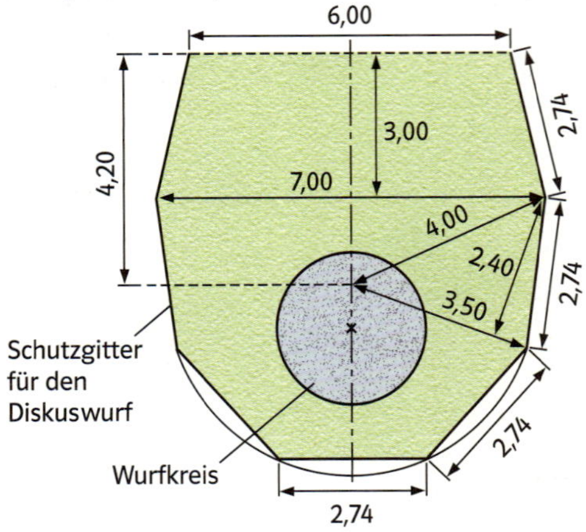

11 Konstruiere die Figur mit den angegebenen Maßen. Berechne mit den Größen aus der Zeichnung Umfang und Flächeninhalt der Figur.

a) Parallelogramm
a = 7,5 cm; b = 4,9 cm; α = 72°

b) rechtwinkliges Dreieck
a = 6,2 cm; b = 4,7 cm; γ = 90°

c) gleichschenkliges Dreieck
a = b = 6,8 cm; γ = 55°

d) allgemeines Dreieck
a = 7,3 cm; b = 8,5 cm; c = 6,4 cm

e) gleichschenkliges Trapez
a = 9,1 cm; α = β = 64°; c = 5,2 cm

f) allgemeines Trapez
a = 7,9 cm; b = 4,1 cm; α = 49°; β = 75°

g) Raute
a = 4,8 cm; α = 130°

h) Drachen
a = b = 4,0 cm; e = 7,0 cm; f = 7,5 cm

i) regelmäßiges Sechseck
a = 3,8 cm

12 Berechne den Inhalt der farbigen Fläche.

a)

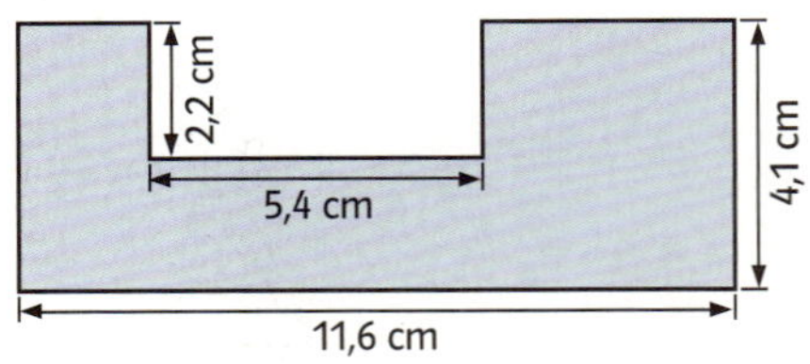

b)

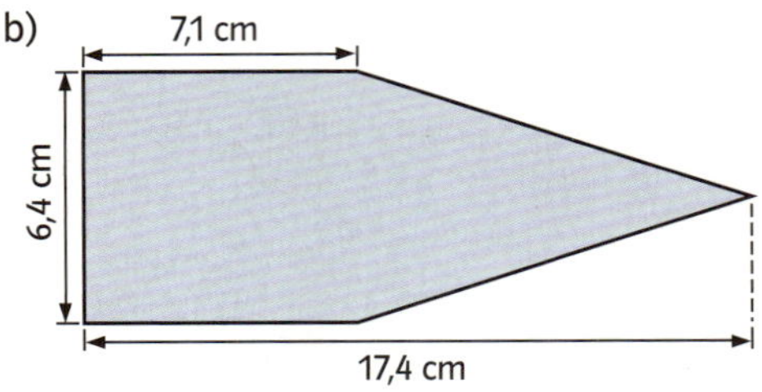

c)

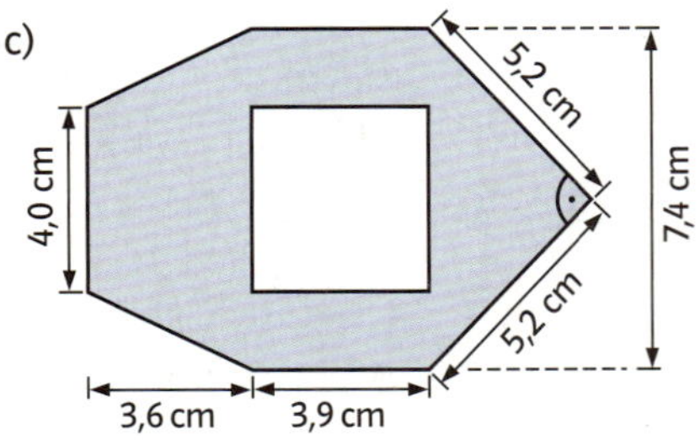

13 Berechne die farbige Fläche.

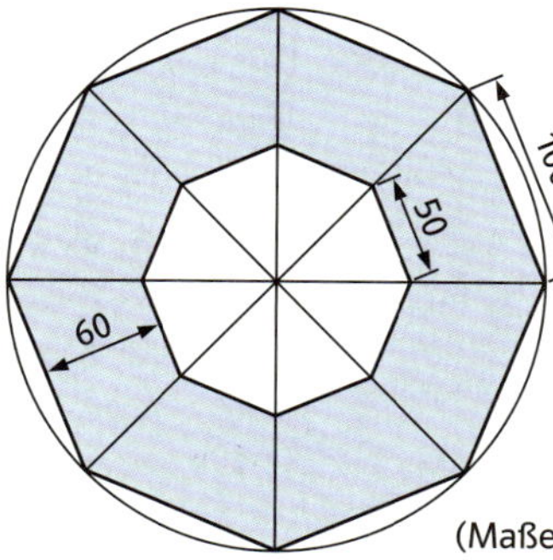

14 Berechne den Umfang und den Flächeninhalt der Figur.

a)

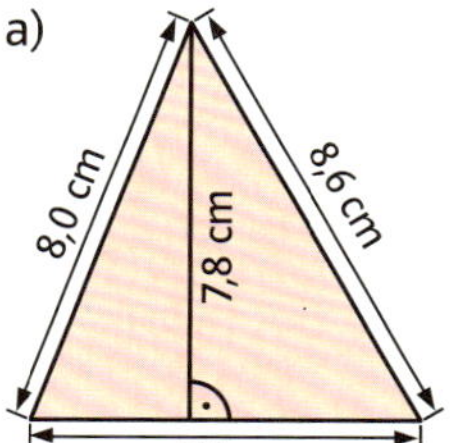

b)

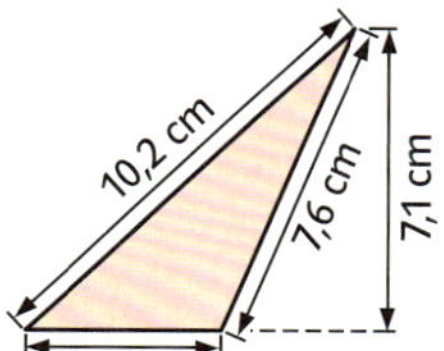

c)

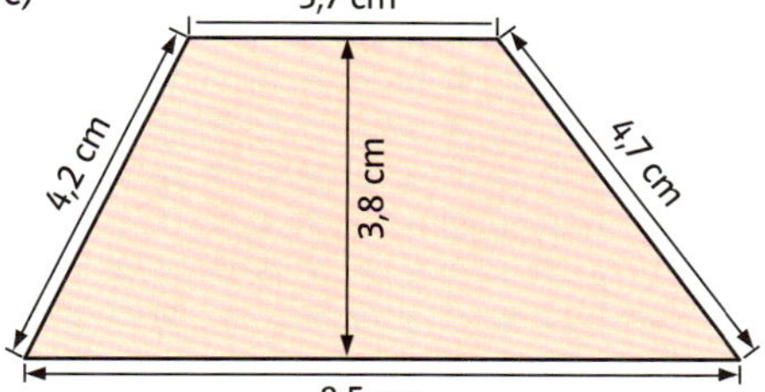

15 Berechne den Flächeninhalt der gelben Fläche.

a)

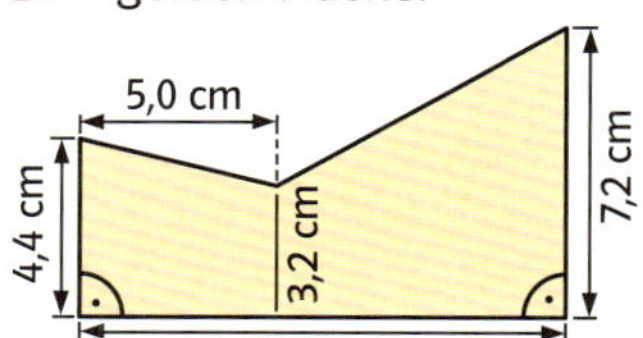

b)

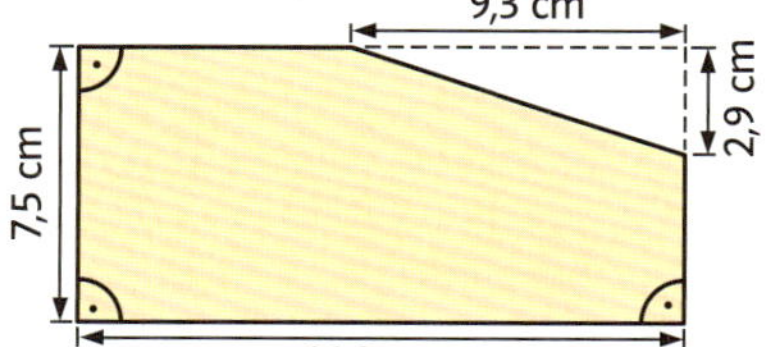

16 a) Berechne den Umfang eines Rechtecks mit der Länge a = 12,5 cm und dem Flächeninhalt A = 100,0 m².
b) Wie lang ist die Dreiecksseite c, wenn die Höhe h_c = 5,6 cm beträgt und der Flächeninhalt A = 22,4 cm² ist?
c) Wie hoch ist ein Trapez, dessen parallele Seiten a = 9 cm und c = 6 cm lang sind und das den Flächeninhalt A = 31,5 cm² hat?

17 Berechne die farbige Fläche.

a)

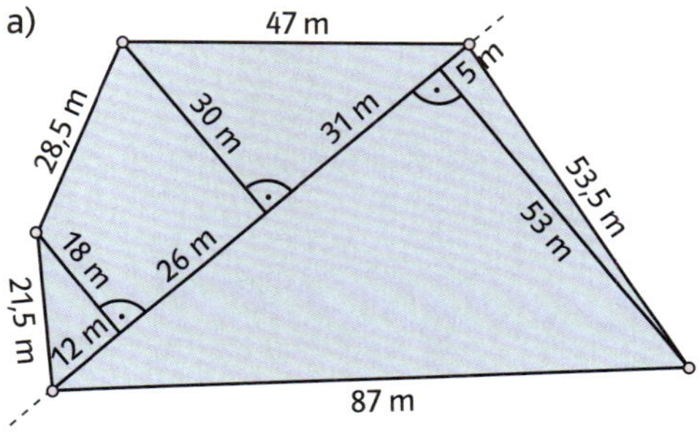

b)

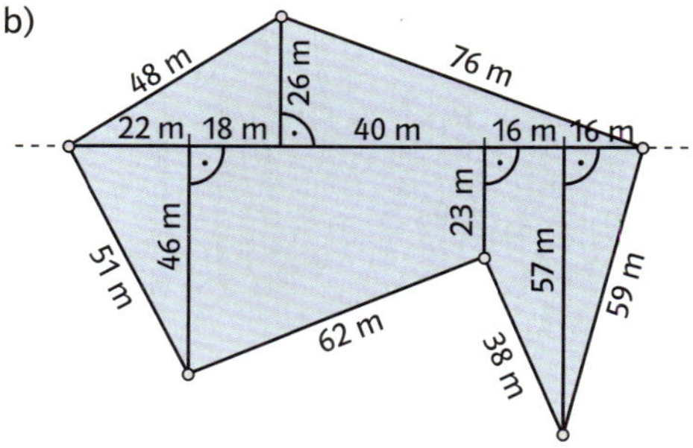

18 Gibt es unter den Parallelogrammen eines mit dem größten Flächeninhalt? Begründe deine Antwort.

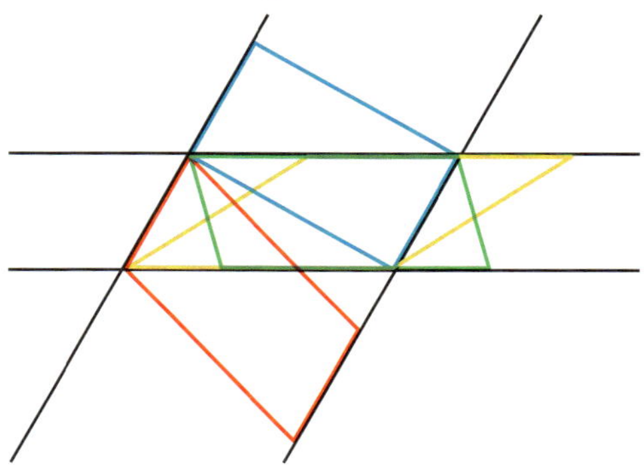

Körper und Körperberechnungen

Prisma
Beim Prisma bestehen Grund- und Deckfläche aus deckungsgleichen Vielecken. Die Seitenflächen sind rechteckig.

Rauminhalt (Volumen) des Prismas
Zur Berechnung des Rauminhalts eines Prismas benötigt man die Grundfläche und die Körperhöhe: $\mathbf{V = G \cdot h}$

Formeln für die Berechnung des Volumens besonderer Prismen:

Würfel

$V = a^3$

a: Länge der Seitenkante

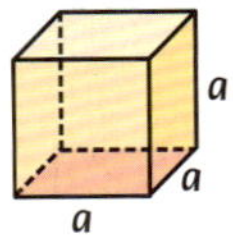

Quader

$V = a \cdot b \cdot c$

a, b, c: Länge der Seitenkanten

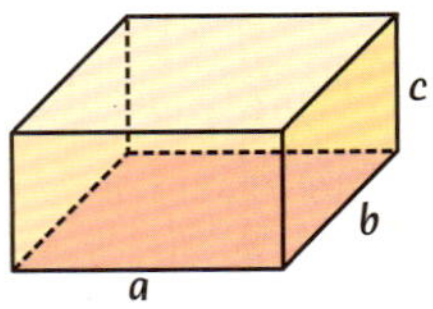

Dreieckprisma

$V = G \cdot h$

$V = \frac{g \cdot h_g}{2} \cdot h$

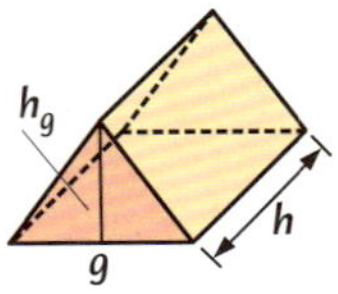

Rauminhalte
Rauminhalte werden üblicherweise angegeben in mm^3, cm^3, dm^3, m^3, ml, l und hl.

$\mathbf{1\,m^3} = 1000\,dm^3$

$\mathbf{1\,dm^3} = 1000\,cm^3$

$\mathbf{1\,cm^3} = 1000\,mm^3$

1 l = 1 dm^3 **1 hl** = 100 l

Oberfläche
Die Oberfläche eines Körpers berechnet sich aus der Summe der Flächeninhalte aller Begrenzungsflächen des Körpers.
Zur Berechnung der Oberfläche des Prismas benötigt man den Flächeninhalt der Grundfläche G (bzw. Deckfläche) und den Flächeninhalt der Mantelfläche.

$\mathbf{O = 2 \cdot G + M}$

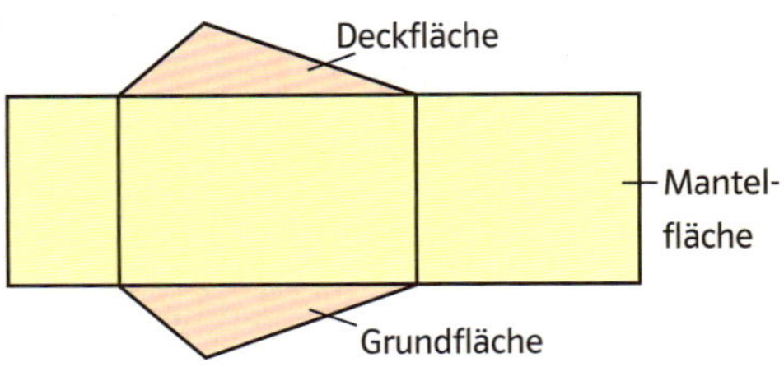

*Die Zeichnung zeigt den Körper in der **Kabinettprojektion**.*

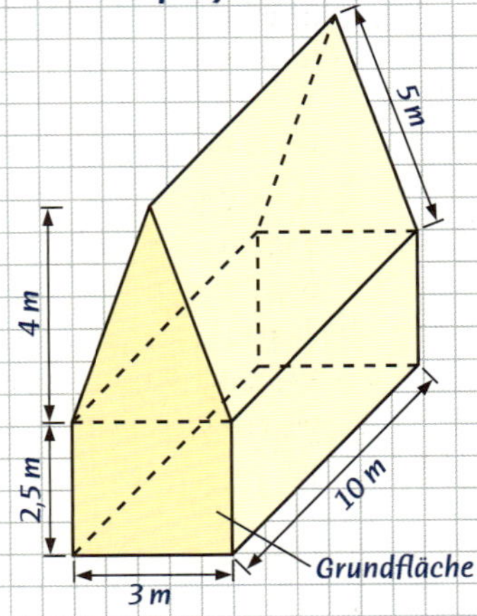

Berechnung des Volumens

$V = G \cdot h$

Die Grundfläche kann in ein Rechteck und ein Dreieck zerlegt werden.

$G = A_R + A_D$

$A_R = 3 \cdot 2{,}5\ m^2 = 7{,}5\ m^2$

$A_D = \frac{3 \cdot 4}{2}\ m^2 = 6\ m^2$

$G = 7{,}5\ m^2 + 6\ m^2 = 13{,}5\ m^2$

$V = 13{,}5\ m^2 \cdot 10\ m = 135\ m^3$

Das Volumen beträgt 135 m^3.

Berechnung der Oberfläche

$O = 2 \cdot G + M$

$= 2 \cdot 13{,}5\ m^2$

$+ (5\ m + 2{,}5\ m + 3\ m$

$+ 2{,}5\ m + 5\ m) \cdot 10\ m$

$= 27\ m^2 + 180\ m^2$

$= 207\ m^2$

Der Oberflächeninhalt beträgt 207 m^2.

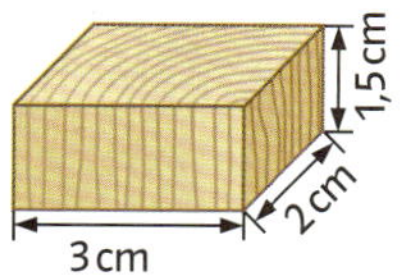

1 Zeichne das Schrägbild des Körpers in der Kabinettprokektion und berechne
a) das Volumen.
b) den Oberflächeninhalt.

2 Berechnet das Volumen der Prismen, deren Grundflächen 1) und 2) unten angegeben sind. Die Höhe beider Prismen beträgt 9 cm. Besprecht vorher eure Rechenwege und stellt eine Vermutung über die Rauminhalte der beiden Prismen an. Vergleicht die Ergebnisse und begründet sie.

1)
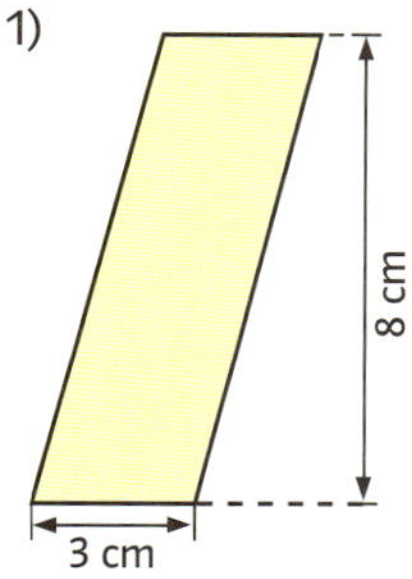

2)
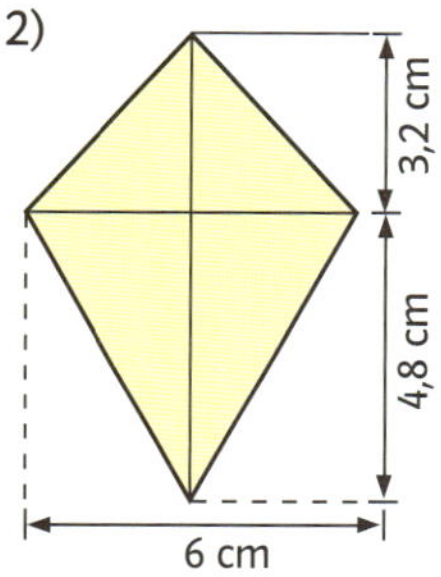

3 Berechne Volumen und Oberfläche der abgebildeten Prismen.

a)
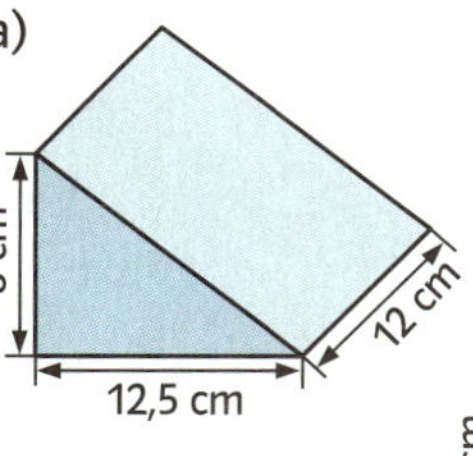

b)
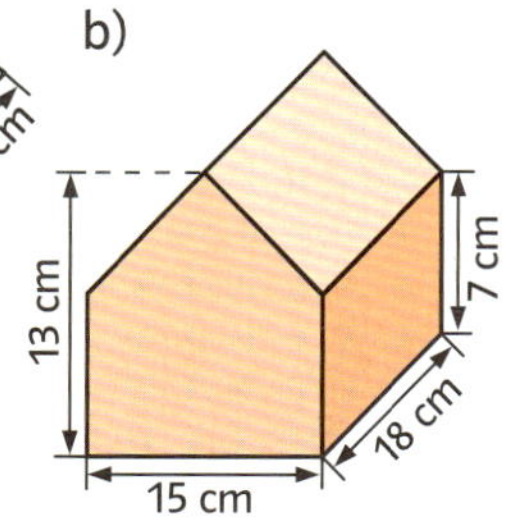

c)
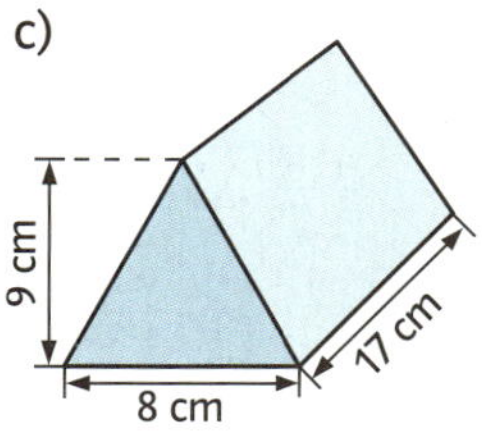

d)
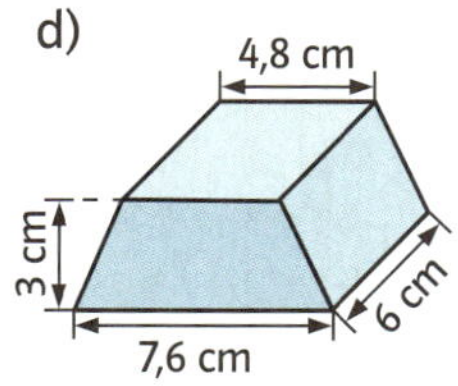

4 Ein Dreieckprisma hat ein Volumen von 172,8 cm³. Die Seite c der dreieckigen Grundfläche ist 7,2 cm, die Höhe h_c ist 6 cm lang. Zeichne in der Kabinettprojektion.

5 Nora und Mathis unterhalten sich über Prismen. Nora behauptet: „Wenn zwei Prismen das gleiche Volumen haben, dann haben sie auch den gleichen Oberflächeninhalt."
Mathis sagt: „Das glaube ich nicht. Ich werde es dir auch beweisen."
Was meinst du?
a) Vergleiche die Rauminhalte der beiden Prismen.

Dreieckprisma
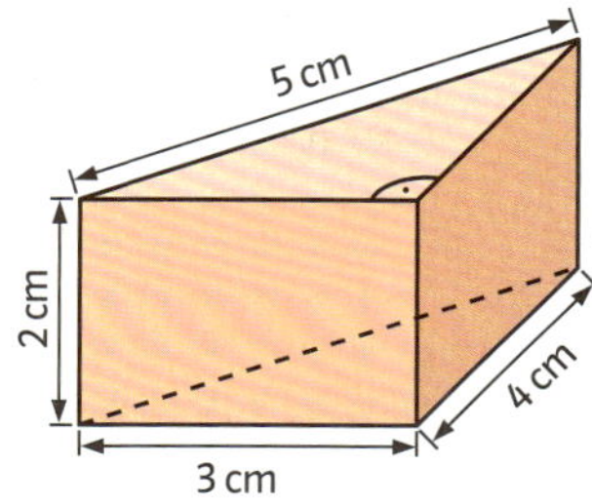

Quader
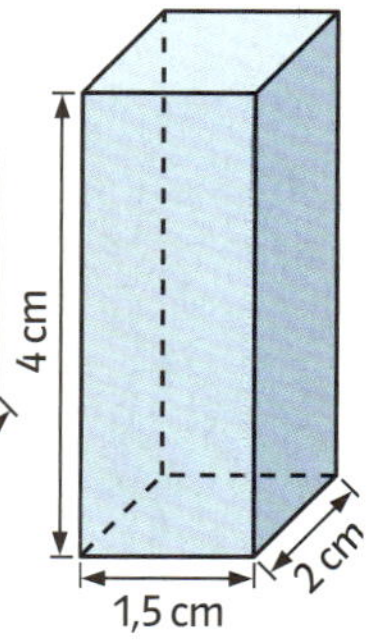

b) Äußere eine Vermutung über die Oberflächeninhalte. Schätze zuerst und rechne dann nach.

6 Berechne die fehlenden Größen der Prismen.

a) $V = 3{,}375\ m^3$
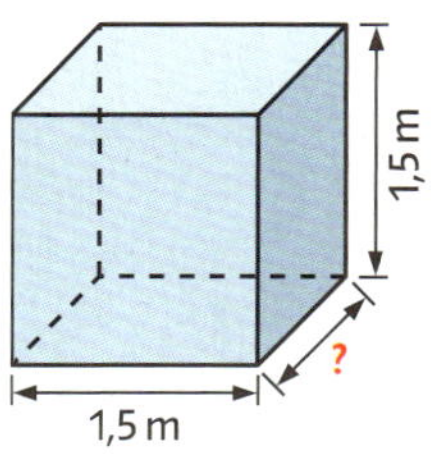

b) $V = 45\ cm^3$
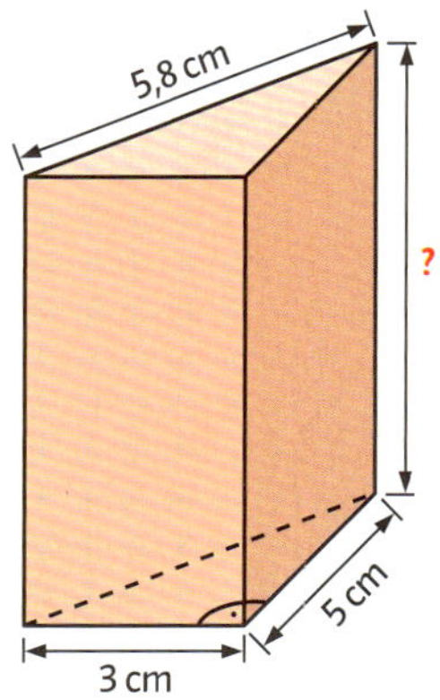

c) $V = 1680\ cm^3$
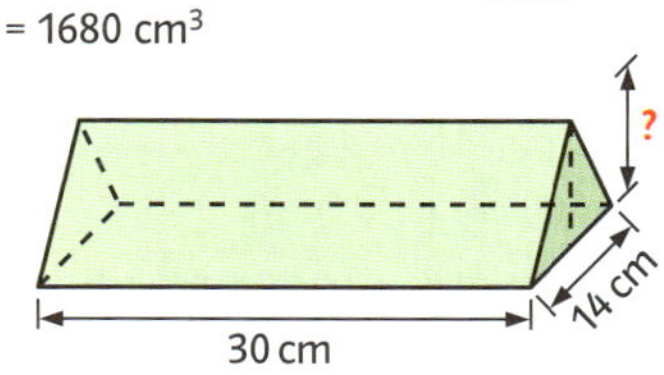

7 Berechne Volumen und Oberfläche des Prismas bei gegebener Grundfläche und Körperhöhe h = 12 cm.

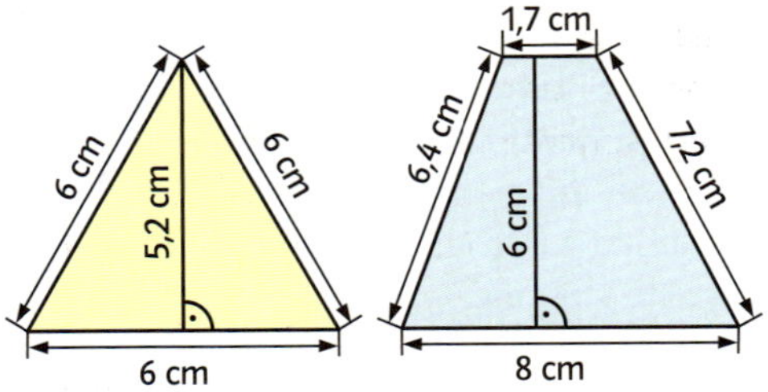

8 a) Zeichne das Schrägbild des Körpers so, dass die grau markierte Seitenfläche vorne liegt.

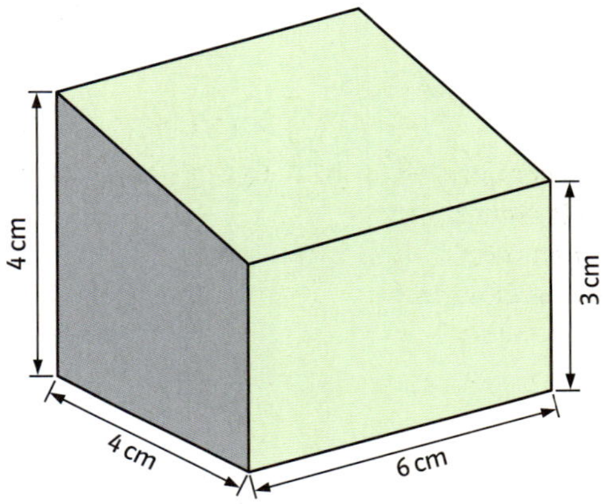

b) Berechne das Volumen und die Oberfläche.

9 In welchem Verhältnis stehen die beiden Oberflächen und die beiden Rauminhalte von zwei Würfeln mit

a) $a_1 = 1$ cm und $a_2 = 3$ cm
b) $a_1 = 2$ cm und $a_2 = 4$ cm
c) $a_1 = 3$ cm und $a_2 = 12$ cm
d) $a_1 = 1$ mm und $a_2 = 5$ mm

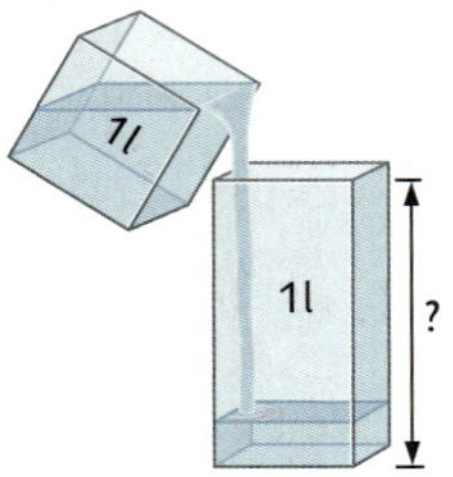

10 Ein würfelförmiger Behälter mit 10 cm Kantenlänge fasst 1 l.
Wie hoch müssten quaderförmige Behälter sein, wenn sie ebenfalls 1 l fassen sollen und folgende Grundflächenmaße haben:

a) 10 cm lang und 5 cm breit.
b) 5 cm lang und 5 cm breit.

Vergleiche auch die Oberflächen.

11 Zur Beseitigung von Bauschutt werden Container benutzt. Die Seitenansicht hat folgende Form:

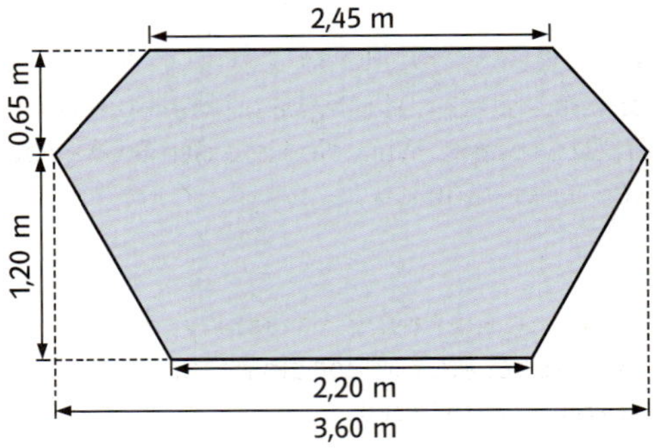

Der Container ist 1,60 m breit.

a) Wie viel m^3 Bauschutt fasst der Container, wenn er ganz gefüllt wird?
b) Wie viel m^3 sind im Container, wenn er nur bis zur Höhe von 1,20 m gefüllt wird?

12 Ein Würfel mit der Kantenlänge 5 cm wird in zwei treppenförmige Prismen zersägt.

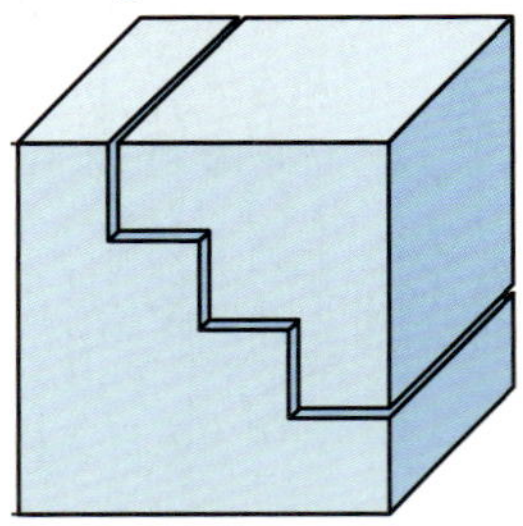

Berechne Volumen und Oberfläche der beiden entstandenen Prismen.
Vergleiche mit dem ursprünglichen Würfel.

13 Berechne die fehlenden Größen eines Prismas.

	a)	b)	c)	d)
u	18 cm	20 dm		
h			35 mm	25 cm
A	36 cm^2	5,8 m^2	12 cm^2	
M	216 cm^2			18 dm^2
O			94 cm^2	
V		8,7 m^3		10 l

Statistik

Statistische Erhebung

Werden Daten in einer Umfrage gesammelt, so spricht man von einer **statistischen Erhebung**.

Die Daten werden in der Regel zunächst in **Strichlisten** und anschließend in **Häufigkeitslisten** festgehalten oder in einer **Urliste** erfasst. Wird die Liste der Größe nach sortiert, spricht man von einer **Rangliste**.

Bei einer Klassenarbeit im Fach Mathematik wurden die folgenden Noten geschrieben und in einer Urliste festgehalten:

2; 2; 5; 6; 4; 3; 3; 2; 1; 1; 2; 4; 1; 2; 6; 2; 2; 1; 5; 3; 4; 4; 2; 1; 4; 5; 3; 3; 2; 1

Rangliste:

1; 1; 1; 1; 1; 1; 2; 2; 2; 2; 2; 2; 2; 2; 2; 3; 3; 3; 3; 3; 4; 4; 4; 4; 4; 5; 5; 5; 6; 6

absolute und relative Häufigkeit

Die Häufigkeit, mit der ein bestimmter Wert vorkommt, heißt **absolute Häufigkeit**.

Der Anteil, den die absolute Häufigkeit an der Gesamtanzahl der Erhebung hat, heißt **relative Häufigkeit**.

Note	1	2	3	4	5	6
Strichliste	𝍸 I	𝍸 IIII	𝍸	𝍸	III	II
Abs. Häuf.	6	9	5	5	3	2
Rel. Häuf.	$\frac{6}{30}$	$\frac{9}{30}$	$\frac{5}{30}$	$\frac{5}{30}$	$\frac{3}{30}$	$\frac{2}{30}$
	0,2	0,3	0,17	0,17	0,1	0,06

Diagramme

Häufigkeitstabellen werden durch Diagramme anschaulich dargestellt. Zum Vergleichen der absoluten Häufigkeit eignen sich besonders **Säulen-** und **Balkendiagramme**. Will man relative Häufigkeiten darstellen, eignen sich **Kreis-** und **Blockdiagramme**.

Berechnung des Kreisausschnittes:

Note 1: $\frac{6 \cdot 360°}{30} = 72°$

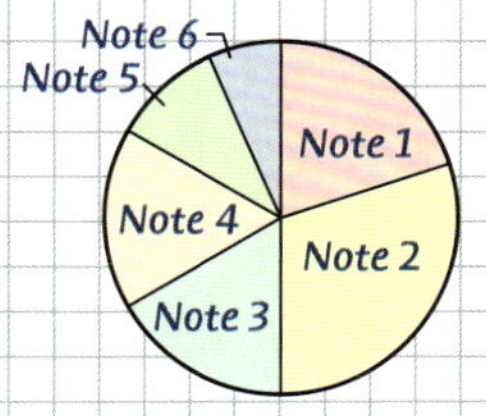

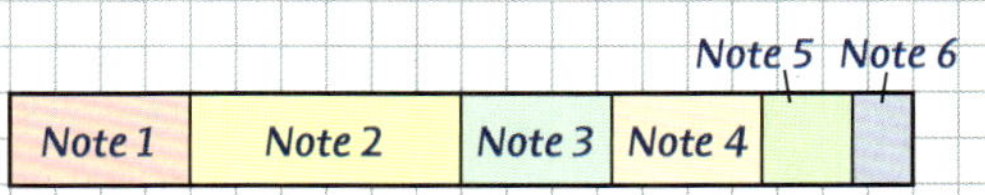

Bei einer Blocklänge von 6 cm entspricht der Anzahl 1 eine Blocklänge von $\frac{6}{30}$ *cm = 0,2 cm.*

Kennwerte

Die Differenz zwischen dem größten und dem kleinsten Wert heißt **Spannweite**.

Um das **arithmetische Mittel** oder den **Durchschnitt** zu berechnen, muss man die Summe aller Werte bilden und durch die Anzahl der Werte dividieren.

Um den **Zentralwert** oder **Median** einer Datenmenge zu bestimmen, muss man die Werte zuerst in einer Rangliste ordnen. Der Wert, der in der Mitte der Rangliste liegt, ist dann der Zentralwert. Der Zentralwert teilt die Rangliste in eine obere und eine untere Hälfte auf.

Tipp:

Bevor du die Kennwerte bestimmst, ordne die Werte erst in einer Rangliste.

Spannweite:

$6 - 1 = 5$

arithmetisches Mittel:

$\frac{6 \cdot 1 + 9 \cdot 2 + 5 \cdot 3 + 5 \cdot 4 + 3 \cdot 5 + 2 \cdot 6}{30} = 2{,}87$

Zentralwert:

Wert zwischen dem 15. und 16. Wert:

$\frac{2 + 3}{2} = 2{,}5$

Quartile

Wird eine Rangliste in vier gleich große Abschnitte unterteilt, so stellen die Werte der Rangliste, die diese Abschnitte markieren, die **Quartile** dar.

Das **untere Quartil** teilt die untere, das **obere Quartil** die obere Hälfte weiter in zwei gleich große Abschnitte auf.
Der größte Wert, der das erste Viertel der Daten einer Rangliste markiert, heißt **unteres Quartil q_u**, der kleinste Wert, der das letzte Viertel markiert, heißt **oberes Quartil q_o**.

Alle Werte der Rangliste, die zwischen dem unteren und dem oberen Quartil liegen, bilden die **zentrale Hälfte**.

Der Unterschied zwischen unterem und oberem Quartil heißt **Quartilabstand q.** Er ist ein Maß für die Dichte der Daten in der zentralen Hälften.

Rangliste zur Anzahl der Internetnutzung

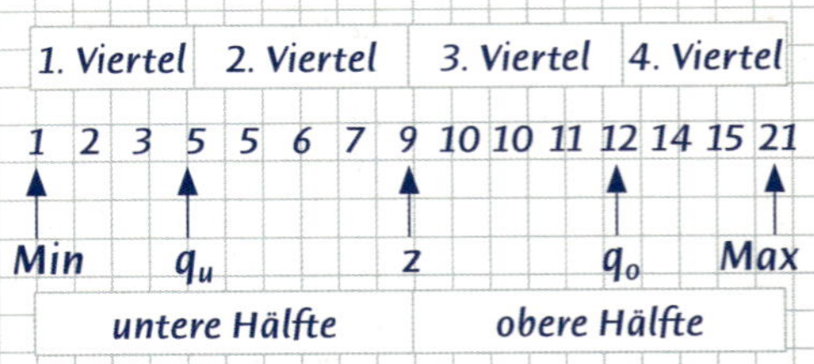

Bestimmung der Quartile (15 Rangplätze)

q_u: $\frac{1}{4} \cdot 15 = 3{,}75 \rightarrow$ 4. Rangplatz, Wert: 5

q_o: $\frac{3}{4} \cdot 15 = 11{,}25 \rightarrow$ 14. Rangplatz; Wert: 12

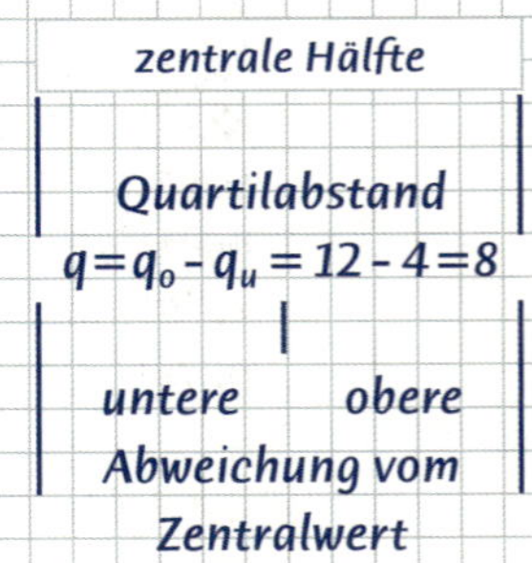

Spannweite

$w = Max - Min = 21 - 1 = 20$

Boxplot

Der **Boxplot** ist eine grafische Veranschaulichung der Quartile. Dabei wird das erste und letzte Viertel zwischen Minimum und q_u bzw. q_o und Maximum als Antenne, das zweite und dritte Viertel als Box über eine Skala gezeichnet. In der Box wird der Zentralwert markiert.

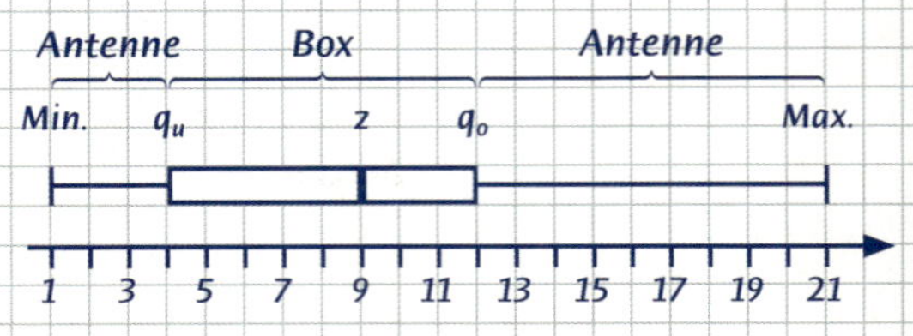

Statistik mit Tabellenkalkulation

Mithilfe eines Tabellenkalkulationsprogramms kann man Daten schnell ordnen, filtern (Menü **Daten → Sortieren** bzw. **Daten → Filtern → Autofilter**) oder in einer Grafik darstellen.

Unter **Einfügen → Funktionen → Statistik** findet man Funktionen, mit denen man Kennwerte zu den Daten berechnen kann.

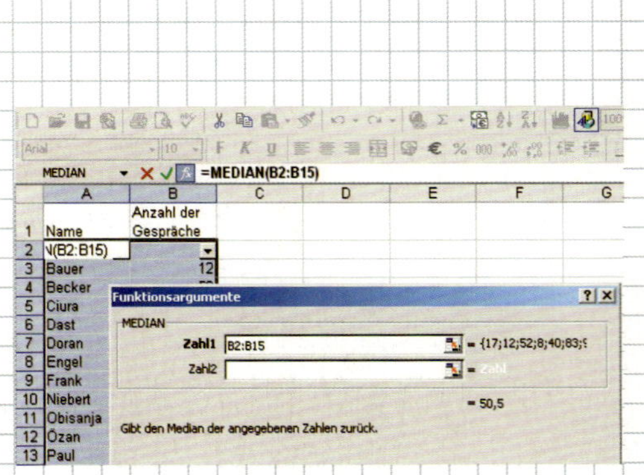

Online Link
Zu Aufgabe 6:
720350-1891

1 Bei einer Fahrgasterhebung im Nahverkehr wird untersucht, welche Fahrkarten die Fahrgäste lösen.

Einfache Fahrt	1293	Monatskarte	565
Mehrfachkarte	4617	Jahreskarte	119
Wochenkarte	2506		

a) Berechne die relativen Häufigkeiten.
b) Gib die Häufigkeiten in Prozent an.
c) Zeichne ein Säulendiagramm.
d) Zeichne ein Blockdiagramm.
e) [💻] Zeichne mehrere passende Grafiken zu den Daten am Computer.

2 Eine Schokoladenfirma stellt sechs Sorten Schokolade her. Es werden täglich 12 600 Vollmilch-, 16 400 Vollmilch-Nuss-, 8700 Zartbitter-, 6500 Jogurt-, 9300 Weiße- und 8200 Trauben-Nuss-Schokoladentafeln hergestellt.
a) Bestimme die relativen Häufigkeiten.
b) Zeichne ein Kreisdiagramm.

3 Im Kreisdiagramm ist die Verteilung der 4,8 Mio. Euro Werbeausgaben eines Unternehmens für die einzelnen Werbeträger dargestellt. Berechne die Ausgaben für die einzelnen Werbeformen.

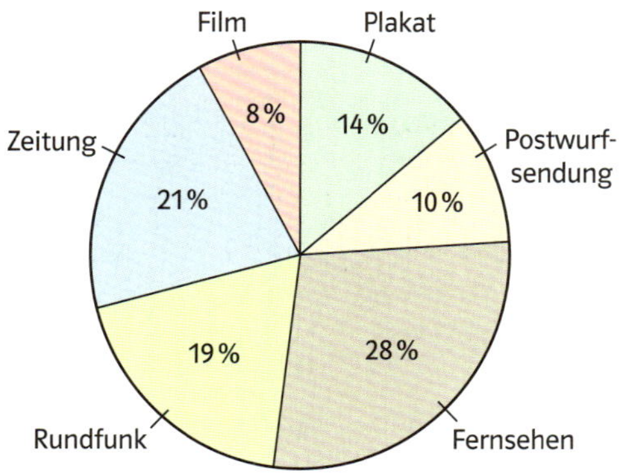

4 Interpretiere die Grafik aus einer Befragung von 12- bis 19-Jährigen.

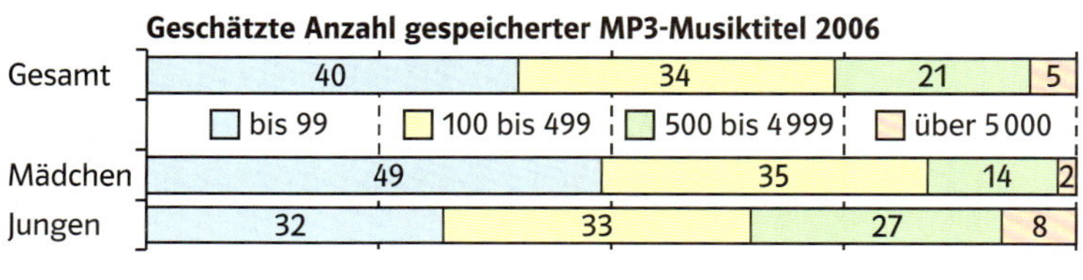

5 Bestimme die Spannweite, den Mittelwert und den Zentralwert bei den folgenden Datenreihen.
a) 1; 2; 3; 4; 5; 6; 7; 8; 9; 10; 11
b) 2; 3; 3; 3; 3; 3; 3; 4; 5; 8; 12; 17
c) 11,1; 16,4; 14,3; 24,2; 14,5; 18,1
d) Vergleiche Mittel- und Zentralwerte. Gibt es einen Unterschied? Erkläre.

6 [💻] In einem Physiktest wurden folgende Punktzahlen erreicht.

Agnes	23	Helene	24	Markus	23
Anja	26	Holger	14	Michael	8
Andre	5	Ignaz	19	Monika	25
Arthur	11	Ines	19	Nadine	12
Beate	2	Irma	12	Nicole	17
Britta	6	Ismail	17	Sandra	21
Conny	16	Jannis	12	Theo	18
Daniela	11	Klaus	20	Tim	18
Frauke	16	Katrin	20	Viktor	22

Löse die folgenden Aufgaben entweder mit einem Tabellenkalkulationsprogramm oder mit eigenen Rechnungen.
a) Bestimme Zentralwert, Mittelwert und Spannweite.
b) Bestimme das untere und das obere Quartil und den Quartilsabstand.
c) Zeichne einen Boxplot zu den Daten.

7 Die drei Boxplots geben das Ergebnis einer Umfrage zur Nutzungsdauer des Internets pro Woche (in Stunden) wieder:

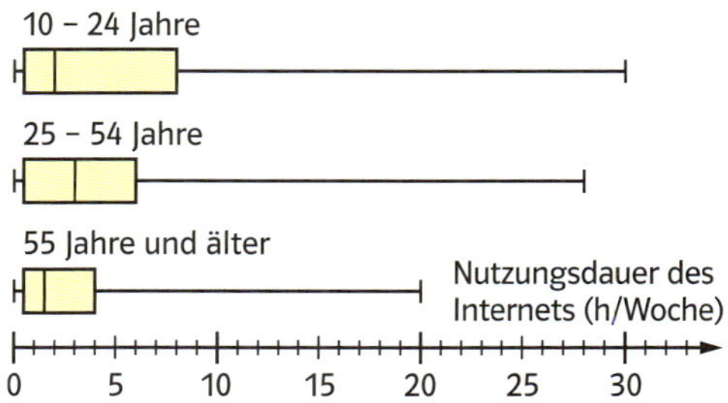

a) Fasse in einer Tabelle alle Kennwerte, die du ablesen kannst, zusammen.
b) Interpretiere jeden einzelnen Boxplot.
c) Vergleiche die Boxplots miteinander. Schreibe fünf Aussagen dazu auf.
d) Stimmt es, dass die 10- bis 24-Jährigen das Internet am häufigsten nutzen?

Konstruieren mit GeoGebra

Fast alles das, was man auf einem Blatt Papier zeichnen kann, kann man auch mit einem **dynamischen Geometrieprogramm** zeichnen. Die Vorteile sind, dass die Zeichnungen immer ordentlich und genau sind, aber auch, dass man sie hinterher noch ändern kann und für ähnliche Aufgaben nicht alles noch einmal machen muss.
Eines der dynamischen Geometrieprogramme ist **GeoGebra**, das man kostenlos im Internet unter www.geogebra.org bekommt. Andere Programme funktionieren ähnlich.

Abb. 1

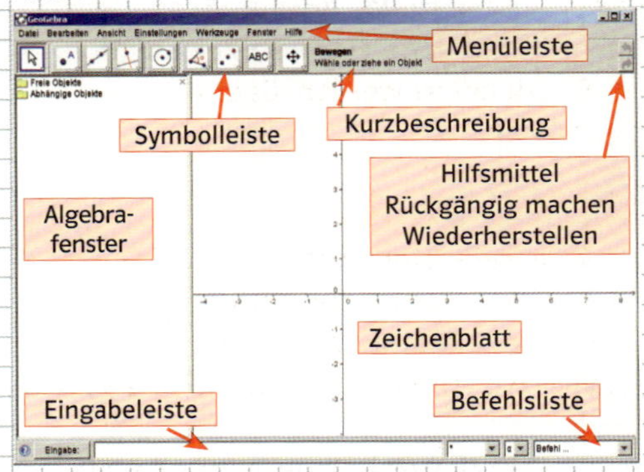

Aufbau von GeoGebra

Beim Öffnen erscheint die **Arbeitsfläche** von GeoGebra mit einer leeren **Zeichenfläche** (Abb. 1). Über der Arbeitsfläche findet man die **Symbolleiste** mit mehreren **Icons** zum Konstruieren, Zeichnen und Messen.
Dabei steht jedes **Icon** für eine ganze **Gruppe von Arbeitsmitteln**. Wenn man auf das kleine Dreieck unten rechts in der Ecke eines Icons klickt, erscheinen weitere Symbole und können ausgewählt werden (siehe Abb. 2). Das jeweils **aktive Icon** erkennt man an einem Rahmen. Rechts neben den Icons befindet sich noch ein Textfeld, das Hilfsinformationen zu der jeweils ausgewählten Programmfunktion liefert.

Abb. 2

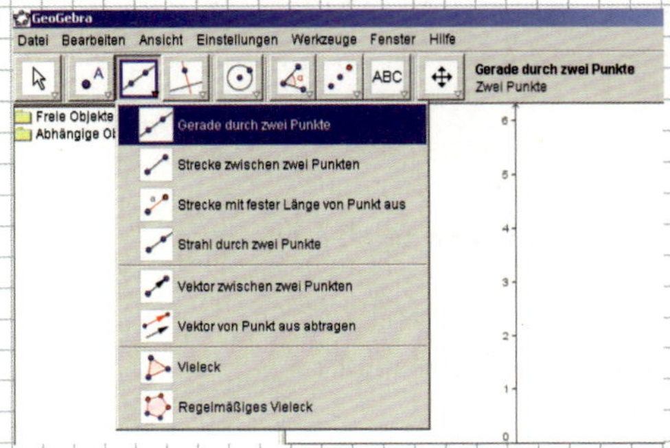

Grundeinstellungen

In der **Menüleiste** oberhalb der Icons kann man die gewünschten Grundeinstellungen vornehmen. Unter „**Einstellungen**" lässt sich die Arbeitsweise und Darstellungsart des Programms einstellen. Man kann so z. B. unter dem Unterpunkt „**Zeichenblatt**" das Koordinatensystem ein- oder ausblenden (siehe Abb. 3). Im Menü „**Ansicht**" lassen sich ganze Teile der Arbeitsfläche ein- oder ausblenden, je nachdem ob sie benötigt werden.
Mit „**Ansicht**" → **Schaltfläche „Abspielen**" wird eine Leiste eingeblendet, mit der die gesamte Konstruktion noch einmal Schritt für Schritt wiederholt wird.

Abb. 3

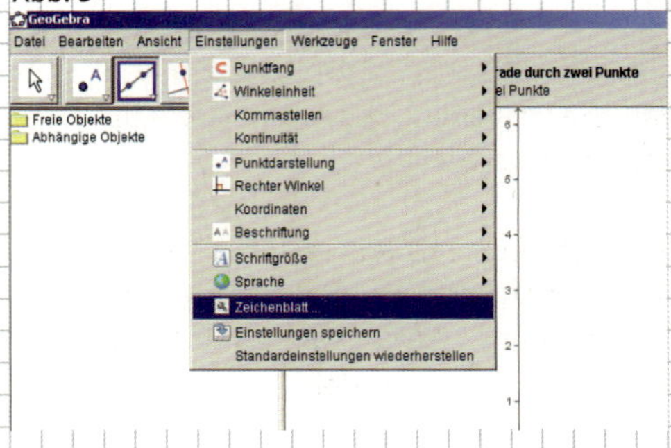

Wichtiger Hinweis:
Dezimalzahlen dürfen nicht mit Komma, sondern müssen mit Punkt eingegeben werden.
Beispiel: Für 2,5 gibt man 2.5 ein.

Die Eingabezeile

In der **Eingabezeile** (vgl. Abb. 1) am unteren Rand von GeoGebra können Funktionen (z. B. $f(x) = 4x + 5$) und Variablen (z. B. $a = 15$; $c = 5a$) definiert werden. GeoGebra zeichnet dann z. B. den Funktionsgraph.

Das Algebrafenster

Im **Algebrafenster** werden alle Objekte, die erstellt wurden, angezeigt. Es wird dabei unterschieden, ob es sich um **freie** oder **abhängige Objekte** handelt. Abhängige Objekte können sich ändern, wenn man z. B. freie Objekte verschiebt.

Das **Algebrafenster** aktualisiert sich dabei ständig selbst. Objekte können auch direkt im **Algebrafenster** geändert werden. Durch Klick mit der rechten Maustaste öffnet sich ein **Kontextmenü**, mit dem man Änderungen durchführen kann.

Nützliche Befehle

Verschieben des Zeichenbereichs

Vergrößern/Verkleinern

Messen von Längen

Berechnen von Flächen

Falsche Eingaben können rückgängig gemacht werden.

Bewegen eines Objektes
Damit kann z. B. jeder Punkt einer Figur an eine andere Stelle auf dem Arbeitsblatt verschoben werden.

Mit einem **Schieberegler** kann man Variablen unterschiedliche Werte zuweisen. Bei der Erstellung öffnet sich ein Menü, in dem man alle benötigten Werte eintragen kann.

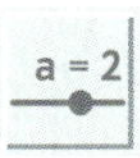

Konstruktion und Untersuchung von Mittelsenkrechten im beliebigen Dreieck.

1. Drei Punkte einzeichnen.

2. Verbindungsstrecken zeichnen.

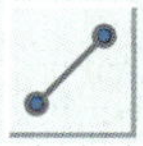

3. Kreise um je zwei Endpunkte einer Stecke zeichnen.

4. Schnittpunkte zweier Kreise festlegen.

5. Gerade durch die Schnittpunkte der Kreise zeichnen.

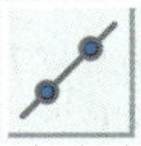

6. Konstruktion der anderen Mittelsenkrechten wie im Punkt 1. bis 4. beschrieben.

Nach Schritt 2 kann alternativ mit dem Befehl ***Mittelsenkrechte*** *automatisch eine Mittelsenkrechte konstruiert werden.*

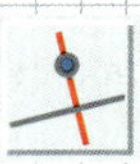

Nun kann man mit dem Icon ***Bewegen*** *einen oder mehrere Punkte des Dreiecks verschieben.*

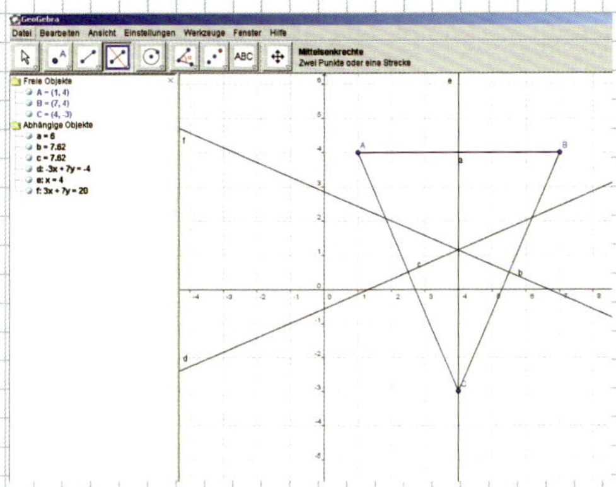

Tipp

Für Aufgabe 1 benötigst du folgende Befehle.

Steigung bestimmen

Mittelsenkrechte zeichnen

1 [ ] Steigung von Geraden

Zeichne eine Gerade durch zwei beliebige Punkte. Zeichne eine zweite Gerade, die die erste Gerade senkrecht schneidet. Bestimme die Steigungen der beiden Geraden und berechne das Produkt. Gib dazu im Eingabefeld die **Formel p = m*m_1** ein. Verschiebe nun die beliebigen Punkte und vergleiche die Produkte der Steigungen. Formuliere deine Vermutung.

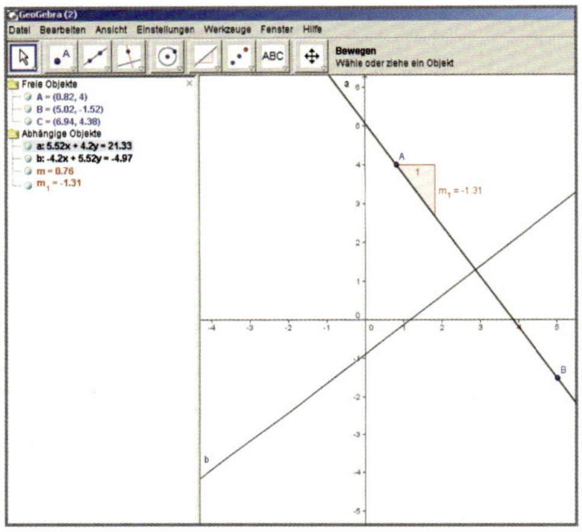

2 [ ] Untersuchung von Dreiecken

a) Zeichne einen beliebigen Kreis mit drei Punkten auf dem Kreisrand. Verbinde diese drei Punkte mit dem Icon **Vieleck** zu einem Dreieck.
Bestimme mit GeoGebra den Flächeninhalt des Dreiecks.
Verändere nun das Dreieck, indem du einen oder mehrere der Punkte verschiebst.
Bestimme die Form des Dreiecks, bei der der Flächeninhalt am größten ist.
b) Konstruiere ein beliebiges Dreieck. Zeichne nun für alle drei Punkte die zugehörige Höhe ein.
Verschiebe eine oder mehrere Ecken des Dreiecks und beschreibe deine Beobachtungen.
Was haben die Dreiecke gemeinsam, deren Höhenschnittpunkt außerhalb des Dreiecks liegen?

3 [ ] Bau eines Multiplikators

Erstelle mit dem Icon **Schieberegler** zwei Schieberegler für zwei Variablen.
Welche Formel muss in der Eingabezeile eingegeben werden, damit das Produkt berechnet wird?

4 [ ] Untersuchung von Funktionen

Das Mietwagenunternehmen *Easy* bietet einen Transporter für eine Grundgebühr von 30 € plus einer Kilometerpauschale von 0,42 € pro gefahrenem Kilometer an.
Das Unternehmen *Cheap* lockt seine Kunden mit dem Slogan „Keine Grundgebühr und nur 78 Cent pro Kilometer".
Bei welchen Streckenlängen sollte ein Kunde sich für das Unternehmen *Easy* entscheiden?
Bestimme die Wegstrecke und den zugehörigen Preis, bei dem beide Unternehmen gleich teuer sind.
Tipp: Funktionen lassen sich im Eingabefeld unten eingeben z. B. g(x) = 30 + 0.42x. Der Graph ist eventuell erst nach Veränderung der Ansicht sichtbar.

5 [ ] Untersuchung am Kreis

Zeichne einen beliebigen Kreis mithilfe der Icons **Kreis, Mittelpunkt, Punkt**. Zeichne den Radius als Strecke ein. Bestimme mit dem Icon **Abstand** oder **Länge** den Umfang und den Radius des Kreises. Bestimme mithilfe des Icons **Fläche** die Fläche des Kreises.
Verändere nun den Radius des Kreises. Beschreibe Veränderungen des Umfangs und der Fläche, wenn der Radius verdoppelt, verdreifacht usw. wird.

Mathematik rund um den Sport

In den letzten Jahren hast du in vielen Bereichen Mathematik kennengelernt und angewandt. Deine erworbenen Kenntnisse und Fertigkeiten kannst du nun anhand der folgenden Aufgaben „Rund um den Sport" überprüfen. Du wirst sehen, wie viel Mathematik in diesem Bereich steckt.

Fußball-Weltmeister

2006	Italien
2002	Brasilien
1998	Frankreich
1994	Brasilien
1990	Deutschland
1986	Argentinien
1982	Italien
…	
1930	Uruguay

Berlin gewann 75 % von 24 Spielen gegen Bayreuth.

Wie wahrscheinlich ist es, dass Deutschland 2010 Weltmeister wird?

Wo liegt der optimale Absprungpunkt?

Tipps zum Umgang mit diesen Aufgaben

- Die Aufgaben stellen ein Auswahlangebot dar, d. h. du musst nicht alles und auf einmal lösen.
- Du kannst die Aufgaben für dich allein lösen. Ihr könnt euch aber auch die Aufgabenbereiche innerhalb einer Gruppe aufteilen und euch dann eure Lösungen gegenseitig vorstellen.
- Wenn du nicht weiter weißt, nutze die Tipps auf Seite 199.
- Mithilfe der Lösungen auf den Seiten 214/215 kannst du deine Lösungen kontrollieren.

1 Radrennen

Bei einem 50 km langen Radrennen in einem Verein sollen die Teilnehmer in zwei Gruppen starten. In der Gruppe A befinden sich die 10 besten Radfahrer, in der Gruppe B die restlichen. Da die Gruppe B mit einer Durchschnittsgeschwindigkeit von 35 km/h unterwegs ist, die Gruppe A jedoch mit ca. 40 km/h, bekommt die Gruppe B einen Vorsprung von 10 min.

a) Berechne die voraussichtliche Dauer der Veranstaltung.

b) Werden die Fahrer der Gruppe B eingeholt?

c) Berechne den Zeitvorsprung eines Siegers, der 10 km vor dem Ziel aus der Gruppe der A-Fahrer ausreißt und mit 50 km/h weiter bis ins Ziel fährt.

2 Ganz schön viel

Beschreibe deine Lösungsstrategie jeweils möglichst genau. Welche Größen braucht man, welche kennst du und welche musst du schätzen (nicht raten)?

a) Wie viele Besucher verfolgen in einem Jahr ein Fußballspiel der 1. Bundesliga in einem Stadion?

b) Wie viele Bolzplätze werden für deinen Wohnort benötigt?

c) Welche Strecke legt ein Fußballspieler während eines Fußballspiels zurück?

3 Hochsprung

Beim Hochsprung kann man die Flugbahn, die der menschliche Körper durchläuft, durch eine Parabel beschreiben.

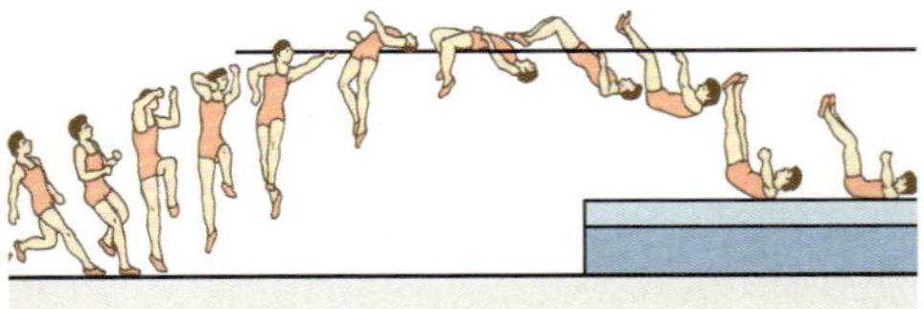

Ein Hochspringer mit einem guten Sprung springt ca. eine Armlänge vor dem Hochsprunggerüst ab und versucht eine Flugbahn zu treffen, sodass der Scheitelpunkt ca. 5 cm oberhalb der Stange liegt.

a) Skizziere den Verlauf eines guten Sprunges von dir, der über eine Lattenhöhe von 1,50 m führt.

b) Begründe, warum es unter anderem sehr wichtig ist, den richtigen Absprungpunkt zu treffen.

c) Wie ändert sich der skizzierte Verlauf deines Sprungs, wenn du 30 cm zu früh oder 20 cm zu spät abspringst?

d) Welche maximale Lattenhöhe könntest du bei dem Sprung aus Aufgabenteil a) noch überspringen, wenn du 15 cm zu früh abspringst?

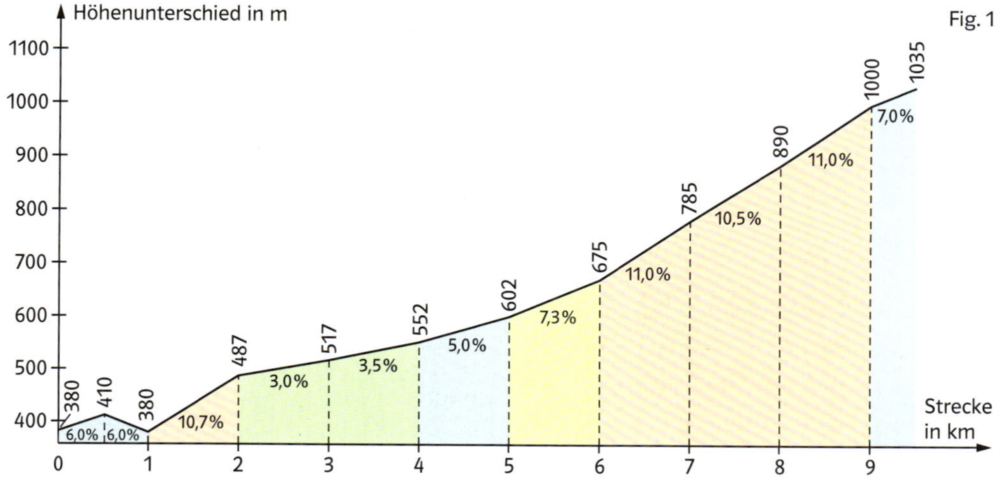

Fig. 1

4 Tour de France

In der Darstellung oben siehst du ein vereinfachtes Höhenprofil eines Berganstiegs der *Tour de France (2007)*.

a) Erkläre die Bedeutung der eingetragenen Zahlen.

b) Erkläre die Bedeutung der Farben.

c) Welche ebenfalls wichtigen Daten der Fahrradetappe werden in der Grafik nicht berücksichtigt?

d) Beschreibe den Verlauf der Tourstrecke aus der Sicht eines Reporters.

e) Finde verschiedene Berechnungsmethoden um die durchschnittliche Steigung der gesamten Anstiegsetappe angeben zu können.

f) Figur 2 zeigt einen gekrümmten Kurvenverlauf. Diese Grafik ist für einen durchschnittlich schnellen Radfahrer gültig. Profis sind deutlich schneller.
Erkläre die Grafik und beschreibe, was du ablesen kannst. Deute den Bereich links von der y-Achse.

g) Bringe nun die Daten der Tourstrecke (Fig. 1) in einen Zusammenhang mit der Grafik (Fig. 2) und skizziere ein Weg-Geschwindigkeitsdiagramm. Berechne, nach welcher Zeit ein durchschnittlich schneller Radfahrer nach diesen Daten ungefähr am Zielort eintreffen müsste.

h) Beurteile folgende Aussagen zu den Grafiken.

Auf der gesamten Strecke ging es nach einem Kilometer immer bergauf.

Bei einer Steigung von mehr als 20 % erreicht niemand das Ziel.

Auf der gesamten Strecke kann man schneller als 15 km/h fahren.

Steigungsänderungen im Bereich von 10 % bis 20 % wirken sich stärker auf die Geschwindigkeit aus als Steigungsänderungen im Bereich von 0 % bis 10 %.

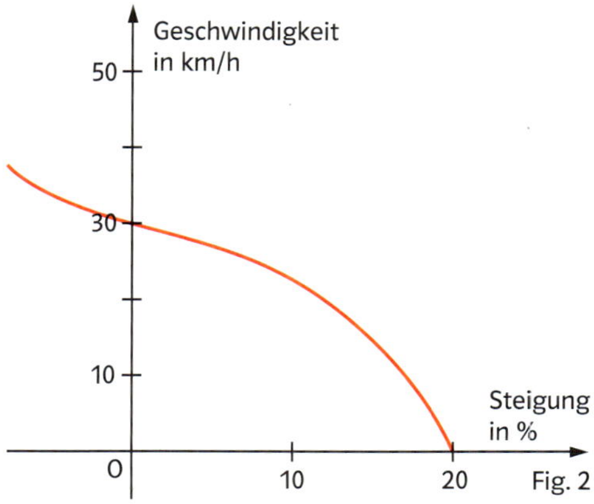

Fig. 2

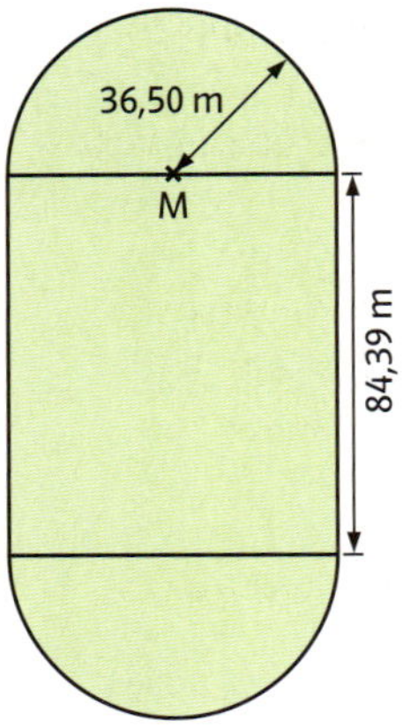

5 Laufen

Laufbahnen müssen, um für den Wettkampf genutzt werden zu können, bestimmte Richtlinien erfüllen.
Die Länge einer Laufbahn beträgt immer 400 m. Bei einem 400-m-Lauf legt ein Läufer also zwei Kurven und zwei Geraden zurück. Die zwei Kurven bilden einen Kreis, dessen Radius immer 36,5 m entspricht. Die Geraden sind jeweils 84,39 m lang. Außerdem gibt es meistens sechs, in den größeren Stadien manchmal auch acht nebeneinanderliegende Laufspuren, die eine Breite von 1,22 m haben.

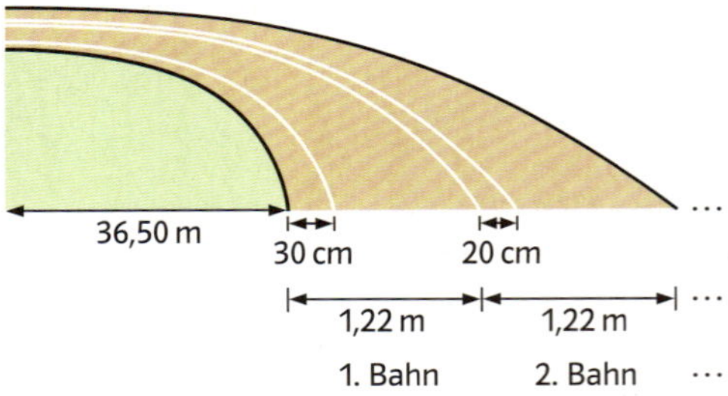

a) Warum laufen bei den Laufdisziplinen die Läufer versetzt?
b) Überprüfe mit den angegebenen Maßen die geforderte Länge für die Innenbahn.
c) Versuche den Unterschied zu den geforderten 400 m anhand der Zeichnung zu erklären.
d) Berechne aus den angegebenen Maßen und den Zeichnungen die Längen der Laufspuren 2 bis 8.
e) Berechne die Versetzungen (Kurvenvorgaben) für einen 200-Meter-Lauf bzw. einen 400-Meter-Lauf.

Platz	Land	Gold	Silber	Bronze
1	Deutschland	11	12	6
2	USA	9	9	7
3	Österreich	9	7	7
4	Russland	8	6	8
5	Kanada	7	10	7
6	Schweden	7	2	5
7	Südkorea	6	3	2
8	Schweiz	5	4	5
9	Italien	5	0	6
10	Frankreich	3	2	4
	Niederlande	3	2	4
12	Estland	3	0	0
13	Norwegen	2	8	9
14	China	2	4	5
15	Tschechien	1	2	1
16	Kroatien	1	2	0
17	Australien	1	0	1
18	Japan	1	0	0
19	Finnland	0	6	3
20	Polen	0	1	1
21	Bulgarien	0	1	0
	Großbritannien	0	1	0
	Slowakei	0	1	0
	Weißrussland	0	1	0
25	Ukraine	0	0	2
26	Lettland	0	0	1

6 Medaillenspiegel

Bei vielen Wettkämpfen werden als Anerkennung für die Athleten Medaillen ausgegeben. In der Tabelle siehst du den Medaillenspiegel der Olympischen Winterspiele 2006 in Turin.
a) Nach welchen Kriterien wurde die Rangfolge in der Tabelle erstellt?
b) Welche Länder könnten sich durch diese Art der Berechnung benachteiligt fühlen?
c) Finde alternative Berechnungsmethoden, beschreibe und vergleiche sie und untersuche die Auswirkungen auf den Medaillenspiegel.
d) Welche Berechnungsmethode findest du am gerechtesten?
e) Beurteile den Vorschlag, die erreichten Medaillen am Prokopf-Einkommen der Bevölkerung oder an der Anzahl der Einwohner auszurichten.
f) Entwickle Formeln zur Berechnung, die andere Rangfolgenfestlegungen berücksichtigen.

Übrigens
Der aktuelle Basketball ist etwa 600 – 650 g (Größe 7) schwer, hat einen Umfang von 75 cm bis 78 cm und besteht aus Gummi sowie Nylon-Fäden.

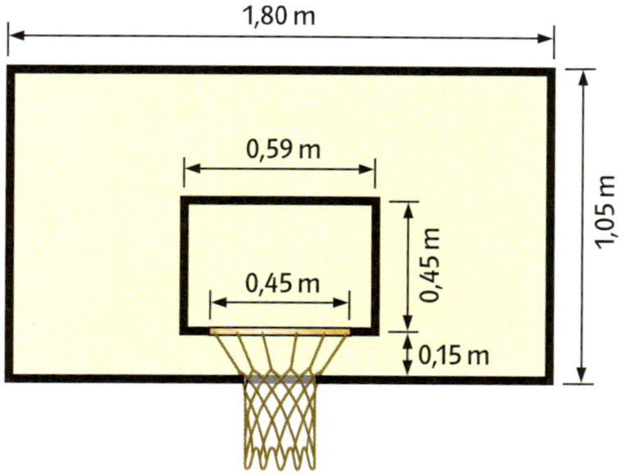

7 Basketball
In der Zeichnung siehst du die Maße für das Basketballbrett, an dem der Korb hängt. Bestimmt hast du selbst schon die Erfahrung gemacht, wie schwer es sein kann, den Basketball in den Korb zu bekommen. Man hat den Eindruck, dass der Ball nur knapp durch den Metallring passt. Aber ist das wirklich so knapp? Beurteile die Aussage: „Eigentlich müssten drei Basketbälle nebeneinander durch den Ring passen."

8 Tennis
Beim Tennisspiel hat ein Spieler immer zwei Versuche seinen Aufschlag richtig zu platzieren. Deshalb schlagen die meisten Tennisspieler den ersten Aufschlag mit mehr Risiko. In der Statistik zu einzelnen Spielern wurden u. a. die erfolgreichen ersten und zweiten Aufschläge von zwei Spielern erfasst.

	Aufschlag 1	Aufschlag 2
Spieler A	62 %	93 %
Spieler B	77 %	87 %

a) Vergleiche die Wahrscheinlichkeiten, dass die Spieler Doppelfehler machen.
b) Berechne die Anzahl an Doppelfehlern, die für Spieler A bei insgesamt 40-mal Aufschlagsrecht zu erwarten ist.

9 Bundesjugendspiele
Bei den Bundesjugendspielen muss man in drei Disziplinen versuchen, möglichst gute Ergebnisse zu erzielen.
Die Tabelle zeigt die Ergebnisse einer Klasse beim Schlagballweitwurf.

w	9,5	13	35	22	21	29	25	24	17
m	33	32	17	44	54	22	29	49	39

a) Bestimme die durchschnittliche Wurfweite für die gesamte Klasse, dann die Wurfweiten für Mädchen und Jungen getrennt.
b) Vergleiche dein letztes Ergebnis vom Schlagballweitwurf mit
- dem höchsten Wert der Klasse.
- dem niedrigsten Wert der Klasse.
- dem Durchschnitt der Weiten.

Gib die Abweichung in Prozent an.

10 [●] Skisprunganlage

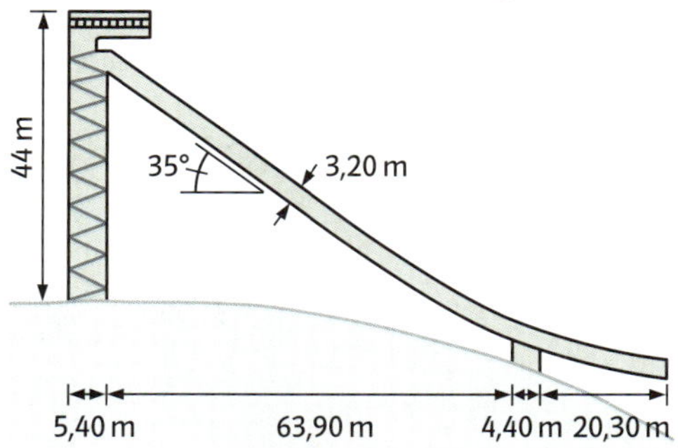

Auf dem Bild ist eine Skisprunganlage in der Schweiz zu sehen, die von zwei starken Betonstützen getragen wird. Aufgabe ist es, die Länge der Anlaufbahn so genau wie möglich zu bestimmen.
Das ist aber nicht so einfach.
Notiere Probleme, die dir auffallen.
Versucht in Gruppen- oder Partnerarbeit Lösungen für die Probleme zu finden. Beurteilt die Genauigkeit der Ergebnisse.

Übrigens

Seit 1907 werfen die Männer mit einem absolut runden, 2 kg schweren Diskus, der einen Radius von 11 cm besitzt. Der Diskus der Frauen wiegt die Hälfte. Von 1928 an, als auch Frauen erstmals zum Diskuswurf bei den Olympischen Spielen zugelassen waren, wurde aus einem Wurfkreis mit 2,5 m Durchmesser geworfen.

11 Werfen

Sowohl beim Diskuswurf als auch beim Hammerwurf muss man versuchen, einen Gegenstand so weit wie möglich zu werfen. Damit die Diskusscheibe eine möglichst hohe Abwurfgeschwindigkeit erreicht, dreht sich der Athlet mit der Scheibe $1\frac{3}{4}$-mal um seine eigene Achse und lässt sie dann los. Der Diskus ist, bedingt durch die Armlänge, dann ca. 70 cm von der Körpermitte entfernt.
Beim Hammerwerfen dreht sich der Sportler ca. $3\frac{1}{2}$-mal um seine Achse. Der Wurfhammer besteht aus einem ca. 7 kg schweren Gewicht an einem 1,22 m langen Draht mit Halteschlaufe, der mit ausgestreckten Armen geschleudert wird.

a) Vergleiche die Weglängen, die die Sportgeräte in der Beschleunigungsphase vor dem Abwurf zurücklegen.

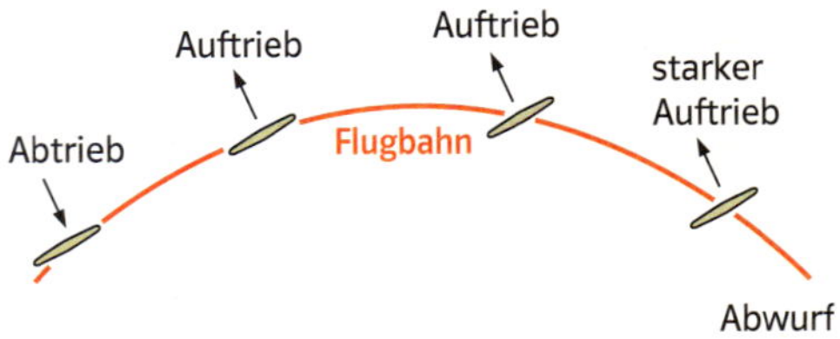

b) Die Flugbahn des Diskus ist eine Wurfparabel. Welche Punkte der Flugbahn müsstest du kennen, um den Flug der Diskusscheibe durch eine Funktion berechnen zu können?

12 Wurfsektor

Bei allen Wurfdisziplinen müssen die geworfenen Sportgeräte in einem bestimmten eingezeichneten Bereich landen, damit ein Versuch gültig ist. Diesen Bereich nennt man *Sektor*.

Auszug aus den Vorschriften zum Anlegen der Sektoren:

Der Sektor ist dann genau gekennzeichnet, wenn die zwei auf den Sektorlinien bei 20 m vom Kreismittelpunkt des Abwurfkreises entfernten Punkte **12,00 m voneinander entfernt liegen.**

Skizze:

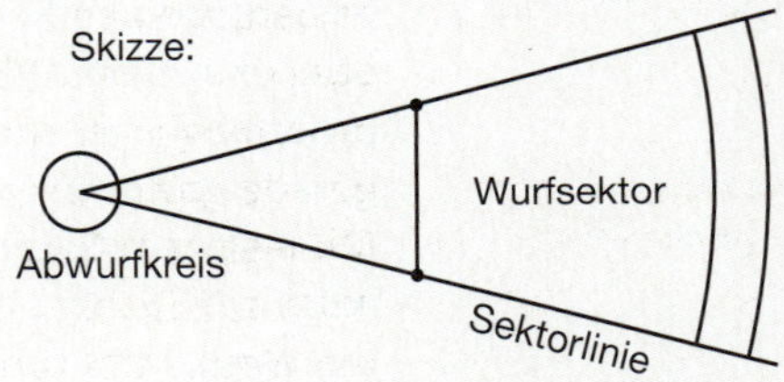

a) Zeichne aus den Maßen, die in der Vorschrift genannt werden, den maßstabsgetreuen Plan einer Diskus- bzw. Hammerwurfanlage mit dem Wurfkreis und dem Wurfsektor. Bedenke, dass in beiden Disziplinen Weiten über 70 m geworfen werden können. Es sollten für Weiten zwischen 50 m und 90 m alle 10 Meter eine Orientierungslinie gezeichnet werden. Die Weiten werden ab der Kante des Abwurfkreises gemessen.

b) In einer anderen Vorschrift wird nur der Winkel zwischen den Sektorlinien mit 35,94° angegeben. Vergleiche diese Angabe mit deiner Zeichnung und beurteile die Nützlichkeit dieser Angabe in der Praxis.

c) Welche Zeit muss ein Mitarbeiter des Wettkampfteams einplanen, wenn er morgens die Linien mit einem handgezogenen Kreidewagen nachziehen muss?

Zum Schmunzeln

Mathematisches aus Fußballermund:

Zwei Chancen, ein Tor – das nenne ich hundertprozentige Chancenauswertung.

Zu 50 Prozent stehen wir im Viertelfinale, aber die halbe Miete ist das noch lange nicht!

Es muss eine Kehrtwende geben. Und die muss 360 Grad sein.

Ihr Fünf spielt jetzt vier gegen drei.

13 Baumstammwerfen

Es gibt auch sportliche Disziplinen, die bei uns nicht so bekannt sind. Dazu gehört das schottische Baumstammwerfen. Hier geht es darum einen Baumstamm so zu werfen, dass er sich um 180° dreht. Es soll dabei nicht möglichst weit, sondern möglichst gerade geworfen werden.
Mit welchem Gewicht des Baumstamms muss ein Sportler bei dem oben ausgeführten Wettkampf zurechtkommen?
Tipp: Gehe von einem spezifischen Gewicht von 0,4 g/cm^3 für das Holz aus.

14 Ringen

Der Durchmesser der zentralen Ringkampffläche beträgt 7 m. Um die Kampffläche herum liegt die 1 m breite Passivzone.
Wie viel Prozent der gesamten Fläche macht diese Passivzone aus?

Tipps zu den Aufgaben

1 Radrennen
Die Lösung kann man sowohl zeichnerisch als auch rechnerisch bestimmen.

4 Tour de France
Zu Teilaufgabe g): In der geforderten Tabelle müssen zu den durchschnittlichen Steigungen in Prozent die zugehörigen Geschwindigkeiten abgelesen werden. Der entstehende Graph ist dann treppenförmig. Das resultiert daraus, dass man immer nur die Steigung für einen ganzen Kilometer gegeben hat.

5 Laufen
Die 30 cm bzw. 20 cm Zugabe resultieren daher, dass die Sportler nicht genau auf dem inneren Bahnrand laufen.

7 Basketball
Vergleiche die Kreisfläche eines Basketballringes mit der Fläche, die ein Basketball an seiner dicksten Stelle benötigt.

8 Tennis
Diese Aufgabe lässt sich gut mit einem Baumdiagramm lösen.

11 Werfen
Der Diskus oder auch der Wurfhammer bewegt sich auf einer Kreisbahn um den Körper. Zur Lösung der Aufgabe musst du die Länge der Kreisbahnen berechnen.

12 Wurfsektor
Zu Teilaufgabe c): Die Längen der Entfernungslinien sind Teile eines Kreisrandes. Der Durchmesser des Kreises beträgt: Entfernung + 1,25 m.

13 Baumstammwerfen
Du solltest versuchen, die Größen, die du benötigst, mithilfe von Vergleichsobjekten zu schätzen (z. B. Menschen).

Check-in Seite 19

1

a)

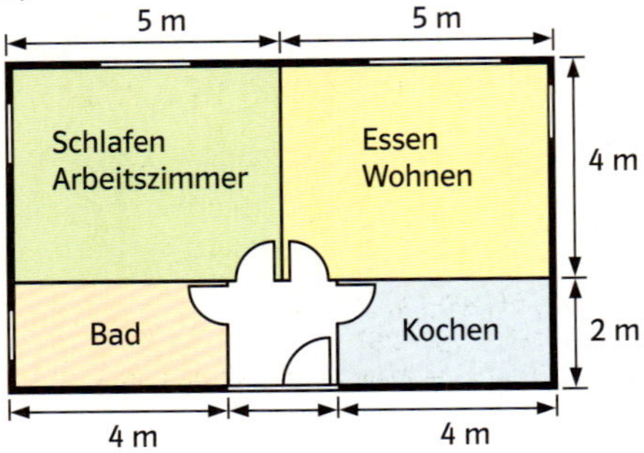

b) – Falsch! Bei einem Maßstab von 1:5 werden alle Längen eines Gegenstandes auf ein Fünftel verkleinert.
– Falsch! Bei einem Maßstab von 1:3 werden alle Längen eines Gegenstandes auf ein Drittel verkleinert.
– Richtig! Bei einem Maßstab von 1:1000 ist 1 m auf der Karte 1 km in Wirklichkeit.
– Falsch! Bei einem Maßstab von 1:100 000 wird eine 50 km lange Strecke 50 cm lang gezeichnet.

2

a) $\frac{1}{4} = 0{,}25 = 25\,\%$; $\frac{2}{5} = 0{,}4 = 40\,\%$

$\frac{1}{8} = 0{,}125 = 12{,}5\,\%$; $\frac{5}{2} = 2{,}5 = 250\,\%$

$\frac{5}{4} = 1{,}25 = 125\,\%$; $\frac{1}{25} = 0{,}04 = 4\,\%$

b)

$\frac{3}{4}$	$\frac{3}{5}$	$\frac{4}{3}$	$\frac{6}{5}$
0,75	0,6	$1,\overline{3}$	1,2
75 %	60 %	$133,\overline{3}$ %	120 %

3

a) $\beta = 105°$; $\alpha = 66°$

b) I) Richtig, z. B. gleichseitiges Dreieck.

II) Falsch, denn die Winkelsumme im Dreieck beträgt 180° und $3 \cdot 90° = 270°$.

III) Falsch, die Winkelsumme im Viereck beträgt 360°. Wenn aber jeder der vier Winkel kleiner als 90° wäre, müsste die Winkelsumme auch kleiner als $4 \cdot 90°$ und damit kleiner als 360° sein.

IV) Falsch! Da die Winkelsumme im Viereck 360° beträgt, müsste die Summe der beiden nicht rechten Winkel 180° betragen. Wenn bereits einer der beiden Winkel ein stumpfer Winkel und damit größer als 90° ist, dann muss der andere weniger als 90° betragen und ist deshalb spitz.

4

a) $a = \frac{U}{4}$

b) $a = \frac{A}{h_a}$; $h_a = \frac{A}{a}$

c) $s = v \cdot t$; $t = \frac{s}{v}$

d) $G = \frac{100 \cdot W}{p}$; $p = \frac{100 \cdot W}{G}$

e) Nein! Richtig wäre $z = \frac{y}{3x}$

5

a)

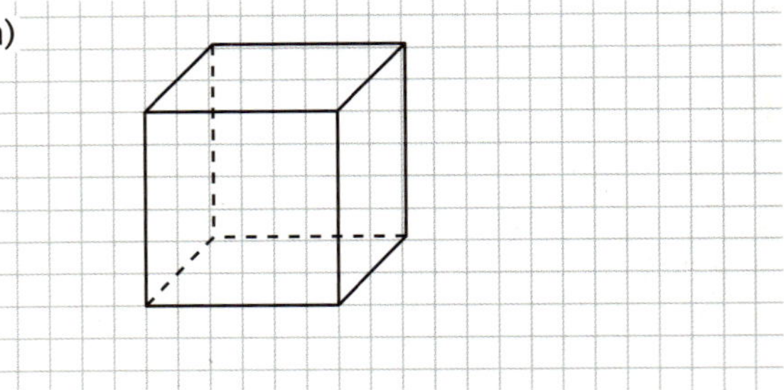

b)

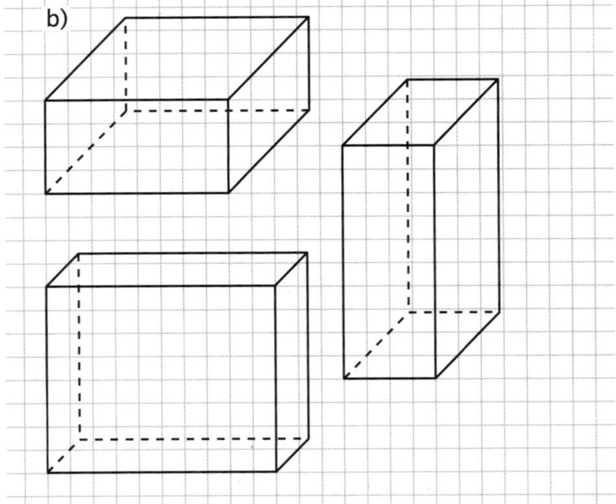

c) Bei allen drei Zeichnungen wurde so gezeichnet, dass nicht eine der Flächen sondern eine Kante im Vordergrund liegt.

Check-in Seite 37

1 a) $y = 7{,}5 \cdot x + 30$
x: Zeit in Stunden; y: Wasserhöhe in cm
b) 97,5 cm (bzw. fast 1 m) hoch

2 a) $x = 7$ b) $x = 71$
c) $x = -7$ d) $x = 8$

3 a) $x + x + 6 = 38$; $x = 16$
Die Strecke war am 1. Tag 22 km, am 2. Tag 16 km lang.
b) $3 \cdot x + 6 \cdot 15 = 144$; $x = 18$
Die Höhe beträgt 18 cm.

4 a) Die Schaubilder B) und D) gehören zu einer proportionalen Zuordnung, da die Geraden durch den Ursprung verlaufen.
b) Die Tabellen 2) und 3), da deren Wertepaare immer im gleichen Verhältnis zueinander stehen.

5 In 2 Stunden wurde eine Höhe von 100 m überwunden. Danach bleibt für 1 Stunde die Höhe gleich (evtl. Pause). Anschließend wurde in ca. $1\frac{1}{4}$ Stunden nochmals 50 Höhenmeter zurückgelegt. Schließlich wird nach $2\frac{1}{4}$ Stunden die Ausgangshöhe wieder erreicht.

6
a)

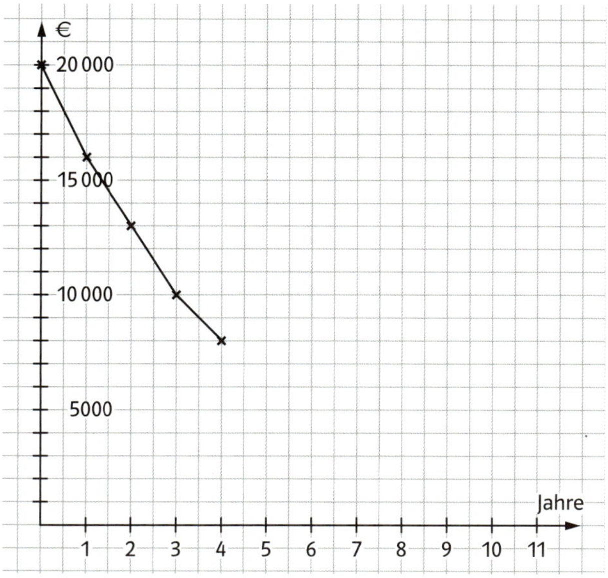

7 Abschnitt 1 (bis 2 h): m = 50 m/h
Abschnitt 2 (2 h – 3 h): m = 0 m/h
Abschnitt 3 (3 h – 4,25 h): m = 40 m/h
Abschnitt 4 (4,25 – 6,5 h): m = – 66,7 m/h

Check-in Seite 59

1
a)

stumpfwinklig	spitzwinklig	rechtwinklig
3); 5); 10)	1); 6); 7)	2); 4); 8); 9)

b) 1) und 7); 2) und 4)
c) 1) $\gamma = 75°$ 2) $\alpha = \beta = 70°$
3) gleichseitiges Dreieck: $\alpha = \beta = \gamma = 60°$

2 a) z. B. 1; 4; 9; 16; 25; 36; 49; 64; 81; 100
b) $144 = 12^2$; $196 = 14^2$; $625 = 25^2$
c) Da $7^2 = 49$ und $8^2 = 64$, liegen zwischen 50 und 60 keine Quadratzahlen.

3
a) 1) $8{,}21 \cdot 8{,}21 = 67{,}4041$
2) $2{,}2 \cdot 2{,}2 = 4{,}84$
3) $0{,}5 \cdot 0{,}5 = 0{,}25$
4) $0{,}2 \cdot 0{,}2 = 0{,}04$
b) 1) $\frac{1}{4} \cdot \frac{1}{4} = \frac{1}{16}$
2) $\frac{2}{3} \cdot \frac{3}{5} = \frac{2}{5}$
3) $\frac{4}{7} \cdot \frac{4}{7} = \frac{16}{49}$

4 a) $x = 8{,}3$ b) $x = 5{,}2$
c) $a = 23{,}5$ d) $z = 51{,}2$

5 a) $A = a\,b - c\,d$
b) $A = \frac{1}{2}(a - c)\,b$

6 a) 1; 3; 5; 7; 9; 11; 13; …
b) 1; 3; 6; 10; 15; 21; 28; 36; …
c) Alle abgebildeten Rechtecke haben dengleichen Flächeninhalt, nämlich A = 24 Einheiten.
Weitere Rechtecke dieser Reihe haben folgende Seitenlängen (Kästchenanzahl):
1 und 24; 2 und 12; 2,5 und 9,6 usw.

Check-in Seite 85

1 a) 83 mm b) $830\ mm^2$ c) $8300\ mm^3$
d) 80 cm e) $8000\ cm^2$ f) $800\,000\ cm^3$

2 a) u = 13 cm b) $V = 227{,}85\ cm^3$
c) In der Teilaufgabe a) wird der Umfang eines Rechtecks, in der Teilaufgabe b) das Volumen eines Quaders berechnet.

3 a) $c \approx 5{,}2\ cm$
b) $a \approx 9\ cm$
c) $c \approx 10{,}7\ cm + 2{,}7\ cm = 13{,}4\ cm$
d) $b \approx 6{,}2\ cm$

4 a) f = 16,5 cm
b) $b \approx 6{,}6\ dm$
c) d = 15,4 m

5 a) $A = 18{,}615\ cm^2$
b) $A = 14{,}445\ cm^2$
c) $A = 135{,}09\ cm^2$
d) $A = 236{,}55\ cm^2$
e) $A = 16{,}8\ cm^2$
f) Dreieck: 2 Angaben (Länge der Grundseite; zugehörige Höhe)
Parallelogramm: 2 Angaben (Länge einer Seite und zugehörige Höhe)

6 Die Höhe des Quaders kann mithilfe des Satzes des Pythagoras nachgeprüft werden. Das Volumen kann nicht berechnet werden, da das Maß für die Tiefe fehlt.

7 Verschiedene Möglichkeiten der Berechnung, z. B.
$A = 2 \cdot 1{,}2 + 2 \cdot 0{,}4 \cdot 0{,}2\ cm^2 = 2{,}56\ cm^2$
oder
$A = 3 \cdot 1{,}2 - 4 \cdot 0{,}5 \cdot 0{,}4\ cm^2 = 2{,}56\ cm^2$

Check-in Seite 109

1 a) 1) f(3) = 6; 2) f(−2) = −26; 3) f(1) = 0
b) f(1) = 2; f(−2) = 17; f(−3) = 26

2 a) x = 2 b) x = 4 c) x = 1

3

x	−3	−2	−1	0	1	2	3
a)	−5	−4	−3	−2	−1	0	1
b)	13	10	7	4	1	−2	−5
c)	11	6	3	2	3	6	11

d) Tabelle 2) ist richtig.

4

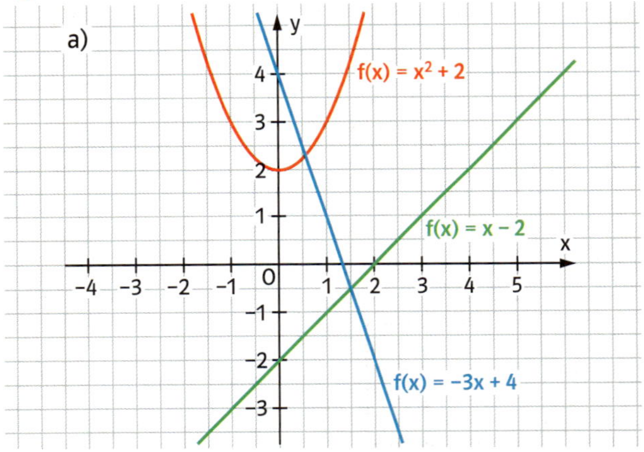

b) Graph zu a): steigende Gerade, schneidet die y-Achse in (0 | −2)
Graph zu b): fallende Gerade, schneidet die y-Achse in (0 | 4)
Graph zu c): gekrümmte Kurve

5

a) Funktionsgleichung	Wertetabelle	Graph
1)	$f_3(x)$	C)
2)	$f_1(x)$	B)
3)	$f_5(x)$	
4)	$f_2(x)$	A)
5)	$f_4(x)$	D)

b) Eine günstige Achseneinteilung ist:
x-Achse: 2 Kästchen ≙ 1 Einheit; y-Achse: 2 Kästchen ≙ 3 Einheiten

6 Der Graph in C), da der Fahrpreis aus einem Grundpreis plus Preis pro gefahrenem Kilometer besteht.

Check-in Seite 129

1

a)

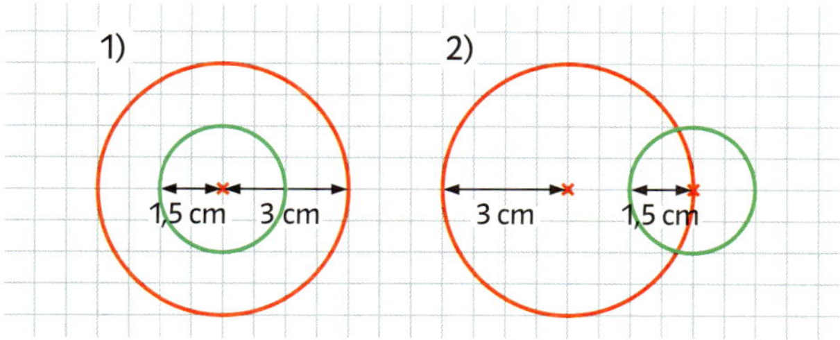

b) 1) Der große Kreis wird in Viertelkreise geteilt. Die Mittelpunkte der kleinen Kreise liegen auf den Teilungsstrecken in der Mitte.
2) Der große Kreis wird in drei gleich große Kreisausschnitte geteilt (Winkel 120°). Die Teilungsstrecken werden gedrittelt. Der Mittelpunkt der kleinen Kreise liegt dann auf dem 3. Teilungsstrich.

2

a) $u = 4a + 4b + 4c$; $a = \frac{u - 4b - 4c}{4}$
$b = \frac{u - 4a - 4c}{4}$; $c = \frac{u - 4a - 4b}{4}$
b) 6 cm, 8 cm

3

a) 1) Würfel 2) Sechseckprisma
3) kein Körper 4) Pyramide
b) z. B.

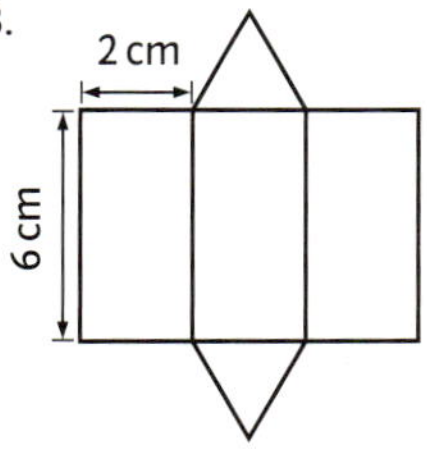

4

a) 1) $V = 2 \cdot 5 \cdot 8\,cm^3 = 80\,cm^3$
$O = 2 \cdot 2 \cdot 5 + 2 \cdot 2 \cdot 8 + 2 \cdot 5 \cdot 8\,cm^2 = 132\,cm^2$
2) $V = 4 \cdot 6 \cdot 5 - 2 \cdot 4 \cdot 5 = 80\,cm^3$
$O = 3 \cdot 2 \cdot 5 + 2 \cdot 4 \cdot 5 + 5 \cdot 6 + 2 \cdot 6 \cdot 2 + 2 \cdot 2 \cdot 2\,cm^2 = 132\,cm^2$
b) Das Volumen verdoppelt sich.

5

a) Fläche Fußballfeld: 1 ha
Inhalt Tintenpatrone: 0,5 ml
Fläche eines Tisches: 2 m^2
Wassermenge Aquarium: 50 l
Größe Briefmarke: 4 cm^2
Flüssigkeitsmenge Getränk (z. B. Cola): 1,5 l
Fläche einer Turnhalle: 20 m^2
Wohnungsfläche: 100 m^2
Flüssigkeitsmenge Schnapsglas: 2 ml
b) 552 cm^2; 5,52 cm^2; 552 000 cm^2;
0,045 m^3; 0,0045 m^3; 0,0045 m^3

Check-in Seite 151

1

a) 1) 667,89 2) 6666,3
3) 74 114,04 4) 745,38
b) 1) 10,3041 2) 0,321
3) ≈ 65,4 4) 36,9
c) 1) 1055,22 2) 0,02537
3) 152,005 4) 120

2

a) 1) 7,03; 7,13; 7,3; 7,31; 7,33
2) 0,987; 9,807; 9,87; 98,7; 987
3) 0,05; 0,0501; 0,0505; 0,051; 0,055
b) Zehntausender; Millionen; Tausender
c) Es müssen die Zahlen an der Zehntelstelle (Stelle hinter dem Komma) verglichen werden:
5 > 1, daher ist 0,5 > 0,15
d) Anna: 14,1 s; Nora: 14,72 s

3

a) $2 \cdot 2 \cdot 2 = 8$; $3 \cdot 3 = 9$; $3 \cdot 3 \cdot 3 = 27$; $2 \cdot 2 = 4$
b) $2 \cdot 2 \cdot 2 \cdot 2 = 16$; $4 \cdot 4 \cdot 4 \cdot 4 = 256$;
$5 \cdot 5 \cdot 5 \cdot 5 = 625$; $6 \cdot 6 \cdot 6 \cdot 6 = 1296$
c) $10 \cdot 10 = 100$; $10 \cdot 10 \cdot 10 = 1000$;
$10 \cdot 10 \cdot 10 \cdot 10 = 10\,000$; $10 \cdot 10 \cdot 10 \cdot 10 \cdot 10 = 100\,000$
d) $1 \cdot 1 \cdot 1 = 1$; $1 \cdot 1 \cdot 1 \cdot 1 \cdot 1 \cdot 1 = 1$; $1 \cdot 1 \ldots \cdot 1 = 1$

4

a) 1) 584 ct 2) 183 dm 3) 66 mm
67 ct 68 dm 7 mm
4) 5900 g 5) 40 kg 6) 365 dm^2
805 g 3806 kg 340 cm^2
b) 1) 2000 dm^3 2) 30 min 3) 5250 mm^3
4) 3400 l 5) 1 000 000 000 m^3 6) 3 dm^3

5

100; 5-mal; 250

6

a) Milli b) Kilo
c) Milli d) Mikro

7

a) $34 \cdot 1000 = 34\,000$ b) $50 : 100 = 0{,}5$
c) $4 \cdot 2000 = 8000$ d) $2000 : 0{,}5 = 4000$
e) $1 \cdot 100 = 100$ f) $0{,}5 : 100 = 0{,}005$

[mittel]

Test Seite 34

1 Maßstab: $\frac{3}{5} = 0{,}6$
$9\,\text{cm} \cdot 0{,}6 = 5{,}4\,\text{cm}$
$13\,\text{cm} \cdot 0{,}6 = 7{,}8\,\text{cm}$
Größe der Kopie: 5,4 cm × 7,8 cm
Tipp: **Das Foto wird beim Kopieren maßstäblich verkleinert. Lies hierzu S. 21 und bearbeite auf S. 23, Nr. 17 a) und b).**

2

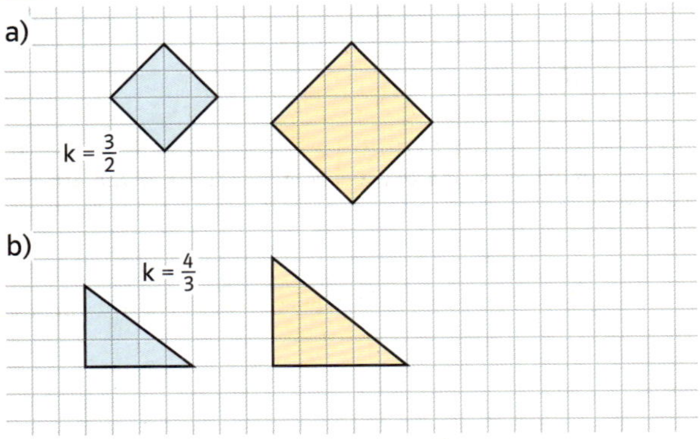

Tipp: **Bei ähnlichen Figuren sind entsprechende Winkel gleich groß.
Lies hierzu S. 21 und bearbeite auf S. 23, Nr. 10.**

3 Die Dreiecke in Teilaufgabe b) sind zueinander ähnlich. Die linke Figur wurde um den Maßstab $k = \frac{9}{8} = 1{,}125$ vergrößert.
In Teilaufgabe a) sind die Dreiecke nicht ähnlich zueinander, da die kürzere Strecke um den Maßstab $k = \frac{5}{3} \approx 1{,}67$ und die längere Strecke um den Maßstab $k = \frac{9}{5} = 1{,}8$ vergrößert wurde.
Tipp: **Lies hierzu S. 21 und bearbeite auf S. 23, Nr. 13.**

4 Die Verzerrung im Breitbildformat entsteht dadurch, dass zwar die Höhe des Fernsehbildes im gleichen Maßstab wie im Normalbildformat (Maßstab k = 1) abgebildet wird, aber die Breite vergrößert (k > 1) wird.

[schwieriger]

1 $k = \frac{3}{5}$; $k \cdot k = \frac{9}{25} = 0{,}36$
Die Fläche hat sich auf 36 % verkleinert.
Tipp: **Bei einer maßstäblichen Verkleinerung eines Rechtecks werden die Bildstrecken mit k multipliziert. Die Fläche der Bildfigur berechnet sich aus k · k · Originalfläche.
Lies hierzu S. 21 und bearbeite auf S. 23, Nr. 14, 15 a) und 17 c).**

2

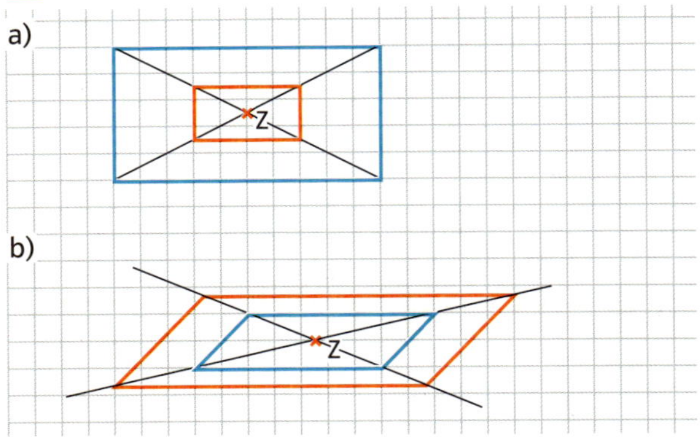

Tipp: **Du kannst das Streckzentrum beliebig wählen. Es genügt jeweils einen Eckpunkt zu strecken, die anderen kann man durch paralleles Verschieben erzeugen.
Lies hierzu S. 25 und bearbeite auf S. 26, Nr. 2 bis 4.**

3 a) $k = \frac{3{,}2}{2} = 1{,}6$; $a = 3{,}75\,\text{cm}$
b) $k = \frac{4{,}8}{8{,}4} = \frac{4}{7}$; $a' \approx 5{,}1\,\text{cm}$; $c' \approx 1{,}7\,\text{cm}$; $d' \approx 7{,}4\,\text{cm}$
Tipp: **Überlege vorher, welche Figur die Bild- und welche die Originalfigur ist. Lies hierzu S. 21 und bearbeite auf S. 22, Nr. 8.**

4 Beim Zoom 14 : 9 wird das Normalbild um den Maßstab $k = \frac{14}{9}$ vergrößert. Die Breite des Normalbildes wird dabei vollständig abgebildet. Die Höhe passt jedoch nicht auf den Bildschirm. Das Bild wird oben und unten abgeschnitten.
Beim Zoom 16 : 9 wird das Normalbild um den Maßstab $k = \frac{16}{9}$ vergrößert. Es füllt nun in der Breite den ganzen Bildschirm, passt aber wie beim Zoom 14 : 9 in der Höhe nicht auf den Bildschirm.
Beim Breitbildformat entsteht eine Verzerrung, da zwar die Höhe des Fernsehbildes im gleichen Maßstab wie im Normalbildformat (Maßstab k = 1) abgebildet wird, aber die Breite vergrößert (k > 1) wird.

[mittel]

5 $\frac{h}{d} = \frac{e}{g}$

$\frac{h}{1{,}8\,cm} = \frac{260\,000\,cm}{64\,cm}$

$h = \frac{260\,000 \cdot 1{,}8}{64}\,cm$

$h = 7312{,}5\,cm \approx 73{,}1\,m$

Der Fernsehturm ist ca. 73,1 m hoch.

Tipp: **Suche erst die Strahlensatzfigur, stelle dann die Gleichung auf und löse nach h auf.**
Lies hierzu S. 28 und bearbeite Nr. 2 und 3.

[schwieriger]

5

Skizze:

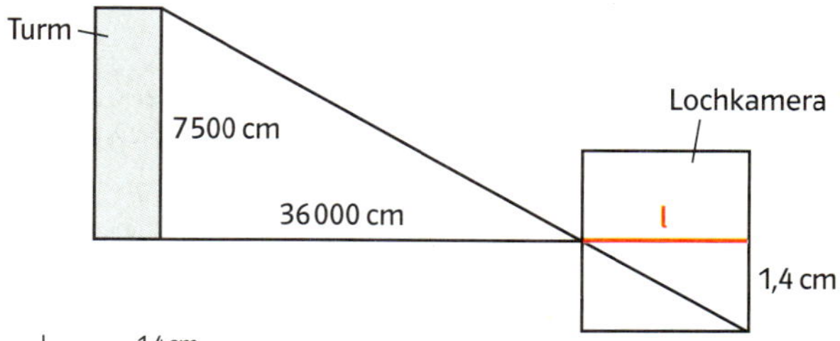

$\frac{l}{36\,000\,cm} = \frac{1{,}4\,cm}{7500\,cm}$

$l = 6{,}72\,cm$

Die Lochkamera ist 6,72 cm lang.

Tipp: **Lies hierzu S. 27 und bearbeite auf S. 28, Nr. 4 und auf S. 29, Nr. 9.**

Test Seite 56

1 a)

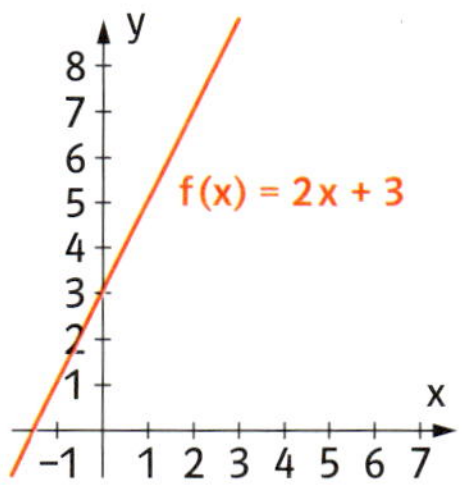

b) $f(x) = 2x + 3$

Tipp: **Die Steigung ist $a = \frac{2}{1}$. Markiere die Punkte auf der y-Achse und zeichne das zugehörige Steigungsdreieck an.**
Lies hierzu S. 40/41. Bearbeite auf S. 42, Nr. 5 und 8.

2 $a = \frac{7-1}{6-2} = \frac{6}{4} = 1{,}5$; $f(x) = 1{,}5x - 2$

Tipp: **Lies hierzu das Beispiel auf S. 41 und bearbeite auf S. 42, Nr. 6.**

3 a) S in f (x) einsetzen:
$-12 = 4 \cdot (-1{,}75) - 5$
$-12 = -12$
S liegt auf f.

S in g (x) einsetzen:
$-12 = 8 \cdot (-1{,}75) + 2$
$-12 = -12$
S liegt auf g.

S ist der Schnittpunkt der beiden Geraden.

b) S in f (x) einsetzen:
$-4 = -\frac{1}{2} \cdot (-2) - \frac{1}{2}$
$-4 = \frac{1}{2}$

S liegt nicht auf f. S ist kein Schnittpunkt der beiden Geraden.

Tipp: **Du kannst die Aufgabe auch grafisch oder mit Wertetabellen lösen. Wenn S der Schnittpunkt ist, muss er auf beiden Geraden liegen.**
Lies hierzu S. 44. Bearbeite auf S. 45, Nr. 4 und 6.

1 a)

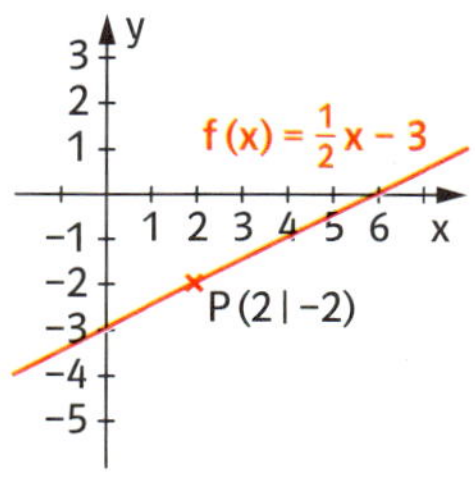

b) $f(x) = \frac{1}{2}x - 3$

Tipp: **Lies hierzu S. 40/41. Bearbeite auf S. 42, Nr. 5 und 8.**

2 $a = \frac{-6-0}{6-2} = \frac{-6}{4} = -1{,}5$; $f(x) = -1{,}5x + 3$

Tipp: **Lies hierzu das Beispiel auf S. 41 und bearbeite auf S. 42, Nr. 6.**

3 a) S in f (x) einsetzen:
$4 = 0{,}4 \cdot (-8{,}5) - 1$
$4 = -4{,}4$

S liegt nicht auf f. S ist kein Schnittpunkt der beiden Geraden.

b) S in f (x) einsetzen:
$\frac{1}{15} = \frac{1}{2} \cdot 0{,}8 - \frac{1}{3}$
$\frac{2}{30} = \frac{12}{30} - \frac{10}{30}$
$\frac{2}{30} = \frac{2}{30}$
S liegt auf f.

S in g (x) einsetzen:
$\frac{1}{15} = \frac{1}{3} \cdot 0{,}8 - \frac{1}{5}$
$\frac{1}{15} = \frac{4}{15} - \frac{3}{15}$
$\frac{1}{15} = \frac{1}{15}$
S liegt auf g.

S ist Schnittpunkt der beiden Geraden.

Tipp: **Wenn S der Schnittpunkt ist, muss er auf beiden Geraden liegen. Lies hierzu S. 44. Bearbeite auf S. 45, Nr. 4 und 6. Du kannst auch alternativ den Schnittpunkt berechnen. Lies hierzu S. 46 und bearbeite Nr. 2.**

[mittel]

4 a) Das Zahlenpaar x = 4 und y = 1 erfüllt beide Gleichungen.
b) Das Zahlenpaar x = 6 und y = −4 erfüllt beide Gleichungen.
Tipp: Das Zahlenpaar muss beim Einsetzen in beide Gleichungen wahre Aussagen ergeben.
Lies S. 50 und 52. Bearbeite auf S. 52, Nr. 2.

5 x: gefahrene Kilometer
Benziner: $0{,}12x + 180{,}95$
Diesel: $0{,}08x + 220{,}90$
Für x = 100:
Benziner: 192,95 €
Für x = 1000:
Benziner: 300,95 €; Diesel: 300,90 €
Ab ca. 1000 km/Jahr ist der Diesel billiger.
Tipp: Bei höherer Kilometerzahl wird der Diesel billiger.
Bearbeite auf S. 44, Nr. 1 und 2.

6 a) a bezeichnet die Grundgebühr, b bezeichnet die Kosten pro gefahrenem Kilometer.
$a + 16b = 16{,}90$
$a + 24b = 24{,}10$
a = 2,50 €; b = 0,90 €
b) Bis 10 km ist das Funktaxi günstiger, danach das Konkurrenzunternehmen.
Tipp: Man kann die beiden Funktionsgleichungen auch als Gleichungen mit 2 Variablen auffassen.
Bearbeite auf S. 53, Nr. 8 und 9.

[schwieriger]

4 a) I) $3x + y = 32$
II) $y = x - 4$
II) in I) einsetzen:
$3x + x - 4 = 32$
$4x = 36$
$x = 9$
x in II) einsetzen:
$y = 9 - 4 = 5$
Lösung: (9 | 5)

b) I) $7y + 3x = 67$
II) $5y + 3x = 47$
I) − II) $2y = 20$
$y = 10$
y in I) einsetzen:
$70 + 3x = 67$
$3x = -3$
$x = -1$
Lösung: (−1 | 10)

Tipp: Bei a) eignet sich das Gleichsetzungsverfahren, bei b) das Subtraktionsverfahren. Mache die Probe, indem du das Zahlenpaar in beide Gleichungen einsetzt.
Lies hierzu S. 50 und S. 52. Bearbeite auf S. 51, Nr. 8 und auf S. 52, Nr. 1.

5 x: gefahrene Kilometer
I) $y = 0{,}12x + 180{,}95$
II) $y = 0{,}08x + 220{,}90$
Gleichungen gleichsetzen:
$0{,}12x + 180{,}95 = 0{,}08x + 220{,}90$
$0{,}04x = 39{,}95$
$x = 998{,}75$
Ab ca. 1000 km/Jahr ist der Diesel billiger.
Tipp: Bilde ein Gleichungssystem. Löse dann mit geeignetem Verfahren.
Bearbeite auf S. 53, Nr. 8 und 9.

6 a) e bezeichnet den Preis für Erwachsene.
k bezeichnet den Preis für Kinder.
$2e + 3k = 57$
$3e + k = 44 + 10 = 54$
e = 15 €; k = 9 €
b) Z. B. „2 Erwachsene und 5 Kinder" oder „5 Erwachsene".
Tipp: Bearbeite auf S. 51, Nr. 9 und auf S. 53, Nr. 7.

Test Seite 82

1 a) Länge der roten Seite: $\sqrt{1^2 - 0{,}6^2}$ m = 0,8 m
Tipp: Bezeichne die Seiten und stelle dann den Satz des Pythagoras für das Dreieck auf.
Lies hierzu S. 66 und bearbeite auf S. 66, Nr. 1 und auf S. 67, Nr. 5.
b) $\sqrt{4{,}5^2 - 3{,}6^2} = 2{,}7$; a = 2,7 cm
Tipp: Zeichne das rechtwinklige Dreieck heraus. Schreibe die Seitenlängen, die du kennst oder ermitteln kannst, an die entsprechenden Seiten dieses Dreiecks.
Bearbeite auf S. 71, Nr. 11.

1 a) Länge der roten Seite: ≈ 4,53 cm
Tipp: Stelle den Satz des Pythagoras für das in der Zeichnung erkennbare rechtwinklige Dreieck auf und löse die Gleichung nach a auf.
Lies hierzu S. 66 und bearbeite auf S. 67, Nr. 5.
b) f = 3,58 cm
Tipp: Zeichne ein rechtwinkliges Dreieck heraus. Schreibe die Seitenlängen, die du kennst oder ermitteln kannst, an die entsprechenden Seiten dieses Dreiecks.
Bearbeite auf S. 71, Nr. 11 und auf S. 72, Nr. 13.

[mittel]

2 $d^2 + c^2 = a^2$; $b^2 + f^2 = d^2$; $b^2 + e^2 = c^2$

Tipp: Zeichne die einzelnen rechtwinkligen Dreiecke heraus.
Bearbeite auf S. 67, Nr. 6.

3 a) $\sqrt{25} \cdot \sqrt{36} = 5 \cdot 6 = 30$
b) $3\sqrt{11} \cdot \sqrt{11} = 3 \cdot 11 = 33$
c) $\frac{7 \cdot 5}{0,5} = 70$
d) zum Beispiel: $\sqrt{64}$; 8; $\sqrt{2} \cdot \sqrt{16} \cdot \sqrt{2}$; $\sqrt{8} \cdot \sqrt{8}$; $\frac{\sqrt{3} \cdot \sqrt{64}}{\sqrt{3}}$

Tipp: Lies hierzu S. 74.
Bearbeite auf S. 74, Nr. 1 und auf S. 75, Nr. 9.

4
a) Skizze:

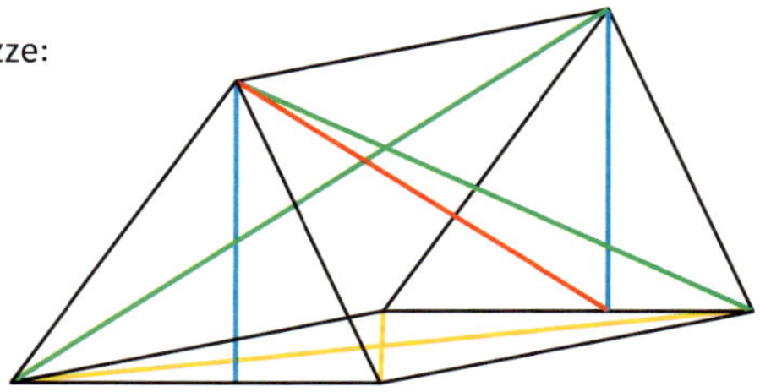

b) Höhe im Dreieck: $\sqrt{a^2 - \left(\frac{a}{2}\right)^2} \approx 4,33$

Rote Strecke x: $x = \sqrt{10^2 + 4,3^2} \approx 11$

Die rote Strecke ist ca. 11 cm lang.

Tipp: Zeichne die Höhe des vorderen Dreiecks ein. Finde das rechtwinklige Dreieck, das du zur Berechnung der Länge der roten Strecke benötigst, und ermittle die Maße der beiden anderen Seiten des Dreiecks.
Lies hierzu die Kästen auf S. 72 und S. 73.
Bearbeite auf S. 72, Nr. 16 und auf S. 73, Nr. 20.

[schwieriger]

2
Skizze:

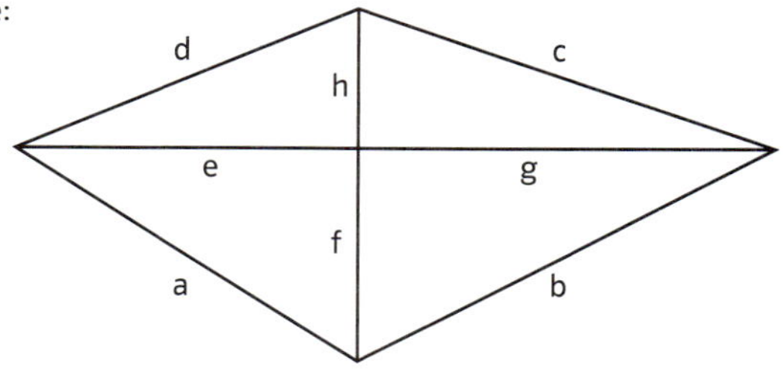

$e^2 + f^2 = a^2$; $b^2 = g^2 + f^2$; $c^2 = g^2 + h^2$; $d^2 = e^2 + h^2$
1) $a^2 + c^2 = e^2 + f^2 + g^2 + h^2$
2) $b^2 + d^2 = g^2 + f^2 + e^2 + h^2$
Da die beiden rechten Seiten in den Gleichungen 1) und 2) gleich sind, gilt auch $a^2 + c^2 = b^2 + d^2$.

Tipp: Bezeichne die Strecken innerhalb des Vierecks. Zeichne die einzelnen rechtwinkligen Dreiecke heraus und drücke a^2; b^2; ... durch die Quadrate der Katheten aus.
Bearbeite auf S. 67, Nr. 6 und S. 68, Nr. 11.

3 a) $9 \cdot 12 = 108$
b) $5 \cdot 13 = 65$
c) $\frac{0,7 \cdot 5}{0,5} = 0,7 \cdot 10 = 7$
d) zum Beispiel:
$\sqrt{5}$; $\frac{\sqrt{5} \cdot \sqrt{6} \cdot \sqrt{6}}{6}$; $\frac{\sqrt{30} \cdot \sqrt{6}}{6}$; $\sqrt{180} \cdot \frac{1}{6}$; $\frac{\sqrt{5} \cdot \sqrt{36}}{\sqrt{4} \cdot \sqrt{1,5}}$

Tipp: Lies hierzu S. 74 und bearbeite auf S. 75, Nr. 7 und 9.

4
a) Skizze:

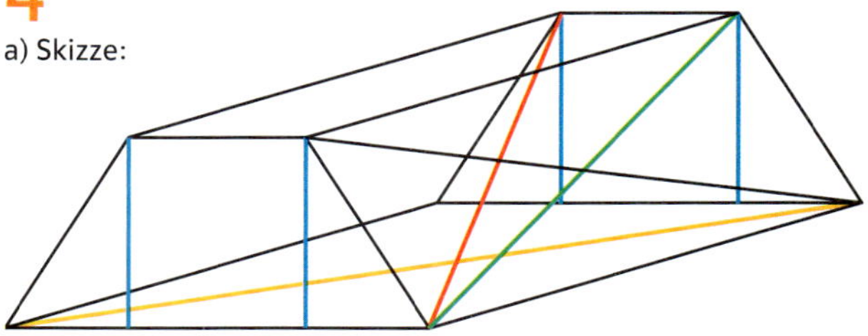

Der besseren Übersicht wegen sind hier nur einige mögliche Strecken eingezeichnet.
b) $\sqrt{(4^2 - 1,5^2) + (8^2 + 4,5^2)} \approx 9,9$
Die rote Strecke ist ca. 9,9 cm lang.

Tipp: Finde das rechtwinklige Dreieck, das du zur Berechnung der Länge der roten Strecke benötigst, und ermittle die Maße der beiden anderen Seiten des Dreiecks wiederum mithilfe des Satzes von Pythagoras.
Lies hierzu die Kästen auf S. 72 und S. 73.
Bearbeite auf S. 72, Nr. 16 und auf S. 73, Nr. 20.

[mittel]

5 Grundseite des Dreiecks: 6 cm
Höhe des Dreiecks: $\overline{AC} = \sqrt{6^2 + 6^2}\,\text{cm} = \sqrt{72}\,\text{cm} \approx 8{,}5\,\text{cm}$
Flächeninhalt des Dreiecks:
$A = \frac{1}{2} \cdot 6 \cdot 8{,}5\,\text{cm}^2 \approx 25{,}46\,\text{cm}^2$
Bearbeite auf S. 73, Nr. 21 a.

[schwieriger]

5 In der Aufgabe darf vorausgesetzt werden, dass in der Mitte wirklich ein Quadrat vorliegt. Der Beweis dafür ist hier nicht verlangt.

1. Möglichkeit

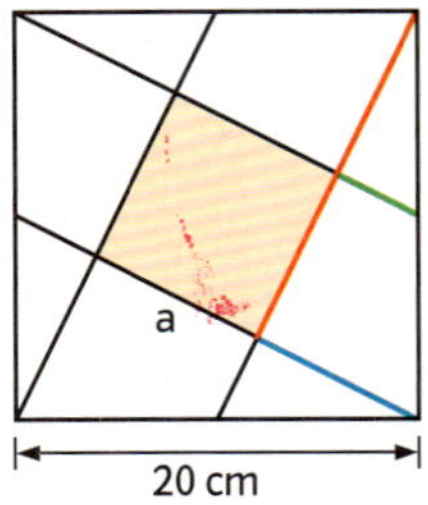

Da jeweils zwei schwarze Linien im großen Quadrat parallel verlaufen und je eine Quadratseite halbieren, wird auch die rote Strecke halbiert und die blaue Strecke ist doppelt so lang wie die grüne Strecke (Strahlensatz).
Da man diese Betrachtung an jeder Seite durchführen kann, gilt für die Länge einer schwarzen Linie im Quadrat:

$10^2 + 20^2 = \left(a + a + \frac{a}{2}\right)^2$

$500 = (2{,}5\,a)^2 \Rightarrow a^2 = A = 80$

Die Fläche des Quadrates in der Mitte beträgt 80 cm².
Tipp: Ruf dir die Strahlensätze noch einmal in Erinnerung (vgl. Kap. 1, S. 27 ff).

2. Möglichkeit

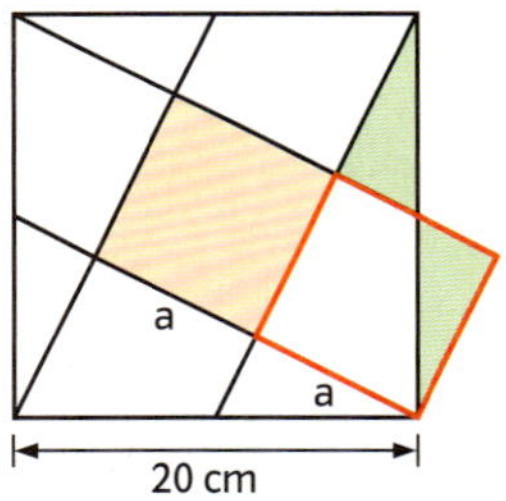

Man kann über Winkelbetrachtungen und Ausnutzen der Tatsache, dass die Seiten des großen Quadrats halbiert werden, nachweisen, dass jeweils ein Dreieck und ein Trapez sich zu einem Quadrat mit der Seitenlänge a ergänzen. Auf diese Weise erhält man fünf gleich große Quadrate, mit dem Flächeninhalt $20^2 : 5 = 80$.
Die Fläche des Quadrates in der Mitte beträgt 80 cm².
Tipp: Du kannst unterschiedliche Flächen zu einem Quadrat derselben Größe wie das kleine Quadrat in der Mitte ergänzen. Dazu musst du allerdings zeigen, dass die Flächenstücke zueinander passen.
Bearbeite auf S. 73, Nr. 21 b und 23.

[mittel]

Test Seite 100

1 a) l = 5,40 m
b) $A = 14{,}5\ m^2$

Skizze:

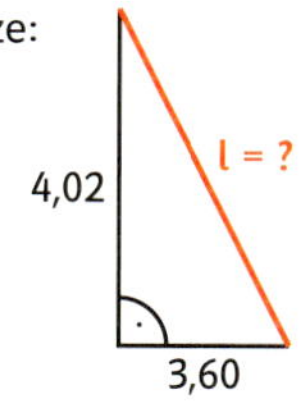

Tipp: **Zeichne ein rechtwinkliges Dreieck mit den gegebenen Maßen heraus.**
Lies hierzu S. 88. Bearbeite auf S. 89, Nr. 1 bis 3.

2 Seitenhöhe $h_S = 27{,}88\ m$
Dachfläche $A \approx 1062\ m^2$

Skizze:

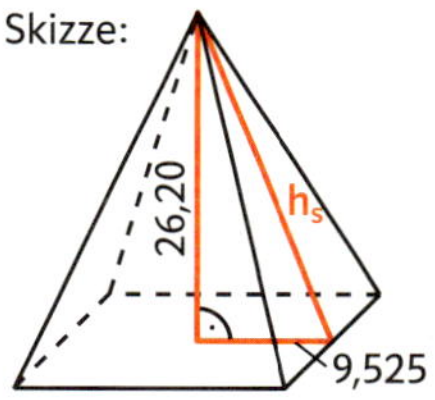

Tipp: **Zeichne ein rechtwinkliges Dreieck mit den gegebenen Maßen heraus.**
Lies hierzu S. 93/94. Bearbeite auf S. 94, Nr. 3.

3 Britta hat die Höhe und Grundseite gerundet. Beide gerundeten Werte sind größer als die realen Werte. Damit wird das gerundete Ergebnis größer als das reale Ergebnis.
Tipp: **Berechne die Mantelfläche der Glaspyramide.**
Lies hierzu S. 93/94.
Bearbeite auf S. 95, Nr. 9.

[schwieriger]

1 a) x = 5,40 m

Skizze:

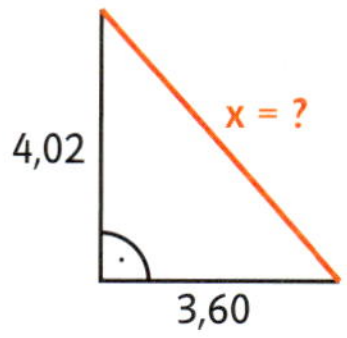

b) $A = 14{,}5\ m^2$
c) Holzvolumen $V = 0{,}1\ m^3$
Preis: 23,12 €

d) $\frac{l}{7{,}20} = \frac{1{,}62}{4{,}02}$
l = 2,90 m

Skizze:

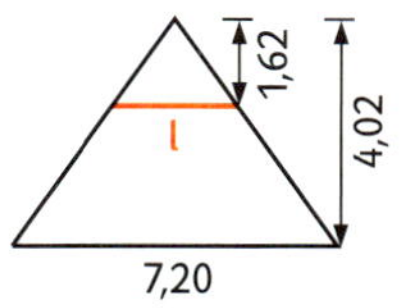

Tipp: **Lies hierzu S. 88. Bearbeite auf S. 89, Nr. 3, 5, 6 und 7.**

2 a) $h_a = s^2 - \left(\frac{a}{2}\right)^2$ $\quad h_b = s^2 - \left(\frac{b}{2}\right)^2$
$h_a = 6{,}19\ m$ $\quad h_b = 6{,}70\ m$
$A_a = 25{,}07\ m^2$ $\quad A_b = 21{,}11\ m^2$

$A = 2\,A_a + 2\,A_b = 92{,}36\ m^2$

b) 1358 Dachziegel + 12 % Verschnitt.
Es werden rund 1520 Dachziegel benötigt.
Lies hierzu S. 93/94 und bearbeite auf S. 94, Nr. 3.

3 a) Zum Beispiel:
Möglichkeit 1: a, c, h_a, b, h_b bekannt;
a, c, h_a in die Trapezformel einsetzen; A_1 berechnen;
b, h_b in die Dreiecksformel einsetzen; A_2 berechnen;
$A = 2\,A_1 + 2\,A_2$
Möglichkeit 2: a, b, c, s, h bekannt;
h_a mit Pythagoras ausrechnen: $h_a^2 = h^2 + \left(\frac{b}{2}\right)^2$;
Trapezformel anwenden: A_1 berechnen;
h_b mit Pythagoras ausrechnen: $h_b^2 = s^2 - \left(\frac{b}{2}\right)^2$;
Dreiecksformel anwenden: A_2 berechnen;
$A = 2\,A_1 + 2\,A_2$

b) Man kann zwar die Trapezflächen ausrechnen, aber nicht die Dreiecksflächen. Dazu braucht man b oder h_b oder h.

c) Trapezformel $A = \frac{a + c}{2} \cdot h_a$

Wenn a und c gleich bleiben, aber h_a verdoppelt wird, verdoppelt sich auch die Trapezfläche.
Tipp: **Schreibe dir die Formeln heraus und setze in Gedanken verschiedene Werte für die einzelnen Größen ein. Lies hierzu die Kästen auf S. 89 und 96.**
Berechne auf S. 96, Nr. 15.

[mittel]

Test Seite 126

1 a) Der nach oben geöffnete Graph gehört zu $f(x) = 2x^2$, da vor x eine positive Zahl steht. Zudem ist der Graph schmaler als die Normalparabel.
Der nach unten geöffnete Graph gehört zu $g(x) = -0{,}5x^2$, da vor x^2 eine negative Zahl steht und er breiter ist als die Normalparabel.
b) $f(1) = 2$; $g(1) = -0{,}5$; $f(-2) = 8$; $g(-2) = -2$
Der Graph zu f geht durch die Punkte $(1|2)$ und $(-2|8)$, der zu g durch die Punkte $(1|-0{,}5)$ und $(-2|-2)$.
Tipp: Beachte, in welche Richtung die Parabel geöffnet ist und wie breit sie im Vergleich zur Normalparabel ist.
Lies hierzu S. 112/113. Bearbeite auf S. 113, Nr. 3 und 4.

2 a) Der Graph geht durch den Punkt $B(10|8)$ und hat die Funktionsgleichung $f(x) = ax^2$. Setzt man den Punkt ein, so ergibt sich $8 = a \cdot 10^2 \Rightarrow a = 0{,}08$; also $f(x) = 0{,}08x^2$.
b) $f(9) = 0{,}08 \cdot 9^2 = 6{,}48$
Das senkrechte Halteseil, das sich 8 m neben der Hauptkabelmitte befindet, ist rund 6,50 m lang.
Tipp: Bestimme die Koordinaten des Punktes B und berechne damit den Wert für a.
Lies hierzu den Kasten auf S. 114.
Bearbeite auf S. 114, Nr. 10 und 11.

3 Bei Verdopplung der Geschwindigkeit verdoppelt sich der Reaktionswert auf 40 m und vervierfacht sich der Bremsweg auf 56 m.
Tipp: Beachte die Verdopplung der Geschwindigkeit.
Lies hierzu S. 120/121. Bearbeite auf S. 120, Nr. 2 und auf S. 121, Nr. 2.

4 $v = 120\,\frac{km}{h} \approx 33{,}3\,\frac{m}{s}$
Reaktionsweg: $t_R = 1{,}3\,s$
$s_R = v \cdot t_R = 33{,}3 \cdot 1{,}3\,m \approx 43{,}3\,m$
Bremsweg: b = 6 (nasser Asphalt)
$s_B = \frac{1}{2b}v^2 = \frac{1}{2 \cdot 6} \cdot 33{,}3^2\,m \approx 92{,}4\,m$
Anhalteweg: $s_A = s_R + s_B = 43{,}3\,m + 92{,}4\,m = 135{,}7\,m$
Die Fahrerin kommt rund 14 m vor dem Karton zum Stehen. Auf nassem Pflaster hätte sie es nicht geschafft ($s_A = 154\,m$).
Tipp: Lies genau und überlege, auf welche Größe es ankommt.
Lies hierzu S. 122. Bearbeite auf S. 122, Nr. 2.

[schwieriger]

1 a) Der nach oben geöffnete Graph gehört zu $f(x) = 2x^2 - 1$, da vor x^2 eine positive Zahl steht und der Punkt $(0|-1)$ der Scheitelpunkt ist.
Der nach unten geöffnete Graph gehört zu $g(x) = -0{,}5x^2 + 2$, da vor x^2 eine negative Zahl steht und er durch den Punkt $(0|2)$ geht.
b) $f(-1) = 1$; $g(-1) = 1{,}5$
Der Graph zu f geht durch den Punkt $(-1|1)$, der zu g durch den Punkt $(-1|1{,}5)$.
c) Gegenüber der Normalparabel ist der Graph
- nach unten geöffnet, da vor x^2 eine negative Zahl steht.
- schmaler, da die Zahl vor x^2 im Betrag größer als 1 ist.
- um eine Einheit nach oben verschoben, da die Konstante 1 addiert wird.

Tipp: Achte auf die Richtung der Parabelöffnung und ihre Breite. Lies hierzu S. 113 und 115. Bearbeite auf S. 115, Nr. 1 und auf S. 114, Nr. 12 e und f.

2 a) Legt man die y-Achse durch den Hochpunkt und die x-Achse auf den Boden, dann geht die Parabel durch den Punkt $(100|0)$ und hat die Funktionsgleichung $f(x) = ax^2 + 40$.
$0 = a \cdot 100^2 + 40 \Rightarrow a = -0{,}004$; also $f(x) = -0{,}004x^2 + 40$.
b) Die Brücke ist 20 m hoch. Negative x-Werte von −12 bis −2 ergeben dieselben y-Werte, da der x-Wert quadriert wird.
Tipp: Wähle die y-Achse geschickt und lies den Wert für c direkt ab. Lies hierzu die Kästen auf S. 114 und S. 117.
Bearbeite auf S. 116, Nr. 6.

3 **Reaktionsweg:**
Eine Verdreifachung der Geschwindigkeit bewirkt eine Verdreifachung des Reaktionsweges. Zudem verdoppelt sich die Reaktionszeit von 1,5 s auf 3 s. Insgesamt wird der Reaktionsweg 6-mal so lang sein.
Bremsweg:
Eine Verdreifachung der Geschwindigkeit bewirkt einen neunfach so großen Bremsweg.
Tipp: Überlege, wie sich die Trunkenheit und die Geschwindigkeit auswirken. Lies hierzu S. 120/121. Bearbeite auf S. 120, Nr. 2 und auf S. 121, Nr. 2.

4 $v = 60\,\frac{km}{h} \approx 16{,}7\,\frac{m}{s}$
Bremsweg bei nassem Pflaster:
$b = 5$; $s_B = \frac{1}{2 \cdot 5} \cdot 16{,}7^2\,m \approx 27{,}9\,m$
Bremsweg bei Glatteis:
$b = 1{,}25$; $s_B = \frac{1}{2 \cdot 1{,}25} \cdot 16{,}7^2\,m \approx 111{,}6\,m$
Der Bremsweg ändert sich um 111,6 m − 27,9 m = 83,7 m. Der Anhalteweg ebenfalls, da sich am Reaktionsweg nichts ändert.
27,9 m ≙ 100 %
111,6 m ≙ 400 %
Der Bremsweg nimmt um das Dreifache zu.
Reaktionsweg:
$t_R = 1{,}3$; $s_R = 1{,}3 \cdot 16{,}7\,m \approx 21{,}7\,m$

[mittel]

5 Wählt man die Symmetrieachse als y-Achse und legt die x-Achse durch den tiefsten Punkt, so geht die Außenlinie durch den Punkt (6 | 10) und lässt sich beschreiben durch $f(x) = a x^2$.

$10 = a \cdot 6^2 \Rightarrow a \approx 0{,}28$

$f(x) = 0{,}28 x^2$

Tipp: **Wähle geschickt ein Koordinatensystem und bestimme darin einen Graphenpunkt für die a-Berechnung. Lies hierzu den Kasten auf S. 117. Bearbeite auf S. 118, Nr. 16.**

[schwieriger]

Der Anhalteweg beträgt zunächst $s_A = 21{,}7\,m + 27{,}9\,m = 49{,}60\,m$, bei Glatteis $s_A = 21{,}7\,m + 111{,}6\,m = 133{,}3\,m$.

$\frac{133{,}3}{49{,}60} \approx 2{,}6875 = 268{,}75\,\% \mathrel{\hat{=}} +168{,}75\,\%$.

Der Anhalteweg nimmt um knapp 170 % zu.

Tipp: **Wandle die Geschwindigkeitseinheit um und lies den Text genau. Lies hierzu S. 122. Bearbeite auf S. 122, Nr. 2.**

5 Siehe Aufgabe 5 mittel: $f(x) = 0{,}28 x^2$

Der 2. Graph hat den Scheitelpunkt (0 | −10) und geht durch den Punkt (6 | 0).

Die Parabel ist gegenüber der ersten Lösung nur um 10 Einheiten nach unten verschoben, entsprechend lautet die neue Funktionsvorschrift $f(x) = 0{,}28 x^2 - 10$. Die Parabelöffnung bleibt gleich.

Tipp: **Überlege, was eine Parabelverschiebung im Funktionsterm bewirkt. Lies hierzu S. 115 und den Kasten auf S. 117. Bearbeite auf S. 115, Nr. 3 und 4.**

Test Seite 148

1 a) 1) Durchmesser $d = 2 \cdot r = 2 \cdot 12\,cm = 24\,cm$

Flächeninhalt $A = \pi \cdot r^2 = \pi \cdot 12^2\,cm^2 \approx 452{,}4\,cm^2$

Umfang $u = \pi \cdot d = \pi \cdot 24\,cm \approx 75{,}4\,cm$

2) Durchmesser $u = \pi \cdot d$

$d = \frac{u}{\pi} = \frac{1589}{\pi}\,mm \approx 505{,}8\,mm$

Radius: $r = \frac{d}{2} = \frac{505{,}8}{2}\,mm = 252{,}9\,mm = 25{,}29\,cm$

Flächeninhalt $A = \pi \cdot r^2 \approx \pi \cdot 25{,}29^2\,cm^2 = 2009{,}3\,cm^2$

3) Radius $A = \pi \cdot r^2$; $r^2 = \frac{A}{\pi}$

$r = \sqrt{\frac{A}{\pi}} = \sqrt{\frac{0{,}085}{\pi}\,m^2} \approx 0{,}16\,m = 16\,cm$

Durchmesser $d = 2r \approx 32\,cm$

Umfang $u = \pi \cdot d \approx 100{,}5\,cm$

b) $u = \pi \cdot d$; $d = \frac{u}{\pi} = \frac{100}{\pi}\,cm \approx 31{,}8\,cm$.

Ja, der Ball passt durch den Ring, weil sein Durchmesser ca. 3 cm kleiner als der Ring ist.

c) $u = \pi \cdot d$; $d = \frac{u}{\pi} = \frac{12}{\pi}\,cm \approx 3{,}8\,cm$.

Die Ohrringe haben einen Durchmesser von ca. 3,8 cm.

Tipp: **Schreibe dir die Formeln für den Flächeninhalt des Kreises heraus und forme nach der gesuchten Größe um. Lies hierzu S. 131 und S. 135. Bearbeite auf S. 135, Nr. 4.**

1 a) Flächeninhalt = Quadrat − Viertelkreis

$8 \cdot 8\,cm^2 - \frac{\pi \cdot 8^2}{4}\,cm^2 = 13{,}73\,cm^2$

Umfang:

$8\,cm + 8\,cm + \frac{u}{4} = 16\,cm + \frac{2 \cdot \pi \cdot 8}{4}\,cm \approx 28{,}6\,cm$

b) Flächeninhalt = großer Viertelkreis − kleiner Halbkreis

$\frac{\pi \cdot 8^2}{4}\,cm^2 - \frac{\pi \cdot 4^2}{2} \approx 25{,}13\,cm^2$

Umfang:

$8\,cm + \frac{\pi \cdot 4 \cdot 2}{2} + \frac{\pi \cdot 8 \cdot 2}{4} = 33{,}13\,cm$

Tipp: **Lies hierzu S. 135. Bearbeite auf S. 136, Nr. 12.**

[mittel]

2 Flächeninhalt Kochplatte:
Radius $r_1 = \frac{d}{2} = 9\,cm$
$A_1 = \pi \cdot r^2 = \pi \cdot 9^2\,cm^2 \approx 254{,}5\,cm^2$
Flächeninhalt Topfboden:
Radius $r_2 = \frac{d}{2} = 7{,}5\,cm$
$A_2 = \pi \cdot r^2 = \pi \cdot 7{,}5^2\,cm^2 \approx 176{,}7\,cm^2$
Überstehende Fläche:
$A_1 - A_2 = 254{,}5\,cm^2 - 176{,}7\,cm^2 = 77{,}8\,cm^2$
Prozentualer Anteil:
$\frac{77{,}8}{254{,}5} \approx 0{,}31 = 31\,\%$ der Plattenfläche sind nicht bedeckt, 69 % sind bedeckt.
Tipp: **Berechne die Fläche des Kreisrings.**
Lies hierzu S. 137. Bearbeite auf S. 137, Nr. 14.

3 Kegel: Höhe $h = 27\,cm$; Radius $r = \frac{d}{2} = 10\,cm$
Seitenlinie $s^2 = h^2 + r^2 = 829\,cm^2$; $s \approx 28{,}8\,cm$
Mantelfläche $M = \pi \cdot r \cdot s = \pi \cdot 10 \cdot 28{,}9\,cm^2 \approx 907{,}9\,cm^2$
Für das Hütchen benötigt man ca. 908 cm² Material.
Tipp: **Lies hierzu S. 142. Bearbeite auf S. 142, Nr. 2.**

4 Radius großer Kreis R: Seitenlinie $s = \frac{21}{2}\,cm = 10{,}5\,cm$
Umfang großer Kreis $U = 2 \cdot \pi \cdot R = 2 \cdot \pi \cdot 10{,}5\,cm \approx 66\,cm$
Umfang Grundkreis $u = \frac{U}{3} \approx 22\,cm$
Grundkreisradius $u = 2 \cdot \pi \cdot r$; $r = \frac{u}{2\pi} = 3{,}5\,cm$
Kegelhöhe $s^2 = r^2 + h^2$; $h^2 = s^2 - r^2 = 98\,cm^2$; $h = 9{,}9\,cm$
Tipp: **Lies hierzu S. 140.**
Bearbeite auf S. 140, Nr. 3.

5 a) Volumen:
$V = \pi r^2 h = \pi \cdot 3^2 \cdot 12\,cm^3 \approx 339{,}3\,cm^3$
$0{,}982 \cdot 339{,}3\,cm^3 \approx 333{,}2\,cm^3$
Die Dose enthält ca. 333,2 cm³ (ml) Getränk.
b) Oberfläche:
$O = 2\pi r^2 + 2\pi r h = 2 \cdot \pi \cdot 3^2 + 2\pi \cdot 3 \cdot 12\,cm^2 = 282{,}74\,cm^2$
$1{,}07 \cdot O = 302{,}54\,cm^2$
Man braucht für die Dose ca. 302,54 cm² Blech.
c) Länge der Raumdiagonale:
$l^2 = d^2 + h^2 = 180\,cm^2$; $l = 13{,}42\,cm$
Der Strohhalm sollte mindestens 14 cm lang sein, damit er noch ein Stück rausguckt.
Tipp: **Überlege dir vorher, welche Größen gegeben sind und welche gesucht sind.**
Lies hierzu S. 144/145. Bearbeite auf S 146, Nr. 4 und 7.

6 Eine Tasse fasst z. B. 200 ml ≙ 200 cm³. Für 10 Tassen muss die Kanne also mindestens 2000 cm³ fassen können.
Volumen Kanne z. B.: 2200 cm³
Ist die Kanne 12 cm hoch, beträgt ihr Durchmesser $d \approx 15{,}3\,cm$.
Abstände der Teilstriche:
$V = \pi r^2 h$; $h = \frac{V}{\pi r^2} = \frac{200}{\pi \cdot 7{,}65^2}\,cm \approx 1{,}1\,cm$
Die Teilstriche sollten einen Abstand von 1,1 cm haben.
Tipp: **Lies hierzu S. 145. Bearbeite auf S. 146, Nr. 6.**

[schwieriger]

2 Fläche Kreisring = Außenfläche − Innenfläche
$\pi r_2^2 - \pi \cdot \left(\frac{27{,}5}{2}\right)^2 m^2 = \pi r_2^2 - 593{,}95\,m^2$
Der Kies reicht für $20 \cdot 23\,m^2 = 460\,m^2$.
$\pi r_2^2 - 593{,}95\,m^2 = 460\,m^2$
$\pi r_2^2 \approx 1053\,m^2$
$r_2^2 \approx 335{,}5\,m^2$
$r_2 \approx 18{,}3\,m$
$18{,}3\,m - 13{,}75\,m = 4{,}55\,m$
Der Weg kann höchstens 4,55 m breit sein.
Tipp: **Mache dir vorher eine Skizze der Situation und notiere, welche Größen gegeben und welche gesucht sind.**
Lies hierzu S. 137 und bearbeite auf S. 137, Nr. 19.

3 Die Form entsteht, wenn von einem Kegel die Spitze abgeschnitten wird. Die Höhe der Spitze müsste berechnet werden. Dann müsste die Mantelfläche vom großen Kegel abzüglich der Mantelfläche der Kegelspitze berechnet werden.

4 Je mehr Kegel hergestellt werden, desto kleiner werden die Grundkreise, weil deren Umfänge immer kleiner werden. Die Seitenlinien bleiben immer gleich lang (21 cm : 2 = 10,5 cm). Je mehr Kegel hergestellt werden, desto höher werden sie:
$s^2 = h^2 + r^2$; $h^2 = s^2$ (bleibt gleich) − r^2 (wird kleiner)
Tipp: **Lies hierzu S. 140 und bearbeite auf S. 140, Nr. 3.**

5 a) Volumen:
$V = \pi r^2 h = \pi \cdot 3^2 \cdot 12\,cm^3 \approx 339{,}3\,cm^3$
$0{,}982 \cdot 339{,}3\,cm^3 \approx 333{,}2\,cm^3$
Die Dose enthält ca. 333,2 cm³ (ml) Getränk.
b) Durchmesser: 8 cm, Radius: 4 cm
$V = \pi r^2 h$; $339{,}3\,cm^3 = \pi \cdot 4^2 \cdot h$
$h = \frac{339{,}3}{\pi \cdot 16}\,cm \approx 6{,}75\,cm$
Oberfläche:
$O = 2\pi r^2 + 2\pi r h = (2\pi \cdot 4^2 + 2\pi \cdot 4 \cdot 6{,}75)\,cm^2 \approx 270{,}18\,cm^2$
Die Oberfläche ist kleiner.
c) zweite Dose:
$l^2 = h^2 + d^2 = 6{,}75^2 + 8^2 = 109{,}56\,cm^2$; $l \approx 10{,}47\,cm$
Für die zweite Dose reicht ein 11 cm langer Strohhalm.
Tipp: **Lies hierzu S. 144/145. Bearbeite auf S. 146, Nr. 6 und 7.**

6 Kreis mit Durchmesser 1 km = 1000 m
$A = \pi r^2 = \pi \cdot 500^2\,m^2 \approx 785\,398\,m^2$
Volumen bei 15 m Tiefe: $V = A \cdot 15\,m^3 \approx \underline{11\,780\,972}\,m^3$
$1\,m^3 = 1000\,l = 10\,hl$; 100 Mio $hl = \underline{10\,000\,000}\,m^3$
Von der Größenordnung her passen die Ergebnisse zusammen.
Tipp: **Berechne das Volumen des Sees und vergleiche dann den angegebenen Wert.**
Bearbeite auf S. 146, Nr. 11.

[mittel]

Test Seite 164

1 a) $6^4 = 1296$ b) $12^3 = 1728$
c) $50^6 = 15\,625\,000\,000$ c) $0{,}3^5 = 0{,}002\,43$
Tipp: **Lies hierzu S. 154. Bearbeite auf S. 154, Nr. 3 und 4.**

2 a) $10^6 = 100^3 = 1000^2$ b) $8^2 = 4^3 = 2^6$
c) $25^2 = 5^4$ d) $10\,000^2 = 100^4 = 10^8$
Tipp: **Lies hierzu S. 154. Bearbeite auf S. 154, Nr. 8.**

3 a) $6{,}5 \cdot 10^7$ b) $3{,}88 \cdot 10^8$
c) $9{,}6 \cdot 10^{-3}$ d) $2{,}004 \cdot 10^{-4}$
Tipp: **Lies hierzu S. 155 und 158. Bearbeite auf S. 156, Nr. 5 und auf S. 158, Nr. 1.**

4 $1{,}08 \cdot 10^8 > 5{,}8 \cdot 10^7 > 20 \cdot 10^6 > 0{,}6 \cdot 10^6 > 2{,}4 \cdot 10^{-4}$
Tipp: **Schreibe erst alle Zehnerpotenzen in wissenschaftlicher Notation und vergleiche dann.**
Bearbeite auf S. 156, Nr. 6 und 10.

5 $0{,}0002 = 2 \cdot 10^{-4}$
$200 \cdot 10^5 = 2 \cdot 10^7$
$0{,}02 \cdot 10^6 = 20 \cdot 10^3$
Tipp: **Schreibe erst alle Zehnerpotenzen in wissenschaftlicher Notation und vergleiche dann.**
Bearbeite auf S. 158, Nr. 2.

6 29,8 km/s ≙ 29,8 · 86 400 km pro Tag ≙ 2 574 720 km pro Tag
= 939 772 800 km pro Jahr
Die Erde legt am Tag ca. $2{,}57 \cdot 10^6$ km und im Jahr ca. $9{,}4 \cdot 10^8$ km zurück.
Tipp: **Ein Tag hat 86 400 (60 · 60 · 24) Sekunden, ein Jahr hat 365 Tage. Rechne dann z. B. mit dem Dreisatz.**
Bearbeite auf S. 153, Nr. 8.

7 Lichtgeschwindigkeit: 300 000 km/s
Sekunden in 1 Jahr: 31 536 000 s
Sekunden in 2,7 Mio Jahren: $2{,}7 \cdot 10^6 \cdot 31\,536\,000\,\text{s} = 8{,}514\,72 \cdot 10^{13}\,\text{s}$
Strecke: $300\,000\,\text{km/s} \cdot 8{,}514\,72 \cdot 10^{13}\,\text{s} \approx 2{,}55 \cdot 10^{19}\,\text{km}$
Die Galaxie ist ca. $2{,}55 \cdot 10^{19}$ km von der Erde entfernt.
Sekunden in 163 000 Jahren: ca. $5{,}14 \cdot 10^{12}$ s
Durchmesser: $5{,}14 \cdot 10^{12}\,\text{s} \cdot 300\,000\,\text{km/s} \approx 1{,}54 \cdot 10^{18}\,\text{km}$
Ihr Durchmesser beträgt ca. $1{,}54 \cdot 10^{18}$ km.
Bearbeite auf S. 153, Nr. 6 und 7.

[schwieriger]

1 a) $80^6 = 262\,144\,000\,000$ b) $0{,}4^5 = 0{,}010\,24$
c) $0{,}75^3 = 0{,}421\,875$ d) $3{,}25^3 = 34{,}328\,125$
Tipp: **Lies hierzu S. 154. Bearbeite auf S. 154, Nr. 3 und 4.**

2 a) $0{,}04^2 = 0{,}2^4$ b) $16^2 = 4^4 = 2^8$
c) $27^2 = 9^3 = 3^6$ d) $0{,}09^2 = 0{,}3^4$
Tipp: **Lies hierzu S. 154. Bearbeite auf S. 154, Nr. 8.**

3 a) $3{,}75 \cdot 10^7$ b) $8{,}690\,47 \cdot 10^{-3}$
c) $5{,}488 \cdot 10^{11}$ d) $5{,}37 \cdot 10^{-7}$
Tipp: **Lies hierzu S. 155 und 158. Bearbeite auf S. 156, Nr. 5 und auf S. 158, Nr. 1.**

4 $801 \cdot 10^7 > 8{,}01 \cdot 10^8 > 0{,}08 \cdot 10^7 > 800 \cdot 10^{-4} > 0{,}08 \cdot 10^{-3}$
Tipp: **Schreibe erst alle Zehnerpotenzen in wissenschaftlicher Notation und vergleiche dann.**
Bearbeite auf S. 156, Nr. 6 und 10 und auf S. 158, Nr. 2.

5 a) $1{,}25 \cdot 10^{-4} \cdot 10^7 = 1{,}25 \cdot 10^3$
b) $65 \cdot 10^3 = 0{,}65 \cdot 10^{-3} \cdot 10^8$
$0{,}4 \cdot 10^8 = 400 \cdot 10^5$
Tipp: **Zehnerpotenzen werden multipliziert, indem man die Basis addiert.**
Bearbeite auf S. 159, Nr. 7.

6 Lichtgeschwindigkeit: ca. 300 000 km/s
Sekunden in 12 Jahren: $378\,432\,000 \approx 3{,}78 \cdot 10^8$ s
Strecke: $3{,}78 \cdot 10^8\,\text{s} \cdot 300\,000\,\text{km/s} \approx 1{,}14 \cdot 10^{14}\,\text{km}$
Das Licht hat in 12 Jahren ca. $1{,}14 \cdot 10^{14}$ km zurückgelegt.
Tipp: **Ein Tag hat 86 400 (60 · 60 · 24) Sekunden, ein Jahr hat 365 Tage.**
Bearbeite auf S. 153, Nr. 5 bis 7.

7 a) $700 \cdot 2^{12} = 2\,867\,200$
In 6 Stunden sind ca. 2 867 200 Keime vorhanden.
Nach x Stunden: $700 \cdot 2^{2x}$
b) $700 \cdot 2^{2x} = 10^9$; $2^{2x} = 10^9 : 700 \approx 1\,400\,000$; $2^{20} = 1\,048\,576$
Es dauert etwas mehr als 10 Stunden.
Tipp: **In einer halben Stunde verdoppelt sich die Anzahl der anfänglichen Keime, d. h. in einer Stunde verdoppelt sich der Startwert also zweimal usw.**
Bearbeite auf S. 156, Nr. 12.

Querbeet Seite 190 – 196

1 Radrennen

a) Das Radrennen wird ungefähr 86 Minuten dauern.

b) Die A-Fahrer erreichen nahezu gleichzeitig mit den B-Fahrern das Ziel. (Der berechnete Vorsprung der B-Gruppen-Fahrer von 42 s ist vernachlässigbar).

c) Der Ausreißer wird ca. 3 Minuten früher als das Hauptfeld eintreffen.

2 Ganz schön viel

Alle diese Aufgaben beruhen auf deinen eigenen Schätzungen und Annahmen, deshalb kann es eine richtige Lösung nicht geben. Allerdings musst du den Weg, den du bei deinen Schätzungen und Berechnungen gegangen bist, darlegen können.

a) In der Saison 2005/2006 waren fast 11 Millionen Zuschauer in den Stadien.

b) Hier kannst du verschiedene Strategien verfolgen, z. B. mindestens ein Bolzplatz pro Stadtteil oder du machst deine Schätzungen abhängig von der Anzahl der Einwohner oder der Kinder.

c) Realistisch sind Angaben zwischen 10 km und 14 km pro Spiel.

3 Hochsprung

a) Die Abbildung zeigt die Graphen der drei Sprünge bei einer Armlänge von 70 cm. Der schwarze Graph zeigt den Sprung bei optimalem Absprung, der blaue bei übergetretenen 20 cm und der rote bei einem um 30 cm zu frühen Absprung.

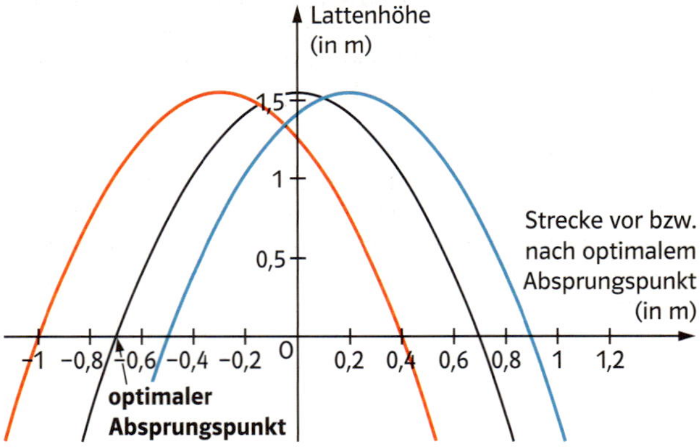

b) Der richtige Absprung ist also wichtig um die maximale Höhe auch tatsächlich am Lattengerüst zu erreichen.

c) Ein zu früher oder zu später Absprung verschiebt den Graphen nach links bzw. rechts und führt somit zu einer niedrigeren Sprunghöhe am Lattengerüst (Schnittpunkt mit der y-Achse).

d) Am Sprunggerüst würde eine Höhe von etwa 1,48 m erreicht werden.

Hinweis: Andere Armlängen führen zu anderen Werten.

4 Tour de France

a) Die senkrechten Zahlen an der Kurve geben die Höhe (in m) der einzelnen Abschnitte an, die waagerechten Zahlen die durchschnittliche Steigung der Abschnitte.

b) Die Farben sind Steigungsklassen von grün ≙ geringe Steigung bis rot ≙ starke Steigung.

c) z. B. Kurvenverlauf, Straßenbelag, genaue Angabe von Teilsteigungen

d) Individuelle Lösung. Der Bericht sollte die ablesbaren Eckdaten der Grafik enthalten.

e) Differenz der Höhenmeter durch die gefahrene Strecke ergibt 6,89 %.

Es gibt noch andere Berechnungsmethoden, die jedoch gut begründet werden müssen.

f) Die Grafik gibt die Geschwindigkeit eines Radfahrers in Abhängigkeit von der Steigung in % an. Dabei ist rechts von der y-Achse die Steigung positiv (Anstieg), links davon negativ (Gefälle).

g)

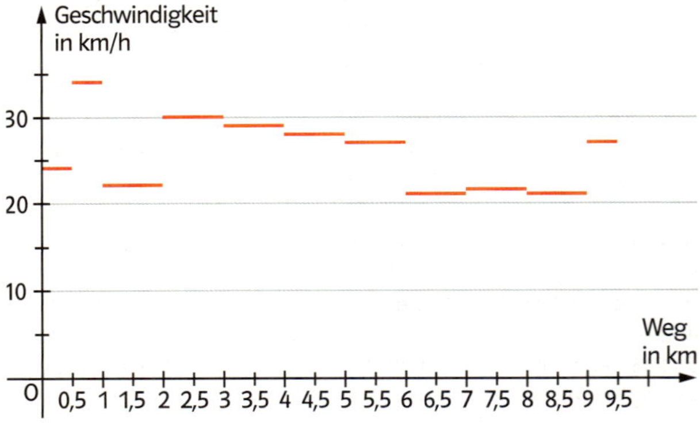

h) Aussage 1 kann man nicht beurteilen, da Zwischenabfahrten nicht dargestellt werden.

Die Aussagen 2 und 3 sind richtig. Aussage 4 kann man nicht beurteilen, da nur durchschnittliche Steigungen angegeben sind.

5 Laufen

a) Durch die unterschiedlichen Krümmungen der Bahnen müssen die Läufer auf den äußeren Bahnen einen größeren Radius laufen. Dafür starten sie weiter vorne.

b) Länge der Innenbahn: $2 \cdot 84{,}39 + 2 \cdot 36{,}50 \cdot \pi = 398{,}12\,\text{m}$

c) Die Laufspur wird nicht an der Innenkante gemessen. Man geht davon aus, dass der Läufer auf der ersten Bahn 30 cm vom Innenrand entfernt ist. (ergibt rund 400 m)

d) 403,21 m; 407,04 m; 410,87 m; 414,7 m; 418,54 m; 422,37 m; 426,2 m

e) 200-m-Lauf: 1,61 m; dann je 1,91 m

400-m-Lauf: 3,21 m; dann je 3,82 m

6 Medaillenspiegel

a) Anzahl der Goldmedaillen
b) z. B. Norwegen (viele Medaillen aber relativ wenig goldene)
c) Z. B. Wichten der Medaillen (Gold = 5; Silber = 3; Bronze = 1).
d) und e) Bei diesen Aufgabenteilen musst du deinen Vorschlag schlüssig begründen.
f) z. B. Gold (3), Silber (2) und Bronze (1), dann hätte Niederlande 13 Punkte und Norwegen 31 Punkte.

7 Basketball

Der Umfang des Balles ist max. 78 cm, dann ist der Radius $r = 12{,}41\,cm$ und somit die Fläche, die ein Basketball benötigt $A = 483{,}83\,cm^2$. Für die Gesamtfläche des Korbes ergibt sich $A_K = 1590{,}43\,cm^2$.
Der Vergleich der Flächen ergibt tatsächlich eine um den Faktor 3,29 größere Fläche des Korbes. Allerdings können die Basketbälle ja nicht ihre Form ändern und ein Vergleich der Durchmesser zeigt, dass nicht einmal zwei Basketbälle nebeneinander durchpassen.

8 Tennis

a) Die Wahrscheinlichkeit einen Doppelfehler zu begehen liegt bei Spieler A bei 2,66 % und bei Spieler B bei 2,99 %.
b) Es ist ein Doppelfehler zu erwarten.

9 Bundesjugendspiele

a) Die durchschnittliche Wurfweite bei den Mädchen beträgt ca. 21,7 m, bei den Jungen 35,4 m. Insgesamt kommt die Klasse auf eine durchschnittliche Weite von 28,6 m.
b) Angenommen deine Wurfweite beträgt 27,5 m. Dann hättest du die geringste Weite um 289 % übertroffen, deine Abweichung betrüge also 189 %. Du hättest 51 % der Höchstweite erreicht, also eine Abweichung von 49 % von der Höchstweite. Du hättest 96,2 % der durchschnittlichen Weite erreicht, die Abweichung beträgt somit 3,8 %.

10 Skisprunganlage

Die Länge der Anlaufbahn ist offiziell mit 101 m angegeben. Weitere Infos findest du unter http://www.schanzen-einsiedeln.ch.

11 Werfen

a) Die Sportgeräte beschreiben in der Beschleunigungsphase Kreise um den Sportler. Zu bestimmen sind die Radien der Kreise, die Anzahl der Umdrehungen ist gegeben. Dann lässt sich der Weg berechnen.
Beim Diskus ergibt sich so eine Weglänge von ca. 7,7 m. Beim Hammerwurf muss zu der Armlänge von 70 cm noch die Länge des Drahtes addiert werden. Als Beschleunigungsstrecke ergibt sich dann eine Länge von 42,2 m.
b) z. B. den Scheitelpunkt und den Punkt, wo die Scheibe auftrifft.

12 Wurfsektor

a) Bei der Zeichnung ist zu berücksichtigen, dass die Wurflängen ab dem Rand des Abwurfkreises gemessen werden.

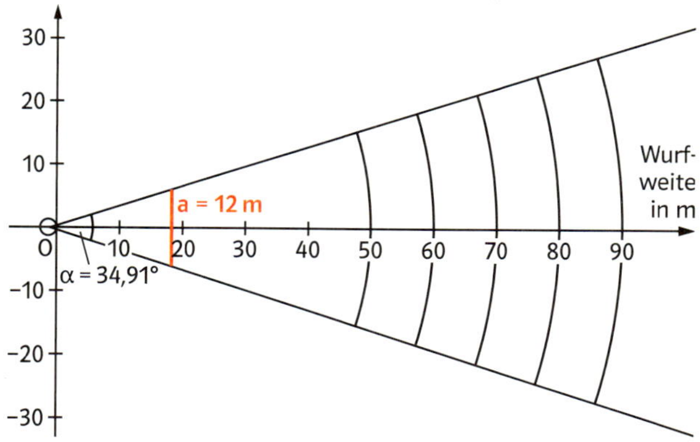

b) Der gemessene Winkel beträgt 34,9°. Diese Angabe wäre in der Realität als Konstruktionsvorgabe allerdings nicht gut brauchbar, da es zum Messen von Winkeln über Distanzen von 90 m aufwändiger Geräte bedarf. Hier ist die umsetzbare Angabe zum Anlegen der Sektoren praktischer.
c) Die Länge der gesamten Markierungen beträgt ca. 400 m. Die benötigte Zeit, die ein gewissenhafter Mitarbeiter für diese Strecke braucht, wird wohl ca. 15 Minuten betragen.

13 Baumstammwerfen

Um diese Aufgabe lösen zu können, muss man die Länge und den Durchmesser des Baumstammes schätzen. Hierzu bieten sich Vergleichsgrößen im Bild an. Mit einem geschätzten Durchmesser von 10 cm und einer geschätzten Länge von 6 m ergibt sich ein Gewicht von ca. 19 kg.

14 Ringen

Die Gesamtfläche hat einen Durchmesser von 9 m und ist kreisförmig. Hieraus ergibt sich eine Fläche von $63{,}62\,m^2$. Die Ringkampfzone hat lediglich eine Fläche von $38{,}48\,m^2$. Die Passivzone hat eine Fläche von $25{,}14\,m^2$. Das sind 39,52 % der gesamten Fläche.

Bezeichnungen und Symbole

Mathematische Zeichen und Abkürzungen

$=$	gleich	$\sim$	proportional, ähnlich (geom.)
$\neq$	nicht gleich, ungleich	$\parallel$	parallel zu
$<$	kleiner als	$\perp$	rechtwinklig zu, senkrecht auf
$\leqq$	kleiner oder gleich	∢	Winkel
$>$	größer als	∢ ASB	Winkel ASB mit dem Scheitel S
$\geqq$	größer oder gleich	⊾	rechter Winkel (90°)
$\approx$	ungefähr gleich, rund, etwa	$\overline{AB}$	Strecke mit den Endpunkten A und B
$\widehat{=}$	entspricht	$\lvert a \rvert$	Betrag von a

Griechisches Alphabet

α	Alpha	η	Eta	ν	Ny	τ	Tau
β	Beta	ϑ	Theta	ξ	Xi	υ	Ypsilon
γ	Gamma	ι	Jota	o	Omikron	φ	Phi
δ	Delta	$\varkappa$	Kappa	π	Pi	χ	Chi
ε	Epsilon	λ	Lambda	ϱ	Rho	ψ	Psi
ζ	Zeta	μ	My	σ	Sigma	ω	Omega

Altgriechische Zahlwörter

1	Mono	5	Penta	9	Nona	15	Pentadeka
2	Di	6	Hexa	10	Deka	16	Hexadeka
3	Tri	7	Hepta	11	Undeka	17	Heptadeka
4	Tetra	8	Okta	12	Dodeka	Viele	Poly

Zahlen und Zahlengerade

Natürliche Zahlen $\mathbb{N}$ sind 0; 1; 2; 3; 4; …

Ganze Zahlen $\mathbb{Z}$ sind … −3; −2; −1; 0; 1; 2; 3; 4; …

Rationale Zahlen $\mathbb{Q}$ sind z. B. $\frac{1}{2}$; −1,3; $\frac{4}{3}$; 0,02; 0,3. Rationale Zahlen lassen sich als Bruch, als abbrechende oder als periodische Dezimalzahl schreiben.

Die kleinere von zwei rationalen Zahlen liegt weiter links auf der Zahlengerade.

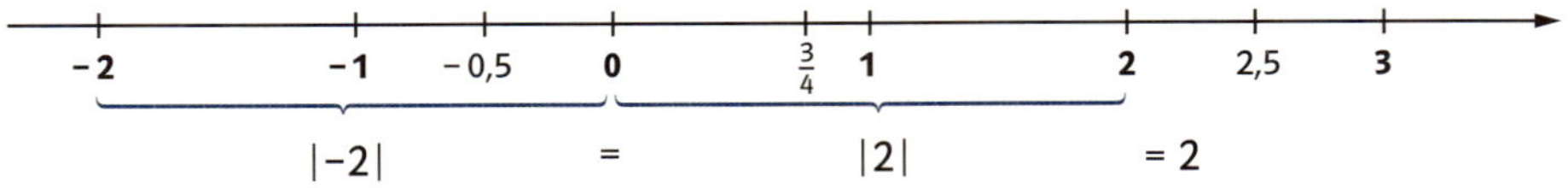

Zahlen mit demselben **Betrag** sind auf der Zahlengeraden gleich weit von der Null entfernt.

Irrationale Zahlen sind z. B. $\sqrt{2}$ oder π. Sie sind nicht abbrechende, nicht periodische Dezimalzahlen.
Alle rationalen und irrationalen Zahlen sind **reelle Zahlen** $\mathbb{R}$.

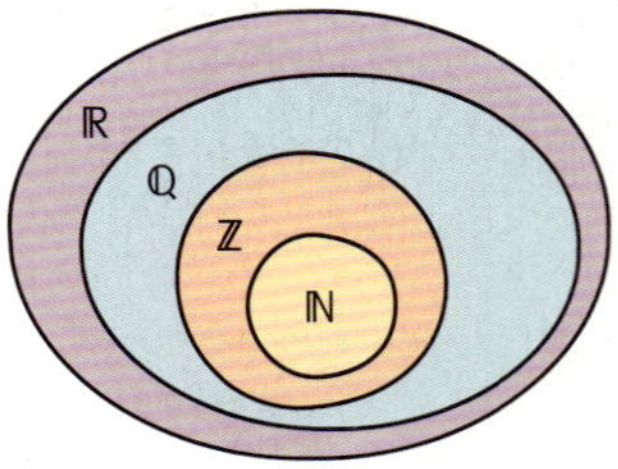

Rechenarten (Bezeichnung und Sprechweisen)

Rechenart		Der Term heißt	a heißt	b heißt
Addition	$a + b$	Summe	1. Summand	2. Summand
Subtraktion	$a - b$	Differenz	Minuend	Subtrahend
Multiplikation	$a \cdot b$	Produkt	1. Faktor	2. Faktor
Division	$a : b \quad (b \neq 0)$	Quotient	Dividend	Divisor
Potenzieren	a^b	Potenz	Basis	Exponent

Rechengesetze

Kommutativgesetz

Addition $a + b = b + a$

Multiplikation $a \cdot b = b \cdot a$

Assoziativgesetz

Addition $a + (b + c) = (a + b) + c$

Multiplikation $a \cdot (b \cdot c) = (a \cdot b) \cdot c$

Distributivgesetz

$a \cdot (b + c) = a \cdot b + a \cdot c$

$(a + b) : c = a : c + b : c$

Zuordnung

Proportionale Zuordnungen

Dem Doppelten (Dreifachen, ...) der einen Größe entspricht das Doppelte (Dreifache,...) der anderen Größe.

Beispiel: 3 kg kosten 12,60 €, wie viel kosten 7 kg?

Lösung mit **Dreisatz**:

$$\begin{aligned} &3\,\text{kg} \mathrel{\hat{=}} 12{,}60\,€ \\ :3 \quad &1\,\text{kg} \mathrel{\hat{=}} \frac{12{,}60}{3}\,€ \quad :3 \\ \cdot 7 \quad &7\,\text{kg} \mathrel{\hat{=}} \frac{12{,}60 \cdot 7}{3}\,€ = 29{,}40\,€ \quad \cdot 7 \end{aligned}$$

Antiproportionale Zuordnungen

Dem Doppeltem (Dreifachen, ...) einer Größe entspricht die Hälfte (der dritte Teil, ...) der anderen Größe.

Beispiel: 24 Schüler zahlen jeweils 15 €. Wie viel müssen 25 Schüler zahlen?

Lösung mit **Dreisatz**:

$$\begin{aligned} &24\ \text{Schüler} \mathrel{\hat{=}} 15\,€ \\ :24 \quad &1\ \text{Schüler} \mathrel{\hat{=}} 14 \cdot 24\,€ \quad \cdot 24 \\ \cdot 25 \quad &25\ \text{Schüler} \mathrel{\hat{=}} \frac{15 \cdot 24}{25}\,€ = 14{,}40\,€ \quad :25 \end{aligned}$$

Termumformungen

Ausklammern

$ab + ac - ad = a(b + c - d)$

Ausmultiplizieren

$a(-b + c - d) = -ab + ac - ad$

Multiplizieren von Summen

$(a + b) \cdot (c + d) = ac + ad + bc + bd$

Binomische Formeln

$(a + b)^2 = a^2 + 2ab + b^2$

$(a - b)^2 = a^2 - 2ab + b^2$

$(a - b)(a + b) = a^2 - b^2$

Wurzeln und Potenzen

Die **Quadratwurzel** $\sqrt{b}$ einer positiven Zahl b, ist die positive Zahl, die mit sich selbst multipliziert b ergibt.
$(\sqrt{b})^2 = b$

Rechnen mit Wurzeln $\sqrt{a} \cdot \sqrt{b} = \sqrt{a \cdot b}$ $\frac{\sqrt{a}}{\sqrt{b}} = \sqrt{\frac{a}{b}}$ $\sqrt{a^2 b} = a\sqrt{b}$

Produkte aus gleichen Faktoren kann man kürzer als **Potenz** schreiben $\underbrace{a \cdot a \cdot a \cdot a \cdot \ldots \cdot a}_{\text{n-Faktoren}} = a^n$

Terme und Gleichungen

Term
Terme sind mathematisch sinnvolle Ausdrücke, die aus Zahlen, Rechenzeichen und Variablen bestehen können.
Werden für die Variable Zahlen eingesetzt, dann kann jeweils der **Wert des Terms** berechnet werden.

$2x + 5$; $(b - 156)^2$; $z : 32$

Wert von $2x + 5$ für $x = 2$
$2 \cdot 2 + 5$, also 9

Gleichung
Werden zwei Terme durch ein Gleichheitszeichen verbunden, dann entsteht eine Gleichung.

Term 1: $3x + 5$ Term 2: $7 - 2x$
$3x + 5 = 7 - 2x$

Winkel

Winkelgrößen
Winkelgrößen werden im Gradmaß angegeben.

Spitzer Winkel

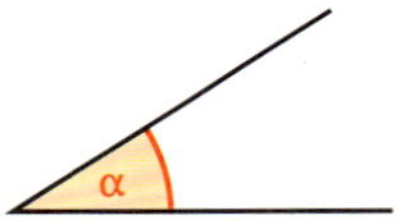

$0° < \alpha < 90°$

Rechter Winkel

$\alpha = 90°$

Stumpfer Winkel

$90° < \alpha < 180°$

Überstumpfer Winkel

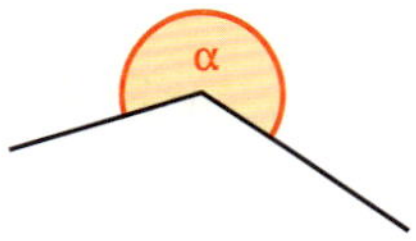

$180° < \alpha < 360°$

Ein **gestreckter Winkel** entspricht 180°; ein **Vollwinkel** entspricht 360°.

Winkel an sich schneidenden Geraden

Scheitelwinkel
sind gleich groß:
$\alpha = \beta$

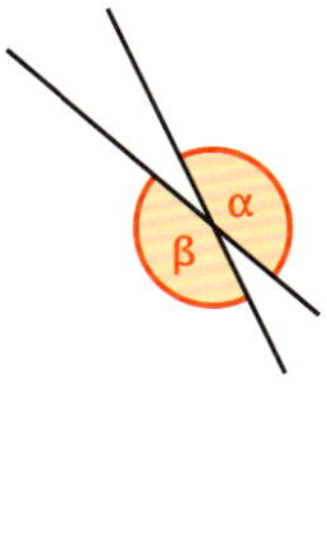

Nebenwinkel
ergeben zusammen 180°:
$\alpha + \beta = 180°$

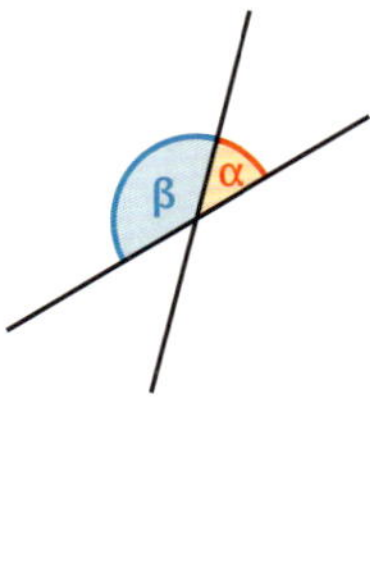

Stufenwinkel
$\alpha = \beta$ und $\gamma = \delta$

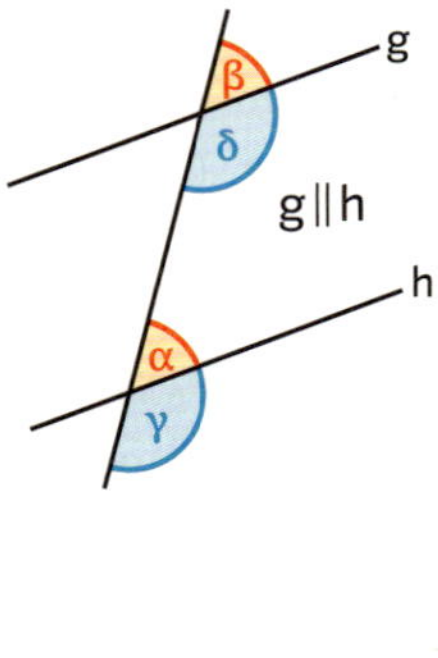

Wechselwinkel
$\alpha = \beta$ und $\gamma = \delta$

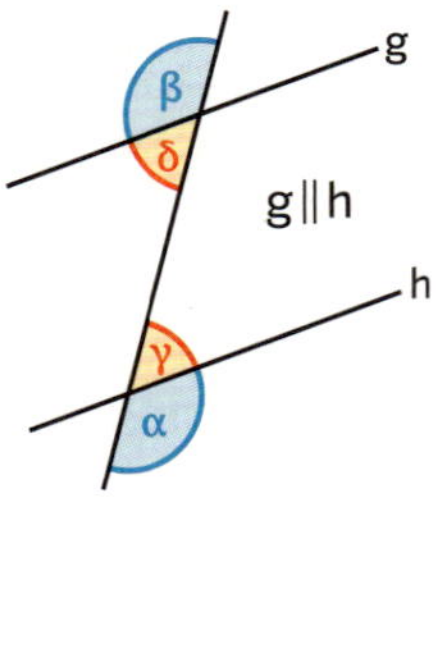

Lineare Funktion, Gerade

Funktionsgleichung: $f(x) = ax + b$
a **Steigung** der Geraden
b **y-Achsenabschnitt**
Die Steigung lässt sich berechnen, wenn die Punktkoordinaten zweier Punkte auf der Geraden bekannt sind.

$a = \frac{y_2 - y_1}{y_2 - y_1}$

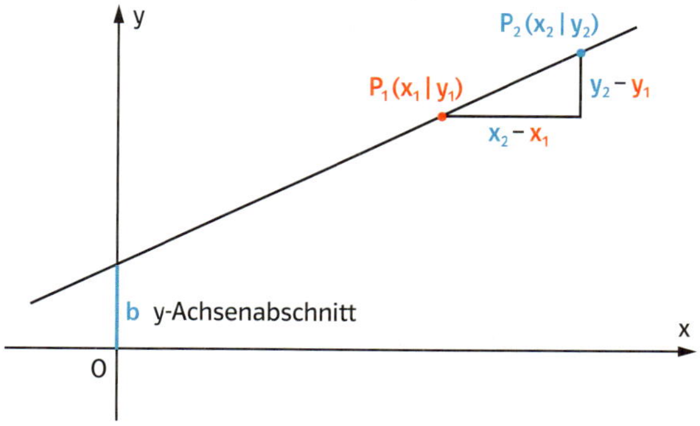

Lineare Gleichungssysteme mit zwei Variablen

Ein lineares Gleichungssystem besteht aus zwei linearen Gleichungen.
Rechnerische Lösungen sind:

Das **Einsetzverfahren**

I) $y = 2x + 4$
II) $x = -3y + 1{,}5$
II) in I) $y = 2(-3y + 1{,}5) + 4$
I′) $y = 1$
I′) in II) $x = -1{,}5$

Das **Gleichsetzungsverfahren**

I) $y = 2x + 4$
II) $y = -3x - 6$ } rechte Terme gleichsetzen
$2x + 4 = -3x - 6$
I′) $x = -2$
I′) in I) $y = 0$

Das **Additions-** bzw. **Subtraktionsverfahren**

I) $y = 2x + 4$
II) $y = -2x - 6$ } +
I′) $y = -2$
I′) in I) $x = -3$

Zur zeichnerischen Lösung werden die beiden Gleichungen als Geraden dargestellt.
Man unterscheidet drei Möglichkeiten:

Die Geraden schneiden sich in S.	Die Geraden sind zueinander parallel	Die Geraden sind identisch
genau eine Lösung	keine Lösung	unendlich viele Lösungen
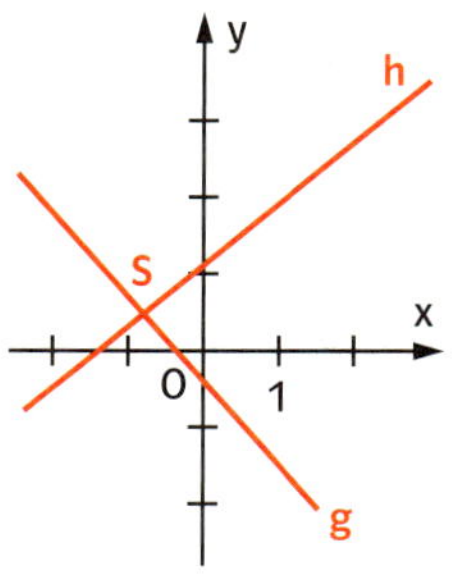	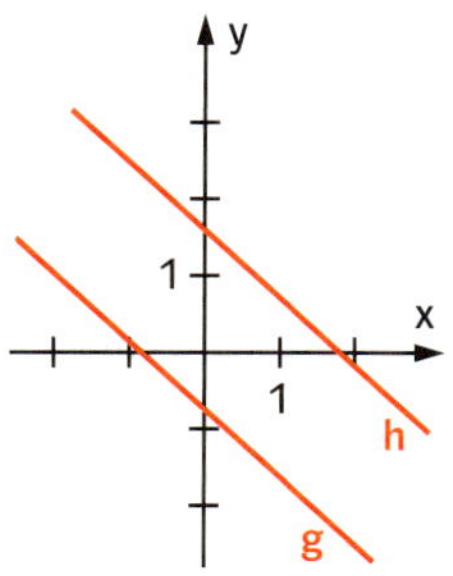	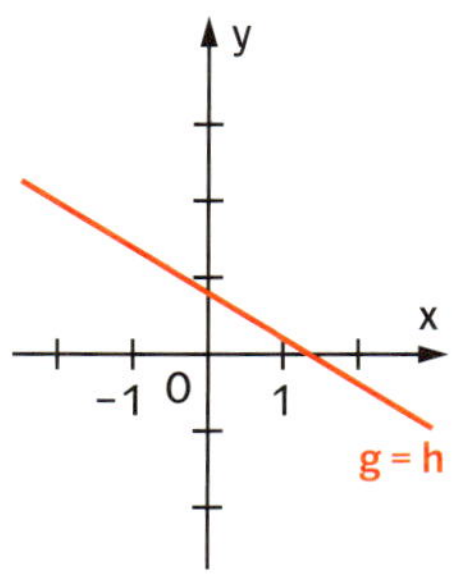

Quadratische Funktion, Parabel

Normalparabel
Funktionsgleichung: $y = x^2$; Scheitelpunkt: S(0|0)
Auf y-Achse verschobene Parabel, z. B. $f(x) = x^2 + 2$
Scheitelpunkt: S(0|2)

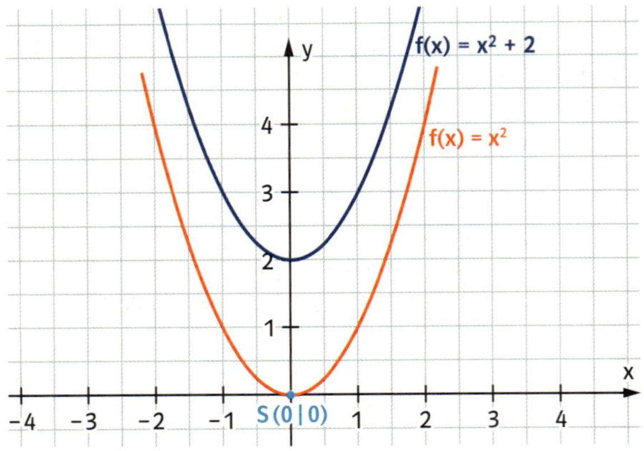

Schmale und breite Parabeln
Funktionsgleichung: $f(x) = ax^2$; Scheitelpunkt: S(0|0)

a bestimmt die Öffnung der Parabel:
$a > 0$: nach oben offen
$a < 0$: nach unten offen
$a > 1$ und $a < -1$: schmaler als Normalparabel
$0 < a < 1$ und $-1 < a < 0$: breiter als Normalparabe

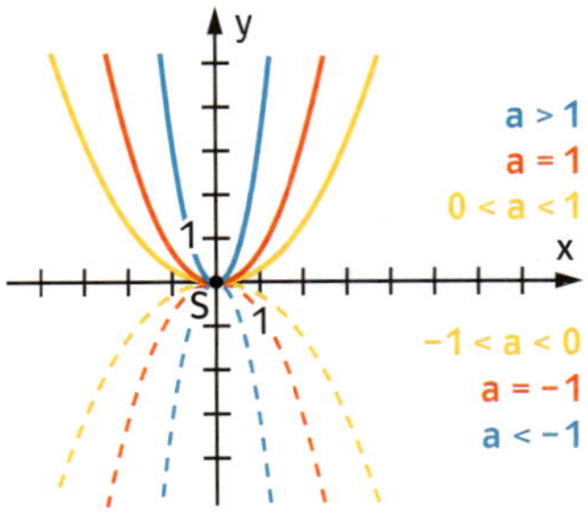

Ähnlichkeit und zentrische Streckung

Eine zentrische Streckung ist durch ein **Streckzentrum Z** und den **Streckfaktor k** = $\frac{\text{Länge der Bildstrecke}}{\text{Länge der Originalstrecke}}$ festgelegt.

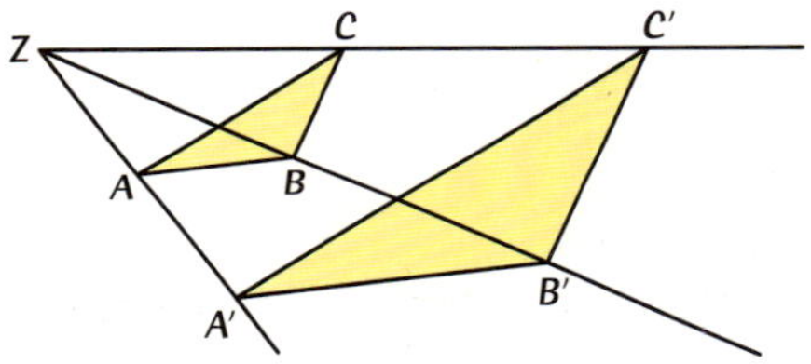

Strahlensätze

Werden zwei Strahlen oder zwei Geraden von zwei Parallelen geschnitten, so gilt:

1. Strahlensatz (entsprechende Abschnitte auf den Strahlen oder Geraden)

$\frac{a_1}{a_2} = \frac{b_1}{b_2}$ und $\frac{a_1}{a_3} = \frac{b_1}{b_3}$ und …

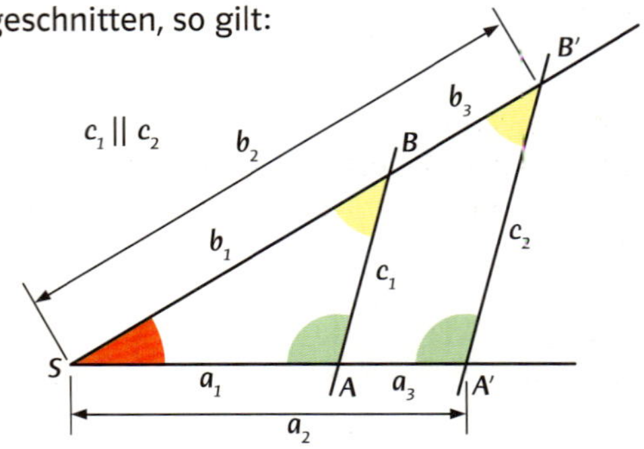

2. Strahlensatz (entsprechende Abschnitte auf den Parallelen und einem Strahl oder einer Geraden von S aus gemessen)

$\frac{c_1}{c_2} = \frac{a_1}{a_2}$ und $\frac{c_1}{c_2} = \frac{b_1}{b_2}$.

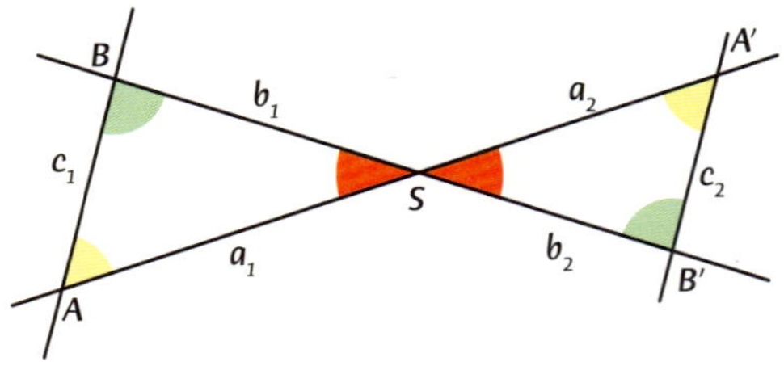

Dreiecke

Winkelsumme
$\alpha + \beta + \gamma = 180°$

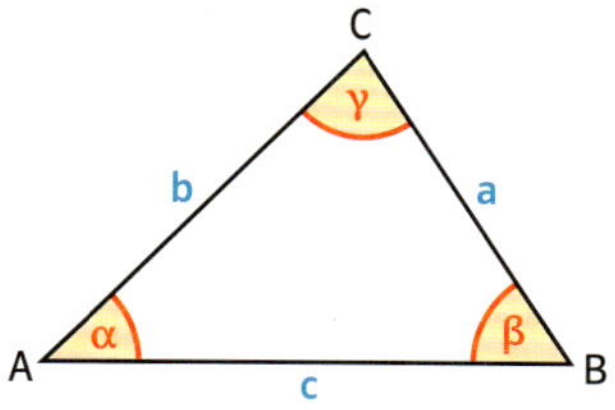

Allgemeines Dreieck
Flächeninhalt
$A = \frac{g \cdot h}{2}$
g: Grundseite
h: Höhe zur Grundseite

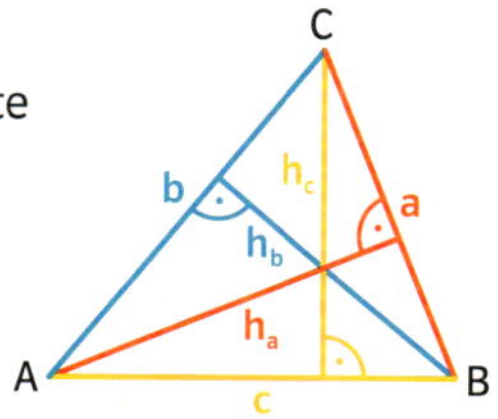

$A = \frac{a \cdot h_a}{2}$ oder
$A = \frac{b \cdot h_b}{2}$ oder
$A = \frac{c \cdot h_c}{2}$

Gleichschenkliges Dreieck
Zwei Seiten (die **Schenkel**) sind gleich lang: $a = b$
Die **Basiswinkel** sind gleich groß: $\alpha = \beta$

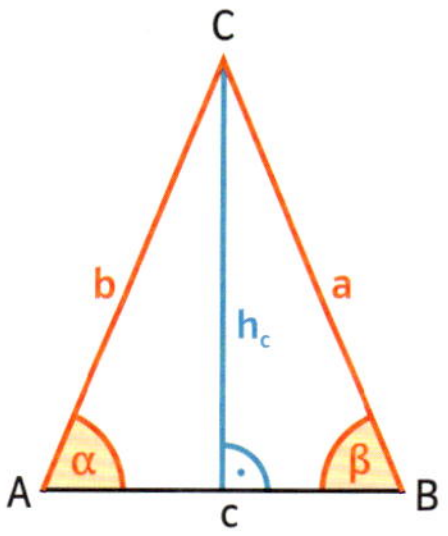

Gleichseitiges Dreieck
Alle Seiten sind gleich lang: $a = b = c$
Alle Winkel sind gleich groß: $\alpha = \beta = \gamma = 60°$

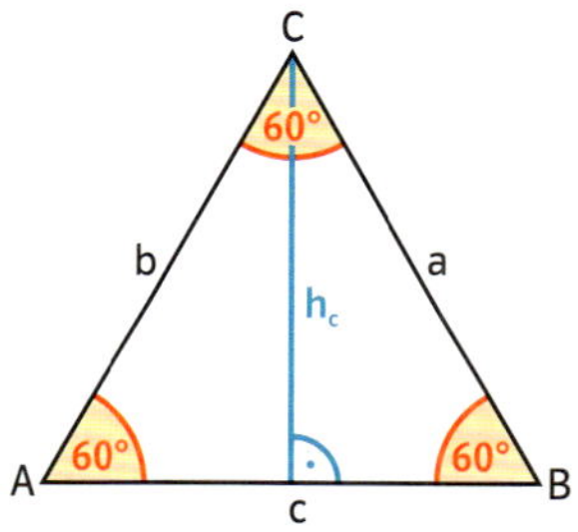

Rechtwinkliges Dreieck
Die dem rechten Winkel (90°) gegenüberliegende Seite heißt **Hypotenuse**.
Die beiden anderen Seiten heißen **Katheten**.

Ist $\gamma = 90°$, dann gilt für den Flächeninhalt
$A = \frac{a \cdot b}{2}$ oder auch $A = \frac{c \cdot h_c}{2}$.

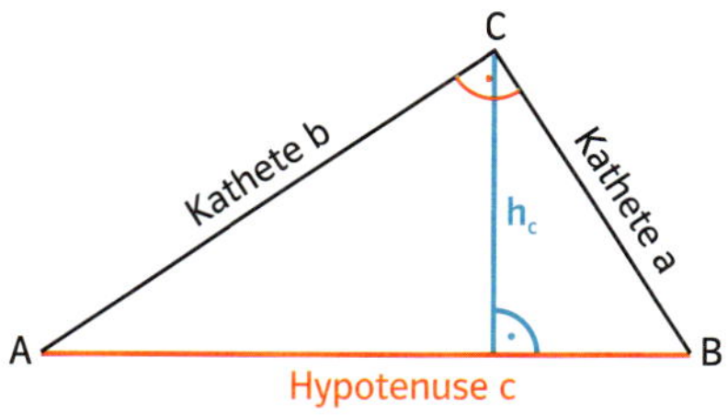

Satz des Pythagoras
Im rechtwinkligen Dreieck ist das Quadrat über der Hypotenuse gleich der Summe der Quadrate über den beiden Katheten:
$a^2 + b^2 = c^2$.

Umkehrung
Gilt bei einem Dreieck $a^2 + b^2 = c^2$, dann ist das Dreieck rechtwinklig.

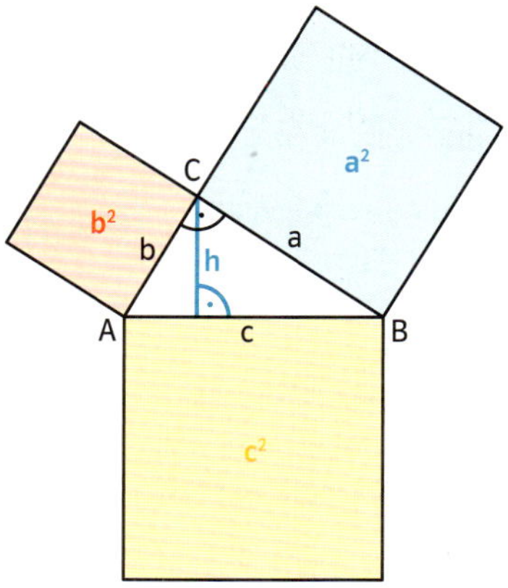

Kongruenzsätze für Dreiecke

Zwei Dreiecke sind **kongruent** (**deckungsgleich**), wenn eine der vier Bedingungen erfüllt ist:

Kongruenzsatz sss:	Die Dreiecke stimmen in drei entsprechenden Seiten überein.
Kongruenzsatz sws:	Die Dreiecke stimmen in zwei entsprechenden Seiten überein und die von diesen Seiten jeweils eingeschlossenen Winkel sind gleich groß.
Kongruenzsatz Ssw:	Die Dreiecke stimmen in zwei entsprechenden Seiten überein und die Gegenwinkel der längeren Seite sind gleich groß.
Kongruenzsatz wsw oder wws:	Die Dreiecke stimmen in einer Seite und zwei entsprechend gleichliegenden Winkeln überein.

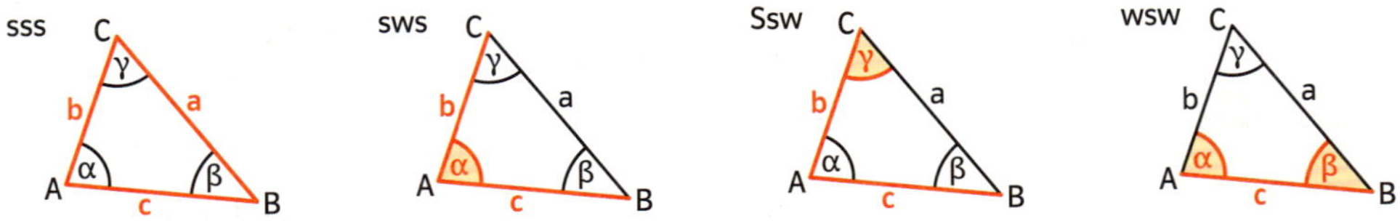

Besondere Linien und Punkte im Dreieck

Mittelsenkrechte und Umkreis
Die drei Mittelsenkrechten schneiden sich in einem Punkt, dem Umkreismittelpunkt M.
M ist von allen drei Ecken gleich weit entfernt.

r ist der Umkreisradius.

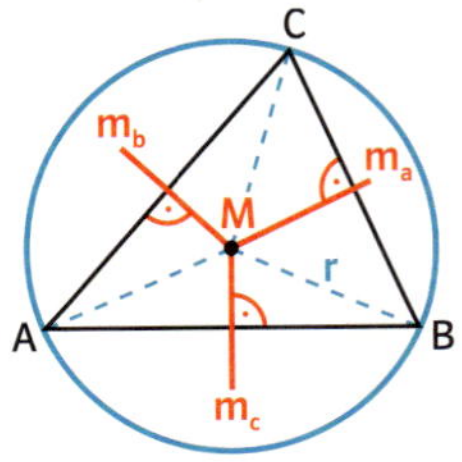

Winkelhalbierende und Inkreis
Die drei Winkelhalbierenden schneiden sich in einem Punkt, dem Inkreismittelpunkt W.
Der **Inkreis** berührt alle drei Seiten.

ϱ ist der Inkreisradius.

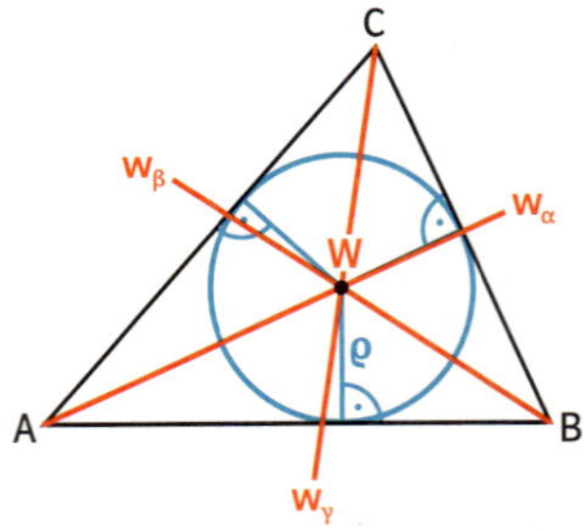

Seitenhalbierende und Schwerpunkt
Die drei Seitenhalbierenden schneiden sich in einem Punkt, dem Schwerpunkt S.

Der Schwerpunkt teilt jede Seitenhalbierende im Verhältnis 2 : 1

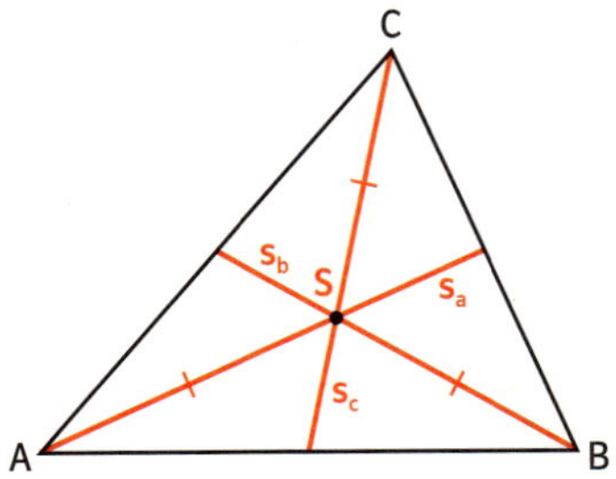

Vierecke

Winkelsumme

$\alpha + \beta + \gamma + \delta = 360°$

Quadrat

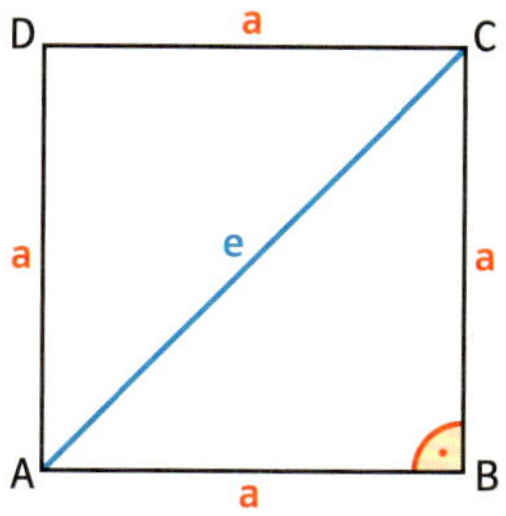

Flächeninhalt
$A = a^2$

Umfang
$u = 4a$

Rechteck

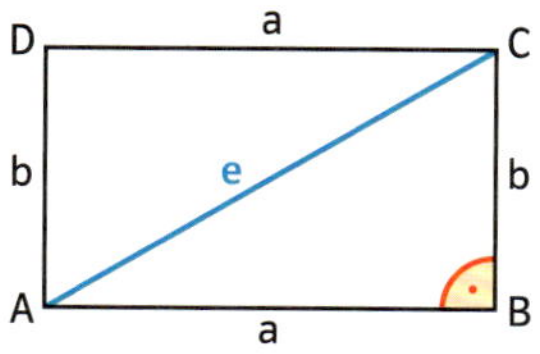

Flächeninhalt
$A = a \cdot b$

Umfang
$u = 2a + 2b$

Raute (Rhombus)

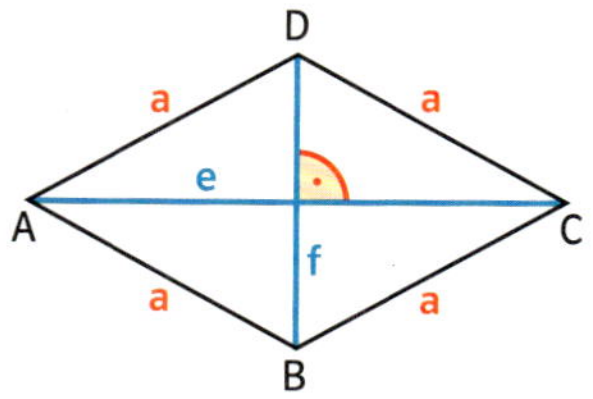

Flächeninhalt
$A = \frac{e \cdot f}{2}$

Umfang
$u = 4a$

Parallelogramm

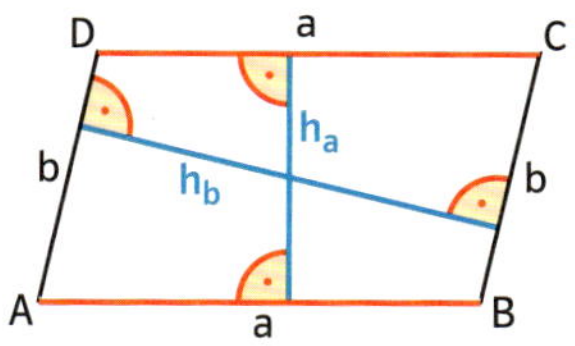

Flächeninhalt
$A = a \cdot h_a = b \cdot h_b$

Umfang
$u = 2a + 2b$

Drachenviereck

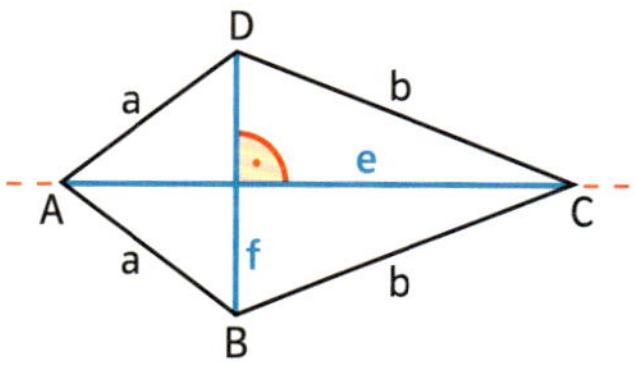

Flächeninhalt
$A = \frac{e \cdot f}{2}$

Umfang
$u = 2a + 2b$

Trapez

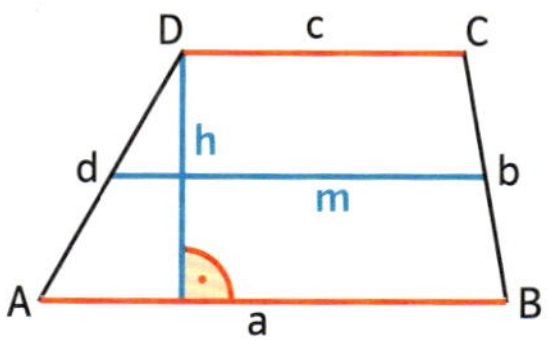

Flächeninhalt
$A = \frac{(a + c) \cdot h}{2}$; $A = m \cdot h$

Umfang
$u = a + b + c + d$

Kreis und Kreisteile

Kreis

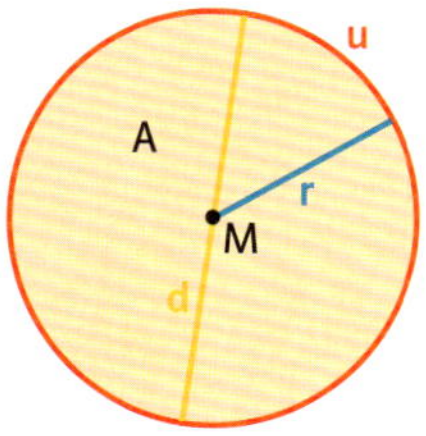

$A = \pi \cdot r^2$; $A = \frac{\pi}{4} \cdot d^2$

$u = 2 \cdot \pi \cdot r$; $u = \pi \cdot d$

Kreisring

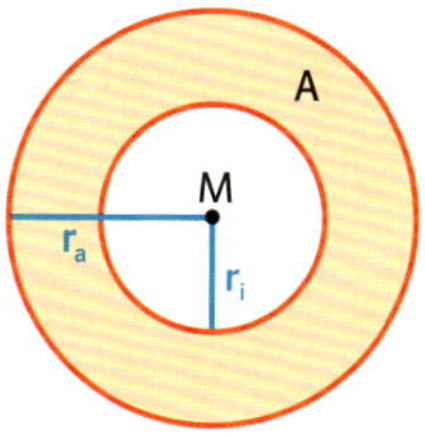

$A = \pi \cdot (r_a^2 - r_i^2)$

Kreisausschnitt (Sektor) und Kreisbogen

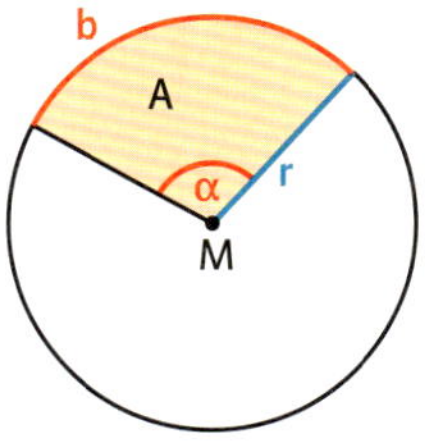

$A = \pi \cdot r^2 \cdot \frac{\alpha}{360°}$; $A = \frac{b \cdot r}{2}$

$b = 2 \cdot \pi \cdot r \cdot \frac{\alpha}{360°}$

Prozentrechnung

G **Grundwert**
P **Prozentwert**
p% **Prozentsatz**

Grundformel
$P = G \cdot p\%$

$P = G \cdot \frac{p}{100}$

$1\% = \frac{1}{100} = 0{,}01$

$p\% = \frac{p}{100}$

Promillerechnung

ein Promille: $1‰ = \frac{1}{1000} = 0{,}001$

$p‰ = \frac{p}{1000}$

Zinsrechnung

K **Kapital**
Z **Zinsen**
p% **Zinssatz**

Grundformel
$Z = K \cdot p\%$
$p\% = \frac{p}{100}$

$Z = K \cdot \frac{p}{100} \cdot \frac{i}{365}$
i Anzahl der Zinstage

Würfel, Quader und Prisma

Volumen bei diesen Körpern $V = G \cdot h$ (G **Grundfläche**; h **Höhe**; M **Mantelfläche**)

Würfel

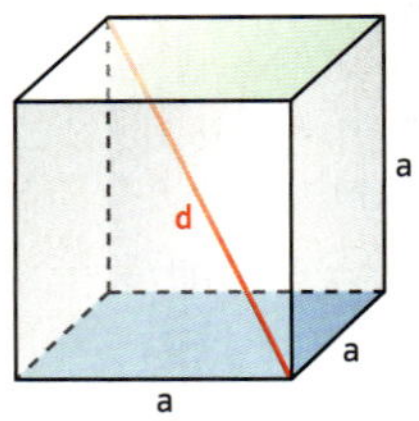

Volumen
$V = a^3$

Oberfläche
$O = 6a^2$

Quader

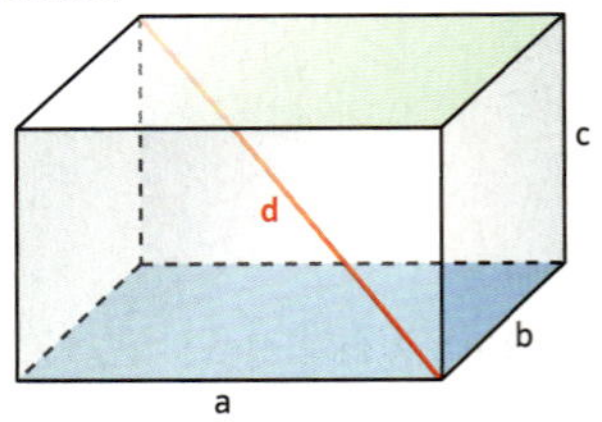

Volumen
$V = a \cdot b \cdot c$

Oberfläche
$O = 2(ab + ac + bc) = 2ab + 2ac + 2bc$

Prisma

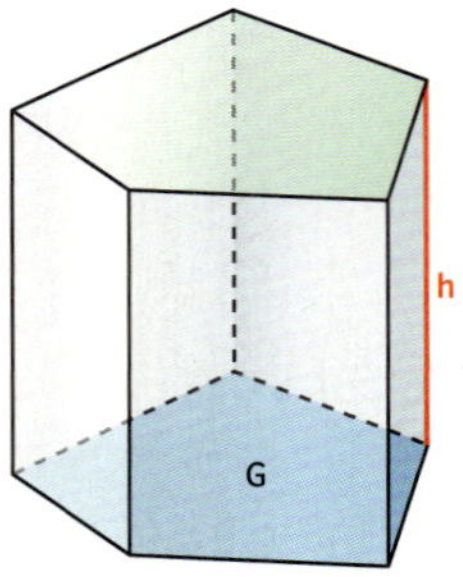

Volumen
$V = G \cdot h$

Mantelfläche
$M = u \cdot h$

Oberfläche
$O = 2G + M$

Pyramide

Oberfläche $O = G + M$ (G Grundfläche; h Höhe; M Mantelfläche)

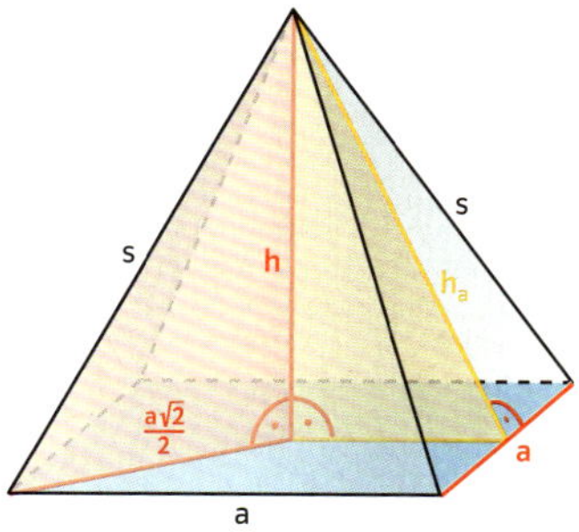

z. B. Quadratische Pyramide
Mantelfläche

$M = 2ah_a$

Oberfläche

$O = a^2 + 2ah_a$

Zylinder und Kegel

(G Grundfläche; h Höhe, M Mantelfläche)

Zylinder

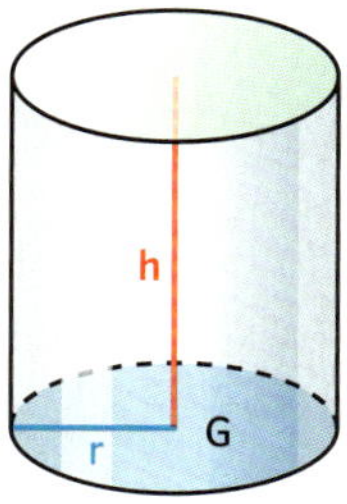

Netz eines Zylinders

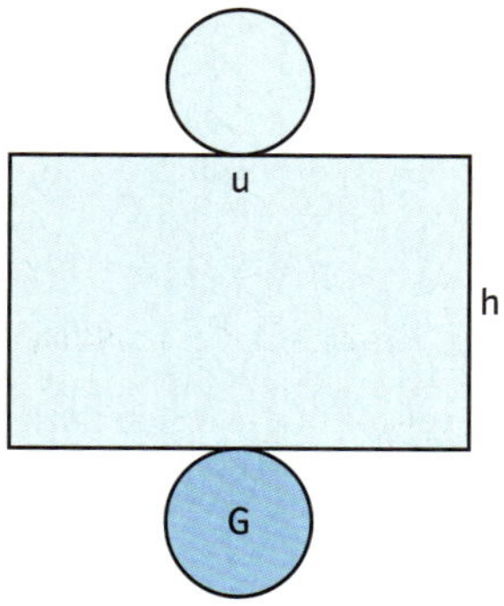

Volumen
$V = G \cdot h$
$V = \pi r^2 \cdot h$

Mantelfläche
$M = u \cdot h$
$M = 2\pi r \cdot h$

Oberfläche
$O = 2G + M$
$O = 2\pi r^2 + 2\pi rh$

Kegel

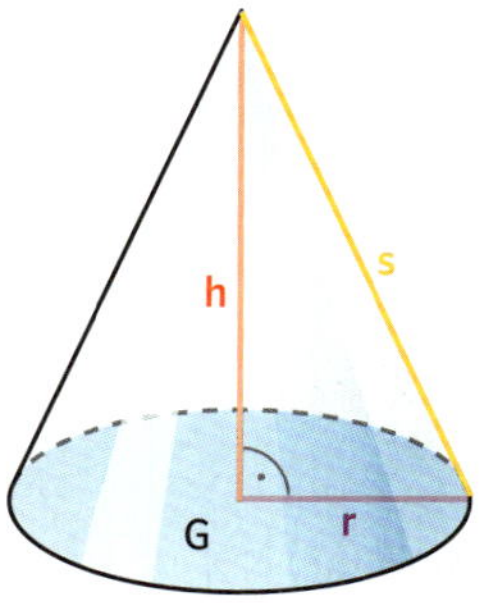

Netz des Kegels

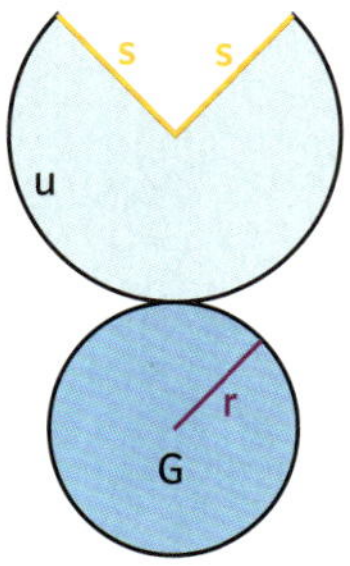

Mantelfläche
$M = \pi \cdot r \cdot s$

Oberfläche
$O = G + M$
$O = \pi r^2 + \pi rs$

Grundbegriffe der Statistik

Urliste
Ungeordnete Zusammenstellung der beobachteten Ergebnisse

Ausgaben in einer Woche:
43 €; 25 €; 17 €; 32 €; 21 €; 45 €; 28 €; 68 €; 53 €

Rangliste
Nach Größe geordnete Urliste

Ausgaben in einer Woche:
17 €; 21 €; 25 €; 28 €; 32 €; 43 €; 45 €; 53 €; 68 €

Strichliste
Auflistung der möglichen Ergebnisse, Markierung des Auftretens eines Ergebnisses durch einen Strich

Münzwurf

Zahl	~~IIII~~ IIII
Wappen	~~IIII~~ ~~IIII~~ I

Häufigkeitsliste
Die Häufigkeitsliste zeigt an, wie oft jedes Ergebnis aufgetreten ist (**absolute Häufigkeit**) oder wie groß für jedes Ergebnis der Anteil der Versuche ist, bei denen dieses Ergebnis eintrat (**relative Häufigkeit**).

$$\textbf{relative Häufigkeit} = \frac{\text{absolute Häufigkeit eines Wertes}}{\text{Gesamtzahl aller Werte}}$$

Ergebnis	abs. H.	rel. H.
Zahl	9	$\frac{9}{20} = 45\%$
Wappen	11	$\frac{11}{20} = 55\%$

statistische Kennwerte

Gegeben eine Liste mit n Werten $x_1; x_2; \dots x_n$

Minimum (Min)
kleinster Wert der Rangliste

Maximum (Max)
größter Wert der Rangliste

Spannweite w
Differenz zwischen dem größten und dem kleinsten Wert der Urliste.
w = Max − Min

Mittelwert $\overline{m}$ (arithmetisches Mittel)

$$\overline{m} = \frac{x_1 + x_2 + \dots + x_n}{n}$$

Zentralwert z (Median)
Bestimmung des Zentralwertes:
Anzahl n ungerade – z ist der mittlere Wert der Rangliste.
Anzahl n gerade – z kann als arithmetisches Mittel der beiden in der Mitte der Rangliste stehenden Werte bestimmt werden.

Quartile
Quartile teilen die Rangliste in vier Abschnitte auf. In jedem Abschnitt befinden sich mindestens 25% aller Werte der Rangliste.
q_u: unteres Quartil
q_o: oberes Quartil

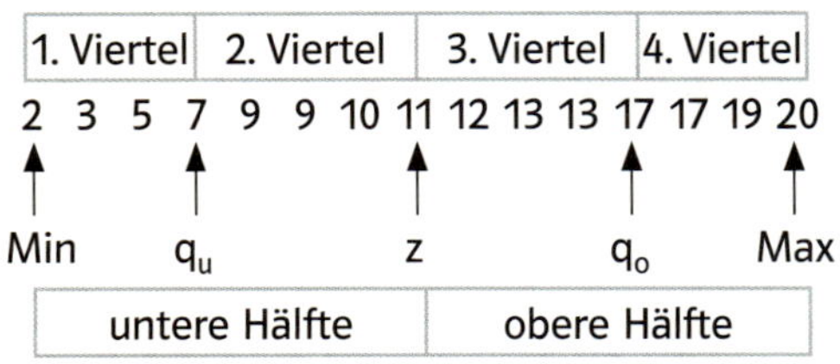

Boxplot

Der Boxplot ist eine grafische Veranschaulichung der statistischen Kennwerte
Die Box markiert den Bereich, in dem mindestens 50 % der Werte der Liste liegen.

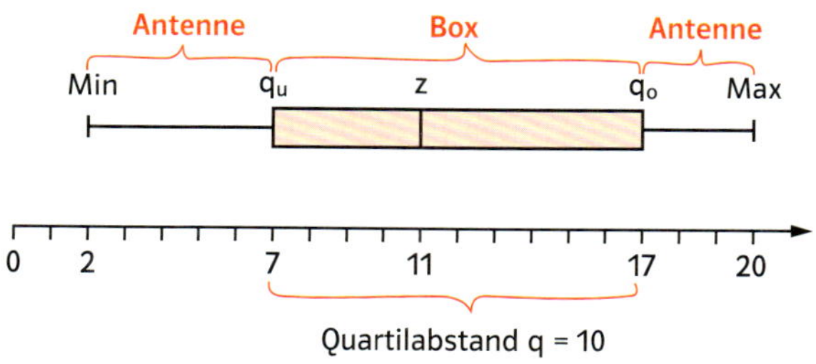

Wahrscheinlichkeitsrechnung

Zufallsversuch
Bei einem Zufallsversuch tritt genau eines von mehreren **möglichen Ergebnissen** ein. Welches Ergebnis eintritt, ist nicht vorhersagbar.

Führen mehrere gleich wahrscheinliche Ergebnisse eines Zufallsversuchs zum Ziel, so nennt man diese Ergebnisse **günstige Ergebnisse**.

Wurf eines Würfels

mögliche Ergebnisse:
1; 2; 3; 4; 5; 6

Ereignis
Alle günstigen Ergebnisse eines Zufallsversuchs bilden ein **Ereignis**.

Die drei Ergebnisse 2; 4; 6 bilden das Ereignis „eine gerade Zahl würfeln".

Spezielle Ereignisse
Ein Ereignis, das bei keinem Versuch auftreten kann, heißt **unmögliches Ereignis**.

Würfeln einer Augenzahl größer als 6.

Ein Ereignis, das bei jedem Versuch auftritt, heißt **sicheres Ereignis**.

Eine der Augenzahlen von 1 bis 6 wird gewürfelt.

Laplace-Wahrscheinlichkeiten
Zufallsversuche, bei denen alle Ergebnisse gleich wahrscheinlich sind, heißen **Laplace-Versuche**.
Für die Wahrscheinlichkeit P eines Ereignisses gilt:

$$P = \frac{\text{Anzahl der günstigen Ergebnisse}}{\text{Anzahl der möglichen Ergebnisse}}$$

Ereignis: Die Augenzahl ist gerade.

$P = \frac{3}{6} = \frac{1}{2} = 50\,\%$

Einheiten von Größen

Länge

1 km = 1000 m ⟶ 1 m = 0,001 km
1 m = 10 dm ⟶ 1 dm = 0,1 m
1 dm = 10 cm ⟶ 1 cm = 0,1 dm
1 cm = 10 mm ⟶ 1 mm = 0,1 cm

Fläche

1 km^2 = 100 ha ⟶ 1 ha = 0,01 km^2
1 ha = 100 a ⟶ 1 a = 0,01 ha
1 a = 100 m^2 ⟶ 1 m^2 = 0,01 a
1 m^2 = 100 dm^2 ⟶ 1 dm^2 = 0,01 m^2
1 dm^2 = 100 cm^2 ⟶ 1 cm^2 = 0,01 dm^2
1 cm^2 = 100 mm^2 ⟶ 1 mm^2 = 0,01 cm^2

Rauminhalt oder Volumen

1 km^3 = 1 000 000 000 m^3 ⟶ 1 m^3 = 0,000 000 001 km^3
1 m^3 = 1000 dm^3 ⟶ 1 dm^3 = 0,001 m^3
1 dm^3 = 1000 cm^3 ⟶ 1 cm^3 = 0,001 dm^3
1 cm^3 = 1000 mm^3 ⟶ 1 mm^3 = 0,001 cm^3

Besondere Raummaße

1 Hektoliter = 100 Liter ⟶ 1 Liter = 0,01 Hektoliter
1 Liter = 1 dm^3 = 100 Zentiliter ⟶ 1 Zentiliter = 0,01 Liter
1 Zentiliter = 10 Milliliter = 10 cm^3 ⟶ 1 Milliliter = 0,1 Zentiliter

Masse

1 t = 1000 kg ⟶ 1 kg = 0,001 t
1 kg = 1000 g ⟶ 1 g = 0,001 kg
1 g = 1000 mg ⟶ 1 mg = 0,001 g

Besondere Einheiten der Masse

1 Zentner = 50 kg
1 kg = 2 Pfund

Zeit

1 Jahr = 365 Tage
1 Tag = 24 h
1 h = 60 min
1 min = 60 s

Geschwindigkeit:

$1\,\frac{m}{s} = 3{,}6\,\frac{km}{h}$ ⟶ $1\,\frac{km}{h} \approx 0{,}28\,\frac{m}{s}$

Bruchteile und Vielfache von Einheiten

Vorsilbe	Exa (E)	Peta (P)	Tera (T)	Giga (G)	Mega (M)	Kilo (k)	Hekto (h)	Deka (da)
bedeutet	10^{18}	10^{15}	10^{12}	10^{9}	10^{6}	10^{3}	10^{2}	10^{1}

Vorsilbe	Dezi (d)	Zenti (c)	Milli (m)	Mikro (µ)	Nano (n)	Piko (p)	Femto (f)	Atto (a)
bedeutet	10^{-1}	10^{-2}	10^{-3}	10^{-6}	10^{-9}	10^{-12}	10^{-15}	10^{-18}

Bildquellenverzeichnis

U1: Corbis (Star/zefa/Estelle Klawitter), Düsseldorf – 4.2: Action Press (Christian Ohde), Hamburg – 4.3: Simon, Bernd, Hürtgenwald – 4.4: Corbis (Robert Holmes), Düsseldorf – 5.1: Dreamstime (Maunger), Brentwood, TN – 5.2: laif (Frommann), Köln – 5.3: Mauritius (Phototake), Mittenwald – 7.1-4: Getty Images RF (VisionsofAmerica/Joe Sohm, Photographer's Choice/Laurence Dutton, Medioimages/Photodisc, Photodisc/Colorblind), München – 9.1: Getty Images RF (OJO Images/Martin Barraud), München – 11.1: Quelle ADAC Motorwelt 01/08 – 13.3: Copyright Beluga-Group – 15.1: ullstein bild (Unkel), Berlin – 15.3: Corbis (Kevin Fleming), Düsseldorf – 16.2: f1 online digitale Bildagentur (Pixtal), Frankfurt – 17.1-3: Getty Images RF (fStop/Holger Hill, Tetra Images, BLOOMimage), München – 17.4: Avenue Images GmbH (Moodboard), Hamburg – 20.1: Getty Images RF (Stockbyte), München – 20.3: M.C. Escher's „Path of Life I" (C) 2008 The M.C. Escher Company-Holland. All rights reserved. www.mcescher.com – 22.1: Arco Images GmbH (Sohns, J. & C.), Lünen – 24.1: AKG, Berlin – VG Bild-Kunst, Bonn 2008: René Magritte: Die Beschaffenheit des Menschen II – 24.2: Getty Images RF (Image Source), München – 24.3: AKG, Berlin – 27.2: Picture-Alliance, Frankfurt – 31.2: Royal Collection Enterprises Ltd., Berkshire – 32.4: Wikimedia Foundation Inc. (PD), St. Petersburg FL – 32.5: AKG, Berlin – 35.1-3: Getty Images RF (Westend 61, Taxi/Ryan McVay, Photonica/Matt Gray), München – 35.4: KOMA AMOK®, Stuttgart – 38.1, 39.2: Getty Images RF (Photographer's Choice RF/Peter Dazeley, Stone/Didier Robcis), München – 42.4: Action Press (Christian Ohde), Hamburg – 43.1: Getty Images (RR/Blend Images/ERproductions Ltd), München – 44.1: iStockphoto (Adrian Moisei), Calgary, Alberta – 47.3: ullstein bild (JOKER/Gloger), Berlin – 48.1, 49.1: Getty Images RF (Digital Vision/Andersen Ross, Upper Cut Images/Image Studios), München – 50.1: Alamy Images RM (Robert Stainforth), Abingdon, Oxon – 53.1: Visum (PhotoXPress), Hamburg – 54.2: Bridgeman Art Library (Held Collection), Berlin – 54.3: Getty Images RF (Stockbyte/John Foxx), München – 57.1: Keystone (Jochen Zick), Hamburg – 60.2: Bridgeman Art Library (Held Collection), Berlin – 60.3, 61.4: Getty Images RF (Stockbyte/John Foxx, Purestock), München – 63.1: Simon, Bernd, Hürtgenwald – 67.5: Bill, Max: Konstruktionen u. d. Thema 3: 4: 5, (c) VG Bild-Kunst, Bonn 2008 – 68.1: Corbis, Düsseldorf – 69.4: KOMA AMOK®, Stuttgart – 75.1: Bill, Max: Transcoloration aus Gelb, (c) VG Bild-Kunst, Bonn 2008 – 75.2: Hatje Cantz Verlag, Ostfildern – Bill, Max: Rotes Quadrat, (c) VG Bild-Kunst, Bonn 2008 – 76.1: Okapia (NAS/Th. R Taylor), Frankfurt – 77.1: Internet/Screenshot, . – 80.1: vario images (Profimedia), Bonn – 83.1-4: Getty Images RF (Westend61, RR/The Image Bank/Grant Faint, Somos/Veer, Blend Images/John Lund/Drew Kelly), München – 86.4-5: Getty Images (Stone/John W Banagan, Stockbyte/George Doyle), München – 92.2: KOMA AMOK®, Stuttgart – 92.4: Mauritius (Mitterer), Mittenwald – 92.5: Getty Images (RR/Riser/Hepp), München – 95.3: Mauritius (Otto), Mittenwald – 95.4: Corbis (Paul Seheult/Eye Ubiquitous), Düsseldorf – 98.4: Mauritius (Werner Otto), Mittenwald – 100.3: Corbis (Robert Holmes), Düsseldorf – 101.1-2: Getty Images (Stone/Gary Houlder, Photonica/Frank Schwere), München – 102.1: GLOBUS Infografik, Hamburg – 103.1: AP (Ross D. Franklin), Frankfurt am Main – 103.2: Frankfurter Rundschau, Frankfurt – 104.1-2: NASA, Washington , D.C. – 105.1: Picture-Alliance (Boris Roessler), Frankfurt – 105.2: Hapag-Lloyd AG, Hamburg – 105.3: AP, Frankfurt am Main – 106.2: AP (THOMAS), Frankfurt am Main – 106.3: Picture-Alliance (Bernd Wüstneck), Frankfurt – 106.4: FR-Infografik – 107.1-3: Getty Images RF (Image Source, Photonica/Laura Ciapponi, Photonica/Sean Justice), München – 110.1: Corel Corporation, Unterschleissheim – 110.3, 111.1: Getty Images (Photographer's Choice/Jeff Hunter, Photographer's Choice/Ron & Patty Thomas), München – 111.2: Corbis (Joel W. Rogers), Düsseldorf – 115.4, 116.1: Alamy Images RM (mediacolor's, Gary Crabbe), Abingdon, Oxon – 118.1: Dreamstime (Maunger), Brentwood, TN – 118.3: Deffte, Tim, Gladbeck – 119.1: Getty Images (RR/Riser/Sabine Scheckel), München – 120.1: www.bilderbox.com, Thening – 121.1: ddp Deutscher Depeschendienst GmbH (Clemens Bilan), Berlin – 122.1: PantherMedia GmbH (K. Jähne), München – 123.2: shutterstock (Virtuelle), New York, NY – 124.1: ullstein bild (Reuters), Berlin – 124.2: iStockphoto (Martin Kawalski), Calgary, Alberta – 127.1-4: Getty Images (RR/The Image Bank/Kaz Chiba, Digital Vision/John Wang, SambaPhoto/Sergio Ranalli, RR/The Image Bank/Lenora Gim), München – 130.1: Getty Images (RR/Riser/Thomas Northcut), München – 130.2: Avenue Images GmbH (Digital Vision), Hamburg – 130.3: KOMA AMOK®, Stuttgart – 130.4: Getty Images RF (Image Source), München – 130.5: SWISSAID (G. Berweger), Bern 6 – 130.6: Getty Images RF (Westend61/Klaus Mellenthin), München – 132.1: StockFood (Klaus Arras), München – 132.2: Alamy Images RF (Doug Steley B), Abingdon, Oxon – 132.3: Picture-Alliance (dpa/Norbert Försterling), Frankfurt – 132.4, 132.5: shutterstock (Andresr, Angelina Dimitrova), New York, NY – 133.1: Jahreszeiten Verlag (Jan Rickers), Hamburg – 134.2: KOMA AMOK®, Stuttgart – 139.4: laif (Frommann), Köln – 141.1 und 4: Getty Images (StockFood Creative/David Loftus, Images/Jack Hollingsworth), München – 143.1-3: Getty Images RF (Stockbyte, Foodcollection, Photographer's Choice RF/B2M Production), München – 143.5: KOMA AMOK®, Stuttgart – 146.1: Picture-Alliance (dpa/Daniel Karmann), Frankfurt – 146.2: Herrenknecht AG, Hanau – 148.1: Mauritius (Oote Boe), Mittenwald – 148.3: Alamy Images RF (RF/Mary-Ella Keith), Abingdon, Oxon – 149.1: Getty Images (Photographer's Choice/Ian Mckinnell), München – 149.2-3: Corbis (Tim Pannell, Wolfram Schroll/zefa), Düsseldorf – 149.4-5: Getty Images (Photolibrary/Oxford Scientific, Taxi/Tony Anderson), München – 152.1-2: Corbis (Tim Kiusalaas, Tim Pannell), Düsseldorf – 153.1-2: Astrofoto (Shigemi Numazawa), Sörth – 153.4: Getty Images RF (Dorling Kindersley RF), München – 154.1: Alamy Images RM (Point-of-view), Abingdon, Oxon – 155.1: iStockphoto (Andrew Johnson), Calgary, Alberta – 156.2: Alamy Images RM (blickwinkel), Abingdon, Oxon – 157.1-2: Focus (SPL/Motta & Correr, Oliver Meckes/EOS), Hamburg – 159.1: Mauritius (Phototake), Mittenwald – 159.2, 162.1-2: Focus (Russell Kightley / SPL, Juergen Berger/SPL, Steve Gschmeissner / SPL), Hamburg – 162.3: Bilderberg (Thomas Ernsting), Hamburg – 164.1: Peter Arnold (Gary Gaugler /The Medical File), New York – 164.1, 165.1: Getty Images (Photodisc, SAKIstyle), München – 165.2-3: Corbis (Nik Wheeler, Robert Michael), Düsseldorf – 193.1: IPN (Philippe Cheng), Berlin – 193.2: Corbis (Jim Cummins), Düsseldorf – 193.3: Das Fotoarchiv (Xinhua), Essen – 194.1: Motor-Presse International (Lothar Kutschera), Stuttgart – 194.2: PantherMedia GmbH (C. Rother), München – 196.2: Alamy Images RM (View Stock), Abingdon, Oxon – 197.1: Getty Images RF (Photo Disc), München – 198.1: Agentur Jump (m. sandkuehler), Hamburg – 198.2: Picture-Alliance (dpa/Gero Breloer), Frankfurt – 199.1: ddp Deutscher Depeschendienst GmbH (Jörg Koch), Berlin – 199.2: Picture Press (Gerard Vandystadt), Hamburg –